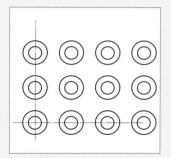

L▪ 矩形阵列

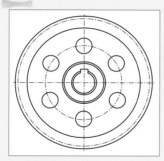

L▪ 环形阵列

L▪ 查询锥齿轮体积

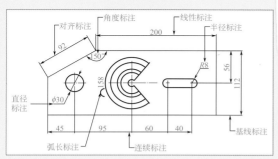

L▪ 尺寸标注类型

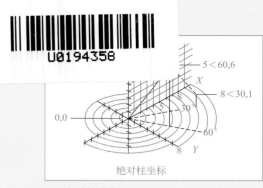

L▪ 绝对柱坐标

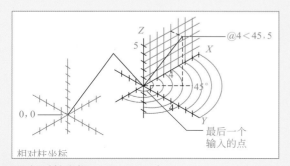

L▪ 相对柱坐标

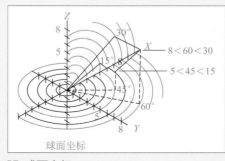

L▪ 球面坐标

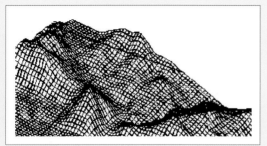

L▪ 矩形网格的应用

L▪ 通过求差构成复合实体

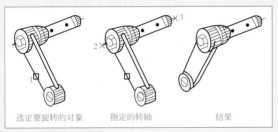

选定要旋转的对象　　指定的转轴　　结果

⌐ 绕轴旋转三维物体

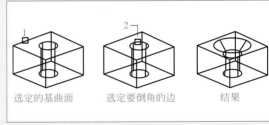

选定的基曲面　　选定要倒角的边　　结果

⌐ 为实体倒角

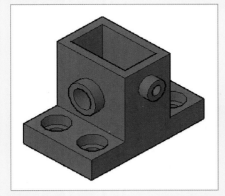

⌐ 绘制零件1

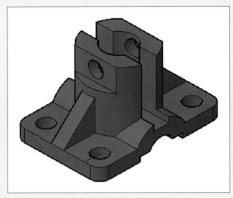

⌐ 绘制零件2

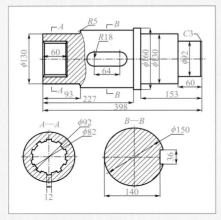

⌐ 绘制齿轮轴

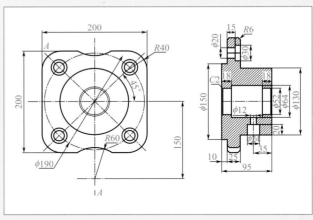

⌐ 绘制端盖

⌐ 绘制上盖

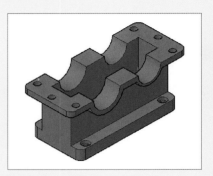

⌐ 绘制主轴箱下壳

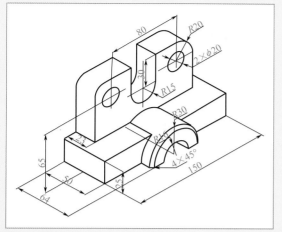

■ 绘制机座

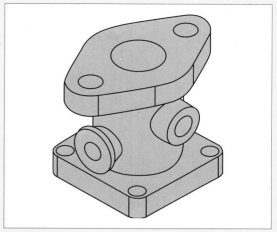

■ 绘制阀体

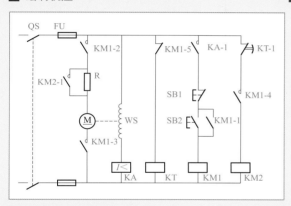

■ 绘制电动机控制电路1

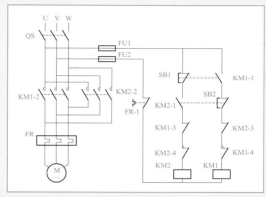

■ 绘制电动机控制电路2

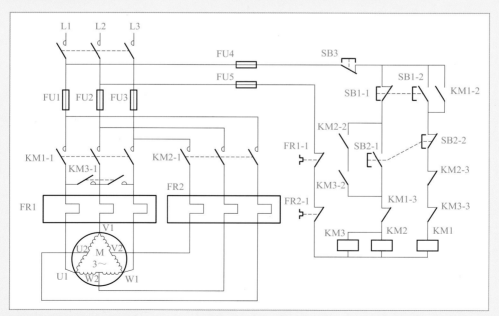

■ 绘制电动机控制电路3

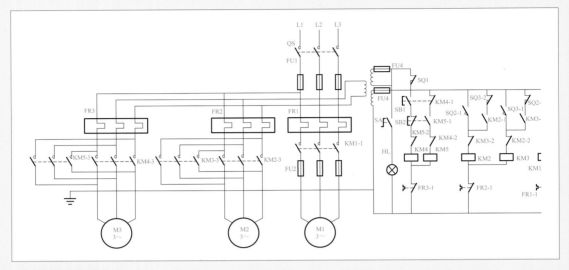

▙ 绘制摇臂钻床电路

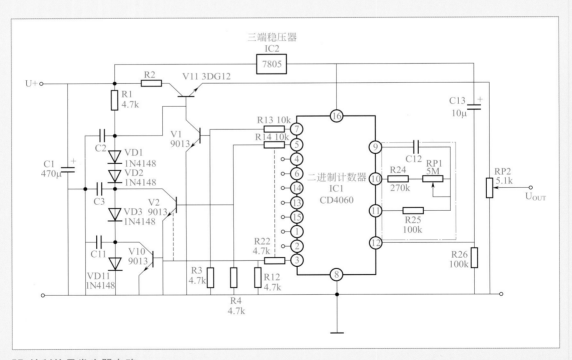

▙ 绘制信号发生器电路

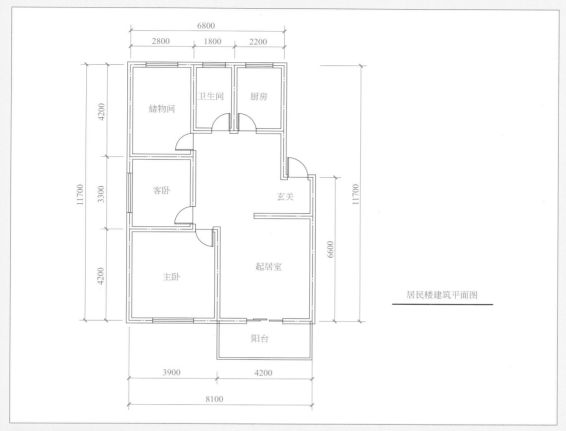

居民楼建筑平面图

L 绘制居民楼平面图

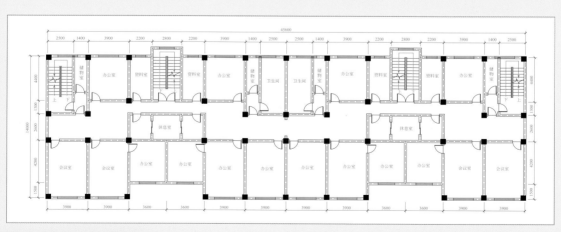

L 绘制办公楼建筑平面图

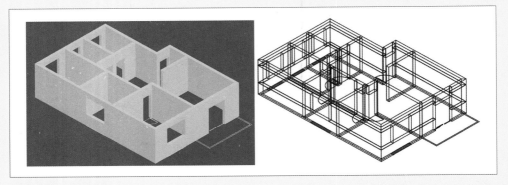

🔳 绘制三维建筑墙体

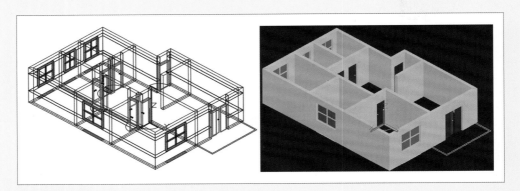

🔳 绘制三维建筑门、窗

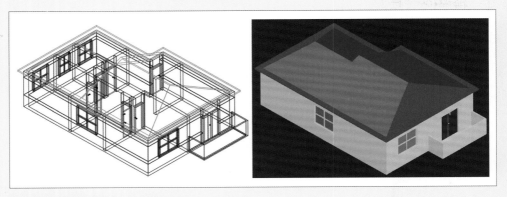

🔳 绘制三维建筑阳台、屋顶

AutoCAD 2020

从入门到精通

实战案例 视频版

2020

周惠群　徐培伦　闫晓彤　编著

化学工业出版社

·北京·

内容简介

本书以 AutoCAD 的最新版本 AutoCAD 2020 为蓝本，全面、系统地介绍了 AutoCAD 的使用方法和进行机械、电气、建筑设计绘图的应用技巧。内容包括：AutoCAD 2020 的入门知识、二维绘图功能、二维编辑功能、绘图设置功能、绘图工具和辅助功能、尺寸标注的方法、图块和属性块的制作、三维实体建模及实例教程等。为了使初学者快速入门，本书配有大量实例，对软件的概念、命令和功能进行了详细讲解。为了使读者能较快进入工程设计的实战状态，所有实例均来自机械、建筑、电气工程领域，有较强的实用性。

本书紧密结合 AutoCAD 2020 软件的实际操作界面，内容通俗易懂，深入浅出，图文并茂，可作为从事机械、建筑、电气设计和绘图的工程技术人员进行二维及三维绘图的入门与提高教材，尤其适合在 AutoCAD 培训班上使用，亦可作为大专院校相关专业特别是机械类专业的教材。

图书在版编目（CIP）数据

AutoCAD 2020 从入门到精通：实战案例视频版/周惠群，徐培伦，闫晓彤编著. —北京：化学工业出版社，2021.4
ISBN 978-7-122-38597-0

Ⅰ．①A⋯　Ⅱ．①周⋯ ②徐⋯ ③闫⋯　Ⅲ．①AutoCAD软件-教材
Ⅳ．①TP391.72

中国版本图书馆 CIP 数据核字（2021）第 035022 号

责任编辑：王　烨　　　　　　　　　　　　文字编辑：陈　喆
责任校对：王鹏飞　　　　　　　　　　　　装帧设计：王晓宇

出版发行：化学工业出版社（北京市东城区青年湖南街13号　邮政编码100011）
印　　装：三河市延风印装有限公司
787mm×1092mm　1/16　印张31½　彩插3　字数746千字　2021年7月北京第1版第1次印刷

购书咨询：010-64518888　　　　　　　　　售后服务：010-64518899
网　　址：http://www.cip.com.cn
凡购买本书，如有缺损质量问题，本社销售中心负责调换。

定　　价：99.00元

AutoCAD软件系统是美国Autodesk公司于1982年12月推出的一种通用的微机辅助绘图和设计软件包。30多年来，其版本不断更新和完善，现已推出了AutoCAD 2020版本。目前AutoCAD已成为工程界家喻户晓、有口皆碑的优秀软件，是我国乃至世界上应用较为广泛的微机CAD软件系统。它可以用于二维绘图中的详细绘制、设计文档和基本三维设计，并广泛应用于机械工程、土木建筑、装饰装潢、电子工业和服装加工等诸多领域。

AutoCAD软件具有如下特点：
① 具有完善的图形绘制功能。
② 具有强大的图形编辑功能。
③ 可以采用多种方式进行二次开发或用户定制。
④ 可以进行多种图形格式的转换，具有较强的数据交换能力。
⑤ 支持多种硬件设备。
⑥ 支持多种操作平台。
⑦ 具有通用性、易用性，适用于各类用户。

随着AutoCAD软件版本的不断升级，该系统又增添了许多强大的功能，如AutoCAD设计中心（ADC）、多文档设计环境（MDE）、Internet驱动、新的对象捕捉功能、增强的标注功能以及局部打开和局部加载的功能。该软件已经从简易二维绘图发展成集三维设计、真实感显示及通用数据库于一体的系统。

本书内容全面、实例丰富，具有以下特点：
① 内容全面。本书几乎涵盖了AutoCAD 2020的所有知识点，包含了机械设计、电气设计和建筑设计的应用方法和技巧。实例与知识点相结合，既生动详细，又易于理解。
② 讲解详细，思路清晰。内容布局合理，语言通俗易懂，帮助读者快速入门，提高学习效率。
③ 实例丰富。本书依照各个知识点进行实例操作，帮助读者理解各功能及其使用方法，内容详尽，图文并茂。在本书的第二部分利用较大篇幅集中详细地讲解了机械、电气、建筑设计的实例绘制过程，使读者可以巩固所学知识点，并且快速提高实战水平。
④ 多媒体视频教学。本书配置了实例教学详解视频资料，读者可以通过观看视频学习制图的全过程，进一步方便读者的学习。

通过本书的学习，读者可以掌握以下知识和技能：
① 全面了解在Windows下运行AutoCAD 2020的基本操作，可以很方便地利用AutoCAD 2020的下拉菜单、快捷菜单、工具条、命令行和快捷键等来实现绘图。
② 可以利用捕捉、显示栅格、正交、坐标系等来实现精确定位并绘图。

③ 可以设置绘图比例、单位、颜色、线型、层等来实现多种绘图。

④ 可以实现图形缩放、平移、视点及利用虚拟画面等功能来观察绘图。

⑤ 文字注释及尺寸标注。

⑥ 可以将标准件做成图块和属性块。

⑦ 可以精确绘制轴测图。

⑧ 可以精确绘制三维线框和网格。

⑨ 可以绘制、编辑和修改三维实体。

⑩ 可以实现三维实体的动态观察。

笔者长期从事AutoCAD的应用、研究和开发工作，并多次在CAD培训班上讲授AutoCAD的相关课程。在本书的写作中，笔者力求全面、详尽地介绍AutoCAD 2020的基本绘图功能。为了使初学者快速入门，本书配有大量实例，并附赠这些实例的视频讲解。读者可登录化学工业出版社有限公司官网（www.cip.com.cn），到"资源下载"区下载视频及源文件，离线学习。

全书共分为两大部分，重点针对如何应用AutoCAD来进行机械、电气、建筑设计。其中第一部分（第1~8章）为基础实例篇，第二部分（第9~14章）为专业实例篇。第一部分（前8章）主要介绍绘图基本知识，其中第1章介绍AutoCAD 2020的入门知识；第2章介绍二维绘图功能；第3章介绍二维编辑功能；第4章介绍绘图设置功能；第5章介绍绘图工具和辅助功能；第6章介绍尺寸标注的方法；第7章介绍图块和属性块的制作；第8章介绍三维实体建模；第二部分（后6章）主要为机械设计、电气设计和建筑设计的实例教程，分别以实例详细讲解了机械零件的二维、三维图绘制过程；电子元件及电路电气的绘制过程；建筑平面图及三维图的绘制过程。本书涉及的尺寸单位，在未特殊说明情况下，默认为毫米（mm）。

建议初学者先学习第一部分的基础实例，然后再学习第二部分的专业实例加以提升和精进。本书每章的首页都有该章要点和导读，章节后都安排了习题，以帮助读者牢固掌握所学的知识。书中所有的命令行提示都给出解释说明，以便读者能够详细了解操作过程和操作方法。

本书由周惠群、徐培伦、闫晓彤编著。西北工业大学机电学院航空宇航制造工程系的朱继宏教授和万敏教授对本书的编写给予了很大支持，西北工业大学爱生技术集团公司的高级工程师蔡闻峰也在百忙之中对本书内容提出了很多有益的建议，西北工业大学机电学院航空宇航制造工程系的硕士研究生孟国帅、郭昊、王精通同学也为本书提供了一定的支持和帮助，在此一并致谢。

由于水平有限，书中难免存在一些不足之处，欢迎广大读者和专家批评指正。

编著者
2020年12月于西北工业大学

目录

03

第3章 AutoCAD 2020的二维编辑功能

04

第4章 图形显示和特性编辑

05

第5章 绘图工具和辅助功能

06

第6章 尺寸标注、文字和图案填充

07

第7章 图块、外部参照和设计中心

08

第8章　AutoCAD 2020 的三维实体建模

09

第9章 机械零件二维图实例

10

第10章 机械零件三维图实例

11

第11章 电动机控制电路图

12

第12章 **其他实用电路图**

13

第13章 **建筑平面图的实例**

14

第14章 建筑三维图的实例

rt one

第一部分
基础实例篇

01

第1章

AutoCAD 2020的
入门知识

本章主要介绍AutoCAD
2020 的 基 本 知 识 。 通
过 本 章 的 学 习 , 可 对
AutoCAD有 一 个 初 步 的
了 解 , 并 为 以 后 的 深 入
学 习 打 下 基 础 。

1.1 AutoCAD 简介

AutoCAD 是美国 Autodesk 公司于 1982 年 12 月推出的一款通用的微机辅助绘图和设计软件包。30 多年来，其版本不断更新和完善，目前已推出了 AutoCAD 2020。随着版本的不断升级，其功能愈益增强、日趋完善，从简易二维绘图发展成集三维设计、真实感显示及通用数据库于一体的软件系统。

如今，AutoCAD 已经广泛应用于以下领域：
① 机械、电子、化工、土木、造船和飞机制造业等。
② 各种建筑绘图、室内设计和设备、电气布局图。
③ 商标、广告和各种灯光色彩设计。
④ 服装设计和裁剪图。
⑤ 拓扑图形和航海图。

事实上，用 AutoCAD 绘图没有任何限制，凡是用手能绘制的图形，AutoCAD 都能绘制出来。因此在贺年卡、乐谱、数学函数和科技图表、流程和组织结构等方面，都可以使用 AutoCAD 进行设计，从而摆脱了繁重枯燥的手工绘图的烦恼。

与其他应用软件有所不同的是，使用 AutoCAD 不要求用户有较多的有关计算机的专业知识，通过反复实践和对 AutoCAD 各种特性进行透彻理解，就会大大提高 AutoCAD 的使用效率。

1.2 AutoCAD 2020 的新特性

下面简单介绍一下 AutoCAD 2020 主要的新功能。

（1）支持几乎任何设备使用

AutoCAD 2020 支持几乎所有设备同时查看、编辑和创建图形，比如在 PC、PAD 等设备，且兼容性得到了大大提升。

（2）新的深色主体

使用图标颜色优化了背景颜色以提供最佳对比度，从而不会分散对绘图区域的注意力，让用户的焦点保持在此处。

（3）"块"选项板

AutoCAD 2020 提供了多重块插入的方式，比如插入、工具选项板和设计中心，通过这些方法，以满足不同用户的使用需求，而重新设计的用户界面，也提升了用户体验和使用效率。

新的"块"选项板中的主要功能可帮助高效地从最近使用的列表或指定的图形指定和插入块。可以通过三个选项卡访问以下内容：

①"当前图形"选项卡将当前图形中的所有块定义显示为图标或列表。

②"最近使用"选项卡显示所有最近插入的块，而不管当前图形为何。这些图标或列表在图形和会话之间保持不变。可以从此选项卡中删除块：在块上单击鼠标右键，并从"最近使用"列表中选择"删除"。

③"其他图形"选项卡提供了一种导航到文件夹（可以从其中选择图形以作为块插入或从这些图形中定义的块中进行选择）的方法。这些图形和块也将在图形和会话之间保持不变。

选项板的顶部包含多个控件，包括用于将通配符过滤器应用于块名称的字段以及多个用于不同缩略图大小和列表样式的选项。

（4）快速测量工具

AutoCAD 2020的快速测量命令MEASUREGEOM，使得测量速度变得更快，只需要悬停鼠标即可显示图形中附近的所有测量值，包括二维图形中的尺寸、距离和角度等数值。

（5）增强的DWG对比功能

无需离开当前窗口即可比较两个版本的图形，该功能在比较状态下，可以将当前图形与指定的图形进行快速比较或编辑，在当前图形或比较图形中所做的任何更改会动态比较并亮显。另外，该功能的选项和控件已经从功能区移动到绘图区顶部。

（6）重新设计的清理功能

AutoCAD 2020的清理功能经过了重新优化，现在该功能更加易于清理和组织图形，其控制选项跟之前差不多，但是定向更加准确高效了，而且还可以在预览区域直接调整大小。

① 请注意，现在可以清理零长度的几何图形，而不会清理空文字对象。

② 使用"未使用的命名条目"面板中的复选框，可以按类别选择可清除条目，也可以逐一选择它们。

③"查找不可清理项目"按钮显示特定于选中项目无法清理的原因的信息，这在许多情况下将非常有用。

（7）性能增强

新安装技术显著缩短了固态驱动器（SSD）上的安装时间，通常缩短约一半时间。

外部参照、块和支持文件的网络访问时间已得到改进。支持文件包括与图案填充、工具选项板、字体、线型、样板文件、标准文件等关联的文件。改进的程度具体取决于图形文件的大小和内容以及网络性能。

（8）支持云服务

AutoCAD 2020 现在支持在使用"保存""另存为"和"打开"命令时，连接和存储到多个云服务提供商。根据已安装的程序，AutoCAD 文件选择对话框中的"放置"列表可以包括 Box、Dropbox 和多个类似服务。

1.3 AutoCAD 2020的系统需求

AutoCAD 2020软件系统的环境配置要求见表1.1。

表1.1 AutoCAD 2020软件系统的环境配置要求

操作系统	• 带有更新的Microsoft®Windows®7SP1 KB4019990（仅限64位） • Microsoft Windows 8.1（含更新 KB2919355）（仅限 64 位） • Microsoft Windows 10（仅限64位）（版本1803或更高版本）
CPU 类型	• 基础配置：2.5千兆赫兹（2.5GHz）处理器 • 推荐配置：3千兆赫兹（3GHz）或更快
内存	• 基础配置：8GB • 推荐配置：16GB
显示器分辨率	• 常规显示：1360×768（建议 1920×1080），真彩色 • 高分辨率和4K显示：Windows 10 64位系统支持高达3840×2160的分辨率（带显示卡）
显卡	• Windows 显示适配器1360×768真彩色功能和DirectX®9，建议使用与DirectX11 兼容的显卡 • 支持的操作系统建议使用 DirectX9
磁盘空间	• 安装4GB • 6GB 可用硬盘空间（不包括安装所需的空间）
浏览器	• Google Chrome™（适用于 AutoCAD网络应用）
网络	• 通过部署向导进行部署 • 根据网络许可运行应用程序的许可服务器和所有工作站必须运行 TCP/IP 协议可以接受Microsoft® 或NovellTCP/IP协议堆栈，工作站上的主登录可以是 Netware 或 Windows • 除了为应用程序支持的操作系统之外，许可证服务器还将在 Windows Server®2016，Windows Server 2012 和 Windows Server 2012 R2 版本上运行
指针设备	Microsoft 鼠标兼容的指针设备
数字化仪	支持 WINTAB
介质（DVD）	下载或从DVD9 安装
工具动画演示媒体播放器	Adobe Flash Player v10 或更高版本
.NET Framework	.NET Framework 版本4.7或更高版本
显示器	1920×1080 或更高的真彩色视频显示适配器，128MB VRAM 或更高，Pixel Shader 3.0 或更高版本，支持 Direct3D ® 的工作站级图形卡

1.4 AutoCAD 2020的用户界面简介

AutoCAD 2020用户界面如图1.1所示。

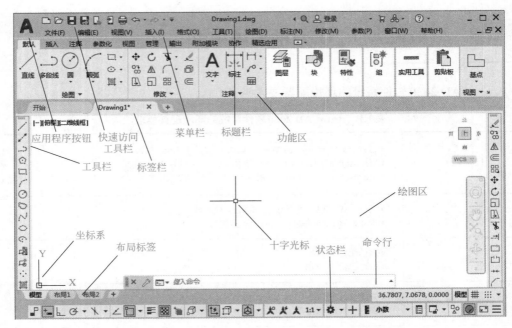

图1.1

应用程序按钮　快速访问工具栏　菜单栏　标题栏　功能区

工具栏　标签栏

坐标系　布局标签　十字光标　状态栏　命令行　绘图区

注意

在下拉菜单中，菜单项最右侧有小三角者，表示该菜单项还有下级子菜单；菜单项后跟"..."者，表示单击该菜单项时将打开一个对话框。另外，可按"Esc"键来关闭已打开菜单，也可以用单击其上级菜单或工具条菜单以及执行其他命令的方法来关闭菜单。

（1）应用程序按钮

应用程序按钮位于 AutoCAD 2020 工作界面的左上角，单击按钮，展开菜单如图1.2所示，其中包括新建、打开、保存、另存为、输入、输出、发布、打印、图形实用工具、关闭等文档操作选项，其中输入、输出选项可以将其他格式文件输入AutoCAD 2020 或将 AutoCAD 2020 图形文件转换为其他格式输出。菜单下角有"选项"按钮，单击按钮，弹出选项对话框，可以对 AutoCAD 2020 的系统选项进行设置，如图1.3所示。

（2）标题栏

标题栏位于 AutoCAD 2020 工作界面的顶部，用于显示当前正在运行的应用程序的名称及其版本，即 AutoCAD 2020 以及正在使用的模型文件的名称，如图1.4所示。标题栏右侧包含搜索框、登录用户名及其窗口控制区等。在搜索框中输入需要查询的问题或需要帮助的内容，单击"搜索"按钮，可以获得提示帮助。单击"登录"按钮，可以登录 Autodesk Online 服务。单击"帮助"按钮，弹出 CAD 的帮助文件。窗口控制区包括窗口"最大化""最小化"和"关闭"按钮，单击相应按钮，可完成对窗口的相应操作。

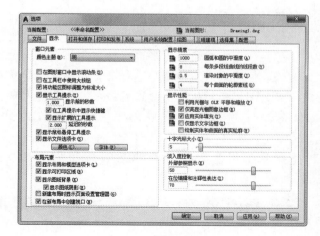

图1.2   图1.3

图1.4

（3）快速访问工具栏

快速访问工具栏包含了常用文档操作的快捷按钮，可以快速使用工具，减少操作步骤，方便用户使用。默认包括9个快捷按钮，包括"新建" 、"打开" 、"保存" 、"另存为" 、"从 Web 和 Mobile 中打开" 、"保存到 Web 和 Mobile" 、"打印" 、"放弃" 、"重做" 按钮，如图1.5所示。快速访问工具栏还可以添加、删除、重新定位命令，用户可以单击快速访问工具栏右侧的下拉式按钮，展开"自定义快速访问工具栏"，根据需要进行勾选，添加或删减命令。

图1.5

（4）菜单栏

菜单栏位于标题栏下方，包含"文件" 文件(F)、"编辑" 编辑(E)、"视图" 视图(V)、"插入" 插入(I)、"格式" 格式(O)、"工具" 工具(T)、"绘图" 绘图(D)、"标注" 标注(N)、"修改" 修改(M)、"参数" 参数(P)、"窗口" 窗口(W)、"帮助" 帮助(H) 12个主菜单，如图1.6所示。各主菜单均为下拉菜单，且包含若干子菜单。菜单栏中几乎包括了 AutoCAD 2020 的所有绘图命令。下面将对主菜单中各项目进行简单介绍。

文件：用来管理图形文件，如新建、打开、保存等。

编辑：用来对图形文件进行基本的文件编辑，如剪切、复制、粘贴、删除等。

视图：用来对绘图区的内容显示进行编辑操作，具有真正的"所见即所得"的显示效果，如缩放、平移、动态观察、相机、全屏显示等。

插入：用来根据需要插入图块或其他文件内容，如 DWG 参考底图、PDF 参考底图、光栅图像参照、字段等。

格式：用来对 AutoCAD 2020 图形文件的绘图环境进行设置，如图层、文字样式、标注样式、表格样式等。

工具：用来对AutoCAD 2020绘图的辅助工具进行管理，如工作空间、选项板、命令行等。

绘图：包含用来进行绘图的所有命令，如建模、直线、多边形、圆等。

标注：用来对所绘图形进行标注，如线性、对齐、弧长、角度等。

修改：用来对所绘图形进行必要的修改，如复制、移动、镜像、打断等。

参数：用来对所绘图形进行约束，如几何约束、自动约束、动态约束等。

窗口：用来对多图形文件显示时的位置操作，如叠层、水平平铺、垂直平铺等。

帮助：用来为用户提供所需的帮助。也可使用快捷键F1，调用CAD的帮助文件。

| 文件(F) | 编辑(E) | 视图(V) | 插入(I) | 格式(O) | 工具(T) | 绘图(D) | 标注(N) | 修改(M) | 参数(P) | 窗口(W) | 帮助(H) |

图1.6

在菜单中，命令后跟有"▶"符号的，表示命令下还有子菜单；命令后跟有"..."符号的，表示点击该命令会弹出对话框进行进一步的设置；命令呈现灰色，表示在当前状态下该命令不可用。

菜单栏默认处于隐藏状态。初次打开AutoCAD 2020软件，需选择快速访问工具栏中的[自定义快速访问工具栏]→[显示菜单栏]命令，菜单栏才会显示，如图1.7所示。

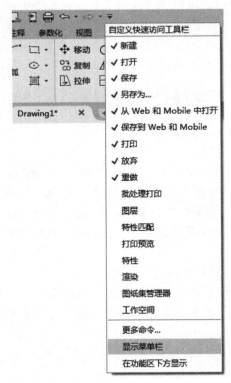

图1.7

图1.8

（5）工具栏

工具栏是综合 AutoCAD 2020 中各种工具，让用户方便使用的一个区域，是显示位图式按钮行的控制条，其中位图式按钮用来执行命令。使用工具栏简化了操作过程，省去了从菜单栏中逐级调用命令的烦琐过程。AutoCAD 2020 提供了 50 余种已命名的工具栏，用户可以根据选择进行调用。

AutoCAD 2020 默认状态下工具栏处于隐藏状态。可以使用以下方法调用工具栏。

① 在菜单栏中选择 [工具] → [工具栏] → [AutoCAD] 命令，在展开的级联菜单中，根据需要选择相应的工具栏，如图 1.8 所示。

② 如需增减工具条，除了通过菜单栏命令的方法外，还可以在界面上任意工具栏上右击，弹出如图 1.8 所示的包含工具栏复选项的快捷菜单，进行操作。

（6）功能区

功能区位于 AutoCAD 2020 工作界面的标签栏的上方，功能区由功能区选项卡、功能区面板及功能区显示控制图标三部分组成，如图 1.9 所示。默认功能区共有 11 个选项卡，即："默认" 默认 、"插入" 插入 、"注释" 注释 、"参数化" 参数化 、"视图" 视图 、"管理" 管理 、"输出" 输出 、"附加模块" 附加模块 、"协作" 协作 、ET 扩展工具 Express Tools 以及 "精选应用" 精选应用 。每个选项卡下面都有与之对应的面板，面板中包含了对应的位图式按钮。功能区使应用程序的功能更加易于发现和使用，使用起来相比菜单栏操作更方便。用户可以根据需要选择选项卡，提高作图效率。

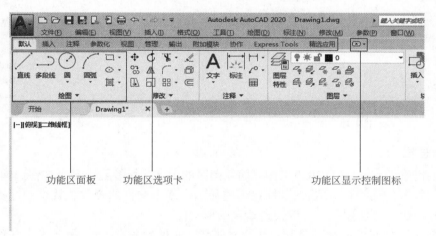

图1.9

下面对功能区的常用选项卡进行介绍。

默认：包含了二维绘图过程中所需的所有工具，如绘图、修改、注释、图层、块等面板。

插入：用来插入块或其他格式文件，如块、块定义、参照、点云等面板。

注释：用来对图形文件进行注释及注释样式的编辑，如文字、标注、中心线、引线等面板。

参数化：用于图形文件的参数化绘图，如几何、约束、管理等面板。

视图：用于图形文件的显示设置与管理，如视口工具、模型视口、选项板、界面等面板。

管理：用于动作录制、二次开发、CAD设置及配置等。如动作录制器、自定义设置、应用程序、CAD标准等面板。

输出：用于图形文件的打印及转换为其他形式输出。如打印、输出为DWF/PDF等面板。

初次打开AutoCAD 2020软件，应在菜单栏中执行[工具]→[选项板]→[功能区]命令或RIBBONCLOSE命令，显示功能区，操作过程如图1.10所示。再次执行[工具]→[选项板]→[功能区]命令或RIBBONCLOSE命令，可以将功能区隐藏。用户还可以根据需要对功能区的选项卡及面板进行显示与隐藏操作。只需在任意功能区面板处单击鼠标右键，选择"显示选项卡"或"显示面板"中对应的选项，对其勾选或取消勾选即可，如图1.11所示。

图1.10

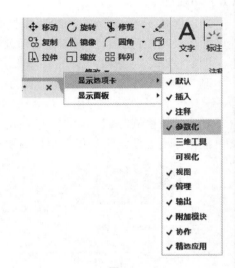

图1.11

（7）标签栏

标签栏位于AutoCAD 2020工作界面绘图区的上方。标签栏由多个文件选项卡组成，其将窗口打开的多个CAD图纸以标签形式显示，便于文件的查看与管理。标签栏的右侧有加号按钮，单击按钮，可以快速新建图形文件。

每个文件标签显示对应图形文件的文件名，文件后若有"*"号，表示文件已作出修改尚未保存。将鼠标移动至标签处，可显示对应图形文件的缩略图。单击标签右侧的"×"按钮，可以快速关闭对应图形文件。

在标题栏空白处单击鼠标右键，会弹出快捷菜单，如图1.12所示。包含"新建""打开""全部保存""全部关闭"四个命令，可以根据命令对多图形文件进行管理。标题栏的设计方便了图形文件的管理。

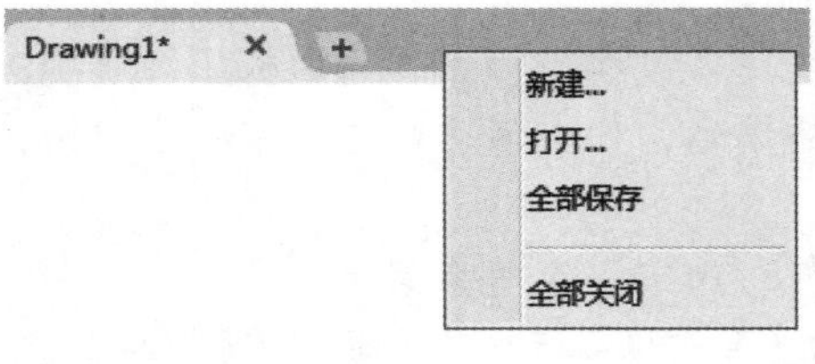

图1.12

（8）绘图区

绘图区是用户进行各项操作的主要工作区域及图形显示区域。用户绘图的主要工作部分都是在该区域完成的，其操作过程以及绘制好的图形都会直接显示。此外，绘图区是无限大的，用户可根据需要通过缩放、平移等命令来观察图形。

绘图区左上角有三个控件：分别是视口控件、视图控件和视觉样式控件。左下角显示默认情况下的坐标系图标，即世界坐标系，用户可点击鼠标右键选择不同的坐标系。右上角显示ViewCube工具，便于用户切换视图方向。右侧显示"全导航控制盘""平移""范围缩放""动态观察""ShowMotion"五个按钮，方便用户更好地观察图形。

（9）命令行

命令行位于AutoCAD 2020绘图区的下方，如图1.13所示。主要有两个作用：

① 进行命令提示。用户在执行命令时，命令行会显示该命令的操作步骤，按照命令提示操作即可。

图1.13

② 输入命令。在命令行中输入需要执行的命令后回车则可直接运行该命令。

（10）状态栏

状态栏位于AutoCAD 2020工作界面命令行的下方，也就是在工作界面的最底部，它用来显示AutoCAD当前的状态。状态栏主要由坐标值、绘图工具、注释工具、图纸管理等组成，提供对某些最常用的绘图工具的快速访问，如图1.14所示。

图形坐标：显示十字光标坐标值，有相对、绝对、地理、特定四种坐标系，可点击右键查看，默认情况下为绝对坐标系。

模型或图纸空间：在模型空间与图纸空间之间进行转换。

显示图形栅格：栅格相当于手工制图中的坐标纸，我们在用AutoCAD作图时，可以通过栅格点数目来确定距离，从而达到精确绘图的目的。单击鼠标选择栅格的开或关，右击鼠标可对栅格进行设置。

捕捉模式：对象捕捉在CAD绘图中起着非常重要的作用，同栅格一样，也是通过单击鼠标来选择开或关，右击鼠标选择"捕捉设置..."，可打开"草图设置"对话框，选择"对象捕捉"选项，则可设置需要捕捉的对象。

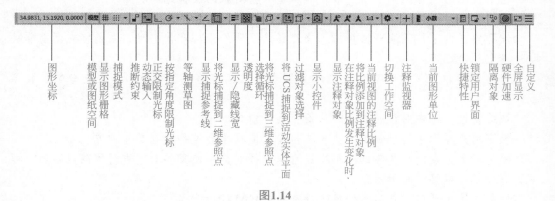

图1.14

推断约束：自动在创建或编辑图形时应用几何约束。

动态输入：在光标附近显示工具提示，以便使用工具提示为命令指定选项，并未为距离和角度指定值。

正交限制光标：该按钮高亮显示时，则只能在水平或垂直方向上移动光标，从而可以精确地修改和创建对象。

按指定角度限制光标：可设置极轴追踪的角度，光标将按设置好的角度进行移动，便于捕捉对象。

等轴测草图：通过沿着等轴测轴（每个轴之间的角度是120°）对齐对象来模拟等轴测图形环境。打开后可在二维平面画出三维立体图，有"左等轴测平面""顶部等轴测平面""右等轴测平面"三种模式，用户可根据需要按F5键快速切换。

显示捕捉参考线：打开后可根据设置好的捕捉对象的对齐路径，如水平、垂直或极轴进行追踪。

将光标捕捉到二维参照点：移动光标时，将光标捕捉到最近的二维参照点。

显示/隐藏线宽：可选择是否在绘图区显示已设置的真实线宽。

透明度：为所有透明度特性设置为非零值的对象启用透明度。

选择循环：启用该功能后可帮助用户选择重叠的对象，禁用此按钮后，所有的对象都将是不透明的。

将光标捕捉到三维参照点：移动光标时，将光标捕捉到最近的三维参照点。

将UCS捕捉到活动实体平面：将UCS的XY平面与一个三维实体的平整面临时对齐。

过滤对象选择：指定将光标移动到对象上方时，哪些对象将会亮显。

显示小控件：选择是否显示三维小控件，它们可以帮助用户沿三维轴或平面移动、旋转或缩放一组对象。

显示注释对象：使用注释比例显示注释对象。禁用后，注释性对象将以当前比例显示。

在注释对象比例发生变化时，将比例添加到注释对象：当注释比例发生更改时，自动将注释比例添加到所有的注释性对象。

当前视图的注释比例：用于显示和调整当前对象的注释比例。

切换工作空间：用于快速设置和切换绘图空间。

注释监视器：打开注释监视器。当注释监视器处于打开状态时，系统将在所有非关联注释上显示标记。

当前图形单位：显示当前绘图所用图形单位，有建筑、小数、工程、分数、科学五种。

快捷特性：选中对象时显示"快捷特性"窗口。

锁定用户界面：用于锁定工具栏或窗口，使其不会被移动到其他地方。

隔离对象：在比较复杂的图形中，可以选择对某一或某些对象进行隔离或隐藏，以便更好地观察或修改其他对象。

硬件加速：开启后可启动硬件支持来提升CAD运行速度。

全屏显示：选择是否隐藏CAD功能区选项版等界面，以全屏显示绘图窗口。

自定义：用户可自行设置状态栏显示哪些命令按钮。

1.5　AutoCAD 2020 的启动与退出

1.5.1　AutoCAD 2020 的启动

成功安装 AutoCAD 2020 软件后，可以通过以下几种方式来启动软件。

❶ 桌面快捷方式。成功安装好AutoCAD 2020软件后，可以通过双击桌面上的AutoCAD 2020图标启动软件。

❷ "开始"菜单。依次单击操作系统[开始]→[程序]→[Autodesk]→[AutoCAD 2020]命令。

❸ AutoCAD 2020的安装文件夹。在AutoCAD 2020的安装文件夹下，双击acad.exe图标启动软件。

❹ 图形文件。可以通过打开任意扩展名为.dwg的图形文件启动软件。

1.5.2　AutoCAD 2020 的退出

可以通过以下几种方式来退出 AutoCAD 2020。

❶ 窗口按钮。在AutoCAD 2020程序窗口单击右上角的"关闭"按钮 ⊠ 。

❷ 菜单命令。在菜单栏中选择[文件]→[关闭]命令。

❸ 命令行命令。在命令行输入EXIT或QUIT，按Enter 键退出程序。

1.6　AutoCAD 2020 的图形文件管理

1.6-1.7　视频精讲

1.6.1　新建文件

可以通过以下几种方式来新建文件。

命令行：NEW

下拉菜单：[文件]→[新建...]

快速访问工具栏： 🗋

快捷键：Ctrl+N

执行"新建文件"操作后，系统将弹出对话框，如图1.15所示。

1.6.2　打开文件

可以通过以下几种方式来打开文件。

命令行：OPEN

下拉菜单：[文件]→[打开...]

快速访问工具栏： 🗁

快捷键：Ctrl+O

执行"打开文件"操作后，系统将弹出对话框，如图1.16所示。

图1.15　　　　　　　　　　　　　　　　　图1.16

用户可浏览文件以选择需要打开的文件。

1.6.3　保存文件

可以通过以下几种方式来保存文件。

> 命令行：SAVE
> 下拉菜单：[文件]→[保存...]
> 快速访问工具栏：💾
> 快捷键：Ctrl+S

执行"保存文件"操作后，若之前已对文件进行命名操作，则系统自动保存文件。若没有命名，系统将弹出对话框，如图1.17所示。

图1.17

1.6.4　另存为文件

可以通过以下几种方式来另存文件。

> 命令行：SAVEAS
> 下拉菜单：[文件]→[另存为…]
> 快速访问工具栏：💾

执行"另存为文件"操作后，系统将打开对话框，用户可将文件重命名并保存。

 注意

如果退出AutoCAD时，QSAVE命令保存当前图形。QUIT命令退出 AutoCAD并且提示保存当前图形的修改。SAVEAS命令把当前的图形重命名为指定文件名。命名实体的名称最多可以包含255个字符。除了字母和数字以外，名称中还可以包含空格（尽管 AutoCAD 将删除直接在名称前面或后面出现的空格）和特殊字符，但这些特殊字符不能在 Microsoft Windows 或AutoCAD中有其他用途。不能使用的特殊字符包括大于和小于号（ < > ）、斜杠和反斜杠（ / \ ）、引号（ " ）、冒号（ : ）、分号（ ; ）、问号（ ? ）、逗点（ , ）、星号（ * ）、竖杠（ | ）、等号（ = ）和反引号。不能使用Unicode字体创建的特殊字符。

1.7　图形窗口和文本窗口

　　上面介绍的绘图等都是在AutoCAD的图形窗口中进行的，但有时需要切换到文本窗口。在AutoCAD 2020中，有一个专用的功能键F2来切换屏幕的图形方式和文本方式。另外，在执行某些命令时（如AutoCAD的一些询问命令），AutoCAD也会自动从图形方式切换到文本方式。

　　当AutoCAD处在图形方式下时，如果按下F2键，屏幕将为文本方式。当再次按下F2键时，又从文本方式切换为图形方式。

　　在"命令："提示符下，利用TEXTSCR命令和GRAPHSCR命令也可实现图形方式和文本方式的切换。

1.8　实体的选取方式

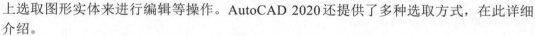

1.8　视频精讲

　　在AutoCAD 2020中进行绘图和编辑操作时，最常看到的提示是"选择对象："，这时十字光标变成了一个选取小方框，可从当前屏幕上选取图形实体来进行编辑等操作。AutoCAD 2020还提供了多种选取方式，在此详细介绍。

（1）一般选取方式

　　这是最常用的选取方式。在AutoCAD 2020中进行绘图或编辑操作时，当命令行提示"选择对象："时，十字光标变成了一个选取小方框，可从当前屏幕上选取图形实体，被选取的图形实体以高亮度的方式显示，可以对高亮度方式显示的图形实体进行编辑操作等。

（2）一般窗口选取方式

　　这是最常用的窗口选取方式。在AutoCAD 2020中进行绘图或编辑操作时，当命令行提示"选择对象："时，十字光标变成了一个选取小方框，可从当前屏幕上选取图形实体。如果这时将选取小方框移到图中的空白地方并单击鼠标左键，命令行提示"指定对角点或[栏选(F)圈围(WP)圈交(CP)]"。此时将选取小方框移到另一位置后再单击鼠标左键，AutoCAD系统会自动以这两个选取点作为矩形窗口的对角点，确定一个矩形窗口。如果矩形窗口是从左向右定义的，则位于窗口内部的实体均被选中，而位于窗口外部以及与窗口边界相交的实体不被选中。如果矩形窗口是从右向左定义的，那么不仅位于窗口内部的实体全部被选中，而且与窗口边界相交的实体也都被选中。

（3）指定窗口选取方式（W方式）

　　本选取方式表示选取某指定窗口内的所有图形实体。当命令行提示"选择对象："时，可键入"W"（即Window）并按Enter键，此时AutoCAD要求指定矩形窗口的两个对角点。当命令行提示"指定第一角点："，表示指定矩形窗口的第一对角点的位置，当命令行提示"指定对角点："，表示指定矩形窗口的第二对角点的位置，此时由这两个对角点所确定的矩形窗口之内的所有图形均被选中。

本选取方式与一般窗口选取方式的区别是：在命令行提示"指定第一角点："并选择第一个矩形对角点时，选取小方框无论是否压住实体，AutoCAD均将选取点看成矩形窗口的第一个对角点，而不会将所压实体选取。

（4）包容窗口选取方式（C方式）

当命令行提示"选择对象："时，可键入 **"C"**（即 Crossing Window）并按 Enter 键，此时 AutoCAD 要求指定矩形窗口的两个对角点。这时，AutoCAD 所选取到的图形实体不仅包含矩形窗口内的实体，也包括与窗口边界相交的所有实体。

（5）按组选取方式（G方式）

当命令行提示"选择对象："时，可键入 **"G"**（即 Group）并按 Enter 键，此时 AutoCAD 要求键入已定义成组的组名。当命令行提示"输入编组名："时，可键入组名后按 Enter 键，这时所对应组中的图形实体均被选取。此外，如果当命令行提示"选择对象："时，选取组中的一个实体，则该组的所有实体均被选中。

（6）预先选取方式（P方式）

当命令行提示"选择对象："时，可键入 **"P"**（即 Previous）并按 Enter 键，此时 AutoCAD 会将该命令以前最后一次构造好的选择集作为当前选择集，并执行相应的操作。

（7）最近选取方式（L方式）

当命令行提示"选择对象："时，可键入 **"L"**（即 Last）并按 Enter 键，此时 AutoCAD 会自动选取最近绘出的那一个实体。

（8）全部选取方式（ALL方式）

当命令行提示"选择对象："时，可键入 **"ALL"** 并按 Enter 键，此时 AutoCAD 会自动选取当前屏幕上的所有实体。

（9）多边形窗口选取方式（WP方式）

当命令行提示"选择对象："时，可键入 **"WP"**（即 Windows Polygon）并按 Enter 键，命令行提示"第一个圈围点或拾取/拖动光标："，这时可键入多边形窗口的第一个顶点的位置，命令行提示"指定直线的端点或[放弃(U)]"，这时可键入多边形窗口的第二个顶点位置，命令行又提示"指定直线的端点或[放弃(U)]"，此后可在此提示下键入多边形窗口的其他一系列顶点位置，当然也可以利用UNDO选项取消上一次确定的顶点。在确定好多边形的所有顶点后，在命令行提示"指定直线的端点或[放弃(U)]"时直接按 Enter 键，那么，由上面的一系列顶点所确定的多边形窗口内的实体均被选中。

（10）多边形包容窗口选取方式（CP方式）

当命令行提示"选择对象："时，可键入 **"CP"**（即 Crossing Polygon）并按 Enter 键，后续操作与键入 **"WP"** 的操作方式相同，但执行结果是：由用户指定的一系列点所确定的多边形窗口以及与该窗口边界相交的实体均被选中，此方式与包容窗口选取方式相似，但窗口可以是任意多边形。

（11）围墙选取方式（F方式）

本方式与多边形包容窗口选取方式相类似，但它不用围成一个封闭的多边形。执行该方式时，与围墙相交的图形均会被选取。如果当命令行提示"选择对象："时，可键入"F"（即Fence）后按"Enter"键，命令行提示"指定第一个栏选点或拾取/拖动光标："，这时可键入围墙的第一个顶点位置，命令行提示"指定直线的端点或[放弃(U)]"，这时可键入围墙的第二个顶点位置，命令行又提示"指定直线的端点或[放弃(U)]"，此后可在此提示下键入围墙的其他一系列顶点位置，当然也可以利用UNDO选项取消上一次确定的顶点。在确定好围墙的所有顶点后，在命令行提示"指定直线的端点或[放弃(U)]"时直接按Enter键，那么，由上面的一系列顶点所确定的与围墙相交的实体均被选中。

（12）去除实体方式

在AutoCAD 2020中，构造选择集有以下两种方式：

① 加入方式：将选中的实体均加入选择集中。

② 去除方式：将选出的实体移出选择集。在屏幕上表现为：已高亮度显示的实体被选中后，又恢复为正常显示方式，表示该实体已退出了选择集。当命令行提示"选择对象："时，可键入"R"（即Remove）后按Enter键，命令行提示"删除对象："时，表示已转入去除实体方式。在此提示下，可以用前面介绍的选取实体的各种方式来选取欲去除的实体。

（13）返回到加入方式

如果当命令行提示"删除对象："时，表示已转入去除实体方式。在此提示下，若键入"A"（即Add）并按Enter键，则命令行提示"选择对象："，表示又返回到了加入实体方式。

（14）循环选取方式

如果被选取的某一个图形实体与其他一些实体的距离很近，那么就很难准确地选取到该实体。这时可采用循环选取方式来准确地选取实体。

当命令行提示"选择对象："时，按下Ctrl+W键，命令行提示"选择对象：〈选择循环开〉"，表示循环选取方式已打开。然后将光标移动到要选取的实体上，并单击左键，这时将弹出"选择集"列表框，在里面列出了鼠标点击周围的实体，在列表中选择所需的对象单击鼠标左键即可。

 注意

在本书中，"单击""双击"是指"单击"或"双击"鼠标的左键。"左键""右键"是指鼠标的"左键""右键"。

1.9 有关的功能键

在早期的AutoCAD版本中，对于F键的使用，实际情况和目前的其他流行软件有一些不同之处。如在低版本中，用F1功能键在文本屏幕和图形视窗之间进行切换；在其他软件中，通常F1功能键用于帮助系统。从AutoCAD R14版本开始，Autodesk公司对各功能键的作用进行了部分调整，使之更靠近于现今的通用流行软件的操作模式。

AutoCAD 2020中的有关功能键的含义见表1.2。

表1.2　AutoCAD 2020部分功能键介绍

功能键	含义	功能键	含义
F1	显示帮助	F10	切换"极轴追踪"
F2	当"命令行"窗口是浮动时，展开"命令行"历史记录，或当"命令行"窗口是固定时，显示"文本"窗口	F11	切换"对象捕捉追踪"
F3	切换"对象捕捉"	Shift + F1	子对象选择未过滤（仅限于AutoCAD）
F4	切换"三维对象捕捉"（仅限于AutoCAD）	Shift + F2	子对象选择受限于顶点（仅限于AutoCAD）
F5	切换"等轴测草图"	Shift + F3	子对象选择受限于边（仅限于AutoCAD）
F6	切换"动态UCS"（仅限于AutoCAD）	Shift + F4	子对象选择受限于面（仅限于AutoCAD）
F7	切换"栅格"	Shift + F5	子对象选择受限于对象的实体历史记录（仅限于AutoCAD）
F9	切换"捕捉"		

1.10　简单实例

本例将绘制一个如图1.18所示的垫片。垫片是为防止泄漏设置在静密封面之间的密封元件，用于两个物体之间的机械密封。此垫片在绘制过程中用到了"圆""直线""剖面线"等绘图工具以及"修剪""偏移""倒圆角"等修改工具。

1.10　视频精讲

图1.18

（1）设置环境

1）新建文件

打开AutoCAD 2020软件，单击菜单栏[文件]→[新建]命令或在快速访问工具栏单击"新建"按钮，弹出"选择样板"对话框，选择样板后单击"打开"命令，新建一个图形文件。

2）草图设置（设置图形界限）

根据创建零件的尺寸选择合适的作图区域，设置图形界限。

菜单栏：[格式]→[图形界限]

命令行：LIMITS

LIMITS 指定左下角点或 [开(ON)关(OFF)]<0.0000,0.0000>：Enter

LIMITS 指定右下角点 <0.0000,0.0000>：297，210 Enter

不需图形界限时，可以单击"图形界限"命令后，执行如下操作。

LIMITS指定左下角点或[开(ON)关(OFF)]<0.0000,0.0000> : OFF

3）图层设置

绘图之前，根据需要设置相应的图层，还可以进行名称、线型、线宽、颜色等图层特性的设置。设置图层可以任选以下三种方法。

菜单栏：[格式]→[图层]

工具栏："图层特性"

命令行：LAYER

弹出"图层特性管理器"对话框，点击新建按钮 ，新建"粗实线""中心线""剖面线""尺寸线"四个图层，设置"粗实线"线宽为0.5mm，加载"中心线"线型为CENTER2。为了更便于查看与区分，可以将不同图层设置为不同颜色，如图1.19所示。

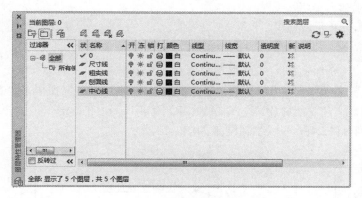

图1.19

（2）绘图过程

1）绘制中心线

将"中心线"层设置为当前图层，使用"直线"命令绘制竖直中心线。

工具栏："直线"按钮 ╱

命令行：LINE

指定第一个点：（在合适位置单击鼠标左键）

指定下一个点或[放弃(U)]：130 Enter

指定下一个点：Enter

使用同样方法绘制长度为110的水平中心线。绘制结果如图1.20所示。

2）绘制圆

将"粗实线"层设置为当前图层，开启对象捕捉 ⊞ ▾，在中心线的交点处绘制半径为12的圆，如图1.21所示。

工具栏："圆"按钮 ⊙

命令行：CIRCLE

指定圆的圆心或[三点(3P)/两点(2P)/切点、切点、半径(T)]:(鼠标单击交点)

指定圆的半径或[直径(D)]:12 Enter

重复使用"圆"命令,绘制半径为24的圆,如图1.22所示。

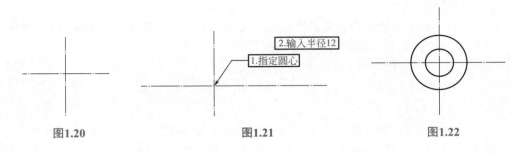

图1.20　　　　　　　　　　图1.21　　　　　　　　　　图1.22

3)绘制切线并修剪

使用"直线"命令(L),绘制长度为40的圆的切线及相关直线,如图1.23所示,并将多余的圆弧进行修剪。

工具栏:"修剪"按钮
命令行:TRIM

选择对象或〈全部选择〉:(选取图中直线) Enter

[栏选(F)/窗交(C)/投影(P)/边(E)/删除(R)/放弃(U)]:(选取图中多余圆弧)

[栏选(F)/窗交(C)/投影(P)/边(E)/删除(R)/放弃(U)]:Enter

修剪过程如图1.24所示,绘制结果如图1.25所示。

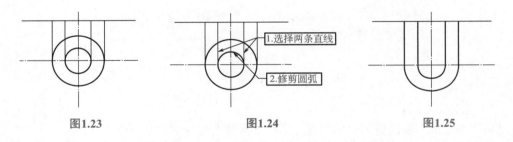

图1.23　　　　　　　　　　图1.24　　　　　　　　　　图1.25

4)偏移直线并修剪

使用"偏移"命令,绘制与水平线距离为120的另一条水平线。

工具栏:"偏移"按钮
命令行:OFFSET

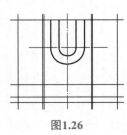

图1.26

指定偏移距离或[通过(T)删除(E)图层(L)]:120 Enter

选择要偏移的对象,或[退出(E)放弃(U)]:(选择水平线并向下偏移)

重复使用"偏移"命令,分别绘制与水平线距离为30、8的直线,与竖直中心线距离为70、35、34的竖直中心线,并将其转换为"粗实线"层,如图1.26所示。

使用"修剪"命令(TR),修剪多余直线,如图1.27所示。

5）绘制圆弧

绘制圆弧轮廓线。

功能区："圆弧"按钮 ⌒
命令行：ARC

指定圆弧的起点或［圆心(C)］:（鼠标选择圆弧起点）

指定圆弧的端点或［角度(A)/弦长(L)］:（鼠标选择圆弧端点）

指定圆弧的半径（按住Ctrl键以切换方向）: 64 Enter

绘制结果如图1.28所示。

6）偏移直线及圆弧

使用"偏移"命令（O），将两侧圆弧向内偏移15，将直线向上偏移12，如图1.29所示。

图1.27

图1.28

图1.29

7）绘制圆角

使用"圆角"命令，绘制各个圆角。

工具栏："圆角"按钮 ⌒
命令行：FILLET

选择第一个对象或［放弃(U)多线段(P)半径(R)修剪(T)多个(M)］:（输入R）Enter

指定圆角半径：10 Enter

选择第一个对象或［放弃(U)多线段(P)半径(R)修剪(T)多个(M)］:（鼠标点击倒圆角的直线）

选择第二个对象，或按住Shift键选择对象以应用角点或［半径(R)］:（鼠标点击倒圆角的圆弧）

如图1.30所示，重复使用"圆角"命令及"修剪"命令，绘制结果如图1.31所示。

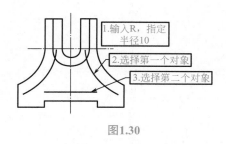
图1.30

图1.31

1.11 小结与练习

— 小结 —

本章首先对 AutoCAD 2020 的基本知识及应用领域做了简单介绍，同时介绍了 AutoCAD 2020 软件的新特性及对系统的需求。接着介绍了 AutoCAD 2020 的工作环境及用户界面，用户界面主要由标题栏、菜单栏、功能区、工具栏等十个部分组成，本章对每个组成部分都做了一一介绍。此外，本章对 AutoCAD 2020 的启动与退出及其文件处理等方面做了介绍，并对实体选取进行了详细的分析，介绍了不同情况下的实体选取方式，还简单介绍了 AutoCAD 2020 中的有关功能键。

— 练习 —

1. 绘制如图 1.32 所示的图形，并将图形命名保存。
2. 绘制如图 1.33 所示的图形，并将图形命名保存。

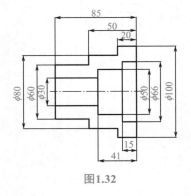

图1.32

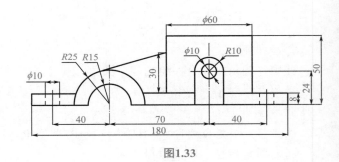

图1.33

02

第2章

本章主要介绍AutoCAD 2020中的基本二维绘图命令。在学完本章后，读者就会对AutoCAD 2020的二维绘图命令有所了解，并能够利用AutoCAD绘图工具创建各类实体，包括简单的线、圆、样条曲线、椭圆以及随边界变化而变化的填充区域等。通常使用鼠标来指定点的位置或者在命令行上输入坐标值来绘制各类实体。

2.1　绘制直线

下拉菜单：[绘图]→[直线]

命令行：LINE（或L）

工具栏：╱

功能区：[默认]→[绘图]→[直线]

　　绘制直线命令是 AutoCAD 中最简单的命令，当给出两点之后就可以绘制出一段直线。

 实例

绘制直线可按如下的操作步骤进行：

① 单击下拉菜单[绘图]→[直线]

② 指定第一个点：10，15 Enter

③ 指定下一点或[放弃(U)]：50，60 Enter

④ 指定下一点或[放弃(U)]：Enter

命令结束。这时屏幕如图2.1所示。

第2点

第1点

图2.1

注意

　　如果不用键盘输入坐标点，用鼠标左键单击，拖动后再用单击的方法也能画出直线（单击鼠标右键结束），但这样画出的线是任意直线。用捕捉点的方法可画出精确的线，将在捕捉方式中详述。

2.2　绘制射线

下拉菜单：[绘图]→[射线]

命令行：RAY

功能区：[默认]→[绘图]→[射线]

　　单向无限长的直线称为射线，它通常作为辅助线使用。射线具有一个确定的起点并单向无限延伸。当给出两点之后就可以画出一条射线，射线有起点，但终点在无穷远处。

  实例

绘制射线可按如下的操作步骤进行：

① 单击下拉菜单[绘图]→[射线]

② 指定起点：5，6 Enter
③ 指定通过点：7，8 Enter
④ 指定通过点：Enter
命令结束。这时屏幕如图2.2所示。

图2.2

2.3　绘制构造线

下拉菜单：[绘图]→[构造线]
命令行：XLINE
工具栏：✐
功能区：[默认]→[绘图]→[构造线]

　　构造线是一条没有始点和终点的无限长的直线，其可以作为创建其他实体的参照。例如，可以用构造线寻找三角形的中心，准备同一个实体的多个视图，或创建实体捕捉所用的临时交点等。构造线不修改图形范围，因此，它们无限的尺寸不影响缩放或视点。和其他实体一样，构造线可以移动、旋转和复制。绘图时可以把构造线放置在一个构造线图层上，在打印出图之前设置冻结或关闭这个图层，不打印构造线。

 实例

绘制构造线可按如下的操作步骤进行：
① 单击下拉菜单[绘图]→[构造线]
② 指定点或 [水平(H)/垂直(V)/角度(A)/二等分(B)/偏移(O)]：H Enter
③ 指定通过点：5，6 Enter（这时绘制出一条水平线）
④ 指定通过点：7，8 Enter（这时再绘制出一条水平线）
⑤ 指定通过点：Enter
命令结束。这时屏幕如图2.3所示。

7，8
──────────────────────────────────

5，6
──────────────────────────────────

图2.3

2.4　绘制多线

下拉菜单：[绘图]→[多线]

命令行：MLINE

　　多线（也称多重线）可包含1～16条平行线，这些平行线称为元素，通过指定多线初始位置的偏移量可以确定元素的位置。用户在绘图时可以创建和保存多线样式，或者使用具有两个元素的缺省样式，还可以设置每个元素的颜色、线型，并且显示或隐藏多线的连接（连接是将那些出现在多线元素每个顶点处的线条相连）。执行"绘制多线"命令的目的是一次画出两条或多条平行线。两条平行线中的每一条线由它到中心的偏移来定义，中心的偏移是0。

实例

绘制多线可按如下的步骤进行：
① 单击下拉菜单[绘图]→[多线]
② 指定起点或 [对正(J)/比例(S)/样式(ST)]：J
③ 输入对正类型 [上(T)/无(Z)/下(B)]<上>：Enter
④ 指定起点或 [对正(J)/比例(S)/样式(ST)]：10,10
⑤ 指定下一点：20，-5 Enter
⑥ 指定下一点或 [放弃(U)]：30，5 Enter
⑦ 指定下一点或 [闭合(C)/放弃(U)]：左键
⑧ 指定下一点或 [闭合(C)/放弃(U)]：Enter
命令结束。这时屏幕如图2.4所示。

图2.4

步骤②选项说明：
指定起点：指定绘制多线的起点。
比例(S)：控制多线的全局宽度。这个比例基于在多线样式定义中建立的宽度。比例因子为2绘制多线时，其宽度是样式定义的宽度的2倍。负比例因子将翻转偏移线的次序：当从左至右绘制多线时，偏移最小的多线绘制在顶部。负比例因子的绝对值也会影响比例。比例因子为0将使多线变为单一的直线。
样式(ST)：指定多线的样式。

注意

选取画线方式时在键盘上按第一个大写字母即可。特别要注意，使用样式选项时要按"ST"。

2.5 绘制多段线

下拉菜单：[绘图]→[多段线]
命令行：PLINE
工具栏：
功能区：[默认]→[绘图]→[多段线]

（1）多段线的概念

多段线在有的书上也称多义线。二维多段线是由可变宽度的直线和弧线段相连而成，它可连接多条直线和曲线。多段线具有单一的直线、圆弧等实体所不具备的很多优点，主要表现在：

- 可以有固定宽度，或一组线段中首尾具有不同宽度。
- 可以形成一个实心圆或圆环。
- 直线和弧线序列可以形成一个闭合的多边形或椭圆。
- 进行二维多段线编辑时，可以插入、移动、删除其顶点或把几条线、弧或多段线连接成一条多段线。
- 圆角和切角可以加在任何需要的地方。
- 对二维多段线可以作曲线拟合，从而形成圆弧曲线或样条曲线。
- 可以提取一条二维多段线的面积和周长。

（2）绘制多段线的过程

要画如图2.5所示的多段线，可按如下操作步骤进行：

① 单击下拉菜单[绘图]→[多段线]

② 指定起点：（在屏幕上选取一点作为多段线的开始点）

③ 指定下一点或[圆弧(A)/半宽(H)/长度(L)/放弃(U)/宽度(W)]：15 Enter（Y轴正方向）

④ 指定下一点或[圆弧(A)/半宽(H)/长度(L)/放弃(U)/宽度(W)]：20 Enter（X轴正方向）

⑤ 指定下一点或[圆弧(A)/半宽(H)/长度(L)/放弃(U)/宽度(W)]：A Enter

⑥ 指定圆弧的端点(按住 Ctrl 键以切换方向)或[角度(A)/圆心(CE)/闭合(CL)/方向(D)/半宽(H)/直线(L)/半径(R)/第二个点(S)/放弃(U)/宽度(W)]：CE Enter

⑦ 指定圆弧的圆心：5 Enter

⑧ 指定圆弧的端点(按住Ctrl键以切换方向)或 [角度(A)/长度(L)]：左键

⑨ 指定圆弧的端点(按住Ctrl键以切换方向)或[角度(A)/圆心(CE)/闭合(CL)/方向(D)/半宽(H)/直线(L)/半径(R)/第二个点(S)/放弃(U)/宽度(W)]：L Enter

⑩ 指定下一点或[圆弧(A)/闭合（C）/半宽(H)/长度(L)/放弃(U)/宽度(W)]：20 Enter

⑪ 指定下一点或[圆弧(A)/闭合（C）/半宽(H)/长度(L)/放弃(U)/宽度(W)]：42 Enter（Y轴负方向）

⑫ 指定下一点或[圆弧(A)/闭合（C）/半宽(H)/长度(L)/放弃(U)/宽度(W)]：50 Enter（X轴负方向）

⑬ 指定下一点或[圆弧(A)/闭合（C）/半宽(H)/长度(L)/放弃(U)/宽度(W)]：15 Enter（Y轴正方向）

⑭ 指定下一点或[圆弧(A)/闭合（C）/半宽(H)/长度(L)/放弃(U)/宽度(W)]：A Enter

⑮ 指定圆弧的端点(按住 Ctrl 键以切换方向)或[角度(A)/圆心(CE)/闭合(CL)/方向(D)/半宽(H)/直线(L)/半径(R)/第二个点(S)/放弃(U)/宽度(W)]：CE Enter

⑯ 指定圆弧的圆心：6 Enter

⑰ 指定圆弧的端点(按住Ctrl键以切换方向)或 [角度(A)/长度(L)]：左键

⑱ 指定圆弧的端点(按住Ctrl键以切换方向)或[角度(A)/圆心(CE)/闭合(CL)/方向(D)/半宽(H)/直线(L)/半径(R)/第二个点(S)/放弃(U)/宽度(W)]：Enter

则图2.5绘制完成。

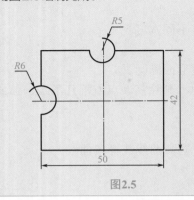

图2.5

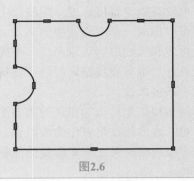

图2.6

注意

用"多段线"命令绘制图形与用"直线""圆弧"等命令绘制的主要区别在于，多段线绘制的图形是一个整体，当对其进行选择时，选择的是整个图形，如图2.6所示。

2.6 绘制多边形

下拉菜单：[绘图]→[多边形]
命令行：POLYGON
工具栏：⬡
功能区：[默认]→[绘图]→[多边形]

绘图时，正多边形是一种比较常见的图形。AutoCAD提供的绘制多边形命令可以画出 3 ～ 1024 个边的正多边形。用该命令来画正多边形有三种方法：按边绘制法、内接于圆法和外切于圆法。

（1）绘制多边形的方法

图2.7为绘制多边形的三种方法，从左到右依次为边定多边形法、内接于圆法、外切于圆法。其中内接于圆是指定外接圆的半径，正多边形的所有顶点都在圆周上，外切于圆是指定正多边形中心点到各边中点的距离。

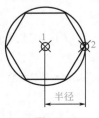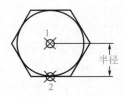

图2.7

（2）绘制多边形的过程

用边定多边形法画一个正八边形，可按如下操作步骤进行：

① 单击下拉菜单[绘图]→[多边形]

② 输入侧面数 <4>：8 Enter

③ 指定正多边形的中心点或 [边(E)]：E Enter

④ 指定边的第一个端点：（在屏幕上选取一点）Enter

⑤ 指定边的第二个端点：（输入正八边形的边长）

这时屏幕上画出一个正八边形，如图2.8所示。

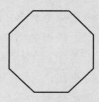

图2.8

用内接于圆法画一个正六边形，可按如下操作步骤进行：

① 单击下拉菜单[绘图]→[多边形]

② 输入侧面数 <8>：6 Enter

③ 指定正多边形的中心点或 [边(E)]：（在屏幕上选取一点作为中心点）

④ 输入选项 [内接于圆(I)/外切于圆(C)] <I>：I Enter

⑤ 指定圆的半径：20 Enter

这时屏幕上画出一正六边形，如图2.9所示。

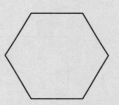
图2.9

2.7 绘制矩形

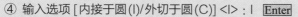

下拉菜单：[绘图]→[矩形]

命令行：RECTANG

工具栏：▭

功能区：[默认]→[绘图]→[矩形]

绘制矩形命令是最常用到的一个画图命令，执行此命令时仅需提供矩形的两个对角坐标点就可绘制一个矩形。

绘制一个矩形可按如下步骤进行：

① 单击下拉菜单[绘图]→[矩形]

② 指定第一个角点或 [倒角(C)/标高(E)/圆角(F)/厚度(T)/宽度(W)]：

（在要画的四边形的左上角第1点处单击）

③ 指定另一个角点或 [面积(A)/尺寸(D)/旋转(R)]：

（在要画的四边形的右下角第2点处单击）

这时屏幕显示以这两个点为对角的四边形，如图2.10所示。

步骤②选项说明：

倒角 (C)：设定矩形的倒角距离，选择该选项时，命令行提示：

指定矩形的第一个倒角距离：

指定矩形的第二个倒角距离：

标高 (E)：指定矩形的标高，该选项主要用于三维绘图中。

圆角 (F)：设定矩形的圆角距离，选择该选项时，命令行提示：

指定矩形的第一个圆角距离：

指定矩形的第二个圆角距离：

厚度 (T)：指定矩形的厚度，该选项主要用于三维绘图中。

宽度 (W)：指为要绘制的矩形指定多段线的宽度。

图2.11为选择倒角和圆角选项时所绘制的矩形。选择其他选项时，根据命令行的提示，与实例操作步骤相同，读者可自行操作。

图2.10

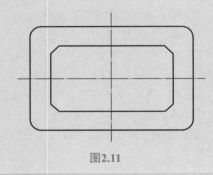

图2.11

2.8　绘制圆弧

下拉菜单：[绘图]→[圆弧]

命令行：ARC

工具栏：

功能区：[默认]→[绘图]→[圆弧]

和绘制圆的命令一样，绘制圆弧命令在 AutoCAD 中也是一个常见的命令。但和绘制圆不同的是，由于绘制圆弧涉及圆弧的起点和终点，也就有了顺时针和逆时针走向的区别。在下拉菜单中虽然列出了很多画圆弧的操作选项，但只要细细琢磨，不难发现它们大同小异。只要了解其一，即可做到举一反三。

（1）下拉菜单"[绘图]→[圆弧]"的菜单项含义

• 三点：使用三点来画圆弧，这三点是圆弧的起始点、圆弧上的任意一点和圆弧的终止点。

• 起点：圆弧的起始点。

- 圆心：圆弧的中心点。
- 端点：圆弧的终止点。
- 角度：圆弧包含角的度数。
- 长度：弦长度，所绘制的圆弧的弦长度。
- 方向：弧方向。
- 半径：圆弧半径值。
- 继续：继续上次画的弧，再画另一弧和其相切。

 注意

通常情况下，如果在AutoCAD中用已知角度来绘制圆弧，正角度表示逆时针绘制圆弧，负角度表示顺时针绘制圆弧。

（2）绘制圆弧说明

对于下拉菜单中的其他选项，在上面已做了解释，这里就不一一详述了。只给出绘制圆弧命令的有关选项含义的示意图，用户可以按照这些图来绘制圆弧。图2.12为圆弧包含角和弦长的定义示意图，图2.13中将一些较复杂选项的含义做了说明。

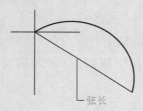

图2.12

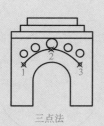
三点法

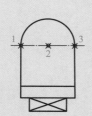
起点1，圆心2，端点3

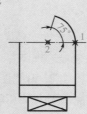
起点1，圆心2，角度

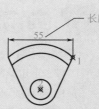
起点1，圆心2，长度

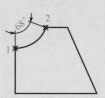
起点1，端点2，角度

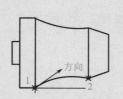
起点1，端点2，方向

起点1，端点2，半径

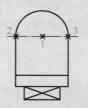
圆心1，起点2，端点3

图2.13

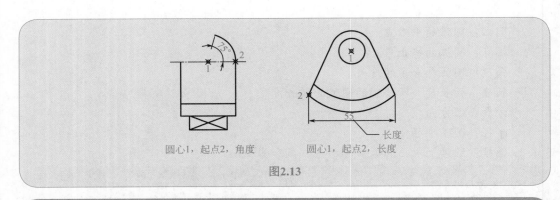

圆心1，起点2，角度   圆心1，起点2，长度

图2.13

注意

如果弦长为正，AutoCAD 将使用圆心和弦长计算端点角度，并从起点起逆时针绘制一条劣弧。如果弦长为负，AutoCAD 将逆时针绘制一条优弧。

2.9 绘制圆

下拉菜单：[绘图]→[圆]
命令行：CIRCLE（或C）
工具栏：⊙
功能区：[默认]→[绘图]→[圆]

在AutoCAD 2020中提供了6种绘制圆的方法，以满足不同情况下绘制圆的要求，下面分别介绍。

（1）已知圆心和半径画圆

已知圆心和半径画圆的操作步骤如下：
① 单击下拉菜单[绘图]→[圆]→[圆心，半径]
② 指定圆的圆心或 [三点(3P)/两点(2P)/切点、切点、半径(T)]：
（这时在屏幕上选定一点作为圆心）
③ 指定圆的半径或 [直径(D)]：25 Enter
命令结束。这时画出一个半径为25的圆，如图2.14所示。

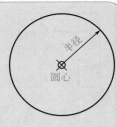

图2.14

（2）已知圆心和直径画圆

已知圆心和直径绘制圆的操作步骤如下：
① 单击下拉菜单[绘图]→[圆]→[圆心，直径]

② 指定圆的圆心或[三点(3P)/两点(2P)/切点、切点、半径(T)]：

（这时在屏幕上选定一点作为圆心）

③ 指定圆的半径或 [直径(D)]<1.0000>：_d 指定圆的直径<2.0000>：50 Enter

命令结束。这时画出一个直径为50的圆，如图2.15所示。

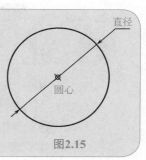

图2.15

（3）通过任意两点的连线作为直径来画圆

 实例

如图2.16，已知 *A*、*B* 两点，以 *A*、*B* 两点的连线作为直径来绘制圆的操作步骤如下：

① 单击下拉菜单[绘图]→[圆]→[两点(2)]

② 指定圆的圆心或 [三点(3P)/两点(2P)/切点、切点、半径(T)]：_2p 指定圆直径的第一个端点：（选取 *A* 点）

③ 指定圆直径的第二个端点：（选取 *B* 点）

这时画出一个圆，如图2.17所示。

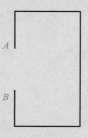
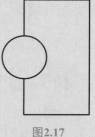

图2.16　　　　图2.17

 注意

此圆上的两点同时也是直径上的两点。

（4）已知圆上任意三点来画圆

  实例

如图2.18所示，已知 *A*、*B*、*C* 三点，通过该三点来绘制圆的操作步骤如下：

① 单击下拉菜单[绘图]→[圆]→[三点（3）]

② 指定圆的圆心或 [三点(3P)/两点(2P)/切点、切点、半径(T)]：_3p 指定圆上的第一个点：（选取 *A* 点）

③ 指定圆上的第二个点：（选取 *B* 点）

④ 指定圆上的第三个点：（选取 *C* 点）

这时画出一个圆，如图2.19所示。

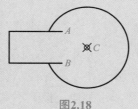
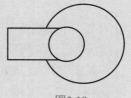

图2.18　　　　图2.19

 注意

此圆上的三点是圆上的任意三点。

AutoCAD 2020 的二维绘图功能

第 02 章

（5）已知圆上两个相切物以及圆的半径画圆

 实例

如图2.20所示，要绘制半径为15mm且与A、B两条线相切的圆，操作步骤如下：

① 单击下拉菜单[绘图]→[圆]→[相切、相切、半径]

② 指定对象与圆的第一个切点：（在直线A上选取一点作为第一个切点）

③ 指定对象与圆的第二个切点：（在直线B上选取一点作为第二个切点）

④ 指定圆的半径 <30.0000>：15 Enter

这时画出一个半径为15mm的圆，如图2.21所示。

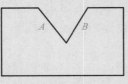

图2.20

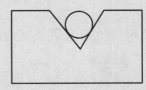

图2.21

（6）已知圆上的三个相切物画圆

 实例

如图2.22所示，绘制一个圆与圆弧A、B、C均相切，操作步骤如下：

① 单击下拉菜单[绘图]→[圆]→[相切，相切，相切]

② 指定圆的圆心或 [三点(3P)/两点(2P)/切点、切点、半径(T)]：_3p 指定圆上的第一个点：_tan 到（在圆弧A上选取一点作为和圆相切的第一个目标物）

③ 指定圆上的第二个点：_tan 到（在圆弧B上选取一点作为和圆相切的第二个目标物）

④ 指定圆上的第三个点：_tan 到（在圆弧C上选取一点作为和圆相切的第三个目标物）

这时画出一个圆，如图2.23所示。

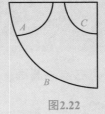

图2.22

图2.23

2.10 绘制圆环

下拉菜单：[绘图]→[圆环]
命令行：DONUT
功能区：[默认]→[绘图]→[◎]

画两个同心圆和画圆环非常类似，但又不完全相同。当然，如果圆环的外直径和内直径相等，则圆环就是一个圆。如果内直径等于0，则圆环就是一个实心圆。实际上，圆环命令还有很多有用的功能，如建立孔、接线片、基座、点等。

绘制圆环的过程如下。

实例

要画一个圆环，可按如下操作步骤进行：

① 单击在下拉菜单[绘图]→[圆环]

② 指定圆环的内径 <20.0000>：20 Enter

（或者）指定第二点：（单击第二点，两点间的距离即为圆环的内直径值）

③ 指定圆环的外径 <30.0000>：30 Enter

（或者）指定第二点：（单击第二点，这两点间的距离即为圆环的外直径值）

④ 指定圆环的中心点或 <退出>：右键

这时屏幕如图2.24所示。

图2.24

2.11 绘制样条曲线

下拉菜单：[绘图]→[样条曲线]
命令行：SPLINE(或SPL)
工具栏：$\mathcal{N}$
功能区：[默认]→[绘图]→[$\mathcal{N}$]

样条曲线是一种广泛应用的曲线，绘制样条曲线是指在指定的允许差范围内把一系列点拟合成光滑的曲线。AutoCAD 使用非对称有理B样条曲线数学方法，其中存储和定义了一类曲线和曲面数据。

AutoCAD用SPLINE命令创建"真实"的样条曲线即NURBS曲线。用户也可使用PEDIT命令对多段线进行平滑处理，以创建近似于样条曲线的线条。使用SPLINE命令可把二维和三维平滑多段线转换为样条曲线。编辑过的平滑多段线近似于样条曲线。但是，与之相比，创建真正的样条曲线有如下三个优点：

① 通过对曲线路径上的一系列点进行平滑拟合，可以创建样条曲线。进行二维制图或三维建模时，用这种方法创建的曲线边界远比多段线精确。

② 使用SPLINE命令或夹点可以很容易地编辑样条曲线，并保留样条曲线定义。如果使用PEDIT命令编辑，就会丢失这些定义，成为平滑多段线。

③ 带有样条曲线的图形比带有平滑多段线的图形占据的磁盘空间和内存要小。

CAD中绘制样条曲线有两种方式——拟合点和控制点。其中拟合点是通过指定样条曲线必须经过的拟合点来创建3阶（三次）B样条曲线。在公差值大于0（零）时，样条曲线必须在各个点的指定公差距离内。控制点是通过指定控制点来创建样条曲线。使用此方法创建1阶（线性）、2阶（二次）、3阶（三次）直到最高为10阶的样条曲线。通过移动控制点调整样条曲线的形状通常可以提供比移动拟合点更好的效果。下面分别通过实例对两种方法进行介绍。

实例①

用拟合点方式绘制样条曲线的操作步骤如下：

① 单击下拉菜单[绘图]→[样条曲线]→[拟合点]

② 指定第一个点或 [方式(M)/节点(K)/对象(O)]：（在屏幕上单击一点作样条曲线的起点）

③ 输入下一个点或 [起点切向(T)/公差(L)]：（在屏幕上指定样条曲线的第二点，此时出现橡皮条线）

④ 输入下一个点或 [端点相切(T)/公差(L)/放弃(U)]：（在屏幕上再指定样条曲线的第三点）

⑤ 输入下一个点或 [端点相切(T)/公差(L)/放弃(U)/闭合(C)]：（Enter表示退出样条曲线命令，也可继续指定样条曲线的下一个点，则该行命令重复出现）

使用该方式绘制的样条曲线如图2.25所示。

图2.25

步骤③选项说明如下。

起点切向(T)：指定在样条曲线起点的相切条件。

公差(L)：指定样条曲线可以偏离指定拟合点的距离。公差值 0（零）要求生成的样条曲线直接通过拟合点。公差值适用于所有拟合点（拟合点的起点和终点除外），始终具有为 0（零）的公差。

步骤④选项说明如下。

端点相切(T)：指定在样条曲线终点的相切条件。

放弃(U)：删除最后一个指定点。

步骤⑤选项说明如下。

闭合(C)：通过定义与第一个点重合的最后一个点，闭合样条曲线。默认情况下，闭合的样条曲线为周期性的，沿整个环保持曲率连续性(C2)。

实例②

用控制点方式绘制样条曲线的操作步骤如下：

① 单击下拉菜单[绘图]→[样条曲线]→[控制点]

② 指定第一个点或 [方式(M)/阶数(D)/对象(O)]：（在屏幕上单击一点作样条曲线的起点）

③ 输入下一个点：（在屏幕上指定样条曲线的第二点）

④ 输入下一个点或放弃U：（在屏幕上再指定样条曲线的第三点）

⑤ 输入下一个点或 [闭合(C)/放弃(U)]：（Enter表示退出样条曲线命令，也可继续指定样条曲线的下一个点，则该行命令重复出现）

使用该方式绘制的样条曲线如图2.26所示。

图2.26

实例1和实例2步骤②选项说明如下：

• **方式(M)**：选择该选项时，命令行提示：

输入样条曲线创建方式[拟合(F)/控制点(CV)]：

• 节点(K)：指定节点参数化，它是一种计算方法，用来确定样条曲线中连续拟合点之间的零部件曲线如何过渡。选择该选项时命令行提示：

输入节点参数化[弦(C)/平方根(S)/统一(U)]<弦>：

其中：

• • 弦(C)：（弦长方法）均匀隔开连接每个部件曲线的节点，使每个关联的拟合点对之间的距离成正比。

• • 平方根(S)：（向心方法）均匀隔开连接每个部件曲线的节点，使每个关联的拟合点对之间的距离的平方根成正比。此方法通常会产生更"柔和"的曲线。

• • 统一(U)：（等间距分布方法）均匀隔开每个零部件曲线的节点，使其相等，而不管拟合点的间距如何。此方法通常可生成泛光化拟合点的曲线。

• 阶数(D)：设置生成的样条曲线的多项式阶数。使用此选项可以创建1阶（线性）、2阶（二次）、3阶（三次）直到最高10阶的样条曲线。选择该选项时命令行提示：

输入样条曲线阶数<3>：

• 对象(O)：将二维或三维的二次或三次样条曲线拟合多段线转换成等效的样条曲线。根据DELOBJ系统变量的设置，保留或放弃原多段线。另外，如果想取消刚画出的一段，则可以选取任何点后使用"撤销"命令。

注意

样条曲线至少包括三个点。

2.12 绘制椭圆和椭圆弧

下拉菜单：[绘图]→[椭圆]
命令行：ELLIPSE
工具栏：⬭
功能区：[默认]→[绘图]→[⬭]

椭圆是工程图中常见的一种图形。在AutoCAD中，可以选择画椭圆的方法并能对其进行精确控制。在AutoCAD R13版以后增加了绘制椭圆弧命令，这使得AutoCAD的功能更完善，内容更丰富。

绘制椭圆的缺省方法是指定一个轴的端点和另一个轴的半轴长度。也可以通过指定椭圆的中心、轴的一个端点和另一个轴的半轴长度来画椭圆，第二个轴还可以通过定义长轴和短轴比值的旋转角来指定。在AutoCAD 2020中提供了3种绘制椭圆的方法，以满足不同的要求，下面分别介绍。

用"圆心"方式创建椭圆的操作步骤如下：

① 单击下拉菜单[绘图]→[椭圆]→[圆心]

② 指定椭圆的中心点：（在屏幕上选取一点作为椭圆的中心点）

③ 指定轴的端点：（沿X轴或Y轴方向输入数值作为椭圆一条半轴的长度）Enter

④ 指定另一条半轴长度或 [旋转(R)]：（输入数值作为椭圆另一条半轴的长度）Enter

如图2.27所示。

步骤④选项说明：

旋转(R)：表示通过绕第一条轴旋转定义椭圆的长轴短轴比例。该值（0°～89.4°）越大，短轴对长轴的缩短就越大，如图2.28所示。输入 0 则定义了一个圆。

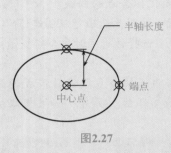

图2.27

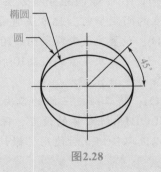

图2.28

实例 2

用"轴、端点"方式创建椭圆的操作步骤如下：

① 单击下拉菜单[绘图]→[椭圆]→[轴端点]

② 指定椭圆轴的端点或 [圆弧(A)/中心点(C)]：（在屏幕上选取一点作为椭圆轴的端点）

③ 指定轴的另一个端点：（输入数值作为椭圆一条轴的长度）Enter

④ 指定另一条半轴长度或 [旋转(R)]：（输入数值作为椭圆另一条半轴的长度）Enter

如图2.29所示。

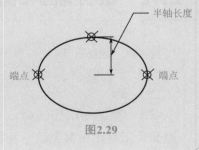

图2.29

实例 3

用"椭圆弧"方式创建椭圆或椭圆弧的操作步骤如下。

① 单击下拉菜单[绘图]→[椭圆]→[椭圆弧]

② 指定椭圆弧的轴端点或 [中心点(C)]：（在屏幕上选取一点作为椭圆轴的端点）

③ 指定轴的另一个端点：（输入数值作为椭圆一条轴的长度）Enter

④ 指定另一条半轴长度或 [旋转(R)]：（输入数值作为椭圆另一条半轴的长度）Enter

⑤ 指定起点角度或[参数(P)]：（指定椭圆弧的起点角度）

⑥ 指定端点角度或 [参数(P)/夹角(I)]：（指定椭圆弧的端点角度）

如图2.30为起点角度为45°、端点角度为270°绘制的椭圆弧。

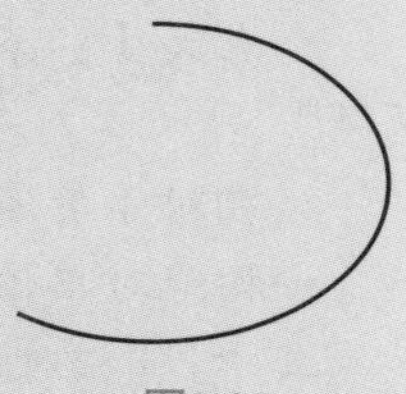

步骤⑥选项说明：

参数(P)：表示 AutoCAD 使用以下矢量参数方程式创建椭圆弧：

$$p(u)=c+a\cos u+b\sin u$$

式中，c是椭圆的中心点；a和b分别是椭圆的半长轴和半短轴；u是输入的参数。

夹角(I)：指定从起点角度开始的夹角。

图2.30

2.13 画点

下拉菜单：[绘图]→[点]
命令行：POINT
工具栏：∴
功能区：[默认]→[绘图]→[∴]

在执行画图或编辑命令时，系统会自动在画面上显现一些十字小交点来表示已经执行过多少次操作了。但是这些小交点并不是真正的"点"。当使用REDRAW命令时，这些点就会被清除掉。在这里，我们要介绍一个真正的点，它是一个真实的图形，可以执行编辑操作，如移动、删除等。

点实体是非常有用的。例如，可将点实体用作捕捉和偏移实体的节点或参考点。可以根据屏幕大小或绝对单位来设置点样式及其大小。

下拉菜单[绘图]→[点]的下级菜单包含四个菜单项，即单点、多点、定数等分及定距等分。

（1）点

• 单点：单个的点，即一次只能画一个点。

• 多点：多个点，即一次能连续不停地画多个点。

• 定数等分：等分割段，即如果一段线要分割成相等的几段，使用此命令可将各段用点分割开。

• 定距等分：测量段，即用一段距离来测量一段线。

（2）点样式

下拉菜单：[格式]→[点样式...]
命令行：DDPTYPE

在AutoCAD中点的大小和形状是可以设置的，一共有20种类型的点。执行该命令时可弹出一个对话框，如图2.31所示。

在图2.31中，20种类型的点可供用户选择，只需用鼠标在图标上单击即可。对图2.31中的有关项的含义说

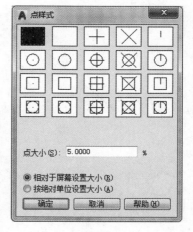

图2.31

明如下：

- 点大小：表示点的大小。它按百分数的方式来控制，具体尺寸取决于其下面的两项。
- 相对于屏幕设置大小：表示点的大小是由画面的比例来控制的。
- 按绝对单位设置大小：表示点的大小是按绝对单位的比例来控制的。

其中，"相对于屏幕设置大小"为缺省选项，只要单击"按绝对单位设置大小"时，"点大小"栏中的百分数就以绝对单位显示。

（3）绘制点的过程

要将直线段用点分割开，可按如下步骤执行：

① 利用直线命令画出图2.32所示的线段。

② 设置点的类型为图2.31中第三行第三列的类型，按"确定"按钮确认。

③ 单击下拉菜单[绘图]→[点]→[定数等分]。

④ 选择要定数等分的对象：（选取屏幕上的线段，该线段以虚线显示）。

⑤ 输入线段数目或 [块(B)]：4 Enter（键入4表示将线段分割为4段）。

这时屏幕如图2.33所示，可以看到线段被分割成相等的4段。

要测量线段，可按如下步骤执行：

① 利用直线命令画出如图2.32所示的线段。

② 设置点的类型为图2.31中第三行第三列的类型，按"确定"按钮确认。

③ 单击下拉菜单[绘图]→[点]→[定距等分]。

④ 选择要定距等分的对象：（选取屏幕上的线段，该线段以虚线显示）。

⑤ 指定线段长度或 [块(B)]：30 Enter。

这时屏幕如图2.34所示。

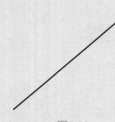 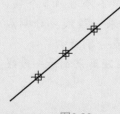 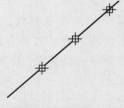

图2.32   图2.33   图2.34

 注意

"指定线段长度"表示测量段的长度，例如键入"4"指测量段为4个单位长，绝非4段，这和上面的"定数等分"是不同的。

2.14 建立边界

建立边界命令用来建立填充图案的边界和生成面域实体。

（1）建立边界的过程

设已完成了图2.35所示图形，现在要建立图2.36所示的边界，可按如下操作过程进行：

① 单击下拉菜单[绘图]→[边界...]，则弹出一个对话框，如图2.37所示。

② 在图2.37所示的对话框中单击"拾取点"项，则该对话框退出，命令行提示：

拾取内部点：（根据边界形状在图中拾取内部点）

正在选择所有对象...

正在选择所有可见对象...

正在分析所选数据...

正在分析内部孤岛...

拾取内部点：Enter

已创建 1 个多段线

这时如果使用移动命令来移动该边界，则屏幕如图2.36所示，即图中右边的部分就是创建的边界。

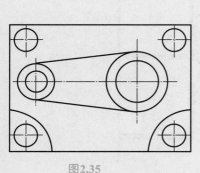

图2.35

图2.36

图2.37

（2）图2.37所示对话框中各项的含义

- "拾取点"区域：根据围绕指定点构成封闭区域的现有对象来确定边界。
- "孤岛检测"区域：控制边界命令是否检测内部闭合边界，该边界称为孤岛。

• "边界保留"区域：表示建立多段线边界还是面域边界。其中：对象类型可选为"多段线"边界和"面域"边界。面域的创建见三维绘图部分。

• "边界集"区域：表示用什么来确定边界。其中：

• • 当前视口：表示使用当前视区的所有可见图形实体建立边界。

• • 现有集合：表示从用户指定的图形实体来建立边界。只有使用了"新建"选项，并在屏幕上选择了图形实体后，该项才被激活可用。

• 新建：表示从屏幕上选择图形实体来建立新的边界。当单击时，该对话框暂时退出，当在屏幕上选择了图形实体后，该对话框又弹出。

2.15　修订云线

下拉菜单：[绘图]→[修订云线]

命令行：REVCLOUD

工具栏：✐

功能区：[默认]→[绘图]→[✐]

修订云线是由连续圆弧组成的多段线。它们用于提醒用户注意图形的某些部分。在查看或用红线圈阅图形时，可以使用修订云线功能亮显标记以提高工作效率。

创建修订云线：通过移动鼠标，用户可以从头开始创建修订云线，也可以将对象（例如圆、椭圆、多段线或样条曲线）转换为修订云线。可以选择样式来使云线看起来像是用画笔绘制的。如图2.38所示。

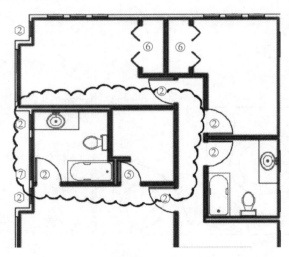

图2.38

修改修订云线：修订云线提供特定于夹点的选项，具体取决于夹点位置和REVCLOUDGRIPS系统变量的设置。

当REVCLOUDGRIPS系统变量处于关闭状态时，可使用夹点来编辑修订云线上的单个弧长和弦长。否则，夹点将显示添加或删除顶点，或者拉伸修订云线或其顶点的选项。

 **实例**

创建修订云线的步骤如下：

① 单击功能区[默认]→[绘图]→[修订云线]→[矩形]

② 指定第一个角点或[弧长(A)/对象(O)/矩形(R)/多边形(P)/徒手画(F)/样式(S)/修改(M)]<对象>：（在屏幕上选取一点作为第一个角点）

③ 指定对角点：（选取矩形的对角点）

步骤②选项说明：

弧长(A)：指定修订云线的最小弧长和最大弧长。

对象(O)：将指定的对象转化为修订云线。

多边形(P)：绘制多边形形状的修订云线。

徒手画(F)：指徒手绘制任意形状的修订云线。

样式(S)：指定云线圆弧的样式为普通还是手绘。

修改(M)：将指定的多段线修改为修订云线。

2.16 "徒手画图"命令

命令行：SKETCH

可以使用SKETCH命令绘制徒手画，该命令对于创建不规则边界或使用数字化仪追踪非常有用。徒手画由许多条线段组成，每条线段都是独立的实体，可设置线段的最小长度或增量。使用较小的线段可提高精度，但会明显增加图形文件的大小。因此，使用这个工具时要慎重考虑。

SKETCH命令在AutoCAD中被当作徒手画图工具或当作跟踪图形中的画图板。当移动光标时，该命令形成连续的直线段多段线，光标移到哪里，图形就画到哪儿。

当执行SKETCH命令时，有关提示项的含义如下：

• 类型(T)：指定手画线的对象类型。可通过SKPOLY系统变量指定类型为"直线""多段线"或者"样条曲线"。

• 增量(I)：定义每条手画直线段的长度。定点设备所移动的距离必须大于增量值，才能生成一条直线。可通过SKETCHINC系统变量指定其值。

• 公差(L)：对于样条曲线，指定样条曲线的曲线布满手画线草图的紧密程度。可通过SKTOLERANCE系统变量指定其值。

 注意

徒手绘图之前，请检查系统变量CELTYPE以确保当前的线型为"Bylayer"。如果使用的是点画线型，同时将徒手画线段设置得比虚线或虚线间距短，那么将看不到虚线或虚线空间。

2.17 小结与练习

本章重点介绍了 AutoCAD 2020 的二维绘图功能，并运用大量实例详细说明了各个命令的创建方法和步骤。二维绘图功能作为 AutoCAD 的基础功能，要求用户熟悉各个命令菜单栏、功能区、工具栏以及命令行的执行方式，熟练掌握绘图技巧，并能够运用多种方式创建直线、圆、椭圆、圆弧、矩形、多边形、样条曲线等基本图形对象。

1. 绘制如图 2.39 所示的二维图形。
2. 绘制如图 2.40 所示的二维图形。

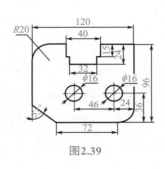

图2.39

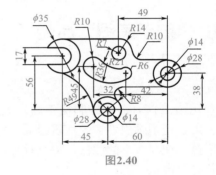

图2.40

03

第3章

Part one

AutoCAD 2020的
二维编辑功能

在本章中，主要介绍AutoCAD 2020的图形编辑命令，这正是AutoCAD在绘图方面所表现出来的优点和长处。通过这些命令可以对图形进行删除、复制、镜像、偏移、阵列、移动、缩放、修剪等操作，从而达到改变图形的目的。

3.1 删除对象

3.1 视频精讲

下拉菜单：[修改]→[删除]
命令行：ERASE
工具栏：
功能区：[默认]→[修改]→[删除]

 注意

用OOPS命令可恢复最近一次ERASE操作删除的对象。

执行ERASE命令可删除一个或几个对象外，还可删除某一区域内的所有对象。

 实例

设目前的屏幕如图3.1所示，若要删除某一区域内的所有对象，可按如下操作步骤进行：
① 单击下拉菜单[修改]→[删除]
② 选择对象：（单击第1点）
③ 选择对象：指定对角点：（单击第2点，形成一个矩形区域，如图3.2所示）
④ 选择对象：Enter
命令结束。这时该区域内的对象从屏幕上消失。

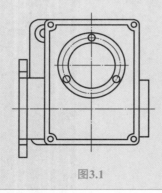

图3.1

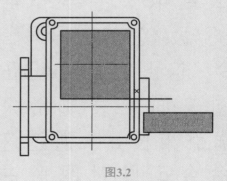

图3.2

 注意

对于从左上角开始到右下角形成的区域，只要对象全部在该区域内，就可删除该对象。对于从右下角开始到左上角形成的区域，则只要整个对象的一部分在此区域内就可删除该对象。参见第1章实体的选取方式。

3.2 复制对象

3.2 视频精讲

下拉菜单：[修改]→[复制]

命令行：COPY

工具栏：

功能区：[默认]→[修改]→[复制]

 实 例

设目前的屏幕如图3.3所示，要复制其中的一个对象可按如下操作步骤进行：

① 单击下拉菜单[修改]→[复制]

② 选择对象：（鼠标选择圆弧）Enter

③ 指定基点或[位移(D)/模式(O)]<位移>：（鼠标选择圆弧中心作为复制的基准点）Enter

④ 指定第二个点或[阵列(A)]<使用第一个点作为位移>：（鼠标选择中心圆的象限点）

⑤ 指定第二个点或[阵列(A)/退出(E)/放弃(U)]<退出>：Enter

命令结束。此时屏幕如图3.4所示。

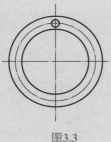

图3.3

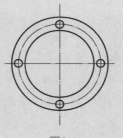

图3.4

3.3 镜像对象

3.3 视频精讲

下拉菜单：[修改]→[镜像]

命令行：MIRROR

工具栏：⚠

功能区：[默认]→[修改]→[镜像]

设目前的屏幕如图3.5所示，图中是已绘制好的对称图的一半，要绘制另一半可按如下操作步骤进行：

① 单击下拉菜单[修改]→[镜像]

② 选择对象：(鼠标选择水平中心线上侧的图形)Enter

③ 指定镜像线的第一点：(鼠标选择水平中心线的左端点作为镜像线的第一点)

④ 指定镜像线的第二点：(鼠标选择水平中心线的右端点作为镜像线的第二点)

⑤ 要删除源对象吗？[是(Y)/否(N)]<否>：Enter

命令结束。这时屏幕上将显示出镜像后的图形，如图3.6所示。

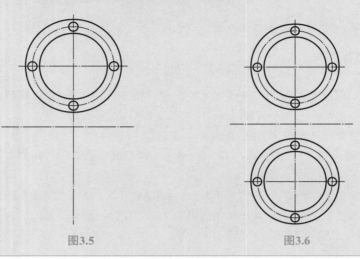

图3.5　　　　　　　　　　　　　　　图3.6

 注意

　　MIRROR命令用来创建一个对象的镜像拷贝。系统变量MIRRTEXT控制对象中文字的镜像方式，如果MIRRTEXT设置为1（缺省值），则文字同样进行镜像变换（即出现所谓的"倒字"）。如果MIRRTEXT设置为0，则文字只是平移而不进行镜像（如同COPY命令一样）。MIRRTEXT默认设置为0。

 实例 2

　　设当前的屏幕如图3.7所示，图中是已绘制好的对称图的一半，若要用镜像命令绘制另一半及文字，在系统变量MIRRTEXT默认设置为0时，镜像后结果如图3.8所示。

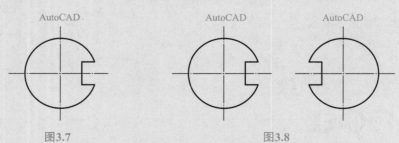

AutoCAD　　　　　　　AutoCAD　　　　　　AutoCAD

图3.7　　　　　　　　　　　　　　　图3.8

若将MIRRTEXT设置为1，可按如下操作步骤进行：

① 命令：MIRRTEXT [Enter]

② 输入MIRRTEXT的新值<0>：1 [Enter]

设置结束。镜像后结果如图3.9所示。

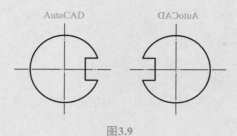

图3.9

3.4 偏移对象

3.4 视频精讲

下拉菜单：[修改]→[偏移]

命令行：OFFSET

工具栏：

功能区：[默认]→[修改]→[偏移]

实例

设目前的屏幕如图3.10所示，要将屏幕上的图形外轮廓线进行偏移，可按如下操作步骤进行：

① 单击下拉菜单[修改]→[偏移]

② 指定偏移距离或 [通过(T)/删除(E)/图层(L)] <通过>：8 [Enter]

③ 选择要偏移的对象，或 [退出(E)/放弃(U)] <退出>：(鼠标选择要偏移的外轮廓圆)

④ 指定要偏移的那一侧上的点，或 [退出(E)/多个(M)/放弃(U)] <退出>：(鼠标选择圆外一点)

⑤ 选择要偏移的对象，或 [退出(E)/放弃(U)] <退出>：[Enter]

命令结束。屏幕如图3.11所示。

图3.10

图3.11

3.5 阵列对象

3.5 视频精讲

> 下拉菜单：[修改]→[阵列]
> 命令行：ARRAYCLASSIC
> 工具栏：品
> 功能区：[默认]→[修改]→[阵列]

阵列是多重拷贝的另一个类型，它按一定的规则方式（矩形或圆形或路径）来产生一个或一组对象的多重拷贝。

执行"阵列"命令ARRAYCLASSIC时弹出一个对话框如图3.12所示。

（1）图3.12所示对话框各选项的含义

- "矩形阵列"选项：是指矩形阵列方式。
- "环形阵列"选项：是指环形阵列方式。选取本项时图3.12变为图3.13所示（稍后解释）。
  - 行数：阵列时行方向的复制数量（即行数）。
  - 列数：阵列时列方向的复制数量（即列数）。
  - 选择对象：选择要阵列的对象。
  - "偏移距离和方向"区域：
  - • 行偏移：在行方向阵列对象时对象间的距离。
  - • 列偏移：在列方向阵列对象时对象间的距离。
  - • 阵列角度：阵列对象时阵列的角度。

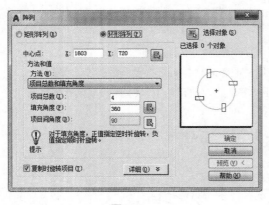

图3.12 | 图3.13

阵列时对象之间的距离可设置为正、负两种值，其中正、负值指沿X、Y轴的正、负方向阵列。

（2）图3.13所示对话框各选项的含义

- "矩形阵列"选项：是指矩形阵列方式。

- "环形阵列"选项：是指环形阵列方式。选取本项时图3.13变为图3.12所示。
- 选择对象：选择要阵列的对象。
- 中心点：圆形阵列时的中心点。
- "方法和值"区域：
- ·项目总数和填充角度：阵列时阵列的对象数量和对象分布的角度范围。
- ·项目总数和项目间的角度：阵列时阵列的对象数量和对象分布时对象之间的角度。
- ·填充角度和项目间的角度：阵列时阵列的对象分布的角度范围和对象分布时对象之间的角度。
- 项目总数：阵列时阵列的对象数量。
- 填充角度：阵列时阵列的对象分布的角度范围。
- 项目间角度：阵列时阵列的对象分布时对象之间的角度。
- 复制时旋转项目：环形阵列时对象的分布方向。利用本项可使环形阵列时对象的方向对准中心的方向。
- 对象基点：环形阵列时基点。

 注意

对于对象在环形阵列上的环绕角度，如果用正角度表示逆时针方向，用负角度表示顺时针方向。另外，如果用－ARRAY命令来执行阵列，则不弹出对话框，而是用命令行提示来执行阵列。

（3）阵列的具体过程

 实例①

设目前的屏幕如图3.14所示，对其中的图形作矩形阵列如下：

① 单击下拉菜单[修改]→[阵列]→[矩形阵列]

② 选择对象：（选取要阵列的圆环）Enter

③ 选择夹点以编辑阵列或[关联(AS)/基点(B)/计数(COU)/间距(S)/列数(COL)/行数(R)/层数(L)/退出(X)]<退出>：Enter

命令结束。这时屏幕如图3.15所示。

图3.14

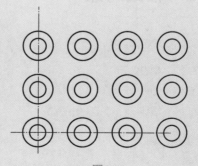

图3.15

实例②

设目前的屏幕如图3.16所示，要对其中的图形作环形阵列可按如下操作步骤进行：

① 单击下拉菜单[修改]→[阵列]→[环形阵列]

② 选择对象：（选取要阵列的小圆）Enter

③ 指定阵列的中心点或[基点(B)/旋转轴(A)]：（鼠标选择小圆所在中心圆圆心）

④ 选择夹点以编辑阵列或[关联(AS)/基点(B)/项目(I)/项目间角度(A)/填充角度(F)/行(ROW)/层(L)/旋转项目(ROT)/退出(X)]<退出>：Enter

命令结束。这时屏幕上显示出该图形的环形阵列，如图3.17所示。

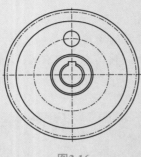

图3.16

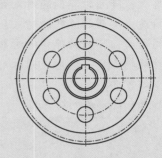

图3.17

 实例③

设目前的屏幕如图3.16所示，对其中的图形作路径阵列可按如下操作步骤进行：

① 单击下拉菜单[修改]→[阵列]→[路径阵列]

② 选择对象：（选取图3.16中的小圆）Enter

③ 选择路径曲线：（选取图3.16中的中心圆作为阵列的路径）

④ 选择夹点以编辑阵列或[关联(AS)/方法(M)/基点(B)/切向(T)/项目(I)/行(R)/层(L)/对齐项目(A)/z方向(Z)/退出(X)]<退出>：Enter

命令结束。这时屏幕如图3.17所示。

3.6 移动对象

下拉菜单：[修改]→[移动]

命令行：MOVE

工具栏：✛

功能区：[默认]→[修改]→[移动]

3.6 视频精讲

 实例

设目前的屏幕如图3.18所示，现在要移动两圆使其不相交（移动两圆中的任一个即可，

在这里我们移动右边的大圆），可按如下操作步骤进行：

① 单击下拉菜单[修改]→[移动]

② 选择对象：（选择右边的大圆）Enter

③ 指定基点或[位移(D)]<位移>（鼠标选择大圆圆心：）

④ 指定第二个点或<使用第一个点作为位移>：（鼠标选择合适位置移开大圆）

这时屏幕如图3.19所示。

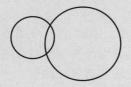
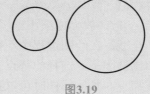

图3.18   图3.19

3.7 旋转对象

3.7 视频精讲

下拉菜单：[修改]→[旋转]

命令行：ROTATE

工具栏：↻

功能区：[默认]→[修改]→[旋转]

实例

设目前的屏幕如图3.20所示，若要把图中的对象绕A点旋转一个角度，可按如下操作步骤进行：

① 单击下拉菜单[修改]→[旋转]

② 选择对象：（选取要旋转的对象）Enter

③ 指定基点：（鼠标选择中心线交点）

④ 指定旋转角度，或[复制(C)/参照(R)]<0>：30 Enter

命令结束。此时屏幕如图3.21所示。

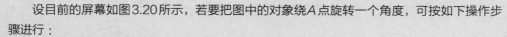
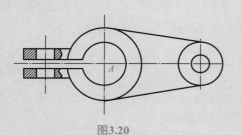
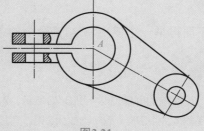

图3.20   图3.21

3.8　缩放对象

3.8　视频精讲

下拉菜单：[修改]→[缩放]

命令行：SCALE

工具栏：回

功能区：[默认]→[修改]→[缩放]

SCALE命令允许放大或缩小绘图文件中对象的大小。有时由于绘图符号文本选取的比例因子不合适，在绘图过程中不得不改变对象大小。当改变图形对象的大小时，需要给定基点和比例因子。选择的基点一般保持不变，所选的对象按比例因子以基点为基准点来放大或缩小。具体操作时可以直接键入比例因子，也可以单击两点，以这两点间的距离作为比例因子，还可以采用参考长度。使用参考长度时，通常在对象上定义一个长度，然后指定一个长度。

设目前的屏幕如图3.22所示，若用SCALE命令来放大其中的圆，可按如下操作步骤进行：

① 单击下拉菜单[修改]→[缩放]

② 选择对象：（鼠标选择图中的手轮）Enter

③ 指定基点：（鼠标选择圆心）

④ 指定比例因子或 [复制(C)/参照(R)]：1.5　Enter

命令结束。这时屏幕上的图形被放大，如图3.23所示。

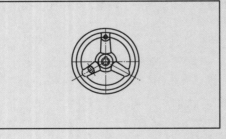

图3.22

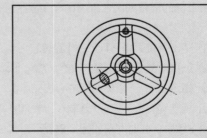

图3.23

下面再举一个使用SCALE命令的"参照"选项的例子，参见实例2。

设目前的屏幕仍然如图3.23所示。对图中的圆而言，如果此前已放大了1.5倍，现在发现不是要放大1.5倍，而应当放大2倍，可按如下操作步骤进行：

① 单击下拉菜单[修改]→[缩放]

② 选择对象：（选取图中的手轮）Enter

③ 指定基点：（在屏幕上选取一点）

④ 指定比例因子或[复制(C)/参照(R)]：

R `Enter`

⑤ 指定参照长度<1.0000>：1.5 `Enter`

⑥ 指定新的长度或[点(P)] <1.0000>：

2 `Enter`

命令结束。这时屏幕上的图形被放大，如图3.24所示。

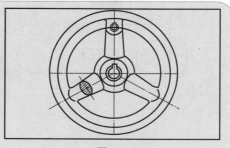

图3.24

上面讲过，使用"参照"选项可以参考已知的图形比例，再决定缩放后的图形比例，在进行图形的具体缩放时不必使用计算机去计算缩放的比例值，也就是说，在图3.24的比例缩放过程中，当依次提示"指定比例因子或[复制(C)/参照(R)]"时，如果在此前已放大了1.5倍，现在发现应该是2倍，如何更改呢？如果使用"参照"选项，则问题迎刃而解。如同上面所示，在依次提示"指定参照长度<1.0000>："时键入"1.5"，表示原来图形的比例值（已经放大了1.5倍），在依次提示"指定新的长度或[点(P)]<1.0000>："时再键入"2"，表示缩放图形的新比例值（为最原始值的2倍）。其实，相当多的初学者在学习SCALE命令时不了解"参照"的具体用法，通过反复实践，读者定能从中悟出真谛来。

3.9 拉伸命令

| 下拉菜单：[修改]→[拉伸] |
| 命令行：STRETCH |
| 工具栏：🖵 |
| 功能区：[默认]→[修改]→[拉伸] |

3.9 视频精讲

拉伸命令STRETCH可用来移动和伸展对象。利用该命令可以拉长或缩短对象，还可以改变其形状。使用STRETCH命令时，要使用包容窗口（Crossing window）。在使用了一次包容窗口选取对象后，不能再用窗口（Window）或包容窗口（Crossing window）来加入更多的对象。

实例

设目前的屏幕如图3.25所示，要对其中的图形进行拉伸操作，可按如下操作步骤进行：

① 单击下拉菜单[修改]→[拉伸]

② 选择对象：（选择多线段）`Enter`

③ 指定基点或[位移(D)]<位移>：（鼠标指定A点）

④ 指定第二个点或<使用第一个点作为位移>：（鼠标指定B点）

命令结束。这时屏幕如图3.26所示。

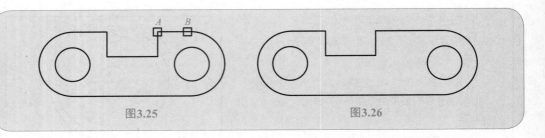

图3.25　　　　　　　　　　　　图3.26

3.10　拉长对象

3.10　视频精讲

下拉菜单：[修改]→[拉长]

命令行：LENGTHEN

功能区：[默认]→[修改]→[拉长]

 实 例

设目前的屏幕如图3.27所示，要对水平中心线用拉长命令来拉长，可按如下操作步骤进行：

① 单击下拉菜单[修改]→[拉长]

② 选择要测量的对象或[增量(DE)/百分比(P)/总计(T)/动态(DY)]<总计(T)>：DE Enter

③ 输入长度增量或[角度(A)]<0.0000>：30 Enter

④ 选择要修改的对象或[放弃(U)]：(鼠标选择水平线的右端)

⑤ 选择要修改的对象或[放弃(U)]：Enter

命令结束。这时屏幕上的直线加长30个单位，如图3.28所示。

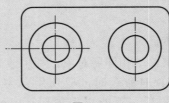

图3.27

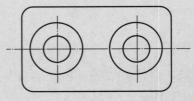

图3.28

 注意

所拉长的线段是用选取小方框单击时靠近的那一端。

3.11 视频精讲

3.11 修剪对象

下拉菜单：[修改]→[修剪]
命令行：TRIM
工具栏：✂
功能区：[默认]→[修改]→[修剪]

设目前屏幕如图3.29所示。将竖直直线当作剪刀，修剪掉圆弧的中间部分，可按如下操作步骤进行：

① 单击下拉菜单[修改]→[修剪]

② 选择对象或＜全部选择＞：(鼠标选择两条竖直短直线) Enter

③ [栏选(F)/窗交(C)/投影(P)/边(E)/删除(R)/放弃(U)]：(鼠标选择圆弧)

④ [栏选(F)/窗交(C)/投影(P)/边(E)/删除(R)/放弃(U)]：Enter

命令结束。这时圆弧的中间段被修剪掉，如图3.30所示。

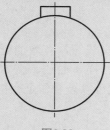 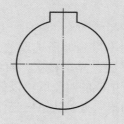

图3.29   图3.30

设目前的屏幕如图3.31所示，将直线L_1当作剪刀，修剪直线L_2和直线L_3，可按如下操作步骤进行：

① 单击下拉菜单[修改]→[修剪]

② 选择对象或＜全部选择＞：(鼠标选择直线L_1) Enter

③ [栏选(F)/窗交(C)/投影(P)/边(E)/删除(R)/放弃(U)]：E Enter

④ 输入隐含边延伸模式 [延伸(E)/不延伸(N)]＜不延伸＞：E Enter

⑤ [栏选(F)/窗交(C)/投影(P)/边(E)/删除(R)/放弃(U)]：(鼠标选择直线L_2的上端)
   (这时直线L_2的上端被修剪掉，如图3.32所示)

⑥ [栏选(F)/窗交(C)/投影(P)/边(E)/删除(R)/放弃(U)]：E Enter

⑦ 输入隐含边延伸模式 [延伸(E)/不延伸(N)]＜延伸＞：N Enter

⑧ [栏选(F)/窗交(C)/投影(P)/边(E)/删除(R)/放弃(U)]：(鼠标选择直线L_3的上端)

第 03 章   AutoCAD 2020 的二维编辑功能

57

⑨ [栏选(F)/窗交(C)/投影(P)/边(E)/删除(R)/放弃(U)]：$\boxed{\text{Enter}}$

命令结束。这时线段L_3的上端未被剪去，这也说明了"延伸"和"不延伸"的区别。

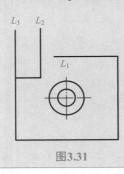

图3.31

图3.32

3.12　延伸对象

3.12　视频精讲

下拉菜单：[修改]→[延伸]

命令行：EXTEND

工具栏：–⫟

功能区：[默认]→[修改]→[延伸]

EXTEND命令可延伸所选取的直线、圆弧、多义线等。有效的延伸边界对象包括多义线、圆、椭圆、浮动视区、直线、射线、区域、样条曲线、文本和用命令绘制的线。在延伸时所选取的对象既可以被看作边界边，也可以被看作是有待延伸的对象。待延伸的对象上的拾取点确认了应延伸的一端。

实例①

设屏幕如图3.33所示，要将两线段L_2延伸到线段L_1为止，可按如下操作步骤进行：

① 单击下拉菜单[修改]→[延伸]

② 选择对象或＜全部选择＞：(鼠标选择直线L_1) $\boxed{\text{Enter}}$

③ [栏选(F)/窗交(C)/投影(P)/边(E)/放弃(U)]：(鼠标选择两直线L_2)

④ [栏选(F)/窗交(C)/投影(P)/边(E)/放弃(U)]：$\boxed{\text{Enter}}$

命令结束。这时线段L_2被延伸至线段L_1，如图3.34所示。

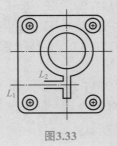

图3.33

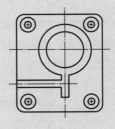

图3.34

实例②

设目前屏幕如图3.35所示，以线段L_1及其延长线为边界延伸线段L_2，可按如下操作步骤进行：

① 单击下拉菜单[修改]→[延伸]

② 选择对象或<全部选择>：(鼠标选择直线L_1) Enter

③ [栏选(F)/窗交(C)/投影(P)/边(E)/放弃(U)]：E Enter

④ 输入隐含边延伸模式 [延伸(E)/不延伸(N)]<不延伸>：E Enter

⑤ [栏选(F)/窗交(C)/投影(P)/边(E)/放弃(U)]：(鼠标选择直线L_2)

⑥ [栏选(F)/窗交(C)/投影(P)/边(E)/放弃(U)]：Enter

命令结束。这时直线L_2被延伸至直线L_1的延长线上，如图3.36所示。

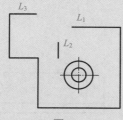
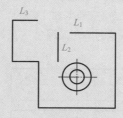

图3.35   图3.36

 实例③

还是看图3.35，若边界线不被延伸的情况，可按如下操作步骤进行：

① 单击下拉菜单[修改]→[延伸]

② 选择对象或<全部选择>：(鼠标选择直线L_2) Enter

③ [栏选(F)/窗交(C)/投影(P)/边(E)/放弃(U)]：E Enter

④ 输入隐含边延伸模式 [延伸(E)/不延伸(N)]<延伸>：N Enter

⑤ [栏选(F)/窗交(C)/投影(P)/边(E)/放弃(U)]：(鼠标选择直线L_3) Enter

命令结束。此时直线L_3未被延伸。

从上面的延伸操作中可以看出，是否延长边界线所得结果是截然不同的。

3.13 打断对象

3.13 视频精讲

下拉菜单：[修改]→[打断]

命令行：BREAK

工具栏：凹

功能区：[默认]→[修改]→[打断]

在AutoCAD中，"打断"命令BREAK把已存在的对象切割成两部分或删除该对象的一部分。BREAK命令可以删掉一个对象指定的两点间的部分，也可将一个对象打断成两个具有同一端点的对象。

注意

在打断圆弧和圆时必须以逆时针的顺序来拾取两点。

设目前屏幕如图3.37所示。要将小圆右侧的直线段的A、B之间打断，并删除所打断的这一段，可按如下操作步骤进行：

① 单击下拉菜单[修改]→[打断]

② 选择对象：（选取图3.37中的直线的A点）

③ 指定第二个打断点 或 [第一点(F)]：（选取B点）

命令结束。这时屏幕如图3.38所示。

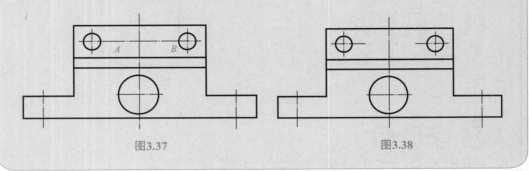

图3.37   图3.38

3.14 合并对象

下拉菜单：[修改]→[合并]

命令行：JOIN

工具栏：↦

功能区：[默认]→[修改]→[合并]

3.14 视频精讲

设目前屏幕如图3.38所示。要将两小圆中心线合并成一条直线段，可按如下操作步骤进行：

① 单击下拉菜单[修改]→[合并]

② 选择源对象或要一次合并的多个对象：（鼠标选择一小圆中心线）

③ 选择要合并的对象：（鼠标选择另一小圆中心线）

④ 选择要合并的对象：Enter

命令结束。这时屏幕如图3.37所示。

3.15 倒角对象

下拉菜单：[修改]→[倒角]

命令行：CHAMFER

工具栏： ⌒

功能区：[默认]→[修改]→[倒角]

倒角在工程图中到处可见。"倒角"命令CHAMFER只对两条直线或一条单一多义线起作用。该命令可用来在两个对象间加一倒角。例如，可以用该命令很快地修剪掉两条线段相交所形成的角，从而在两条线段间按预定角度连接一条直线。倒角可由其两边的距离或者一条边的距离和一个角度来确定。

实例 ①

利用画图命令分别画出图3.39（a）、（b）所示的两个外轮廓矩形。其中图3.39（a）的矩形是用LINE命令画四条线形成的，而图3.39（b）的矩形是用RECTANGLE命令直接画出。要对图3.39所示的两个矩形进行倒角，可按如下操作步骤进行：

对左侧矩形倒角：

① 单击下拉菜单[修改]→[倒角]

② 选择第一条直线或 [放弃(U)/多段线(P)/距离(D)/角度(A)/修剪(T)/方式(E)/多个(M)]：(鼠标选择左侧矩形的最左边的线段)

③ 选择第二条直线，或按住Shift键选择直线以应用角点或[距离(D)/角度(A)/方法(M)]：(鼠标选择左侧矩形的最上边的线段)

命令结束。这时屏幕如图3.40所示。

对右侧矩形倒角：

① 单击下拉菜单[修改]→[倒角]

② 选择第一条直线或 [放弃(U)/多段线(P)/距离(D)/角度(A)/修剪(T)/方式(E)/多个(M)]：P Enter

③ 选择二维多段线或 [距离(D)/角度(A)/方法(M)]：(鼠标选择右侧的矩形)

4 条直线已被倒角

命令结束。这时屏幕如图3.41所示。

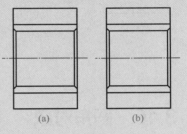

图3.39

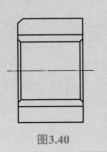

图3.40

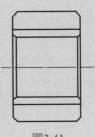

图3.41

3.15 视频精讲

注意

对比图3.40和图3.41，同是对两个矩形倒角，结果却不同，并请您思考一下，这是为什么？

实例②

在图3.39中，再用设置两边距离的方法来完成一个倒角，操作步骤如下：

① 单击下拉菜单[修改]→[倒角]

② 选择第一条直线或 [放弃(U)/多段线(P)/距离(D)/角度(A)/修剪(T)/方式(E)/多个(M)] : D Enter

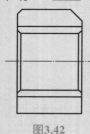

图3.42

③ 指定第一个倒角距离 <3.0000> : 8 Enter

④ 指定第二个倒角距离 <3.0000> : 8 Enter

⑤ 选择第一条直线或 [放弃(U)/多段线(P)/距离(D)/角度(A)/修剪(T)/方式(E)/多个(M)] : (鼠标选择图3.40中矩形的最上边的线段)

⑥ 选择第二条直线，或按住Shift键选择直线以应用角点或 [距离(D)/角度(A)/方法(M)] : (鼠标选择图3.40中矩形的最右边的线段)

命令结束。这时屏幕如图3.42所示。

3.16 圆角对象

下拉菜单: [修改]→[圆角]

命令行: FILLET

工具栏: ⌐

功能区: [默认]→[修改]→[圆角]

3.16 视频精讲

在 AutoCAD 中，"倒圆角"命令 FILLET 用于在两个对象间加上一段圆弧。如果两个对象不相交的话，可用该命令来连接两个对象。如果将过渡圆弧半径设为0，该命令将不产生过渡圆弧，而是将两个对象拉伸直到相交。FILLET命令适合于直线、多义线顶点及整个多义线、圆弧和圆等各种对象。

 实例①

利用"矩形"命令画出图3.43所示的矩形。要对该矩形的四个角倒圆角，可按如下操作步骤进行：

① 单击下拉菜单[修改]→[圆角]

② 选择第一个对象或 [放弃(U)/多段线(P)/半径(R)/修剪(T)/多个(M)] : R Enter

③ 指定圆角半径 <0.0000> : 55 Enter

④ 选择第一个对象或 [放弃(U)/多段线(P)/半径(R)/修剪(T)/多个(M)]：P Enter

⑤ 选择二维多段线或 [半径(R)]：(在图3.43中随意选取矩形的任一条边)

4条直线已被倒圆角

命令结束。这时屏幕如图3.44所示。

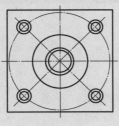
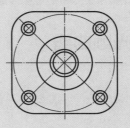

图3.43   图3.44

注意

　　如果图3.43中的矩形是用"直线"命令画出来的，则不会得到本例的结果。请您思考一下，这是为什么？

实例②

　　先利用LINE命令画出图3.45所示的图形，要对图中的一个角倒圆角，可按如下操作步骤进行：

① 单击下拉菜单[修改]→[圆角]

② 选择第一个对象或 [放弃(U)/多段线(P)/半径(R)/修剪(T)/多个(M)]：T Enter

③ 输入修剪模式选项 [修剪(T)/不修剪(N)]<修剪>：N Enter

④ 选择第一个对象或 [放弃(U)/多段线(P)/半径(R)/修剪(T)/多个(M)]：(鼠标选择线段L_1)

⑤ 选择第二个对象，或按住Shift键选择对象以应用角点或 [半径(R)]：(鼠标选择线段L_2)

命令结束。这时屏幕如图3.46所示。

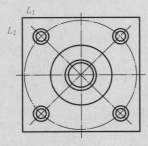
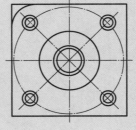

图3.45   图3.46

注意

　　这是不使用修剪模式的情况。如果使用修剪模式，情况又怎样呢？请您自己动手操作一遍，看看结果如何。

3.17 光顺曲线

下拉菜单：[修改]→[光顺曲线]
命令行：BLEND
工具栏：∿
功能区：[默认]→[修改]→[光顺曲线]

3.17 视频精讲

　　在 AutoCAD 中，在两条选定直线或曲线之间的间隙中创建样条曲线。选择端点附近的每个对象。生成的样条曲线的形状取决于指定的连续性。选定对象的长度保持不变。有效对象包括直线、圆弧、椭圆弧、螺旋、开放的多段线和开放的样条曲线。
　　执行该命令将显示以下提示：
- 选择第一个对象或连续性：选择样条曲线起点附近的直线或开放曲线。
- 第二个对象：选择样条曲线端点附近的另一条直线或开放的曲线。
- 连续性：在两种过渡类型中指定一种。
- · 相切：创建一条3阶样条曲线，在选定对象的端点处具有相切（G1）连续性。
- · 平滑：创建一条5阶样条曲线，在选定对象的端点处具有曲率（G2）连续性。
　　如果使用"平滑"选项，请勿将显示从控制点切换为拟合点。此操作将样条曲线更改为3阶，这会改变样条曲线的形状。

 实例

　　利用"曲线"命令画出图3.47所示的光顺曲线，可按如下操作步骤进行：
　① 单击下拉菜单[修改]→[光顺曲线]
　② 选择第一个对象或 [连续性(CON)]：(鼠标选择点1)
　③ 选择第二个点：(鼠标选择点2)
　命令结束。这时屏幕如图3.48所示。

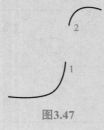

图3.47

图3.48

3.18 分解对象

下拉菜单：[修改]→[分解]

命令行：EXPLODE

工具栏：⬚

功能区：[默认]→[修改]→[分解]

在AutoCAD中，对于用"矩形"命令画出的矩形，有时想编辑其中的一个边，例如想更改颜色，怎么办呢？AutoCAD为您提供了一个分解命令EXPLODE，该命令用于分解多义线和图块。

在AutoCAD中，EXPLODE命令用于把多义线分解成各自独立的直线和圆弧，它把拟合曲线和拟合样条转为许多逼近曲线形状的多义线。执行该命令后，被分解的各段多义线将丢失宽度和切线信息。

3.19 小结与练习

─── 小 结 ───

本章主要讲解了AutoCAD 2020的二维编辑功能，二维编辑功能在绘制图形中必不可少，通过使用编辑修改命令，可以完成各种复杂图形的绘制。编辑功能可以将有限的基本几何元素组合成各种复杂图形，以满足各种设计需求。

本章主要对"修改"功能区的相关命令进行介绍，修改编辑功能包括删除、复制、镜像、偏移、阵列、移动、缩放、修剪、延伸、倒角、圆角、拉伸、分解、合并等操作，通过这些编辑功能，可以编辑对象边角、更改对象位置、更改对象大小等。掌握本章内容，将有利于更方便快捷地绘制机械图形，大大节省时间及工作量。

─── 练 习 ───

1. 综合相关知识，根据图3.49所示的相关尺寸绘制零件图。

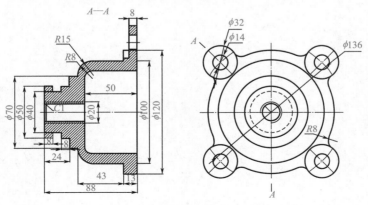

图3.49

2. 综合相关知识，根据图3.50所示的相关尺寸绘制零件图。

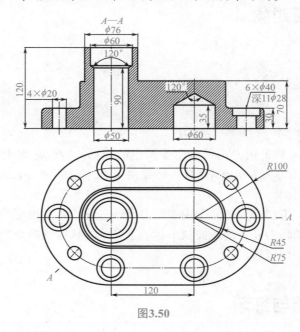

图3.50

04

第4章

图形显示和
特性编辑

在工程制图中，有时要求图形具有不同的颜色和线型，而且必不可少地要用到绘图单位、绘图比例等。使用AutoCAD绘图时，这些要求实现起来不仅方便，而且速度很快。本章将介绍有关的绘图设置、"查询"命令、画面控制和"控制特性"命令。通过这些命令和功能可以对画面进行缩放、平移以及对图形进行绘图设置、修改特性等操作。通过缩放和平移，可以更详细地观察图形。通过修改特性，从而达到改变图形特性的目的。

4.1 绘图单位设置

> 下拉菜单：[格式]→[单位]
> 命令行：UNITS

在图形中绘制的所有实体都是根据单位进行测量的。绘图前首先应该确定AutoCAD的度量单位。例如，在一张图纸中，1个单位可能等于1毫米。而在另一张图中，1个单位可能等于1英寸。

在绘制工程图时，单位设置是最基本的要求。在绘图之前可以先设置绘图单位。AutoCAD提供了适合任何专业绘图的各种绘图单位，而且精度的选择范围较大。在这里，首先介绍在下拉菜单中通过直接单击菜单项来设置绘图单位的方法。

单击下拉菜单[格式]→[单位...]，弹出一个对话框，如图4.1所示。

图4.1

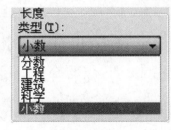

图4.2

对图4.1中的有关内容作以下说明：

• **长度**：该区域显示的是当前长度单位的类型。单击"类型"右侧的小箭头则弹出一个列表框，如图4.2所示。各列表项的含义如下：

• • **科学**：表示科学表示法，如2.01E+02。

• • **十进制**：表示十进制法，如12.21。

• • **工程**：表示工程表示法，如2′~4.30″。

• • **建筑**：表示建筑表示法，如1′~41/2″。

• • **分数**：表示分数表示法，如41/3。

• • **小数**：表示小数表示法，如0.12。

• **角度**：该区域显示的是当前角度格式的类型。单击"类型"右侧的小箭头则弹出一个列表框，如图4.3所示。各列表项的含义如下：

• • **十进制度数**：表示十进位法的角度，如30.01。

• • **度/分/秒**：表示以度/分/秒表示角度，如25d32′28″。

• • 百分度：表示百分度法，如30.0 g。

• • 弧度：表示弧度法，如3.14r″W。

• • 勘测单位：表示勘测单位，如S48d2′0″W。

若选取"顺时针"项则计算角度为顺时针方向，否则为逆时针方向。

在设置"长度"和"角度"选项时，"类型"栏下侧的"精度"栏表示精度位数的类型，可单击右侧的小箭头弹出下拉项设置精度位数，如图4.4所示。

• 插入时的缩放单位：表示从外部文件和设计中心插入图块时的图形单位，单击"无单位"右边的小箭头弹出下拉项设置单位，如图4.5所示。

• 输出样例：表示当前长度和角度显示的格式。

• 方向…：当单击该按钮时弹出一个对话框（如图4.6所示），其中"东""北""西"和"南"分别表示东、北、西、南四个方向，角度分别为0.0，90.0，180.0，270.0。选中"其他"项，则角度可由用户定义。下侧的小箭头表示可在屏幕上拾取一个物体当作角度设置的参照物。

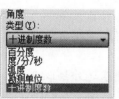

图4.3

图4.4

图4.5

图4.6

4.2 图形界限设置

下拉菜单：[格式]→[图形界限]

命令行：LIMITS

对于工程图而言，需要选择画图工具来满足特殊的图形绘制要求。当在一个绘图板上手工画图时，必须预先确定一个绘图比例来适应某一图纸尺寸，所有图纸的文字、符号和线宽一般都是一样的。用AutoCAD来绘图的准备工作和用手工绘图所需进行的准备工作非常相似。在AutoCAD中，图形元素由实际的单位存储。AutoCAD以英寸、英尺、毫米以及用户需要使用的任何测量单位来存储尺寸数据。但是，由于图形可能要绘制到某些形式的"硬"输出设备上，这样，就必须确定全比例图形扩大或缩小多少才能满足实际图纸的大小，于是便有了比例因子。

如果按1：K的比例变换图形，那么比例因子就是K。例如，假定最后的输出比例为1mm：50mm，则此比例因子就是50。又如，假定我们要绘制一个50cm×80cm

的机件，并且使用的图纸为A3幅面（297mm×420mm），此外，考虑到绘图时还要留出边界（约25mm），标题栏区域为56mm×180mm，则图纸上实际可用的区域为190mm×215mm。由于500/190=2.63，800/215=3.72，取这两者之中的较大者（即3.72），则最接近国标规定的比例因子为4。

在AutoCAD中，图纸大小的计算和手工绘图是一样的，由此得出一个相对于图纸大小的比例值，使得能够等比例画图。然后，在用绘图仪绘制图形时，用比例因子放回比例值。图形界限就是世界坐标系中的几个二维点，表示图形范围的左下基线和右上基线。不能在Z方向上定义界限。

如果设置了图形界限，AutoCAD将把可输入的坐标限制在矩形区域范围内。图形界限还限制显示网格点的图形范围、ZOOM命令的比例（S）选项显示的区域和ZOOM命令的全部（A）选项显示的最小区域。另外，还可以指定图形界限作为打印区域。

如果激活了图纸空间并且显示了图纸背景或页边距，就不能使用图形界限命令设置图形界限。这种情况下，图形界限由布局根据选定的图纸尺寸进行计算和设置。可以在"选项"对话框的"显示"选项卡中控制图纸背景和页边距的显示。

在确定了比例因子和设置好绘图单位之后，就可以使用图形界限命令来设置画面的大小了。图限定义了绘图区域，这对于查看和绘制图形都很有用。

图形界限命令的有关选项的含义如下：

单击下拉菜单[格式]→[图形界限]，命令行的显示包括如下内容：

• 开（ON）：表示打开图限检查以防止拾取点超出图限。当图形界限命令为"开（ON）"时，如果所绘制的图形超出设置范围，则在信息栏中会出现"**超出图形界限"的警告语，且无法执行该画图操作。

• 关（OFF）：表示关闭图限检查（缺省设置），用户可以在图限之外拾取点。当图形界限命令被设置为"关（OFF）"时，即使所绘制图形超出设置范围，AutoCAD仍然可以执行该命令，只是在使用"查询"（MEASUREGEOM）命令查询图形文件资料时会列出目前图形已超出图限的信息。

• 指定左下角点：图限左下角的坐标（缺省设置为0,0），只要直接键入坐标值即可。

• 指定右上角点：图限右上角的坐标（缺省设置为420,297），只要直接键入坐标值即可。

前面讲过，极限值设置完成后不会立即更新，必须使用ZOOM命令来放大或缩小极限值，但使用该命令会造成重生成操作。因此，若要改变图形界限的值，最好在一进入AutoCAD工作环境中就执行。

以上较详细地说明了图形界线命令的含义及操作，这里就不再举例了。

4.3 图层设置

下拉菜单：[格式]→[图层...]
命令行：LAYER或-LAYER，其中-LAYER为命令行形式工具栏：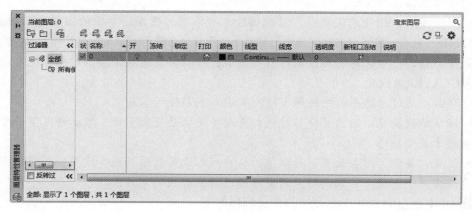

功能区：[默认]→[图层]→[图层特性]

（1）图层的概念和性质

在实际工作中，我们可能要多次接触到层的含义，如建筑物是分层的。这是物理层，一层压在一层上面。AutoCAD中的图层不是物理层而是逻辑层，不是一层压在一层上面的，是用来编号的，就像学校的班级一班、二班仅仅是排序关系而已。所以，AutoCAD中的图层是透明的电子纸，一层挨一层地放置。可以根据需要增加和删除层，每层均可以拥有任意的颜色和线型。图层是用来组织图形的最为有效的工具之一。

在用AutoCAD进行实际绘图时，图上各种实体可以放在一个层上，也可以放在多个层上。通过层技术，可以很方便地把图上的有关实体分门别类。一层图上可以含有与图的某一方面相关的实体，这样就可以对所有这些实体的可见性、颜色和线型进行全面的控制（如把同一颜色放在同一个层内）。

在三维图中，层相对比较抽象，较难用实际的物体比拟。每一层均可包括一组实体，它们可以在空间重叠，也可以和其他层的物体共存。在三维图中，应该想象每一层各包括一类物体，可以把它们放在一起观察，也可以把它们任意组合起来观察。

每一层都可以有与之相对应的颜色或线型。当建立AutoCAD的层时，需要决定哪一部分设在哪一层上，每一层要用哪种颜色和线型。

在进行准备工作时，极其重要的决定是绘图时把哪些实体分成一组，同时采用什么颜色和线型。这里推荐一种最简单，在大多数情况下也是最好用的一种方法，就是用层来控制实体的属性。

（2）图层设置的对话框中有关选项的含义

图4.7所示对话框有关显示项的含义如下：

• 当前图层：显示当前层名。如图4.7所示是0表示当前层是0层。

• 过滤器：指对已命名的层进行过滤，其中：

• • 全部：指显示全部的层。

• • 反转过滤器：指反向过滤。

单击下拉菜单[格式]→[图层...]，则出现图层特性管理器对话框，如图4.7所示。

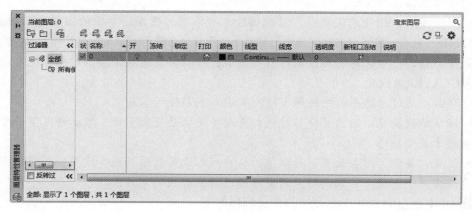

图4.7

图4.7上部的图标从左到右依次为：

• 新建特性过滤器：显示"图层过滤器特性"对话框，从中可以根据图层的一个或多个特性创建图层过滤器。单击此图标时弹出如图4.8所示的对话框。

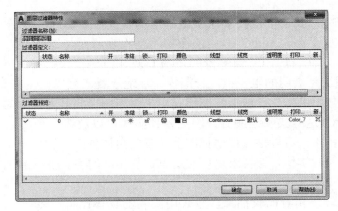

图4.8

• 新建组过滤器：创建图层过滤器，其中包含选择并添加到该过滤器的图层。

• 图层状态管理器：显示图层状态管理器，从中可以将图层的当前特性设置保存到一个命名图层状态中，以后可以再恢复这些设置。单击此图标时弹出如图4.9所示的对话框。

• 新建图层：创建新图层，列表将显示名为"图层1"的图层。该名称处于选定状态，因此可以立即输入新图层名。新图层将继承图层列表中当前选定图层的特性（颜色、开或关状态等）。

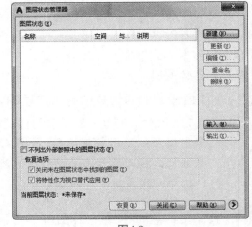

图4.9

• 在所有视口中都被冻结的新图层视口：创建新图层，然后在所有现有布局视口中将其冻结，可以在"模型"选项卡或"布局"选项卡上访问此按钮。

• 删除图层：删除选定图层，只能删除未被参照的图层。参照的图层包括图层0和DEFPOINTS，包含对象（包括块定义中的对象）的图层、当前图层以及依赖外部参照的图层。

• 置为当前：将选定图层设定为当前图层，将在当前图层上绘制对象。也可以由系统变量CLAYER来设定。

• 刷新：通过扫描图形中的所有图元来刷新图层使用信息。

• 切换替代亮显：为图层特性替代打开或关闭背景突出显示。默认情况下，背景突出显示处于关闭状态。

• 设置：显示"图层设置"对话框，从中可以设置新图层通知设置，是否将图层过滤器更改应用于"图层"工具栏以及更改图层特性替代的背景色。

图4.7中图层列表从左侧开始的含义解释如下：

• 状态：显示图层状态。

- 名称：显示所建立的图层名，也可全局更改整个图形中的图层名。
- 开：显示图层的开关状态，也可打开或关闭整个图形中的图层。单击可以打开层，再次单击则关闭本层，即它是一个双向开关。
- 冻结：显示图层的冻结或解冻状态，也可冻结或解冻整个图形中的图层。单击可以冻结层，再次单击则解冻该层，即它是一个双向开关。
- 锁定：显示图层的锁定或解锁状态，也可锁定或解锁整个图形中的图层。该功能可改变指定层的特性，使得该层虽然可见，但不能对其上的实体进行替换或删除操作。单击可以锁住层，再次单击则取消锁住，即它是一个双向开关。
- 打印：确定整个图层中的图层是否均可打印。
- 颜色：显示该图层的颜色，也可单击通过对话框更改整个图形的颜色。这里可定义一个层的颜色，双击则弹出一个对话框，通过该对话框可以设置多种颜色。
- 线型：线型（缺省设置为Continuous），双击则弹出一个对话框，如图4.10所示。通过该对话框可设置层的线型。
- 线宽：线宽，双击则弹出一个对话框，如图4.11所示。通过该对话框可设置层的线宽。

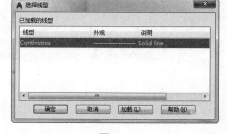

图4.10

- 透明度：指图层的透明度值，输入一个0~90的值，以指定用于选定图层的透明度百分比。双击则弹出一个对话框，如图4.12所示。
- 新视口冻结：视口冻结新创建视口中的图层。
- 说明：更改整个图形中的说明。

图层的操作比前面的基本命令复杂，需反复实践来掌握它。在这里，我们只举一些简单的例子，至于更深入的图层的操作必须通过反复实践来掌握。

在图4.7中，单击鼠标右键则弹出如图4.13所示的列表。其中"全部选择"表示选取所有层，"全部清除"表示删除所有层。

图4.11

图4.12

图4.13

（3）建立新图层及其设置过程

实例

如果想建立新层并设置层的颜色和线型，可按如下步骤进行：

① 单击下拉菜单[格式]→[图层...]，则屏幕上弹出一个对话框，如图4.7所示。

② 点击"新建图层"按钮，则图4.7所示变为图4.14所示。

③ 在下方的"名称"栏中显示缺省的新层名称为"图层1"。移动光标到此并单击，然后按Backspace键清除掉字符"图层1"，重新键入名称，如A层，键入"A"即可。

④ 单击"颜色"则弹出一个颜色对话框，单击红色图标，则A层中实体全部以红色显示。同样，图4.14中的颜色图符也改变。

⑤ 在"线型"栏中按左键，则弹出一个线型设置对话框如图4.10所示，在其中单击"加载..."按钮，又弹出一个对话框，如图4.15所示。

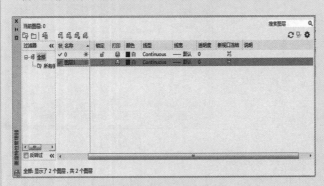

图4.14

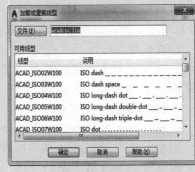

图4.15

⑥ 在图4.15中单击"ACAD_ISO07W100"（即点线），然后单击"确定"按钮，则图4.15的对话框关闭。同时图4.14中的相应线型图符也会改变。

⑦ 这时在图4.14中单击"A"，然后移动光标到"置为当前"按钮并单击，则A层为当前层。

同样，"当前图层"后面的"0"变为"A"。按左上角的"×"按钮后，则图4.14中的线型设置对话框关闭。这时用户在屏幕上作图就是位于A层，红色显示，线型为点线型。

　　上面所列举的只是一个最简单的例子。而层的冻结、关闭、过滤等操作实例还有很多。冻结和关闭层的操作相对较简单，用户可以自己练习。

4.4　颜色设置

下拉菜单：[格式]→[颜色...]
命令行：COLOR或(-COLOR)，其中-COLOR为命令行形式

　　单击下拉菜单[格式]→[颜色...]，则弹出"选择颜色"对话框，如图4.16所示（在"命令："提示符下键入COLOR按Enter键亦可）。图4.16的有关选项的含义较简单，

这里略去不讲。

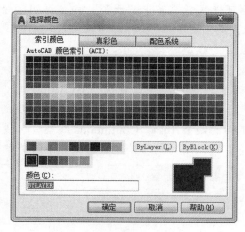

图4.16

在"命令："提示符下键入–COLOR按Enter键，将不出现对话框，而是在命令行出现提示语言来帮助用户完成颜色的设置。用户可键入颜色的英文名称或数字，然后屏幕上的绘图颜色就随之改变，同时上面的图示符号也就变成相应的颜色。

4.5 线型及线型比例设置

下拉菜单：[格式]→[线型...]
命令行：LINETYPE或(-LINETYPE)，其中-LINETYPE为命令行形式

众所周知，绘图时除了使用不同颜色外，还可能用到不同线型及不同比例的同一线型，如实线、点画线、点线、虚线等。即使是使用同一虚线，间隔距离也可能不同。在上面的层设置中，已对此做了一些必要的解释。这里对此再作进一步说明，以便对线型及线型的比例设置能运用自如。通过层来设置线型的方法在4.3节中已做了详细介绍，这里只介绍通过线型命令和下拉菜单来设置线型。

单击下拉菜单[格式] → [线型...]，则弹出一个对话框，如图4.17所示。

图4.17和图4.7有相似之处。

（1）图4.17中的各选项的含义

• 线型过滤器：表示线型过滤，其中"显示所有线型"表示显示所有线型，如外部引用等。

• 反转过滤器：表示反向过滤。

• 当前线型：表示当前的线型，如"Continuous"表示当前线型为实线。在下面的矩形框中有"线型""外观"和"说明"三项，分别对应线型名、线型外观和对线型的描述。

在图4.17的右边有"加载...""删除""当前"和"显示细节"等按钮，含义如下：

• 加载...：表示装入线型，单击时弹出如图4.15所示的对话框，其中：

•• 文件…：表示显示所选线型的文件名称。

•• 可用线型：表示可选线型。其中"线型"和"说明"分别表示线型名和对线型的具体描述。

• 删除：表示删除设定的线型。

• 当前：将选定线型设定为当前线型。将当前线型设定为"ByLayer"，意味着对象采用指定给特定图层的线型。将线型设定为"ByBlock"，意味着对象采用线型随块，意思就是对象的颜色、线型和线宽属性使用它所在的图块的属性。也可根据实际情况使用"当前"功能将不同的线型（如"Continuous 线型"）设定为当前线型。

• 显示细节：表示还有更详细的内容，单击后则图4.17变成图4.18。

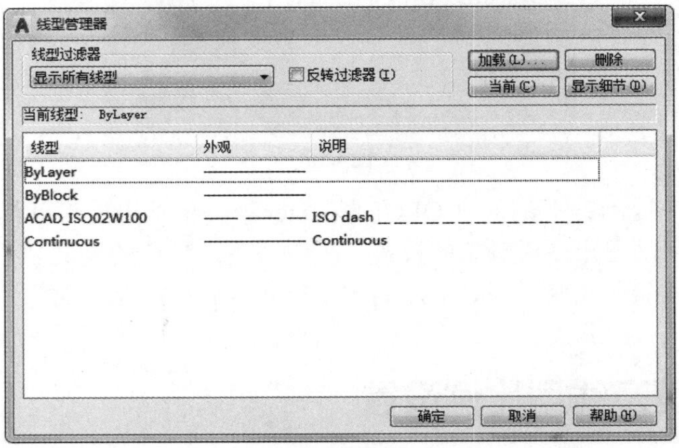

图4.17

图4.18

（2）图4.18中"详细信息"各选项的含义

• 名称：表示线型名。

• 说明：表示对线型的描述。

• 全局比例因子：表示全局比例因子，通过它可以设置线型的比例。

• 当前对象缩放比例：表示当前目标的比例。

• ISO笔宽：表示可以设置笔宽。单击右侧小箭头可弹出一下拉列表来选择笔宽。

- 缩放时使用图纸空间单位：表示使用图纸空间的单位。

 注意

"全局比例因子"选项的设置亦可在"命令："提示符下键入LTSCALE按Enter键后状态栏显示："新的比例因子<1.0000>："，再键入新的比例值即可。同时，对话框中："全局比例因子"的值也会更改为所键入的值。

4.6　线宽设置

下拉菜单：[格式]→[线宽...]
命令行：LINEWEIGHT（或LWEIGHT）

可以用线宽给实体添加宽度。线宽对图形化表示不同的实体和信息很有用，但不能表示特定实体的宽度。线宽可以应用于除TrueType字体、光栅图像（图像边界除外）、点和实体填充（二维实体）之外的所有图形实体。当多段线的厚度大于零并且在非平面视图中浏览时，线宽只能以多段线的非零宽度显示。不能应用线宽的实体以缺省线宽0（打印机或出图仪能打印的最细的直线）打印。可以应用线宽的实体以"ByLayer"线宽值打印，图层的缺省线宽值是"缺省"（缺省宽度为0.01英寸或0.25毫米）。也可以用"打印样式表编辑器"定制任意所需的线宽。

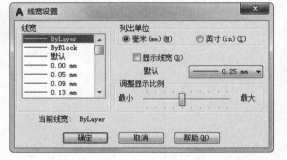

图4.19

线宽设置的具体操作是单击下拉菜单[格式]→[线宽...]，这时将弹出一个对话框，如图4.19所示。

图4.19中有关选项的含义说明如下：
- 线宽：指线宽，可利用下方的滑动块在其下面的栏里重新选择线宽。
- 列出单位：指线宽的单位。这里有毫米（mm）和英寸（in）两种表示方法。
- 显示线宽：可选择是否在模型空间显示线宽。
- 默认：表示默认线宽，可用右侧下拉菜单重新设置。
- 调整显示比例：线宽的显示比例，可利用下方的滑动块进行调整。
- 当前线宽：指当前线宽是依据什么显示的。

4.7　厚度设置

下拉菜单：[格式]→[厚度...]
命令行：THICKNESS

无论任何物体，都是由各种实体组合而成的。作为实体，它总是三维的。厚度设置命令实际上是绘制三维图时才使用的，这里不做详细介绍。

4.8 重命名设置

下拉菜单：[格式]→[重命名...]
命令行：RENAME或(-RENAME)，其中-RENAME为命令行形式

实例

假设已设置了"图层1、图层2"两个图层，如果要改变层名，可按如下操作步骤进行：
① 单击下拉菜单[格式]→[重命名...]，则弹出一个对话框，如图4.20所示。
② 在图4.20中，各选项的含义说明如下：
命名对象：要重命名的实物的类型。
项数：列出类型中具体要更改的项目。
旧名称：可点击项数列表中的"图层1"等旧项数。
重命名为：要改成的名称。
如果单击"命名对象"中的"图层"，则"项数"中显示"图层1"和"图层2"两个层名。
③ 单击"项数"中的"图层1"，此时"旧名称"中显示"图层1"。移动光标到"重命名为"栏中，键入新层名（如A层，键入"A"），单击"重命名为"按钮，则"项数"栏中的"图层1"变成"A"，单击"确定"按钮。
这时如果单击下拉菜单[格式]→[图层...]，则弹出一个对话框，如图4.21所示。从图4.21中可以看到，"图层1"层已被更名为"A"层。

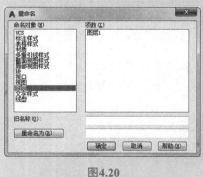

图4.20

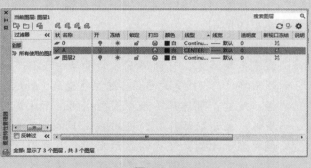

图4.21

4.9 "刷新"命令

下拉菜单：[视图]→[重画]

4.9-4.12
视频精讲

命令行：REDRAW

使用 AutoCAD 绘图时，不论执行哪个命令，如果使用鼠标左键，总会在屏幕上留下一个十字形光标的标记。这个标记实际上并不是图形，可以说这并不是我们需要的标记。这些标记主要是提醒用户执行了多少次操作。如果感觉到目前图形有一些乱，标记太多，使用"删除"命令又不能擦去这些标记，怎么办？AutoCAD 提供了一个刷新命令，来清理杂乱无章的标记。

刷新命令的具体操作很简单，单击下拉菜单 [视图]→[重画]，或者在"命令："提示符下键入 R 后按 Enter 键，两者都可执行刷新命令。执行刷新命令后屏幕会变得更工整，图面更清晰和干净了。

 注意

如果把系统变量 Blipmode 的值设为 OFF，则图面不显示十字形光标的标记。

4.10 "重生成"命令

下拉菜单：[视图]→[重生成]或者[全部重生成]
命令行：REGEN/REGENALL

在计算机上用 AutoCAD 绘图时，如果将很小的圆缩放到很大时，可以看到曲线不再光滑，而是由多边形组成的，这时候就需要用"重生成"命令或"全部重生成"命令来使曲线恢复光滑。此外，当利用滚轮不断放大或缩小一张图时，到一定时候就会提示已经缩放到极限，此时执行一下"重生成"命令，就可以继续缩放了。不论是"重生成"命令还是"全部重生成"命令，其操作都很简单。两者的区别主要在于："重生成"仅仅重生成当前视区，而"全部重生成"则对当前屏幕上的所有视区都有效。如图 4.22 和图 4.23 所示，前者是使用"重生成"命令前的图形，后者是执行"重生成"命令后的图形。

图4.22

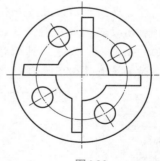

图4.23

 注意

REGEN 命令与 REDRAW 命令有本质的区别，利用 REGEN 命令可重生成屏幕，此时系统从磁盘中调用当前图形的数据，比 REDRAW 命令执行速度慢，更新屏幕花费时间较长。在 AutoCAD 2020 中，某些操作只有在使用 REGEN 命令后才生效，如改变点的格式。如果一直使用某个命令修改编辑图形，但该图形似乎看不出发生什么变化，此时可使用 REGEN 命令更新屏幕显示。

4.11 缩放命令

下拉菜单：[视图]→[缩放]
命令行：ZOOM

手工绘图时，图板较大，画到哪里，绘图员就可以看到哪里。而在计算机上绘图时，屏幕较小，如果所绘的图形较为复杂，那么可能会遇到图形的线条、文字等较密，具体绘图操作时交叉到一起的情况。另外，用AutoCAD绘图时，经常需要对所画的图形进行局部观察或全局观察。AutoCAD提供的图像缩放命令就好比摄影镜头，焦距缩短时，可看到局部的景象，焦距拉长时，景物缩小，但看到的范围增大。这样的显示控制使作图变得更容易。在AutoCAD的绘图过程中，有时还需要从图形的一个局部切换到另一个局部，但最好是在屏幕上打开多个视区，每一视区反映图形的不同方面。这就是AutoCAD对图形的显示控制问题。

在画面控制中，缩放命令是最典型的一个命令，其下级菜单如图4.24所示。

（1）图4.24中各项的含义

• 实时：表示实时，即在作图的过程中同时缩放，在具体操作时会看到屏幕上有一个如同放大镜一样的光标符号。

• 上一个：表示回到上一次的画面。不论该图形是用缩放还是平移命令生成的，这一选项用于恢复当前视区内上一次的显示图形。AutoCAD为每一个视窗保存前10次显示的视图，可以重复执行该命令来进一步恢复前次视图。

• 窗口：表示用矩形窗口的方式来进行画面的缩放，即缩放一个由两个对角点所确定的矩形区域内的图形实体。其中：

• • 第一对角点：表示设置第一对角点。

• • 另一对角点：表示设置另一对角点。

• 动态：表示动态缩放功能，这一选项集成了平移命令与缩放命令中的"全部"和"窗口"选项的功能。"动态"选项既可以移近，也可以拉远，还可以平移当前视窗。当执行该命令时屏幕如图4.25所示。

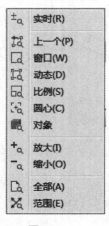

图4.24

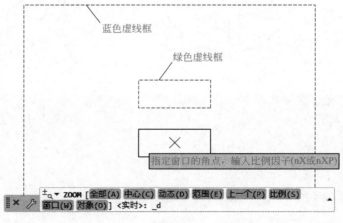

图4.25

从图4.25中可以看到，画面上出现三个方框，其中：

• 蓝色虚线框：表示该框显示图纸范围。若图形已经超出界限，则以最大范围显示。

• 绿色虚线框：表示目前图形显示的范围大小。如果目前的图形显示范围与界限相同，则本框与蓝色虚线框重叠。

• 中间有交叉斜十字线的黑色框：表示使用本项来选择所需显示画面的大小。当按下左键时，交叉斜十字线会变成一个箭头，移动鼠标指针可以改变方框的大小，从而决定画面的显示位置及大小。

• 比例（X/XP）：在下拉菜单中仅以"比例"表示，该选项要求直接输入一个比例因子来对图形进行缩放。它将当前视区中心作为中心点，并且依据输入的相关参数值进行缩放。如果输入一个数字，比如2，则创建了显示极限2倍的缩放因子。如果在比例因子后加X，比如0.5X，则会创建显示为当前视图0.5倍的视图。XP选项是相对于图纸空间的一个比例。

• 圆心：表示以中心位置来缩放图形。该项要求确定一个中心点，然后给出缩放系数（后跟字母X）和一个高度值。若要保持显示中心不变，而改变显示高度或比例因子，只要在新的提示符下按Enter键即可。然后，AutoCAD就缩放中心点区域的图形，并按缩放系数或高度值显示图形。再选一个中心点，并按Enter键进入到视图平移方式，所选的中心点变成视图的中心点。如要保持中心点不变，而改变缩放系数或高度值，则在新的"圆心点"提示下按Enter键。

其中：

• • 圆心点：表示设置缩放时的中心点。

• • 输入比例或高度<->：表示缩放的比例值。

• 放大：本项在下拉菜单[视图]→[缩放]下级菜单中，当单击时可以看到屏幕闪动一下，表示增加了当前视区的视在尺寸大小（为原来的2倍，即2X）。

• 缩小：本项在下拉菜单[视图]→[缩放]下级菜单中，当单击时也可以看到屏幕闪动一下，表示减小了当前视区的视在尺寸大小（为原来的0.5倍，即0.5X）。

• 全部：表示将图形视区放大到极限。在二维平面视图中，该项显示图形极限，当图形超出极限时，则显示全部图形。在三维视图中，则总是显示全部图形。当使用全部选项时，AutoCAD会选用重生成操作，来刷新视图。

• 范围：表示以最大的图形显示，即表示在整个当前视窗尽可能大地显示全部图形。当使用"范围"时，同"全部"项一样，会引用重生成操作。

以上说明了范围缩放命令各选项的含义，其实缩放命令是AutoCAD最重要也是最有效的显示控制命令。下面我们举例说明该命令的使用。

（2）图形缩放的具体过程

 实例

对图形进行实时缩放，可按如下操作步骤进行：

① 单击下拉菜单[视图]→[缩放]→[实时]。

② 这时屏幕上的光标变成像放大镜一样的符号，按住鼠标左键并垂直拖动即可对图形进行缩放。

图4.26和图4.27分别为实时缩放前和缩放后的图形。

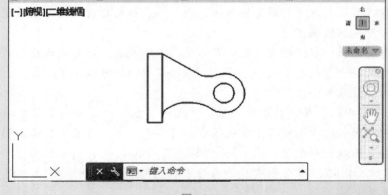

图4.26

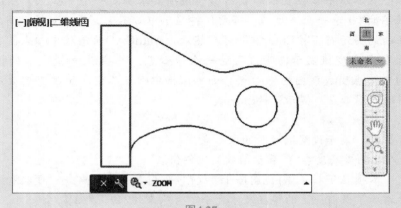

图4.27

注意

　　"图形缩放"命令和"缩放"命令都对图形进行缩放，但两者根本不同。请思考一下，这是为什么？

4.12　"画面平移"命令

下拉菜单：[视图]→[平移]
命令行：PAN

　　"画面平移"命令是AutoCAD画面控制中最重要的命令之一，它通过在当前视窗移动图形来显示图形的其他区域。"平移"命令和"移动"命令有类似之处，"移动"命令是移动画面中的某个图形，好像将该图形擦掉之后换一个地方刷新一样，"平移"命令则是将整个画面移动，就像我们原本在左上角画面画图，现在把目光移动到右上角继续画图一样。

　　"平移"命令的工作原理就像平移望远镜来观察其他景物一样，它使用当前比例因子在图形文件上移动。当使用"平移"命令时，要给AutoCAD一个位移量。位移量由两点定义，它确定了位移的距离和方向。当指定两点确定位移量时，AutoCAD根据指定的第一点来拾取图像，然后把它平移放到指定的第二点。十字线光标拖动一条从起点到第二点的直线来表示平移路径。"画面平移"命令的下级菜单如图4.28所示。

（1）图4.28中各项的含义

图4.28

• 实时：和范围缩放命令中的"实时"一样表示实时，具体操作时会看到屏幕上有一个如同手一样的光标符号，抓住整个画面移动，这时按Esc键或Enter退出平移命令。

• 点：表示通过设置点的方法使画面平移。

• 左、右、上以及下：分别表示向左、右、上和下四个方向平移画面，平移的距离是上次设定的（即取缺省值）。

（2）画面平移的具体过程

实例

若要移动整个画面（即执行"平移"命令），可按如下操作步骤进行：

① 单击下拉菜单[视图]→[平移]→[点]

② 指定基点或位移：（在屏幕上单击一点）

③ 指定第二点：（单击另一点）

图4.29和图4.30所示分别是平移前后的图形（注意坐标系图标）。

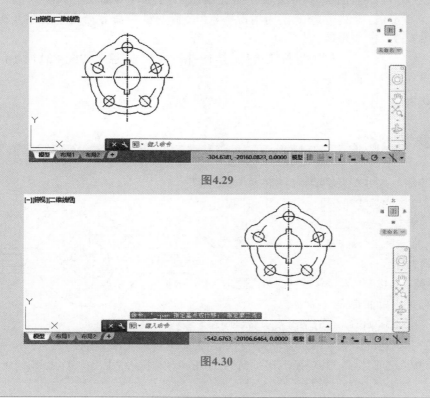

图4.29

图4.30

第04章 图形显示和特性编辑

注意

这里再提醒一下,"平移"命令不同于移动命令,它是整个画面的平移。

至于"平移"命令中的"实时"提示项和"范围缩放"命令中的"实时"大同小异,这里不再重复。要强调的是,"平移"和"范围缩放"命令若结合起来使用,则可以满足多种要求。左和右等四个提示项在上面已做了解释说明。

4.13 "查询"命令

4.13 视频精讲

下拉菜单: [工具]→[查询]
命令行: MEASUREGEOM

图4.31

	距离(D)
	半径(R)
	角度(G)
	面积(A)
	体积(V)
	面域/质量特性(M)
	列表(L)
	点坐标(I)
	时间(T)
	状态(S)
	设置变量(V)

在绘图过程中,绘图者往往会一边绘图一边想知道所绘图形的一些相关信息的情况。AutoCAD的"查询"命令对提供图形文件的信息很有用。当线段被绘制到图形文件中时,它们往往代表着实物的位置及其相互之间的位置关系。本节要介绍的就是这样一些命令。在AutoCAD中,有很多命令可用于获取当前绘图环境的数据。如"时间"命令可显示时间信息,"状态"命令用于描述当前图形的图限、捕捉及栅格间距、当前层、线型、颜色、磁盘及内存空间使用情况等,"设置变量"命令可用于观察及更改系统变量等。

单击下拉菜单[工具]→[查询],它包含如图4.31所示的几个查询命令。

(1)"距离"命令

实例

测量图4.32中 A、B 两点间距离的操作步骤如下:

① 单击下拉菜单[工具]→[查询]→[距离]

② 指定第一点: (选取 A 点)

③ 指定第二个点或[多个点(M)]: (选取 B 点)屏幕上显示:

　距离 = 143.8367, XY 平面中的倾角 = 347, 与 XY 平面的夹角 = 0

　X 增量 =140.0000, Y 增量 = −33.0000, Z 增量 = 0.0000

④ 输入选项 [距离(D)/半径(R)/角度(A)/面积(AR)/体积(V)/退出(X)]<距离>: X Enter

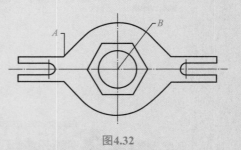
图4.32

（2）"半径"命令

查询图 4.33 圆弧的半径操作步骤如下：

① 单击下拉菜单[工具]→[查询]→[半径]

② 选择圆弧或圆：（选择图中的圆弧）屏幕上显示：

半径 =79.8362

直径 =159.6704

③ 输入选项 [距离(D)/半径(R)/角度(A)/面积(AR)/体积(V)/退出(X)] <半径>：X Enter

图4.33

（3）"角度"命令

查询图 4.34 ∠BAC 的操作步骤如下：

① 单击下拉菜单[工具]→[查询]→[角度]

② 选择圆弧、圆、直线或 <指定顶点>：Enter

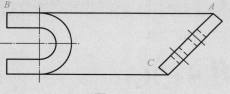

③ 指定角的顶点：（选取角的顶点A）

④ 指定角的第一个端点：（选取角的第一个端点B）

图4.34

⑤ 指定角的第二个端点：（选取角的第二个端点C）

⑥ 屏幕上显示：角度=46°

输入选项 [距离(D)/半径(R)/角度(A)/面积(AR)/体积(V)/退出(X)] <角度>：X Enter

（4）"面积"命令

可计算出一块区域内的面积，该区域可由所选的几个点构成的多边形确定，即这几个点作为多边形的顶点，两点间的距离作为多边形的边。该区域还可由图形实体确定，如多义线、圆等。

查询图 4.35 中A、B、C、D、E、F 六点所围成图形面积的操作步骤如下：

① 单击下拉菜单[工具]→[查询]→[面积]

② 指定第一个角点或 [对象(O)/增加面积(A)/减少面积(S)/退出(X)] <对象(O)>：（选取A点）

③ 指定下一个点或[圆弧(A)/长度(L)/放弃(U)]：（选取B点）

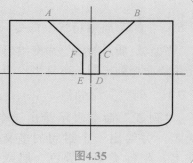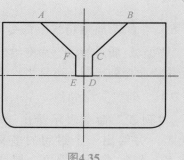

图4.35

④ 指定下一个点或[圆弧(A)/长度(L)/放弃(U)/总计(T)]:（选取C点）

⑤ 重复该步骤直至F点后按Enter键，则屏幕上显示：

区域=1130.0000，周长=178.1388

⑥ 输入选项 [距离(D)/半径(R)/角度(A)/面积(AR)/体积(V)/退出(X)] <面积>：X Enter

步骤②选项说明：

对象(O)：表示列出基本图形的面积。本选项让用户选择一个图形实体来确定区域。

增加面积(A)：表示相加选取的图形面积，即对面积进行累积，只要不退出面积命令，面积的值总是处于累积状态。

减少面积(S)：表示相减选取的图形面积，即对面积进行减法运算，只要不退出面积命令，前后面积是相减的。

 注意

执行"面积"命令后，除了给出面积的值外，还给出周长。这两个值被分别放在系统变量AREA与PERIMETER中。

（5）"体积"命令

实例

查询图4.36锥齿轮体积的操作步骤如下：

① 单击下拉菜单[工具]→[查询]→[体积]

② 指定第一个角点或 [对象(O)/增加体积(A)/减去体积(S)/退出(X)] <对象(O)>：O Enter

③ 选择对象：（选取锥齿轮整体）

屏幕上显示：体积 = 15976.0694

④ 输入选项 [距离(D)/半径(R)/角度(A)/面积(AR)/体积(V)/退出(X)] <体积>：X Enter

在上例中，当选择"体积(V)"项时，依次提示的选项和面积类似。这里不一一解释。

图4.36

（6）"面域/质量特性"命令

"面域/质量特性"命令给出实体的质量特性，如体积、重心、转动惯量等。图4.37是用该命令列出图4.36锥齿轮的信息。这里就不举例了。

（7）"列表"命令

"列表"命令表示给出一个列表。表中可列出用户所选择的图形实体的位置、类型，并给出一个封闭的多义线或曲线的面积与周长。列表命令经常被用来检查块名、坐标类型、颜色、层或者特殊的坐标。图4.39为应用该命令查询图4.38所获得的信息。

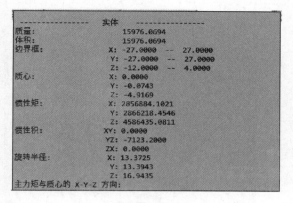

图4.37

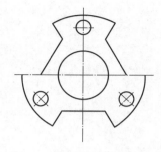

图4.38

（8）"点坐标"命令

"点坐标"命令表示列出点的坐标。本项命令可直接选取所需的点，这样在信息栏上会立即列出该点的坐标。

本命令常和捕捉等辅助功能配合使用。

（9）"时间"命令

"时间"命令可以显示当前的日期和时间、图形创建的日期和时间以及最后一次更新的日期和时间，此外，还提供了图形在编辑器中的累计时间。"时间"命令还包含以下选项：

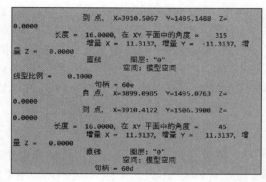

图4.39

- 显示：表示重新提示有关时间信息。
- 开：表示打开停表。
- 关：表示关闭停表。
- 重置：表示复位停表。

在具体显示的时间信息中，提供下列内容：

- 当前时间。
- 图形文件的创建时间。
- 上次修改图形文件的时间。
- 总的编辑时间。
- 计时器的时间。
- 下一次自动存储时间。

典型的信息窗口如图4.40所示。

（10）"状态"命令

"状态"命令表示列出一些关于图形文件的资料，主要包括文件名、图形数量、使用极限大小，各种辅助功能的设置值及剩余磁盘空间的大小等。

执行本命令后，系统会自动打开AutoCAD文本窗口，并显示该图形文件的信息，如图4.41所示。

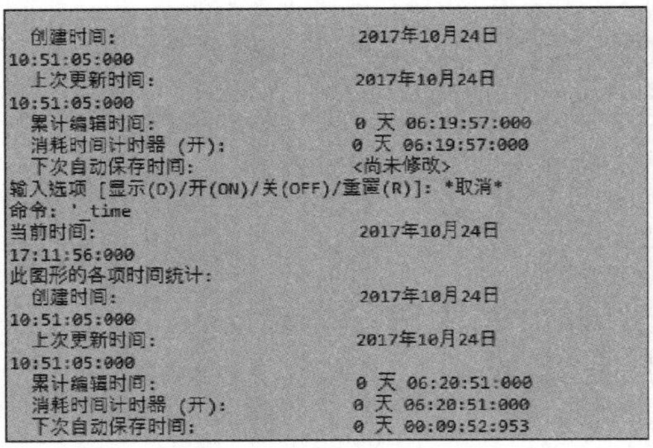

图4.40

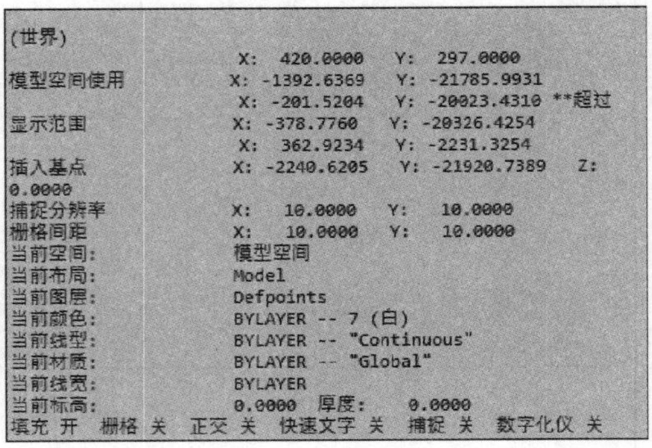

图4.41

在图4.41中，可以看到模型空间图形界限及显示范围等，在这些坐标之后，会看到图形插入基点的当前设置以及捕捉分辨率和栅格命令的间隔设置。接下来指示了用户当前的工作空间是图纸空间还是模型空间，以及当前的层、颜色、线型、高度、厚度等。报告的最后一项是硬盘上的剩余空间、RAM内存和交换空间的大小。

在图4.41中，按F2键可回到工作屏幕。

（11）"设置变量"命令

"设置变量"命令用于列出系统变量和设置系统变量的值。在AutoCAD中，系统变量可实现许多功能。例如，系统变量FILEDIA可控制文件对话框在用户被提示文件名时是否出现（不出现时由命令行输入）。另一些系统变量用于保存命令的结果。例如，面积命令记录了最后一个区域面积。还有一些变量，既用于保存命令结果，又用于控制命令行为。例如，SNAPMODE既记录了捕捉的状态，同时它的改变也会打开或关闭捕捉。此外，AutoCAD中也有一些变量用于保存某些环境设置。例如，DWGNAME保存了当前文件的名字。

在实际应用中有三种方法可以使用"设置变量"命令，即：

❶ 查阅系统变量。

❷ 浏览系统变量。

❸ 设置系统变量。

初学AutoCAD时，有些用户可能对此感到很困惑。建议先跳过这一命令，等到对AutoCAD非常熟悉之后再来学习，体会会更深。

　实　例

设置某个系统变量的值（本例是设置自动存储文件的时间间隔），可按如下操作步骤进行：

> ① 单击下拉菜单[工具]→[查询]→[设置变量]
> ② 输入变量名或 [?] : SAVETIME Enter
> ③ 输入 SAVETIME 的新值 <120> : 20 Enter

则系统变量SAVETIME设置结束。该系统变量表示AutoCAD自动存储文件的时间间隔。原来的设置值为120分钟，重新设置后改变为20分钟。

（12）使用"?"命令

在AutoCAD里，可以使用"?"命令来获得帮助信息。单击右上角的"?"，则可弹出"AutoCAD 帮助"对话框，如图4.42所示。

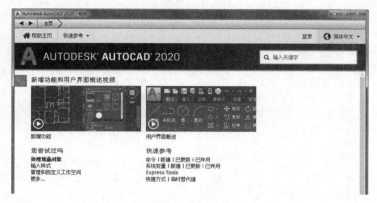

图4.42

由此可获得多项帮助，这里不再详述。

4.14 "控制特性"命令

4.14-4.17
视频精讲

> 下拉菜单: [修改]→[特性]
> 命令行: PROPERTIES

用AutoCAD作图时，有时需要一次改变实体的几项内容，这时采用AutoCAD的"控制特性"命令较合适。该命令对不同类型的实体弹出不同的对话框，但使用该命令时每次只能修改一个实体的特性。

（1）"控制特性"命令的基本操作

对图4.43中的圆A进行特性修改。

选取该圆，然后单击下拉菜单[修改]→[特性]，
则弹出一个对话框，如图4.44所示。

在图4.44中以字母顺序列出了圆的各种特性，
如颜色、图层、线型、厚度、线型比例等。可在数值
栏对这些项进行修改。

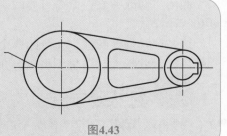

图4.43

（2）具体的应用过程

 实例

设屏幕如图4.43所示，要将图中圆的位置变动并更改颜色及大小，可按如下操作步骤进行：

① 单击图4.43中的圆，该圆变虚。

② 单击下拉菜单[修改]→[特性]，则弹出一个对话框，如图4.44所示。

③ 单击图4.44中的属性栏中的"颜色"，则打开颜色列表，如图4.45所示，选取红色。

④ 修改图4.44中"几何图形"栏中的圆心、半径等值。

⑤ 关闭图4.44所示的对话框，结束命令。

图4.46可以看到该圆以红色显示并改变了位置及大小。

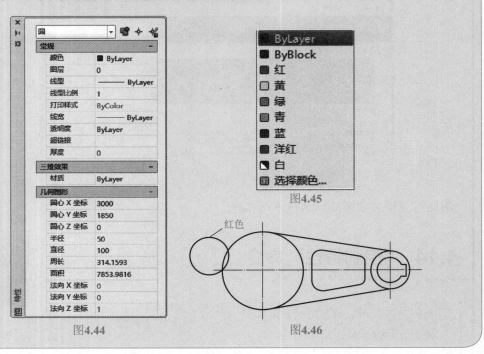

图4.44

图4.45

图4.46

4.15 "修改特性"命令

命令行：CHPROP

利用"修改特性"命令可修改实体的颜色、图层、线型、线型比例因子、线宽、厚度和打印样式。

这是该"修改特性"命令的六个选项的命令行形式，选取时用户可以从命令行上改变颜色等六种特性，这里不再一一介绍。

 实例

利用"修改特性"命令修改实体特性的具体操作如下：

① 命令行：CHPROP Enter
② 选择对象：(在绘图区选取实体) 右键
③ 输入要更改的特性 [颜色(C)/图层(LA)/线型(LT)/线型比例(S)/线宽(LW)/厚度(T)/透明度(TR)/材质(M)/注释性(A)]：

4.16 "变更"命令

命令行：CHANGE

在 AutoCAD 的早期版本中，"变更"命令用来修改实体特性的命令。在 AutoCAD 2020 中，该命令同样可以用来修改实体的几何属性和实体属性。除了线宽为零的直线外，所选实体必须与当前用户坐标系（UCS）平行。

（1）"变更"命令的执行过程

利用画图命令画圆，使屏幕如图4.47所示。要用"变更"命令来调整圆的大小，可按如下操作步骤进行：
① 命令行：CHANGE Enter
② 选择对象：(选取图4.47中的圆) Enter
③ 指定修改点或 [特性(P)]：(这时利用十字光标选取 A 点)

若视图与UCS不平行。命令结果可能不明显。

命令结束。这时可以看到该圆半径变大，圆周通过 A 点，如图4.48所示。

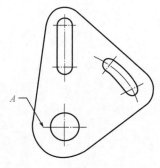

图4.47

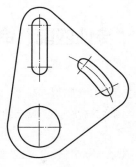

图4.48

（2）"变更"命令的有关提示项的含义
• 指定修改点：表示改变点的方式，即在选取图形后，以定义新点的方式来改变图形的大小或位置。其中：

- • 对于圆：本设置将调整圆的半径，并使圆周通过更改点，如按Enter键，则命令行提示输入新的半径。
- • 对于直线：本设置把离更改点最近的直线端点移到更改点。
- • 对于块：本设置将插入块移到更改点，并且提示输入新的旋转角。
- • 对于属性：本设置将属性定义移到更改点，并提示输入属性定义的类型、高度、旋转角度、标签、提示以及缺省值等。
- • 对于文本：本设置将文本移动到更改点，并提示文本类型、高度、旋转角度和内容。

如果您选择了多个实体，而且只拾取了一个更改点，则变更命令会循环提示更改点。如果选择了多条直线，则所有直线均把离更改点最近的端点移到更改点。

- 特性(P)：表示改变实体的特性，选取时将显示多个选项，其中：
- • 颜色(C)：表示改变颜色。
- • 标高(E)：表示改变标高。
- • 图层(LA)：表示改变图层。
- • 线型(LT)：表示改变线型。
- • 线型比例(S)：表示更改线型比例。
- • 线宽(LW)：表示更改线宽。
- • 厚度(T)：表示更改厚度。
- • 透明度(TR)：表示透明度。
- • 材质(M)：表示材质。
- • 注释性(A)：表示注释性。

注意

CHRPOP命令和PROPERTIES命令可执行在修改特性方面的功能，但没有限制所选的实体必须与当前UCS（即坐标系）平行。但执行CHANGE命令所选实体必须与当前用户坐标系（UCS）平行。

4.17 “特性匹配”命令

下拉菜单：[修改]→[特性匹配]
命令行：MATCHPROP（或PAINTER）
工具栏：
功能区：[默认]→[特性]→[特性匹配]

（1）基本操作和有关选项的含义

特性匹配是指被选取的新实体（目标实体）在某些特性方面应该和已有的实体（源实体）相同。

"特性匹配"命令的操作过程如下：

① 单击下拉菜单[修改]→[特性匹配]

② 选择源对象：（选取屏幕上的一个实体）

③ 选择目标对象或[设置(S)]：

②③两行提示中上面的一行是当前设置，包括颜色、图层、线型、线型比例、线宽、厚度、出图类型、文字、尺寸和剖面线，下面一行提示中的"选择目标对象"项表示选取要匹配的目标实体，设置(S)项表示要设置有关特性。如果此时键入"S"则弹出一个对话框，如图4.49所示。

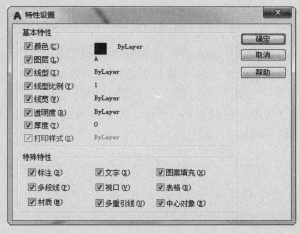

图4.49

在图4.49中有两个区域，其中：

• 基本特性区域：表示基本特性，包括颜色(C)、图层(L)、线型(I)、线型比例(Y)、线宽(W)、厚度(T)和打印样式(S)。

• 特殊特性区域：表示特殊特性，包括标注(D)、文字(X)、图案填充(H)等。

（2）具体的操作过程

先利用画图命令画圆，使屏幕如图4.50所示，其中小圆选用实线型，大圆选用虚线型。以小圆作为源实体，要用特性匹配命令将大圆的线型（线型也是一种特性）匹配成小圆的线型，可按如下操作步骤进行：

① 单击下拉菜单[修改]→[特性匹配]

② 选择源对象：（选取图4.50中的小圆，则小圆变虚）

③ 选择目标对象或[设置(S)]：（这时再选取图4.50中的大圆，大圆变虚）

④ 选择目标对象或[设置(S)]：Enter

这时屏幕上的大圆也变成实线，如图4.51所示，这就是线型匹配功能。

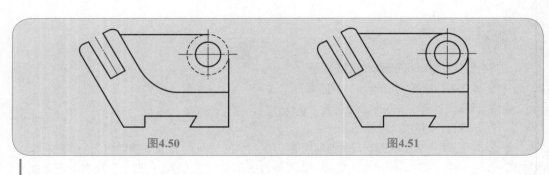

图4.50　　　　　　　　　　图4.51

4.18　小结与练习

─── 小结 ───

　　本章介绍了 AutoCAD 2020 的画面控制和特性编辑功能，包括图层的设置、距离、面积、体积、质量等的查询，画面的平移和缩放以及特性的控制、变更、修改、匹配等功能，如果能够巧妙而灵活地利用这些功能，同时和前面介绍的绘图与编辑命令相结合，则会大大提高设计效率。除此之外，AutoCAD 2020 还有很多其他的实用辅助功能，用户可自行多加操作和总结。

─── 练习 ───

1. 创建如图4.52所示的图层。

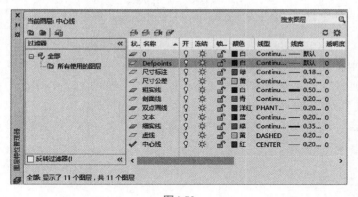

图4.52

2. 利用"特性匹配"命令，根据图4.53修改图4.54的特性。

　　　　　　　　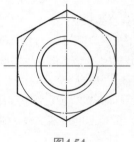

图4.53　　　　　　　　　　图4.54

05

第5章

绘图工具和辅助功能

正如手工绘图一样，必须借助一些绘图工具，如三角尺、丁字尺、圆规、直尺等绘图仪器，以保证图纸的质量，并提高绘图效率。使用AutoCAD绘图时，由于其本身设置了很多绘图工具和辅助功能，这些功能就如同手工绘图的工具一样。不仅如此，使用AutoCAD的这些功能绘图，其绘图速度和精度远远高于手工绘图。

5.1 AutoCAD中坐标系的使用

5.1-5.2 视频精讲

绘图时通过坐标系在图形中确定点的位置，可设置和使用自己的可移动的用户坐标系（UCS），从而更好地在角度、等轴测或正交（三维）视图中绘图。

5.1.1 笛卡儿坐标系和极坐标系

在解析几何中，笛卡儿坐标系有三个坐标轴：X、Y和Z。输入X、Y、Z坐标值时，需要指定它们与坐标系原点（0, 0, 0）或前一点的相应坐标值之间的距离（带单位）和方向（+或−）。通常，AutoCAD构造新图形时，自动使用世界坐标系（WCS）。世界坐标系的X轴是水平的，Y轴是垂直的，Z轴则垂直于XY平面。

除了WCS以外，还可以定义一个原点和坐标轴方向均与之不同的可移动用户坐标系（UCS）。可以依据WCS定义UCS（请参见切换和旋转坐标系）。可以利用带UCS的样板构造一个不使用WCS的图形。

极坐标系用距离和角度确定点的位置。要输入极坐标值，必须给出该点相对于原点或其前一点的距离，以及与当前坐标系的XY平面所成的角度。

（1）定位点

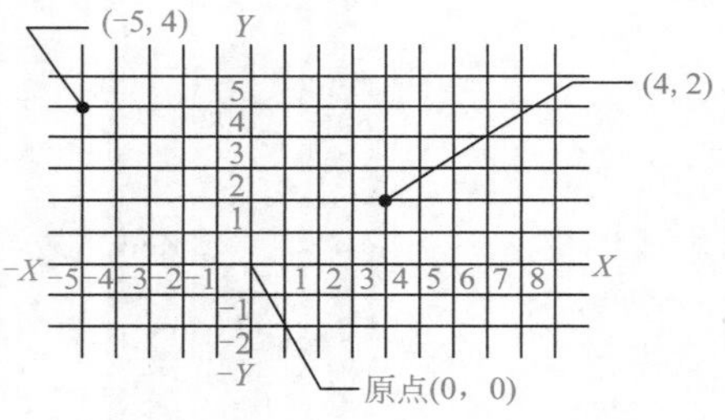

图5.1示例XY平面上的点的位置。坐标(4,2)表示该点在X正向与原点相距4个单位，在Y正向与原点相距2个单位。坐标(−5,4)表示该点在X负向5个单位、Y正向4个单位的位置。

在AutoCAD中，可以用科学、小数、工程、建筑或分数的格式输入坐标；用百分度、弧度、勘测单位或度/分/秒的格式输入角度。这里使用小数单位和度。

图5.1

如果工作中用到三维建模，可以在坐标系中加入Z轴，这样一个点要用X、Y、Z三个值确定。三维坐标系中原点的X、Y和Z值都为零。

（2）显示当前光标位置的坐标

AutoCAD在窗口底部的状态栏中显示当前光标所在位置的坐标。

有三种显示坐标的方式：

❶ 动态显示：移动光标的同时不断更新坐标值。

❷ 静态显示：只在指定一点时才更新坐标值。

❸ 距离和角度：以"距离<角度"形式显示坐标值，并移动光标的同时不断更新。这一选项只有在绘制直线或提示输入多个点的实体时才用得到。

编辑实体时，可以按Ctrl+I键在这三种坐标显示方式之间循环切换。也可以按右击状态栏上的坐标显示，从快捷菜单中选择显示选项。

• 将系统变量COORDS设置为0表示静态显示（显示绝对坐标，坐标显示仅在指定某个点后更新）。

- 将系统变量COORDS设置为1表示动态绝对显示（显示绝对坐标，坐标显示将实时持续更新）。
- 将系统变量COORDS设置为2表示距离和角度显示（当命令处于活动状态并指定点、距离或角度时，显示相对极坐标；坐标显示将实时持续更新。当命令未处于活动状态时，显示绝对坐标值。注意：Z值始终为绝对坐标）。
- 将系统变量COORDS设置为3显示地理（纬度和经度）坐标，坐标显示将实时持续更新（坐标格式受GEOLATLONGFORMAT系统变量控制。注意：当图形文件包含地理位置信息时，不显示Z值）。

用ID命令可查看现有实体上给定点的坐标（如中点或交点）。用实体捕捉可以精确地选择实体上的点。

要查找现有实体上所有关键点的坐标，可以使用LIST命令或使用夹点选择实体。夹点是出现在实体关键位置（如端点或中点）上的一些小框。当光标捕捉到夹点时，状态栏会显示其坐标。

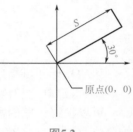

图5.2

（3）指定坐标

在二维空间中，点位于XY平面（也叫构造平面）上。构造平面与平铺的坐标纸相似。笛卡儿坐标的X值表示水平距离，Y值表示垂直距离。原点(0,0)表示两轴相交的位置。图5.2表示用角度和距离来定义点。

可以用笛卡儿(X,Y)坐标或极坐标输入二维坐标。极坐标用距离和角度定位点。这两种方法都可以使用绝对值或相对值。绝对坐标值是相对于原点(0,0)的坐标值。相对坐标值是相对于前一个输入点的坐标值。相对坐标值在定位一系列已知间隔距离的点时非常有用。

1）输入绝对和相对坐标

输入X、Y的绝对坐标时，应以"X,Y"格式输入其X和Y坐标值。如果知道了某个点精确的X和Y坐标值，可使用X、Y的绝对坐标。

画一条起点为(-2,1)的直线，绘制步骤如下：
① 单击下拉菜单[绘图]→[直线]
② 指定第一个点：-2,1 Enter
③ 指定下一个点或[放弃(U)]：3,4 Enter
AutoCAD如图5.3所示来定位该直线。

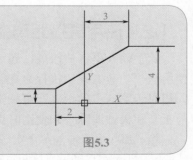

图5.3

如果知道了某点与前一点的位置关系，可用X、Y相对坐标。实例如下所示。

要相对于(-2,1)定位一点，应在该点坐标前面加@符：
命令：LINE Enter

指定第一个点：-2,1 `Enter`

指定下一个点或[放弃(U)]：@5,3 `Enter`

这等价于输入绝对坐标 3,4。

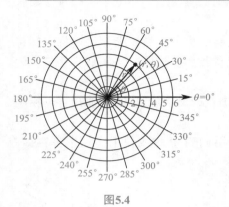

图5.4

2）输入极坐标

如图5.4表示极坐标的方位。

输入极坐标就是输入距离和角度，用尖括号（<）分开。例如，要指定相对于前一点距离为1，角度为45°的点，输入 @1<45。

在缺省情况下，角度按逆时针方向增大而按顺时针方向减小。要向顺时针方向移动，应输入负的角度值。例如，输入1<-45等价于输入1<315。可以在"单位控制"对话框中修改当前图形的角度方向并设置基准角度。请参见设置图形单位。

还可使用直接距离输入功能。通过直接距离输入，移动光标即可指定方向，然后输入距离指定相对坐标。请参见使用直接距离输入。

3）指定单位和角度

可以根据绘图的需要指定单位类型：建筑、小数、科学、工程或分数。依据所指定的单位类型，可以用小数、英尺、英寸、度或其他格式输入坐标。如果输入的数值是建筑单位制的英尺和英寸，英尺要用单撇号（′）表示，例如，72′3或34′4。英寸不需要用双撇号（″）表示。

如果在指定极坐标时使用勘测角度，应指明勘测角度的方向是东、西、南还是北。例如，要相对于当前位置绘制一条长度为72英尺8英寸、方位为北45度、偏东20分6秒的直线，应输入：

@72′8″<n45d20′6″e

输入三维坐标与输入二维坐标的格式相同：科学、小数、工程、建筑或分数。输入角度也可用百分度、弧度、勘测单位或度/分/秒。

5.1.2 使用直接距离输入

除了输入坐标值以外，还可用直接距离输入方法定位点。执行任何绘图命令时都可使用这一功能。开始执行命令并指定了第一个点之后，移动光标即可指定方向，然后输入相对于第一个点的距离即可确定一个点。这是一种快速确定直线长度的好方法，特别是与正交和极轴追踪一起使用时更为方便。请参见使用自动追踪。

除了那些提示输入单个实型值的命令（例如ARRAY、MEASURE和DIVIDE）以外，其他所有命令都可以通过直接距离输入指定点。当正交打开时，这是绘制垂线的一种有效方法。

下例用直接距离输入绘制一条直线。

用直接距离输入绘制直线的步骤：

① 单击下拉菜单 [绘图] → [直线]

② 指定第一点：（鼠标选择点1）

③ 指定下一个点或 [放弃(U)]：（移动定点设备，直到拖引线达到所需的方向。不要按 Enter 键）25 Enter

绘制结果如图5.5所示。

此时直线就以指定的长度和方向绘制出来，如图5.6所示。

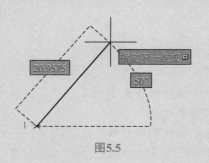

图5.5

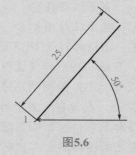

图5.6

5.2 坐标系图标的显示

（1）控制视窗UCS图标的可见性和位置

命令行：UCSICON

UCS图标表示UCS坐标的方向和当前UCS原点的位置，也表示相对于UCS XY平面的当前视图方向。如果视窗的UCSVP系统变量设置为1，则不同视窗中可能有不同的UCS。

AutoCAD在图纸空间和模型空间中显示不同的UCS图标。如图5.7所示。

俯视UCS（沿Z轴正方向）时，在图标的底部画出一个方框，仰视UCS时方框消失。如果视图方向与当前UCS的XY平面平行，则UCS图标被断口画笔图标代替。

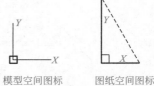

模型空间图标　　　图纸空间图标

图5.7

执行此命令时依次提示：

输入选项 [开(ON)/关(OFF)/全部(A)/非原点(N)/原点(OR)/可选(S)/特性(P)] 〈开〉：

命令行中各选项的含义如下：

- 开(ON)：显示UCS图标。
- 关(OFF)：关闭UCS图标显示（即不显示UCS图标）。
- 全部(A)：在所有活动视窗中反映图标的变动，否则UCSICON只影响当前视窗。
- 非原点(N)：不管UCS原点在何处，在视窗的左下角显示图标。
- 原点(OR)：强制图标显示于当前坐标系的原点(0,0,0)处。如果原点不在屏幕上，或者如果把图标显示在原点处会导致图标与视窗边界线相交时，图标将出现在视窗的左下角。

- 可选(S)：控制UCS图标是否可选并且可以通过夹点操作。
- 特性(P)：弹出一个对话框如图5.8所示，在该对话框中可以设置图标的类型、可见性和位置。

（2）图5.8所示各项的含义

- UCS图标样式：指定使用2D还是3D的UCS图标及其类型。
- • 二维：显示二维图标。
- • 三维：显示三维图标。
- • 线宽：当选择3D的UCS图标时，控制UCS图标的线宽。
- 预览：显示UCS图标在模型空间的预演。
- UCS图标大小：控制UCS图标的大小（相对视窗大小的百分率）。缺省值是12，有效范围是5~95。在视窗中显示的大小和其值成正比。
- UCS图标颜色：控制UCS图标在模型空间和布局中的颜色。其中：
- • 模型空间图标颜色：控制模型空间中UCS图标的颜色。
- • 布局选项卡图标颜色：控制布局中UCS图标的颜色。

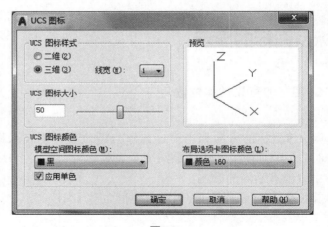

图5.8

5.3　UNDO功能和REDO功能

5.3-5.6　视频精讲

在编辑功能中，本书介绍了ERASE等命令。如果发现操作有误，可采用OOPS功能等补救，但只一次有效。如果想要多次恢复被删实体，必须用UNDO命令等。下面将这些命令一一加以介绍和比较。

（1）OOPS命令

OOPS命令用于恢复最后一次由ERASE、BLOCK或WBLOCK命令从图形中移去的实体。

它不取消命令，这和下面要讲的U或UNDO命令是不一样的。

（2）UNDO命令

UNDO命令用于取消前面一个或几个命令的影响，把图形恢复到未执行这些命令之前的状态。单击下拉菜单[编辑]→[放弃]，或按Ctrl+Z键都可执行UNDO命令，也可在"命令："提示符下键入"UNDO"或"U"。其中U命令是UNDO命令的简化版，U命令每次只能恢复一次，标准工具的UNDO工具发出的就是U命令。

UNDO命令的执行过程如下：

① 命令：UNDO Enter
② 输入要放弃的操作数目或[自动(A)/控制(C)/开始(BE)/结束(E)/标记(M)/后退(B)]：

步骤②各项含义如下：

- 输入要放弃的操作数目（缺省方式）：执行UNDO的次数。
- 自动(A)：自动执行。它是一个开关设置。单击后有ON/OFF选项。ON设置为自动执行，OFF将执行关闭操作。
- 控制(C)：控制UNDO的使用方式，单击后有All/None/One三个选项。其中All是缺省选项，表示使用全部的UNDO功能。None表示不使用UNDO功能。One表示限制UNDO的还原功能，只保留一次机会。
- 开始(BE)和结束(E)：开始和结束群组设置，即将一群命令设置为一个群组，使用这项（BEGIN和END）来作为开始和结束的标志，当执行UNDO命令时可以一次作用一群命令。
- 标记(M)：设置标记，即设置命令操作时的标记，配合Back功能可快速地执行一连串的UNDO功能直到有标记的地方。
- 后退(B)：还原图形回到标记处。

可见操作数目提示项可使系统执行UNDO功能数次，其执行次数等于操作数目的数值。

（3）REDO命令

REDO命令是UNDO命令的相反命令。它仅在刚使用过UNDO或U命令时才可用。如果在UNDO命令之后立即执行REDO命令则恢复UNDO命令取消的操作。REDO和UNDO命令都可在下拉菜单[编辑]中单击，也可按Ctrl+Y键来执行REDO命令。

REDO恢复执行UNDO或U命令后放弃的效果。REDO必须紧跟着U或UNDO命令执行。

5.4 正交模式

手工绘图时，如果要画一条垂直线或水平线，必须借助有关的工具。在AutoCAD中，因为它将水平定义为平行于UCS的X轴，将垂直定义为平行于Y轴。如果要画垂直或水平的直线，可以在"命令："提示符下采用输入坐标的方法来完成，但这样必须实时计算坐标值。有时对具体的坐标并不要求十分精确，只要求所画的线水平或垂直，这时使用鼠标则效率更高，避免了计算坐标的麻烦。要真正将直线控制于水平或垂直状态并不容易，怎么办呢？ AutoCAD提供了一个辅助命令，即正交模式ORTHO。在具体操作时，可以作出垂直或水平的线段，而绝不会有所偏差。

采用下列三种操作中的任一种都可进入正交模式：

① 单击用户界面下部状态条上的"正交"按钮使其颜色变深。

② 命令：ORTHO Enter。

③ 在任何时候按Ctrl+L键。

此时下部状态条上的"正交"按钮颜色变深。

注意

正交模式"正交"不仅用于画图操作，就是在编辑状态下如平移等操作也同样适用。您可以自己画个图，然后用MOVE命令来试试。

如果要退出正交模式，亦可按照上面的操作步骤再做一次，也就是单击下部的状态条"正交"或者在"命令："提示符下键入"正交"并按Enter键，设置ON/OFF为OFF状态，或者再按一次Ctrl+L键都可以。同时，下部状态条上的"正交"按钮以灰色显示。

5.5 栅格及定量位移

在手工绘图中，常常使用坐标纸来绘图，这样做较为准确而且十分方便。AutoCAD不仅有这样的功能，而且还可以设置方格的间隔，以点的方式来表现（称为栅格GRID）。有了这些栅格后，可以参考这些栅格来画图，可是还是不太方便，所以在AutoCAD中，提供了另外一种功能，可以设置十字光标的位移量使之每次位移时都依照设置的数值操作，以达到绘制精确图形的目的，这种方法称为定量位移SNAP。

设目前刚进入AutoCAD状态，采用下列四种操作中的任一种都可设置栅格：

① 双击下部状态条上的GRID按钮使其颜色变深。

② 命令：GRID Enter。

③ 直接按F7键。

④ 在任何时候按Ctrl+G键。

不论采用上述哪一种方法，设置完后按Enter键，依次提示：

指定栅格间距(X)或[开(ON)/关(OFF)/捕捉(S)/主(M)/自适应(D)/界限(L)/跟随(F)/纵横向间距(A)]<10.0000>：

这时屏幕如图5.9所示。命令行中各选项的含义如下：

- <10.0000>：表示缺省选项"指定栅格间距(X)"的值。

- 指定栅格间距(X)：缺省选项，用于设置栅格间距，如其后跟X，则用捕捉增量的倍数来设置栅格。

- 开(ON)：表示打开栅格显示。
- 关(OFF)：表示关闭栅格显示。
- 捕捉(S)：表示设置显示栅格水平及垂直间距，用于设定不规则的栅格。
- 主(M)：指定主栅格线相对于次栅格线的频率。在以下情况下显示栅格线而不显示栅格点（GRIDMAJOR系统变量）：
- • 在基于AutoCAD的产品中：使用除二维线框之外的任何视觉样式时。
- • 在AutoCAD LT中：SHADEMODE设置为"隐藏"时。
- 自适应(D)：控制放大或缩小时栅格线的密度。
- • 自适应行为。限制缩小时栅格线或栅格点的密度。该设置也由GRIDDISPLAY系统变量控制。
- • 允许以小于栅格间距的间距再拆分。如果打开，则放大时将生成其他间距更小的栅格线或栅格点。这些栅格线的频率由主栅格线的频率确定。
- 界限(L)：显示超出LIMITS命令指定区域的栅格。
- 跟随(F)：更改栅格平面以跟随动态UCS的XY平面。该设置也由GRIDDISPLAY系统变量控制。
- 纵横向间距(A)：在选取该项后还要显示：
- • 指定水平间距(X)<10.0000>：设置水平间距。
- • 指定垂直间距(Y)<10.0000>：设置垂直间距。

此外，还可用DSETTINGS命令来提供除用于栅格显示控制之外的更多控制。在"命令："提示符下键入"DSETTINGS"后按Enter键，或单击下拉菜单[工具]→[绘图设置...]，则弹出一个对话框如图5.10所示。

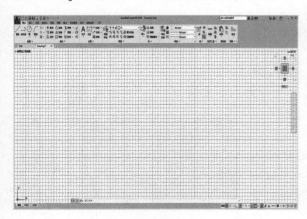

图5.9

图5.10

从图5.10中的对话框可以看到，"启用捕捉（F9）""启用栅格（F7）"分别相当于按F9键和F7键（即设置SNAP和GRID模式）。此外还包含六个对话栏，分别说明如下：

- 捕捉间距：设置十字光标的定量位移。其中：
- • 捕捉X轴间距：设置十字光标在X方向的位移量。在此栏里键入数值即可。
- • 捕捉Y轴间距：设置十字光标在Y方向的位移量。在此栏里键入数值即可。

• 极轴间距：极坐标方向的位移量。如果"极轴间距"的值为0，则极坐标方向的位移量和X方向的位移量相同。

• 捕捉类型：设定捕捉样式和捕捉类型。其中：

• • 栅格捕捉：设定栅格捕捉类型。如果指定点，光标将沿垂直或水平栅格点进行捕捉（也可以使用SNAPTYPE系统变量来设置）。

• • 矩形捕捉：将捕捉样式设定为标准"矩形"捕捉模式。当捕捉类型设定为"栅格"并且打开"捕捉"模式时，光标将捕捉矩形捕捉栅格（也可以使用SNAPSTYL系统变量来设置）。

注意

缺省情况下，完成X方向的位移量设置后，Y方向的位移量自动和其相等。但如果Y方向要设置成不同于X方向的位移量当然也可以。

• • 等轴测捕捉：将捕捉样式设定为"等轴测"捕捉模式。当捕捉类型设定为"栅格"并且打开"捕捉"模式时，光标将捕捉等轴测捕捉栅格（也可以使用SNAPSTYL系统变量来设置）。

• • 极坐标捕捉：指极坐标捕捉模式。将捕捉类型设定为"PolarSnap"。如果启用了"捕捉"模式并在极轴追踪打开的情况下指定点，光标将沿在"极轴追踪"选项卡上相对于极轴追踪起点设置的极轴对齐角度进行捕捉（也可以使用SNAPTYPE系统变量来设置）。

• 栅格样式：在二维上下文中设定栅格样式（也可以使用GRIDSTYLE系统变量来设置）。

• • 二维模型空间：将二维模型空间的栅格样式设定为点栅格（也可以使用GRIDSTYLE系统变量来设置）。

• • 块编辑器：将块编辑器的栅格样式设定为点栅格（也可以使用GRIDSTYLE系统变量来设置）。

• • 图纸/布局：将图纸和布局的栅格样式设定为点栅格（也可以使用GRIDSTYLE系统变量来设置）。

• 栅格间距：控制栅格的显示，有助于直观显示距离。

• • 栅格X轴间距：指定X方向上的栅格间距。如果该值为0，则栅格采用"捕捉X轴间距"的数值集（也可以使用GRIDUNIT系统变量来设置）。

注意

LIMITS命令和GRIDDISPLAY系统变量控制栅格的界限。

• • 栅格Y轴间距：指定Y方向上的栅格间距。如果该值为0，则栅格采用"捕捉Y轴间距"的数值集（也可以使用GRIDUNIT系统变量来设置）。

• • 每条主线的栅格数：指定主栅格线相对于次栅格线的频率。

• 栅格行为：在以下情况下显示栅格线而不显示栅格点：AutoCAD：GRIDSTYLE设置为0（零）。

• • 自适应栅格：缩小时，限制栅格密度。

• • 允许以小于栅格间距的间距再拆分：放大时，生成更多间距更小的栅格线。主栅格线的频率确定这些栅格线的频率。

• • 显示超出界限的栅格：显示超出LIMITS命令指定区域的栅格。

• 遵循动态UCS：更改栅格平面以跟随动态UCS的XY平面。

注意

和SNAP中相同的是，完成X方向的栅格间距设置后，Y方向自动和其相等。但如果Y方向要设置成不同于X方向的间距当然也可以。

注意

有关轴测图的绘图方法实例参见本书的第10章和第14章。

5.6 捕捉功能

不论手工绘图还是计算机绘图，都会经常碰到要从一条线段的末端开始画出图形，或从两条线的交点处画出另外一条直线，也可能要从圆心处开始画出其他图形，或画出两个圆间的切线。遇到这类图形时如何处置呢？使用手工绘图或其他绘图软件绘图的都是采用取近似值的方式，根据经验画出图形。

在AutoCAD中，精确地作出这样的图来并不困难，因为有辅助功能帮用户找点。实际上这就是基本的SNAP功能。如果要通过已经绘制的实体上的几何点来定位新的点、直线或其他实体，那么就需要利用目标捕捉功能了。

利用AutoCAD的追踪和实体捕捉工具能够快速、精确地绘图。利用这些工具，无须输入坐标或进行烦琐的计算就可以绘制精确的图形。还可以用AutoCAD查询方法快速显示图形和图形实体的信息。

（1）捕捉功能

鼠标单击在屏幕下方的状态条“对象捕捉”按钮或按F3键，可打开或关闭捕捉模式。此外，利用下列两种方法中的任一种，均可设定捕捉模式。

> ① 单击下拉菜单[工具]→[绘图设置...]，屏幕弹出一个对话框，如图5.10所示。单击图5.10上部的“对象捕捉”选项卡，则屏幕如图5.11所示。
>
> ② 命令：OSNAP Enter，则屏幕如图5.11所示。

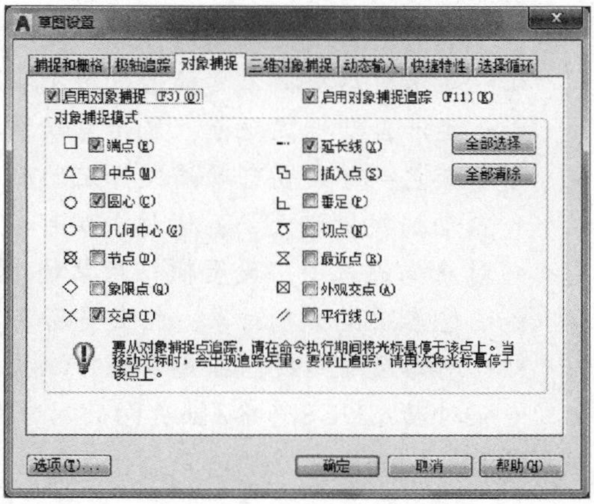

图5.11

图5.11中有关选项的含义说明如下：

• 端点：捕捉端点，即捕捉直线或圆弧离拾取点最近的端点。

• 中点：捕捉中间点，当使用中点选项的时候，AutoCAD捕捉直线或圆弧的中点。

• 圆心：捕捉圆心，本功能可捕捉圆或圆弧的中心，但使用时要选取圆线处而非圆心处。

- 节点：捕捉节点，包括尺寸的定义点。
- 象限点：捕捉圆的四分之一点处。本功能可以捕捉圆或圆弧上的0°、90°、180°、270°处的点。
- 交点：捕捉相交点，使用此功能可以捕捉两直线、圆弧或圆的任何组合的最近交点。
- 延长线：延伸捕捉一点，即如果您所画的图已通过一个实体，还可捕捉该实体上的点。
- 插入点：捕捉插入点，可捕捉插入图形文件中的文本、属性和符号（块或形）的原点。
- 垂足：捕捉垂直点，可捕捉直线、圆弧或圆上一点（对于用户拾取的实体而言），该点从最后一点到拾取的实体形成一正交线。结果点不一定在实体上。
- 切点：捕捉圆的切线点。本设置可捕捉实体上最近的点，一般是端点、垂点或交点。
- 最近点：捕捉最近点，一般是端点、垂点或交点。
- 外观交点：该选项与交点相同，同时还可捕捉三维空间中两个实体的视图交点（这两个实体实际上不一定相交，但投影相交）。在二维空间中，"外观交点"与"交点"模式是等效的。
- 平行线：捕捉平行点。

另外，"清除全部"表示清除全部设置，"全部选择"表示全部选择设置。

在图5.11中，若单击下面的"选项..."按钮，则弹出一个对话框，如图5.12所示。下面将图5.12中有关选项的含义说明如下（这里讲解"绘图"选项中的内容）：

- "自动捕捉设置"区域：设置自动捕捉。其中：
- • 标记：自动捕捉标记。
- • 磁吸：自动捕捉磁性标记，选中时只要光标靠近捕捉点时就显示捕捉标记。
- • 显示自动捕捉工具提示：用文字脚注来显示自动捕捉标记。
- • 显示自动捕捉靶框：显示自动捕捉的靶区矩形盒。
- • 颜色：可设置自动捕捉标记的颜色。
- 自动捕捉标记大小：通过滑块可设置自动捕捉标记的大小。
- 对象捕捉选项：设置执行对象捕捉模式。
- • 忽略图案填充对象：指定是否可以捕捉到图案填充对象。
- • 忽略尺寸界线：指定是否可以捕捉到尺寸界线。
- • 对动态UCS忽略Z轴负向的对象捕捉：指定使用动态UCS期间对象捕捉忽略具有负Z值的几何体。
- • 使用当前标高替换Z值：指定对象捕捉忽略对象捕捉位置的Z值，并使用为当前UCS设置的标高的Z值。
- 自动跟踪设置区域：自动跟踪的设置。其中：
- • 显示极轴追踪矢量：当极轴追踪打开时，将沿指定角度显示一个矢量。使用极轴追踪，可以沿角度绘制直线。极轴角是90°的约数，如45°、30°和15°（TRACKPATH系统变量=2）。在三维视图中，也显示平行于UCS的Z轴的极轴追踪矢量，并且工具提示基于沿Z轴的方向显示角度的+Z或−Z。

• • 显示全屏追踪矢量：追踪矢量是辅助用户按特定角度或按与其他对象的特定关系绘制对象的线。如果选择此选项，对齐矢量将显示为无限长的线（TRACKPATH系统变量=1）。

• • 显示自动追踪工具提示：控制自动捕捉标记、工具提示和磁吸的显示（也可使用AUTOSNAP系统变量来设置）。

• 对齐点获取区域：其中：

• • 自动：当靶框移到对象捕捉上时，自动显示追踪矢量。

• • 用Shift键获取：按Shift键并将靶框移到对象捕捉上时，将显示追踪矢量。

• 靶框大小：设置对象捕捉靶框的显示尺寸（以设备独立像素为单位）。对于4K或更高分辨率的监视器，像素和设备独立像素（DIP）之间的比率为：像素=DIP×DPI/96，对于分辨率较低的监视器（100%缩放或96DPI），此设置以像素为单位。

如果选择"显示自动捕捉靶框"（或APBOX设置为1），则当捕捉到对象时靶框显示在十字光标的中心。靶框的大小确定磁吸将靶框锁定到捕捉点之前，光标应到达与捕捉点多近的位置。取值范围从1～50像素。

• 设计工具提示外观：控制绘图工具提示的颜色、大小和透明度。

• • 设置：显示"工具提示外观"对话框。

• 光线轮廓设置：在AutoCAD LT中不可用，显示"光线轮廓外观"对话框。

• 相机轮廓设置：在AutoCAD LT中不可用，显示"相机轮廓外观"对话框。

（2）Shift+右键的捕捉功能

当十字光标显示在图形区时，在按下Shift键的同时按下右键，则弹出一个对话框，如图5.13所示。

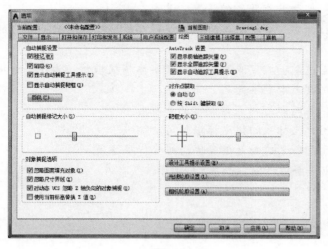
图5.12

图5.13

图5.13的各项含义和图5.11的相应项相同，下面只对几个不同的选项加以解释：

• 自：提示输入使用的基点，它建立一个临时参考点，这与通过输入前缀"@"使用最后一个点作为参考点相类似。

• 点过滤器：在三维空间的讨论中再做解释。

- 无：不设置，即可以删除或覆盖任何运行的目标捕捉。
- 对象捕捉设置...：单击时弹出一个对话框，和图5.12相同，这里不再重复。

（3）极坐标跟踪功能

在屏幕下方的状态条中有POLAR和OTRACK两项。其中，POLAR代表极坐标跟踪（polar tracking），OTRACK代表实体捕捉跟踪（object snap tracking），后者已在上面简单介绍过，这里重点介绍极坐标跟踪。

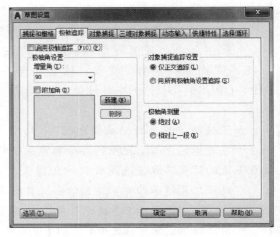

在屏幕下方的状态条POLAR上双击鼠标左键（或者按F10键），可打开或关闭跟踪模式。

单击下拉菜单[工具]→[绘图设置...]，屏幕弹出对话框如图5.11所示。单击图5.11上部的"极轴追踪"选项卡，弹出对话框如图5.14所示。

图5.14中有关选项的含义说明如下：

- 启用极轴追踪：设定极坐标跟踪的开和关。
- 极轴角设置：为极坐标跟踪设定角度。其中：

图5.14

- - 增量角：设定附加角。
- - 附加角：以列表形式提供的附加角。
- - 新建：额外附加的极坐标跟踪角度。
- - 删除：删除所选取的附加角度。
- 对象捕捉跟踪设置：实体捕捉跟踪的设置。其中：
- - 仅正交追踪：当打开实体捕捉跟踪时，为获得实体捕捉点，只有正交的实体捕捉跟踪路径被显示。
- - 用所有极轴角设置追踪：指定点的同时打开实体捕捉跟踪，为获得捕捉点允许光标沿着任何极坐标角度的跟踪路径去跟踪。
- 极轴角测量：设置极坐标跟踪对齐角测量的基准。
- - 绝对：基于当前用户坐标系的极坐标跟踪角。
- - 相对上一段：基于您所创建的最近实体的极坐标跟踪角。
- 选项...：单击时弹出一个对话框，如图5.12所示。

5.7 过滤功能

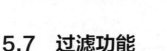

在一张较为复杂的图形中，要选取有相同特征的图形实体，如具有相同颜色、线型或尺寸等，如果手工去选，不仅工作量大，操作烦琐，而且可能漏选或错选。若将这一任务交给计算机来完成，不仅效率很高，而且相当准确。AutoCAD为我们提供了这一功能，这就是过滤命令FILTER。

在"命令："提示符后键入"FILTER"并按Enter键，弹出一个对话框如图5.15所示。

在图5.15中，有如下几个区域：

• 实体选择过滤栏：本栏在对话框的最上面，在对话栏里列出您所设置的过滤条件。当其中的选项较多时，可单击右边的滑动条来显示其中的有关信息。

图5.15

• 选择过滤器：选取过滤项区域。这里能应用设置项来设置过滤条件。其中：

•• DWF参考底图：当选取本项时会弹出一下拉列表，列出各种过滤名称供选取。

•• 选择...：选取过滤条件，如在"DWF参考底图"栏里选取"颜色"，则"选择..."颜色变深，单击"选择..."时弹出颜色对话框。

•• X、Y、Z：过滤实体的坐标位置。如在"DWF参考底图"栏里选取"圆心"，则"X""Y""Z"三栏的颜色变深，同时按"X"栏可弹出一个对话栏（=,!=,<,...），亦可在右边的数值栏键入坐标的具体值。

•• 添加到列表：添加过滤条件。

•• 替换：代替过滤条件。

•• 添加选定对象<：添加选取过滤实体。单击本项时，对话框暂时消失，选取屏幕上的图形，被选取的图形实体的各种特性当作过滤条件显示在过滤条件对话栏中，再显示对话框。

• 编辑项目：编辑过滤条件，当选好过滤条件，然后选取"编辑项目"项，被选取的过滤条件显示在"选择过滤器"栏中，这时就可对其进行编辑、修改等操作了。

• 删除：删除过滤条件，选取时将删除高亮显示在过滤条件对话框中的过滤项。

• 清除列表：清除过滤条件，选取本项将清除过滤条件栏中的所有过滤项。

• 命名过滤器：命名过滤条件，主要是将目前的过滤条件存储成文件，有几个过滤条件则存成几个文件，需要哪个则将其设置成当前文件。其中：

•• 当前：当前使用的过滤条件的文件名称。

•• 另存为：赋名存储，即将当前的过滤条件以一个有名称的文件存储。

•• 删除当前过滤器列表：删除当前的过滤条件文件。

• 应用：应用过滤操作。

5.8 计算器功能

用AutoCAD绘图时，有时要进行一些加、减、乘、除等算术运算。如今的AutoCAD不仅有计算器的一般功能，而且使用起来非常方便。下面为您详细介绍AutoCAD的计算功能。

5.8-5.10
视频精讲

（1）将CAL命令用作桌面计算器

用户可以在命令行执行CAL命令。例如，当执行CIRCLE命令时会被提示输入半径，可以向CAL命令求助，用它来计算半径的值，而不必中断CIRCLE命令的执行。

 实例①

一个简单的算术运算，其操作过程如下：

① 命令：CAL [Enter]

② >> 表达式：9/8 [Enter]（即计算9÷8的值）

1.125

命令结束。9/8的结果是1.125。

 实例②

在屏幕上画以10/3为半径的圆，其操作过程如下：

① 命令：CIRCLE [Enter]

② 指定圆的圆心或[三点(3P)/两点(2P)/切点、切点、半径(T)]：

（用鼠标选择一点作为圆心）

③ 指定圆的半径或[直径(D)]：CAL [Enter]

④ >>>>表达式：10/3 [Enter]

（其中"10/3"表示以10÷3的值为半径画圆）

命令结束。这时屏幕上显示一个以10/3为半径的圆。

另外，还可以在表达式后输入诸如sin、cos之类的标准函数，如表5.1所示。

表5.1　在表达式中可输入的标准函数

函数	说明	函数	说明
sin（角度）	返回角度的正弦值	exp10（实数）	返回10的幂值
cos（角度）	返回角度的余弦值	sqr（实数）	返回实数的平方值
tang（角度）	返回角度的正切值	sqrt（实数）	返回实数的平方根值
asin（实数）	返回实数的反正弦值	abs（实数）	返回实数的绝对值
acos（实数）	返回实数的反余弦值	round（实数）	返回实数的整数值
atan（实数）	返回实数的反正切值	trunc（实数）	返回实数的整数部分
ln（实数）	返回实数的自然对数值	r2d（角度）	将角度值从弧度转化为度
lg（实数）	返回实数的以10为底的对数值	d2r（角度）	将角度值从度转化为弧度
exp（实数）	返回e的幂值	pi（角度）	常量 π

（2）将CAL命令的计算结果存储给变量

可以把用CAL命令计算出的结果存储到内存的某一位置（变量）中，以便在需要时重新得到它们。可以使用数字、字母和除()、'、"和空格之外的任何符号的组合来命名变量。

当在CAL命令提示下通过键入变量名来输入一个表达式时，其后跟上一个等号，然后是计算表达式，就建立了一个已命名的内存变量，并在其中存入了一个值。例如，在"＞＞表达式："中键入"F=4"并按Enter键，则表示已将4赋给变量F。这时如果在"命令："提示符下键入"C"并按Enter键(表示画圆)，然后按照命令行的显示，用鼠标选取一点作为圆心。当命令行提示输入圆的半径（或直径）时，可键入"F"并按Enter键，则屏幕上显示出一个半径为4的圆。

如果想在AutoCAD命令提示或某个AutoCAD命令的某一项提示下给出变量值，则可以用感叹号作为前缀直接键入变量名。

就像在程序中一样，也可以用一个新的变量值去代替原来的值。

任何出现在等式左边的变量，其值会参照存于变量中的当前值。用此方法写出表达式是程序所用的标准方法，这样可使用户重复使用变量，并可将一个变量用作运行计数器。

 注意

变量仅在创建它们的绘图过程中存在。一旦打开另外一个图形文件，则原来的变量及变量值就不再存在了。即变量和其本身存储的信息不会和图形一起被存储。当用QUIT或END命令退出绘图状态时，则变量将丢失。

（3）用CAL命令作为点计算器

可以计算包含点坐标的表达式，即用任何一种标准的AutoCAD格式来指定一个点，其中最普遍应用的是笛卡儿坐标和极坐标。各坐标的表达式如下：

- 笛卡儿：$[X,Y,Z]$。
- 极坐标：[距离＜角度]。
- 相对坐标用"@"作为前缀，如[@距离＜角度]。

在用CAL命令时，必须把坐标用"[ ]"括起来，CAL命令可以按如下方法对点进行标准的算术运算。

- 乘：数字*点坐标或点坐标*点坐标。
- 除：点坐标/数字或点坐标/点坐标。
- 加：点坐标+点坐标。
- 减：点坐标-点坐标。

包含点坐标的表达式可以称为矢量表达式。

假定想找出点(2,3)和点(3,4)的连线的中点坐标，可通过求X、Y坐标的平均值得出中点。如：

① 命令：CAL Enter

② ＞＞表达式：([2,3]+[3,4])/2 Enter

(2.5, 3.5, 0.0)

命令结束。其中(2.5, 3.5, 0.0)即是点(2,3)和点(3,4)的连线中点坐标。

当然，也许您并无兴趣用这种孤立的点来完成运算，但是如果能用任何AutoCAD允许的方法选取点，例如拾取、键入坐标值和目标捕捉等方法选取点，从而用来计算表达式的值，那又将如何呢？函数Cur通知CAL命令拾取一个点，前面的例子可以按如下形式生成：

① 命令：CAL Enter
② >>表达式：(Cur+Cur)/2 Enter
③ 输入点：（鼠标选择一点）
④ 输入点：（鼠标选择另一点）

此外，可以通过输入表5.2的CAL函数而不是Cur把目标捕捉包含到您的表达式之中。

表5.2 CAL函数

CAL函数	等价的目标捕捉模式	CAL函数	等价的目标捕捉模式
end	endpoint（端点）	nea	nearest（最近点）
ins	insert（插入）	nod	node（节点）
int	intersection（交点）	qua	quadrant（象限）
mid	midpoint（中点）	per	perpendicalar（垂直）
cen	center（圆心）	tan	tangent（切线）

为使前面的例子更深一步，可以计算一条直线的端点与圆心之间连线的中点坐标（参见图5.16，即图中的A点）。其具体操作是：

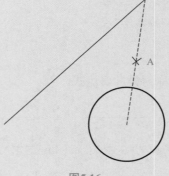

图5.16

① 命令：CAL Enter
② >>表达式：(end+cen)/2 Enter

按提示选end和cen的实体（即线段和圆）。这时图5.17中的提示行是中心坐标，其值为（2802.60039，1915.50655，0）。

另外，CAL还提供了一系列函数用于计算笛卡儿坐标点，如：

- ill(p1,p2,p3,p4)：返回由(p1,p2)和(p3,p4)生成的两直线的交点。

- ille：返回由四个端点定义的两条直线的交点。此函数是ill(cen,end,cen,end)的简化式。

- mee：返回两个端点间的中点。

- pld(p1,p2,dist)：返回直线(p1,p2)上距离p1为dist的点。当dist=0时，返回p1；当dist为负值时，返回的点将位于p1之前；如果dist等于(p1,p2)间的距离，则返回p2；如果dist大于(p1,p2)间的距离，则返回点落在p2之后。

- plt(p1,p2,T)：返回直线(p1,p2)上距离p1为一个T的点。T是从p1到所求点的距离与p1、p2之间距离的比值。当T=0时，返回p1，当T=1时，返回p2。如果T为负值，则返回点位于p1之前；如果T大于1，则返回点位于p2之后。

> **注意**
>
> 选取线段时，所用的选取小方框靠近哪端则线段的end指的是哪端。

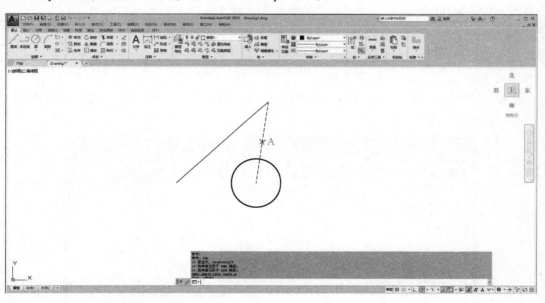

图5.17

（4）用CAL作为距离计算器

CAL可以用下列函数计算点间的距离：

- dee：测量两端点间的距离，它是dist(end,end)的省略格式。

- dist(p1,p2)：测量点p1、p2间的距离。

- dpl(p,p1,p2)：测量点p到直线(p1,p2)的垂直距离。

- rad：测量所选实体的半径。

第 05 章 绘图工具和辅助功能

113

可以用DIST命令测量距离，但是用前面所讲述的函数，可以把所测距离直接集成到CAL表达式中去。

（5）用CAL进行角度测量

虽然可用DIST命令测量距离并且用AREA命令测量面积，但是却没有一个等价的命令用以测量角度。CAL提供了测量角度的功能，主要有：

- ang(p1,p2)：测量直线(p1,p2)与X轴之间的角度。
- ang(APEX,p1,p2)：测量直线(APEX,p1)和直线(APEX,p2)之间的夹角投影到XY平面上的角度。

另外，CAL还有许多其他函数可以帮助用户计算单位矢量、法矢、过滤点的坐标，并在UCS和WCS之间对点进行转换。限于篇幅，这里不一一介绍。

5.9　选择集功能

除了基本的绘图命令和编辑命令之外，AutoCAD 2020还可以对图形实体进行更复杂的处理。当用户希望一次操作一组实体时，应该如何做呢？AutoCAD 2020提供了众多的方法，如利用拾取窗口建立一个选择集和实体组等。

（1）选择实体

当我们执行图形编辑时，最常看到的提示是"选择对象"，并且屏幕上原来的十字光标也会变成选取框，可使用选取框来选取要编辑的图形。

在"命令："提示符下键入"DDSelect"按Enter键，弹出一个对话框，如图5.18所示。

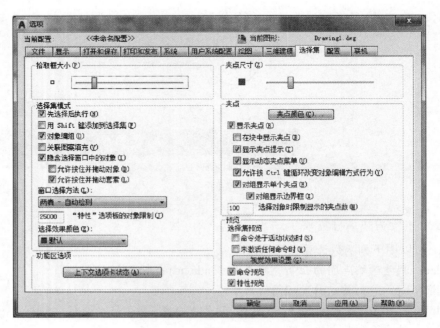

图5.18

图5.18中有关选项的含义如下：

• 拾取框大小：选取方框的尺寸设置。可用鼠标指针直接拖动水平滑块设置选取方框的大小，同时可以看到在下边方框中显示的实际示意图。

• 选择集模式：选取模式，其中：

• • 先选择后执行：操作次序，即选取了本项设置后，就可以先选择实体，然后再对其进行编辑。

• • 用Shift键添加到选择集：单一的选取功能，即选取了本设置后，在执行编辑操作时，只能选取一次为有效，当选取第二个实体时，会自动放弃前次所选取的实体。若要使选取的图形都可用，必须在按住shift键的同时选取实体。

• • 对象编组：选择编组中的一个对象就选择了编组中的所有对象。使用GROUP命令，可以创建和命名一组选择对象。

• • 关联图案填充：确定选择关联图案填充时将选定哪些对象。如果选择该选项，那么选择关联图案填充时也选定边界对象。

• • 隐含选择窗口中的对象：自动框选取功能，即选取了本设置后，在"选择对象："提示符下自动用窗口方式选取实体。如果不设置本项，则用窗口方式选取实体不起作用。

• • 允许按住并拖动对象：压住拖动功能，即选取了本设置后，在用方框选取实体时，必须按住鼠标左键不放，拖动出一方框后再松开鼠标才可执行选取操作。如果不设置该项，则只要设置两对角点即可产生方框，然后进行相应的操作。

• • 允许按住并拖动套索：控制窗口选择方法。如果未选择此选项，则可以用定点设备单击并拖动来绘制选择套索。

• 功能区选项：

• • 上下文选项卡状态：将显示"功能区上下文选项卡状态选项"对话框，从中可以为功能区上下文选项卡的显示设置对象选择设置。

• 预览：当拾取框光标滚动过对象时，亮显对象。

• • 命令处于活动状态时：仅当某个命令处于活动状态并显示"选择对象"提示时，才会显示选择预览。

• • 未激活任何命令时：即使未激活任何命令，也可显示选择预览。

• 视觉效果设置：显示"视觉效果设置"对话框。

• • 命令预览：控制是否可以预览激活的命令的结果。

• • 特性预览：控制在将鼠标悬停在控制特性的下拉列表和库上时，是否可以预览对当前选定对象的更改。

注意

特性预览仅在功能区和"特性"选项板中显示。在其他选项板中不可用。

（2）建立实体组

当执行图形编辑时，最常看到的提示是"选择对象："，并且画面上原来的十字光标也会变成选取框，使用选取框来选取要编辑的实体。有时要处理的实体较多，可将多个实体分为一组，若选取了组中的一个实体即选择了该组。那么，如何建立实体组呢？在"命令："提示符下键入"CLASSICGROUP"后按Enter键，弹出对象编组对话框如

图5.19所示。

图5.19中有关选项的含义如下：

• 编组名：表示组名，在下面的方框中显示当前图形中已经存在的组名。

• 可选择的：显示可以被选择的组名。当一个组是可选择的时，若选取了组中的一个实体，即表示选择了该组内的所有实体。否则，若选取了组中的一个实体仅选择了该实体。

• 编组标识：实体组的识别。其中：

• • 编组名：可指定一个实体组名。

• • 说明：对实体组的描述，最大长度不得超过64个字符。

图5.19

• • 查找名称<：该项列出在屏幕上所选取的实体属于哪个组。当选取该项时，依次提示"拾取编组的成员"来让您在屏幕上选择实体，然后将弹出"编组成员列表"对话框来列出在屏幕上所选取的实体属于哪个组。

• • 亮显<：该项将高亮显示实体组内的实体。

• • 包含未命名的：当选取该项时，也在本对话框中列出未命名的实体组。否则，只有命名的实体组才在本对话框中列出。

• 创建编组：建立实体组。其中：

• • 新建<：在屏幕上选择实体，建立一个新的实体组。

• • 可选择的：新的实体组是否可以被选择。

• • 未命名的：新的实体组是否可以命名。当不命名时，系统将自动添加一个名字（*An）给未命名的新的实体组，其中n代表新增加的组的数目。

• 修改编组：修改实体组。其中：

• • 删除<：在屏幕上选择实体组内的实体，并将该实体从组内删除。

• • 添加<：在屏幕上选择实体，并将该实体加入实体组内。

• • 重命名：更改实体组的名字。

• • 重排…：修改实体组内实体的顺序。当单击该项时弹出对话框如图5.20所示。

• • 说明：更改对实体组的描述（在"编组标识"区域的"说明"栏内），最大长度不得超过64个字符。

• • 分解：解散实体组，各实体单个存在。

• • 可选择的：新的实体组是否可以被选择。

图5.20中各项的含义如下：

• 编组名：表示组名，在下面显示当前图形中已经存在的组名。

• 说明：显示对实体组的描述。

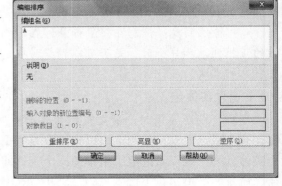

图5.20

- 删除的位置：将当前实体从指定位置上移走。
- 输入对象的新位置编号：为实体指定一个新的位置。
- 对象数目：指定实体数或者重排序数的范围。
- 重排序：修改实体顺序为指定顺序。
- 亮显：同前面的Highlight项。
- 递序：实体组内的实体全部按反序排列。

5.10　夹点编辑功能

本节介绍一种"夹点编辑"命令GRIP，它可以用实体上的夹点来编辑目标。激活夹点后，十字光标的交叉处将会出现拾取框，此时可对已选目标进行编辑操作。可以用夹点编辑命令来拉伸、移动、旋转、比例缩放或镜像已选目标，也可以将其中一种操作和多重复制方式联合使用。只需选定目标，移动图形光标，键入关键字便能对其进行操作。

5.10.1　GRIP命令的选项设置

单击下拉菜单 [工具] → [选项...]，则弹出一个对话框，在该对话框的上方单击"选择集"选项卡，屏幕如图5.21所示。

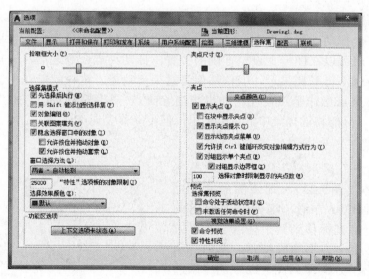

图5.21

将图5.21的有关选项作如下说明：
- 选择集模式：选取的模式，其中各项的含义已在5.9节中解释过。
- 夹点尺寸：拾取方框的大小。在其下方直接拖动水平滑动块，即可改变方框的大小。在其右方亦可看到方框改变后的实际大小。
- 夹点：夹点的选取设置。其中：
- ·夹点颜色：显示"夹点颜色"对话框（图5.22），可以在其中指定不同夹点状态和元素的颜色。

● ● 显示夹点：控制夹点在选定对象上的显示。在图形中显示夹点会明显降低性能。清除此选项可优化性能。

● ● 在块中显示夹点：控制块中夹点的显示。

图5.22

● ● 显示夹点提示：当光标悬停在支持夹点提示的自定义对象的夹点上时，显示夹点的特定提示。此选项对标准对象上无效。

● ● 显示动态夹点菜单：控制在将鼠标悬停在多功能夹点上时动态菜单的显示。

● ● 允许按Ctrl键循环改变对象编辑方式行为：允许多功能夹点的按Ctrl键循环改变对象编辑方式行为。

● ● 对组显示单个夹点：显示对象组的单个夹点。

● ● 对组显示边界框：围绕编组对象的范围显示边界框。

● ● 选择对象时限制显示的夹点数：选择集包括的对象多于指定数量时，不显示夹点。有效值的范围从1到32,767。默认设置是100。

5.10.2 夹点编辑

（1）夹点捕捉和消除

当用十字光标在一个图形上单击一下时，即可出现夹点，当把图形光标移到一个夹点上时，它会自动地锁住夹点。这种方法可以不必采用栅格捕捉、目标捕捉或坐标点输入方式，就可以在图形上设定准确的位置。启动夹点命令之后，一旦从选择集中移出图形实体就不再高亮显示，但依然保留其夹点功能。这样就能在不影响实体的情况下，继续将夹点当作基点使用。如果想消除夹点，只需按两次"Esc"键。如果仅按一次Esc键，只能将选择集中的目标移出，但不能移去夹点。

（2）夹点编辑

在"命令："提示符下用"左键"单击一个图形实体（图5.23），则该图形实体上会出现一些蓝色小方框，这就是前面讲的"夹点"，将十字光标移到其中任意一个小方框并单击之，则小方框变成红色。其中蓝色小方框和红色小方框即为图5.22中的"未选中夹点颜色"和"悬停夹点颜色"，通过对其进行设置可以改变夹点的颜色。

在图5.23中，将十字光标移至蓝色小方框，单击后变成红色小方框，表示以此红色小方框为夹点进行编辑，具体编辑时有两种方法。

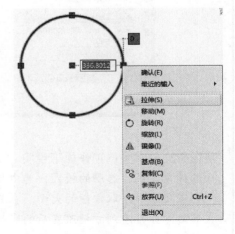

图5.23

依次提示法。当把蓝色小方框单击成红色后，依次提示：

① 指定拉伸点或[基点(B)/复制(C)/放弃(U)/退出(X)]：Enter

② 指定移动点或[基点(B)/复制(C)/放弃(U)/退出(X)]：Enter

③ 指定旋转角度或[基点(B)/复制(C)/放弃(U)/参照(R)/退出(X)]：Enter

继续按Enter键，则依次提示：比例缩放、镜像等。继续按Enter键，则命令行又重复显示拉伸等，如此循环往复。

以上命令行包含的有关选项的含义如下：

• 拉伸：表示伸展功能。

伸展方式通过移动一个或多个夹点到其他位置来改变实体，实体的其他部分保留在原来的位置，这样就可以容易地改变一个或一组实体的尺寸或形状。在某些情况下，可以利用伸展方式移动整个实体。其中：

• • 指定拉伸点：伸展后的新位置点。

• • 基点：设置基准点，即伸展的起点。

• • 复制：执行复制实体的操作。

• • 放弃：取消最近一次操作。

• • 退出：退出夹点编辑功能。

• 移动：表示移动操作。

这种方法将实体从一个基准点移动到一个指定点，实体的大小和方向均不变。其中：

• • 指定移动点：表示移动后的新位置点。

• 旋转：表示旋转功能。

这种方式使实体围绕一个指定的基准点旋转，旋转角度可以采用键盘输入或拖动滑动块方式指定。其中：

• • 指定旋转角度：设置旋转的角度。

• 缩放：表示缩放功能。

这种比例缩放方式使实体以一个指定的基本点按给定的比例因子来放大或缩小。比例因子可以采用键盘直接输入，也可以拖动滑动块或用参考选项给定。其中：

• • 指定比例因子：设置缩放的比例因子。

• 镜像：表示镜像功能。

这种方法以一条由夹点描述的直线或者是由两个给定点来确定的直线为基准，仅镜像被选中的实体。其中：

• • 指定第二点：镜像线的第二点位置。

弹出菜单法。在图5.23中，当将蓝色小方框变成红色后，单击右键，则在当前光标处弹出一个菜单，如图5.24所示。其中：

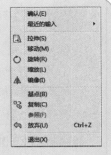

• 确认：表示按Enter键。

• 移动、镜像、旋转、缩放等各菜单项分别和依次提示法中所介绍的选项含义相同，这里不再重复。

图5.24

不论采用依次提示法还是弹出菜单法，在拉伸、移动、旋转、缩放和镜像等五种功能中，如果选择了复制，则有复制功能。如在拉伸时选择复制，依次提示"**拉伸**"，在移动时选择复制，依次提示"**移动**"等。

（3）具体的操作过程

 实例①

设目前屏幕如图5.25所示，要利用夹点编辑功能来移动和旋转图中的圆，可按如下操作步骤进行：

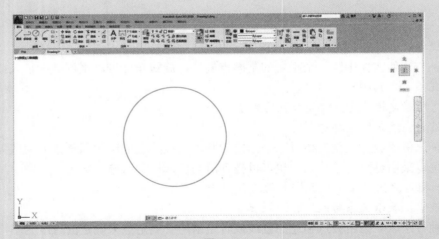

图5.25

① 在图5.25中，移动十字光标到圆上，单击之，则图5.25变成图5.26，即有五个蓝色小方框（夹点）。

② 移动十字光标到其中的一个蓝色小方框（这里选取最右边的小方框），单击之，该蓝色小方框变成红色，依次提示：

指定拉伸点或[基点(B)/复制(C)/放弃(U)/退出(X)] : Enter

这时命令行的提示在**拉伸**、**移动**、**旋转**、**缩放**和**镜像***之间循环。

③ 若只按一次Enter键，依次提示：

移动

指定移动点或[基点(B)/复制(C)/放弃(U)/退出(X)]：Enter

④ 这时可选夹点功能的任意一项，如直接拖动十字光标到图5.26中的右边一点，按"左键"则圆移动到右边，如图5.27所示。

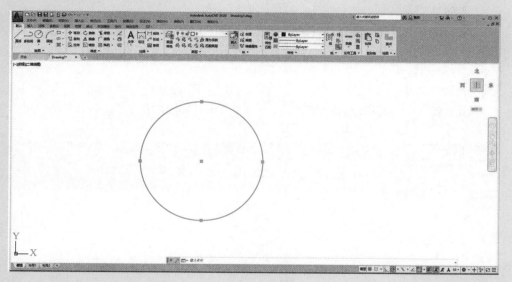

图5.26

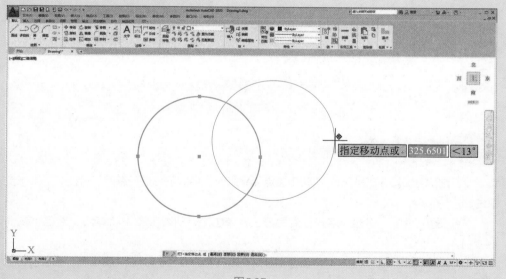

图5.27

⑤ 如再选圆上部的蓝色小方框，把十字光标移到其中并单击之，该蓝色小方框变成红色，依次提示：

拉伸

指定拉伸点或[基点(B)/复制(C)/放弃(U)/退出(X)]：

⑥ 这时按两次Enter键，依次提示：

移动

指定移动点或[基点(B)/复制(C)/放弃(U)/退出(X)]：

旋转

指定旋转角度或[基点(B)/复制(C)/放弃(U)/参照(R)/退出(X)]：C Enter（图5.28）

旋转

指定旋转角度或[基点(B)/复制(C)/放弃(U)/参照(R)/退出(X)]：

⑦ 通过拖动鼠标指针来指定一个角度，则圆按该角度旋转，同时复制该圆，如图5.28所示，命令行继续显示：

旋转

指定旋转角度或[基点(B)/复制(C)/放弃(U)/参照(R)/退出(X)]：X Enter

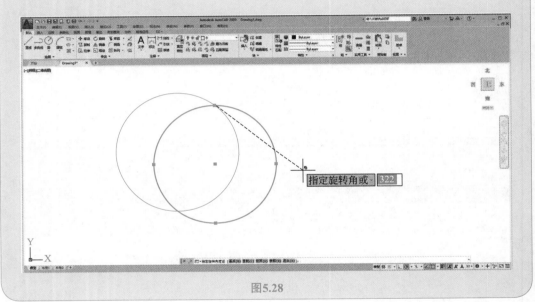

图5.28

实例②

设目前屏幕如图5.29所示，要利用夹点编辑来对其中的圆形进行编辑，可按如下操作步骤进行：

① 在图5.29中，移动十字光标到圆形上，单击之，则图5.29上将有四个蓝色小方框（夹点）。

② 移动十字光标到其中的一个蓝色小方框（如右侧的蓝色小方框），单击之，则该蓝色小方框变成红色，依次提示：

拉伸

指定拉伸点或[基点(B)/复制(C)/放弃(U)/退出(X)]：

③ 单击"右键"，弹出一个菜单，如图5.24所示。

④ 在图5.24中如单击菜单项"缩放"，依次提示：

比例缩放

指定比例因子或[基点(B)/复制(C)/放弃(U)/参照(R)/退出(X)] : 0.5 Enter

命令结束。则图5.29变成图5.30（图形尺寸只有原来的一半）。

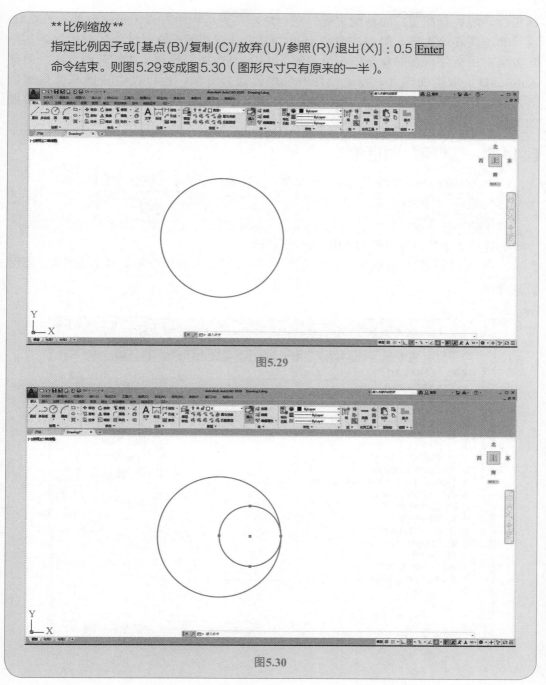

图5.29

图5.30

在图5.24的菜单中，可选取任意一项，AutoCAD将执行相应的功能。

5.11　AutoCAD 2020的环境配置

在AutoCAD 2020中，由于使用者使用情况不同，有时需要对AutoCAD 2020

的工作环境进行配置。如何配置呢？在"选项"对话框中有许多可修改的AutoCAD窗口和绘图环境设置。例如，调整AutoCAD自动保存图形临时文件的时间间隔，指定各类常用文件所在的目录，可以控制AutoCAD选择工具和实体的选取方法，调整AutoCAD拾取框的尺寸，指定绘图时使用的选择方法，也可以改变屏幕背景颜色等。总之，可以尝试在AutoCAD的不同环境下操作，直至找到一种最合适自己习惯的配置。

5.11.1　"选项"对话框

利用AutoCAD 2020的"选项"对话框，可方便地对工作环境进行配置。

下拉菜单: [工具]→[选项...]
命令行: OPTIONS

执行该命令时弹出如图5.31所示的对话框。

在图5.31所示的对话框中，有"文件""显示""打开和保存"等多个选项卡，下面分别介绍。

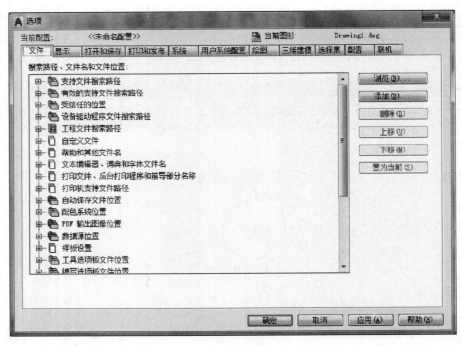

图5.31

（1）"文件"选项卡

该选项卡用于设置AutoCAD查找支持文件的搜索路径。这些支持文件包括字体、图形、线型和填充图案等。"工作支持文件搜索路径"列出的是"支持文件搜索路径"中的路径，这些路径是有效的，并且位于当前系统目录结构中（包括系统网络映射）。适当设置这些选项可显著提高AutoCAD加载文件的性能。

在该选项卡中可以指定临时文件的位置。AutoCAD运行期间在磁盘上创建临时文件，结束运行后将其删除。AutoCAD 的临时目录是 Microsoft Windows 使用的临时目录。如果要从一个写保护的目录运行 AutoCAD（例如，从一个网络驱动器或光盘驱动器上），应为临时文件指定其他位置。所指定的目录不能是写保护的，并且该目录所在的磁盘必须拥有足够的磁盘空间供临时文件使用。

如果要使用自定义菜单，在"CUIS,CUI,MNU,MNS"中指定。缺省的菜单是 acad.mnu。

该选项卡中的其他搜索路径、文件名和文件位置包括支持文件搜索路径、有效的支持文件搜索路径、受信任的位置等。

（2）"显示"选项卡

该选项卡可设置 AutoCAD 的显示性能。使用该选项卡的设置可以使 AutoCAD 产生完全不同的显示，其中滑动条、字体、颜色都可改变。点取该选项卡时弹出对话框，如图 5.32 所示。

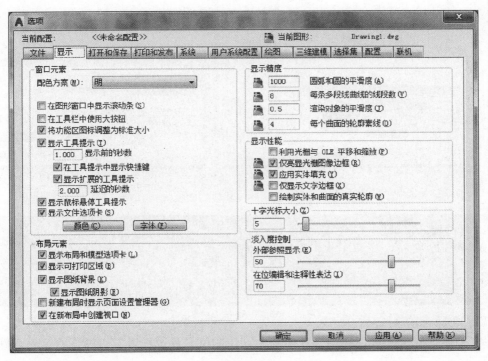

图5.32

在图 5.32 所示的对话框中，对话框被分成六个区域：

1）窗口元素区域

绘图窗口参数，它控制 AutoCAD 窗口的一般设置，有如下的八个选项：

❶ 在图形窗口中显示滚动条：表示在绘图窗口中显示滚动条，该选项用于打开或关上滚动条。在使用低分辨率的小显示器时，对于很大的绘图区可能需要把滚动条关上。

❷ 在工具栏中使用大按钮：以32像素×32像素的更大格式显示按钮。

❸ 将功能区图标调整为标准大小：当它们不符合标准图标大小时，将功能区小图标缩放为16像素×16像素，将功能区大图标缩放为32像素×32像素。

④ 显示工具提示：控制工具提示在功能区、工具栏及其他用户界面元素中的显示。

⑤ 显示鼠标悬停工具提示：控制当光标悬停在对象上时鼠标悬停工具提示的显示。

⑥ 显示文件选项卡：勾选框后，将显示用户界面中的"文件"选项卡。

⑦ 颜色项：单击按钮，可打开一个对话框，如图5.33所示。在对话框中可以对AutoCAD窗口的背景、命令行、命令行文字、自动跟踪矢量等各个部分设置或改变颜色。例如，若觉得黑色背景不好，则可以改变背景的颜色。

⑧ 字体项：当单击时可弹出一个对话框，如图5.34所示。在对话框中可以设置AutoCAD的窗口中使用的字体、字形及字号。

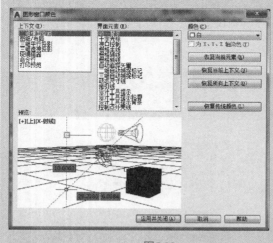
图5.33

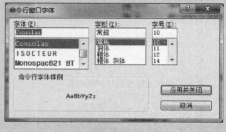
图5.34

注意

要使用的字体可以选用系统中Windows的标准设置，屏幕菜单的字体只能使用Windows的标准来进行设置。

2）布局元素区域

它控制现有布局或新布局。在布局中为绘图机设置图样时，有以下六个列表框：

❶ 显示布局和模型选项卡：在绘图区域的底部是否要显示布局和模型标签。

❷ 显示可打印区域：在布局时是否显示边缘。边缘以虚线显示，边缘外的实体图在绘图时将被剪裁或省略。

❸ 显示图纸背景：这里将指定在布局中是否显示所指定的图纸大小，图纸大小和绘图机的比例可决定图纸背景。

❹ 显示图纸阴影：在布局中是否围绕图纸背景显示一个阴影。

❺ 新建布局时显示设置管理器：是否显示设置管理器对话框，用该对话框可对图纸和绘图机进行有关设置。

❻ 在新布局中创建视口：创建新布局时是否创建一个视窗。

3）十字光标大小区域

用该区域下方的滑尺或键入一个值来设置绘图时的十字光标的大小。有效范围是1～100。该设置也可用系统变量CURSORSIZE来控制。

4）显示精度区域

显示分辨率，控制显示实体的质量。它有四个选项：

❶ 圆弧和圆的平滑度：选择该项可控制圆弧和圆的显示状况。例如，使用ZOOM命令时，圆弧和圆以八边形的形状出现，但是在绘制时，它们还依旧是平滑的圆弧和圆。如果希望圆弧和圆在显示时也是平滑的，则可以加大这个设置的值。但是随数据的增大，所用内存也将增加。该设置也可由系统变量VIEWRES来控制。

❷ 每条多段线曲线的线段数：控制弯曲多义线的光滑性。数值越大，多义线显示得越光滑。该设置也可由系统变量SPLINESEGS来控制。

❸ 渲染对象的平滑度：控制着色或渲染曲面实体的光滑性。数值越大，实体显示得越光滑。数值的有效范围是0.01～10。该设置也可通过系统变量FACETRES控制。

❹ 每个曲面的轮廓素线：设置实体表面的轮廓线数目。数值越大，渲染的时间越长。数值的有效范围是0～2047。该设置也可通过系统变量ISOLINES来控制。

5）显示性能区域

表示显示时的设置，它影响AutoCAD的性能。下面有五个列表框选项：

❶ 利用光栅与OLE平移和缩放：用PAN和ZOOM时，控制光栅图像的显示。取消这种选择可优化AutoCAD的性能。

❷ 仅亮显光栅图像边框：表示光栅图像的显示情况。当该项被打开，选择光栅图像时，仅显示光栅图像的外轮廓。这种选择可优化AutoCAD的性能。该项也可通过系统变量IMAGEHLT控制。

❸ 应用实体填充：表示控制实体填充时的显示。实体的填充包含多重线、轨迹线、实体、所有域内填充和有宽度的多义线。要取得实体填充时的显示效果，必须用REGEN或REGENALL命令重生成图形。该设置被存储在图形中，关闭这种设置将优化AutoCAD的性能。该项也可通过系统变量FILLMODE控制。

❹ 仅显示文字边框：表示仅显示文字边界的轮廓，这样可节约绘图操作时间。该设置被存储在图形中。关闭这种设置将优化AutoCAD的性能。该项也可通过系统变量QTEXTMODE控制。

❺ 绘制实体和曲面的真实轮廓：表示三维实体的轮廓线是否作为线框来显示。该选项也控制三维实体消隐时的网格是否画出。该设置被存储在图形中，关闭这种设置将优化AutoCAD的性能。该项也可通过系统变量DISPSILH控制。

6）淡入度控制区域

表示在外部编辑时为实体指定一个衰减强度值。该项也可通过系统变量XFADECTL控制。

（3）"打开和保存"选项卡

该选项卡表示打开和存储文件。点取该选项卡时弹出一个对话框，如图5.35所示。

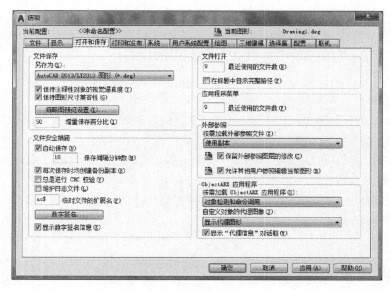

图5.35

在图5.35所示的对话框中，共有六个区域：

1）文件保存区域

在AutoCAD中控制有关文件的存储，它有三种选项：

❶ 另存为：当用"保存"或"另存为"命令存储文件时要用的文件格式。

❷ 缩略图预览设置：即打开文件时，可以在预显示窗口中看到预显示的文件。这个预显示文件是与AutoCAD文件一起存储的很小的点阵文件。这个设置确定是否要建立thumbnail文件。假如关掉这个功能，那么，从此看不到存储文件的预显示图像。该设置也可通过系统变量RASTERPREVIEW控制。

❸ 增量保存百分比：表示增加文件存盘的百分比。在发出存盘命令时，AutoCAD将执行逐步增加的存储过程，一直到文件中存放了50%的消耗空间为止。达到这个水平之后，AutoCAD执行全部存储，这将使用更多的时间。可以修改在执行全部存储之前的消耗空间的大小。一般来说，应该让它保持为50%，除非受到硬盘空间的限制。该设置也可通过系统变量ISAVEPERCENT来设置。

2）文件安全措施区域

可检测文件存储的错误或在一定程度上防止数据丢失，这组设置关心的是文件的完整性。以下选项中最基本的是打开或关上Automatic save自动存储功能、设置自动存储的时间间隔：

❶ 自动保存：表示自动存储，用于开/关自动存储功能。建议将该功能保持打开状态。

❷ 保存间隔分钟数：表示存盘的时间间隔，该项可控制AutoCAD执行自动存储绘图文件的时间间隔。该设置也可通过系统变量SAVETIME来设置。

❸ 每次保存时均创建备份副本：表示文件存盘时建立副本拷贝，即决定在每一次执行存储命令时是否要建立*.BAK后援文件。该设置也可通过系统变量SAVEBAK控制。

❹ 总是进行CRC校验：表示全时的CRC检查，即检查每一个实体在AutoCAD中生成时的完整性（CRC的含义是Cyclic Redundancy Check——循环冗余度检查）。它在进行错误查找

时会有所帮助。在怀疑硬件或者AutoCAD有问题时把它打开。

⑤ 维护日志文件：表示保持记录文件。在AutoCAD中有时需要保存操作记录。记录文件是一个文本文件，包含着用户在AutoCAD中的操作记录，也包含为用户自己或其他人员而记录的有关图形设置的信息。该设置也可通过系统变量LOGFILEMODE来设置。

⑥ 显示数字签名信息：表示临时文件的扩展名，即每当打开一个文件，特别是一个大文件时，AutoCAD都会建立一个临时文件。在绘图数据超出RAM时，用该临时文件存放绘图数据。一般情况下，这些文件带有.AC$的扩展名。假如在网络上工作，可能希望修改这个扩展名，以避免与其他用户的文件发生冲突，或者作为通知其他用户一种手段。使用它时也许正在打开一组特别的文件。

3）文件打开区域

❶ 最近使用的文件数：设置文件打开中可显示的最近使用的文件数。

❷ 在标题中显示完整路径：勾选框后，即在标题栏中显示打开图形文件的完整路径。

4）应用程序菜单区域

最近使用的文件数：设置应用程序菜单中可显示的最近使用的文件数。

5）外部参照区域

表示外部引用文件的请求装载，即控制外部文件的请求装载功能。该设置也可通过系统变量XLOADCTL来设置。它有以下三个选项：

❶ 按需加载外部参照文件：按照需要，在下拉菜单中选择禁用、启用、使用副本中的选项。

❷ 保留外部参照图层的修改：在图中引入外部图形文件时，确定是否保留当前图形中外部引用的图层设置。打开开关则保留，否则不保留。该设置也可通过系统变量VISRETAIN来设置。

❸ 允许其他用户参照编辑当前图形：确定一个文件被一个或多个图形作为外部引用请求装置时，它是否正在被用户编辑。该设置也可通过系统变量XEDIT来设置。

6）ObjectARX应用程序区域

表示控制涉及AutoCAD Runtime扩充应用程序和Proxy图像的设置，它有三个选项：

❶ 按需加载ObjectARX应用程序：表示即时装载ARX程序，即在AutoCAD中备份扩展应用程序。例如ARX应用程序，只在与这个应用程序有关的命令被调用，或检测到与这个应用程序有关的用户实体存在时才称为Demand Loading（请求装载）。Render与Solids为AutoCAD的两种功能，就是ARX扩展应用程序的例子。使用这个设置，可以在调用Demand Loading时进行控制。一般说来，不必修改这个设置。因为它们是按AutoCAD优化运行的要求设置的。该设置也可通过系统变量DEMANDLOAD来控制。

❷ 自定义对象的代理图像：表示用户实体的Proxy图像。Custom Objects是由第三方建立的程序插入到AutoCAD中的实体。可以通过本组选项来控制这类实体的可见性。用户的实体称作Proxy Objects，它在缺省情况下插入时是不显示的（只显示外框）。可以选择完全不显示它们或显示一个称作"边界框"的矩形。该设置也可通过系统变量PROXYSHOW控制。

❸ 显示"代理信息"对话框：表示打开一个包含定制实体的图形文件时，AutoCAD是否显示一个警告。该设置也可通过系统变量PROXYNOTICE控制。

（4）"打印和发布"选项卡

该选项卡表示配置绘图机，它在AutoCAD中控制绘图机的有关配置。点取该选项卡时弹出一个对话框，如图5.36所示。在图5.36中可以用来添加、修改或删除系统中的打印机或绘图仪，也可以有多个打印机与屏幕文件的格式。

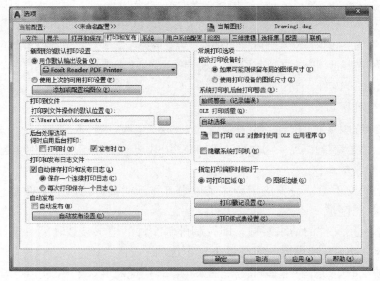

图5.36

（5）"系统"选项卡

该选项卡表示配置AutoCAD系统。点取该选项卡时弹出如图5.37所示的对话框。

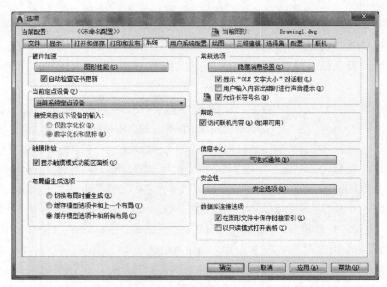

图5.37

在图5.37所示的对话框中，共有以下九个区域：

1）硬件加速

① 图形性能：点取时弹出一个对话框，如图5.38所示。

② 自动检查证书更新：勾选框，则系统将自动检查证书更新。

2）当前定点设备区域

控制所指示设备的各种选择，它有两个选项：

❶ 当前系统定点设备：表示列出可用的指示设备。

❷ 接收来自以下设备的输入：指明AutoCAD是否使用鼠标和数字化仪，两者均可进行输入，或者当用数字化仪时忽略鼠标。

3）触摸体验

显示触摸模式功能区面板：勾选框后，即显示触摸模式功能区面板。

4）布局重生成选项

表示布局时的重生成选择。其中：

❶ 切换布局时重生成：当切换布局时重生成图形。

❷ 缓存模型选项卡和上一个布局：存储模型空间和最近空间标签。

❸ 缓存模型选项卡和所有布局：存储模型空间和全部空间标签。

5）常规选项

控制AutoCAD的各种常用的设置，它有四个选项：

❶ 隐藏消息设置：单击按钮，弹出"隐藏消息设置"对话框，如消息被隐藏，可以从弹出的对话框中查看消息或重新激活消息。

❷ 显示"OLE文字大小"对话框：当在AutoCAD图形中插入OLE实体时，控制OLE特性对话框的显示。

❸ 用户输入内容出错时进行声音提示：表示在操作出错时会发出警告。假如出现AutoCAD不理解的命令，AutoCAD将发出声音。一般情况不必打开此选项。

❹ 允许长符号名：决定是否用长符号名。长符号名可长达255个字符，包括字母、数字、空格和别的不被Windows和AutoCAD所用的特殊字符。长字符名可用作图层、尺寸类型、图块、线型、文字类型、布局、UCS名、视区、视窗配置等。本选项将被存储在图形文件中。该设置也可通过系统变量EXTNAMES控制。

6）帮助

访问联机内容（如果可用）：指定是从Autodesk网站还是从本地安装的文件中访问信息。

7）信息中心

气泡式通知：单击按钮，弹出"信息中心设置"对话框，如图5.39所示，对气泡式通知进行设置。

8）安全性

安全选项：单击按钮，弹出"安全选项"对话框，如图5.40所示，通过对话框设置

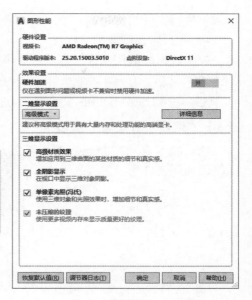

图5.38

加载可执行文件的位置。

9）数据库连接选项

控制数据库的连通性，有以下两个选项：

❶ 在图形文件中保存链接索引：在系统的图形文件中储存数据库索引。

❷ 以只读模式打开表格：在系统图形文件中指出是否以只读模式打开数据库列表。

（6）"用户系统配置"选项卡

该选项卡表示在 AutoCAD 里配置最优化的工作方式。点取该选项卡时弹出一个对话框，如图 5.41 所示。

图5.39

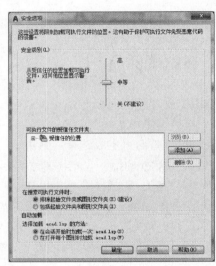

图5.40

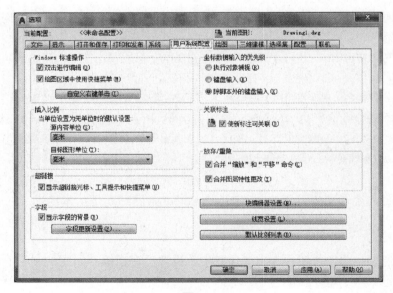

图5.41

在图 5.41 所示对话框中，共有十个区域：

1）Windows标准操作

表示在AutoCAD中工作时，是否采用Windows的操作标准，有三个选项：

❶ 双击进行编辑：表示鼠标操作时双击才能进行编辑。

❷ 绘图区域中使用快捷菜单：表示在Auto CAD的绘图区单击鼠标右键显示的是快捷菜单还是相当于按Enter键。

❸ 自定义右键单击：只有当点取了在绘图区域使用快捷菜单选项时，本项才能被激活。当点取本项时将显示一个对话框，如图5.42所示（稍后详细解释）。该设置也可通过系统变量SHORTCUTMENU控制。

图5.42

2）插入比例

表示AutoCAD设计中心的有关设置，它有两个选项：

❶ 源内容单位：表示当没有用系统变量INSUNITS指明插入单位，却要将一个实体插入到当前图形中时，自动采用一个单位。可用的单位包括：无单位、英寸、英尺、英里、毫米、厘米、米、千米、微英寸（相当于1英寸的百万分之一）、千分之一寸、码、埃、纳米、微米、分米、十米、一百米、百万公里、天文单位、光年、秒差距（1秒相当于3.26光年）。如果无单位被采用，实体插入时将不按比例。该设置也可通过系统变量INSUNITSDEFSOURCE控制。

❷ 目标图形单位：表示当没有用系统变量INSUNITS指明插入单位时，在当前图形中自动采用一个单位。可用的单位包括：无单位、英寸、英尺、英里、毫米、厘米、米、千米、微英寸、千分之一寸、码、埃、纳米、微米、分米、十米、一百米、百万公里、天文单位、光年、秒差距。该设置也可通过系统变量INSUNITSDEFTARGET控制。

3）超链接

显示超级链接的有关特性：

显示超级链接光标、工具提示和快捷菜单：无论什么时候，当指示器移动过包含超级链接的实体时，超级链接光标出现在十字光标的旁边。绘图中，在超级链接上单击鼠标右键时，超级链接快捷菜单提供附加的选项。当不用此项时，超级链接光标和快捷菜单不显示。

4）字段

❶ 显示字段的背景：控制字段显示时是否带有灰色背景。

❷ 字段更新设置：单击按钮，弹出"字段更新设置"对话框，进行设置，如图5.43所示。

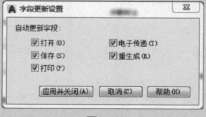

图5.43

5）坐标数据输入的优先级

该选项确定是否让键盘输入的坐标值覆盖用对象捕捉抓取的坐标值，它有三个选项：

❶ 执行对象捕捉：表示用对象捕捉抓取值。

❷ 键盘输入：用键盘输入的坐标值覆盖用对象捕捉抓取的坐标值。

❸ 除脚本外的键盘输入：除用脚本外，用键盘输入的坐标值覆盖用对象捕捉抓取的坐标值。

该设置也可通过系统变量OSNAPCOORD控制。

6）关联标注

使新标注可关联：勾选框，当对象修改时，关联标注会自动调整位置、方向及测量值。

7）放弃/重做

❶ 合并"缩放"和"平移"命令：将多个连续的缩放和平移命令编组为单个动作来进行放弃或重做操作。

❷ 合并图层特性更改：将从图层特性管理器所做的图层特性更改进行编组。

8）块编辑器设置

单击按钮，弹出"块编辑器设置"对话框，使用对话框控制块编辑器的环境设置，如图5.44所示。

9）线宽设置

点取时显示线宽设置对话框，如图5.45所示。

10）默认比例列表

单击按钮，弹出"默认比例列表"对话框，使用对话框管理和布局视口和打印相关联的若干对话框中所显示的默认比例列表，如图5.46所示。

图5.44

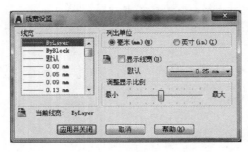

图5.45

图5.46

下面详细解释图5.42中各项的含义。

本对话框确定在AutoCAD绘图区单击鼠标右键是弹出一个快捷菜单还是相当于按Enter键。它共有三种模式选择区域：

1）默认模式区域

当没有选择实体，也不执行任何命令时，在绘图区单击鼠标右键，将有如下两个选项：

❶ 重复上一个命令：表示放弃默认快捷菜单，既没有选择实体，也不执行任何命令时，在绘图区单击鼠标右键，表示重复最近执行过的一个命令。

❷ 快捷菜单：表示使用默认快捷菜单。

2）编辑模式区域

当选择了一个或多个实体，不执行任何其他命令时，在绘图区单击鼠标右键，将有如下两个选项：

❶ 重复上一个命令：表示放弃编辑快捷菜单命令，即当选择了一个或多个实体，但不执行任何命令时，在绘图区单击鼠标右键，表示重复最近执行过的一个命令。

❷ 快捷菜单：表示编辑快捷菜单命令。

3）命令模式区域

当命令正在进行时，在绘图区单击鼠标右键，将有如下三个选项：

❶ 确认：表示放弃快捷菜单命令。当命令正在进行时，在绘图区单击鼠标右键意味着按Enter键。

❷ "快捷菜单：总是启用"，表示使用快捷菜单命令。

❸ "快捷菜单：命令选项存在时可用"，仅当使用图5.45所示的线宽设置对话框时，才启用快捷菜单命令。在命令行，选项用方括号括起来。如果没有选项，在绘图区单击鼠标右键，表示按Enter键。

（7）"绘图"选项卡

该选项卡表示在AutoCAD里配置捕捉的工作方式。点取该选项卡时弹出一个对话框，如图5.47所示。"绘图"选项卡的设置见5.6小节。

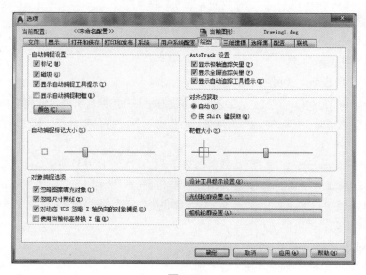

图5.47

（8）"三维建模"选项卡

该选项卡表示在AutoCAD里对三维环境的设置。点取该选项卡时弹出一个对话框，如图5.48所示。

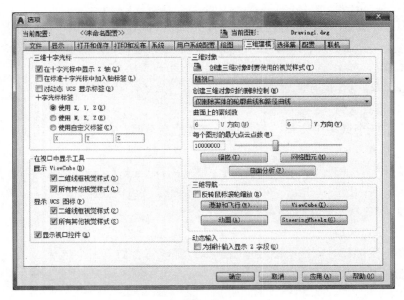

图5.48

在图5.48所示对话框中，共有五个区域：

1）三维十字光标

对三维十字光标的显示设置，包括四个选项：

❶ 在十字光标中显示Z轴：勾选复选框，十字光标将显示Z轴。

❷ 在标准十字光标中加入轴标签：勾选复选框，轴标签将与十字光标指针一起显示。

❸ 对动态UCS显示标签：勾选复选框，即使在"在标准十字光标中加入轴标签"框中关闭了轴标签，仍将在动态UCS的十字光标指针上显示轴标签。

❹ 十字光标标签：根据设置可以更改十字光标标签，其中包括"使用X，Y，Z""使用N，E，Z""使用自定义标签"三个选项。默认为"使用X，Y，Z"选项。

2）在视口中显示工具

对工具的显示设置，包括三个选项：

❶ 显示ViewCube(D)：包括"二维线框视觉样式(D)"和"所有其他视觉样式(L)"，其中"二维线框视觉样式(D)"控制ViewCube的显示，"所有其他视觉样式(L)"控制UCS的显示。

❷ 显示UCS图标(P)：包括"二维线框视觉样式(2)"和"所有其他视觉样式(S)"，其中"二维线框视觉样式(2)"控制ViewCube的显示，"所有其他视觉样式(S)"控制UCS的显示。

❸ 显示视口控件（R）：勾选复选框，位于每个视口左上角的视口工具、视图和视觉样式的视口控件菜单都会显示。

3）三维对象

对创建三维对象的控制，包括七个选项：

❶ 创建三维对象时要使用的视觉样式：设置在创建三维实体、网格图元以及拉伸实体、曲面和网格时显示的视觉样式。其中包括随视口、二维线框、概念、隐藏、真实等视觉样式。

❷ 创建三维对象时的删除控制：控制保留或删除用于创建其他对象的几何图形。包括删除轮廓曲线、删除轮廓曲线和路径曲线、提示删除轮廓曲线等选项。

❸ 曲面上的素线数：设置曲面上在U、V方向的素线数。

❹ 每个图形的最大点云点数：调节刻度条，改变图形的最大点云点数。

❺ 镶嵌：单击"镶嵌"按钮，弹出"网络镶嵌选项"对话框，如图5.49所示，通过对话框可以从

图5.49

中指定要应用与使用MESHSMOOTH转换为网格对象的对象设置。

❻ 网格图元：单击"网格图元"按钮，弹出"网格图元选项"对话框，如图5.50所示，通过对话框可以从中指定要应用于新网格图元对象的设置。

❼ 曲面分析：单击"曲面分析"按钮，弹出"分析选项"对话框，如图5.51所示，从中可以设置斑纹、曲率和拔模斜度的选项。

图5.50   图5.51

4）三维导航

对创建三维对象的控制，包括五个选项：

❶ 反转鼠标滚轮缩放：勾选复选框后，鼠标滚轮的缩放操作方向将发生改变。

❷ 漫游和飞行：单击"漫游和飞行"按钮，弹出"漫游和飞行设置"对话框，如图5.52所示，通过对话框可以从中设置指令气泡的显示及对当前图形的漫游设置。

❸ ViewCube：单击"ViewCube"按钮，弹出"ViewCube设置"对话框，如图5.53所示，通过对话框可以从中设置ViewCube的显示及操作。

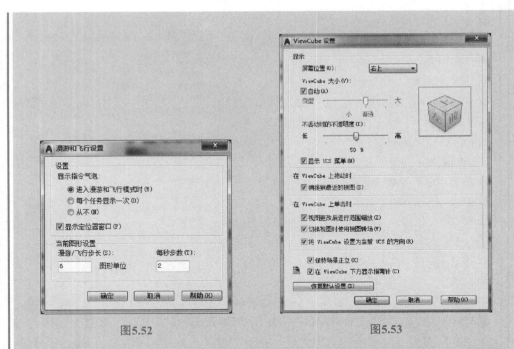

图5.52　　　　　　　　　　　　　　　　　图5.53

❹ 动画：单击"动画"按钮，弹出"动画设置"对话框，如图5.54所示，通过对话框可以从中设置动画的视觉样式、分辨率、帧率等。

❺ SteeringWheels（控制盘）：单击"SteeringWheels"按钮，弹出"SteeringWheels设置"对话框，如图5.55所示，通过对话框可以从中设置控制盘样式及其相应命令。

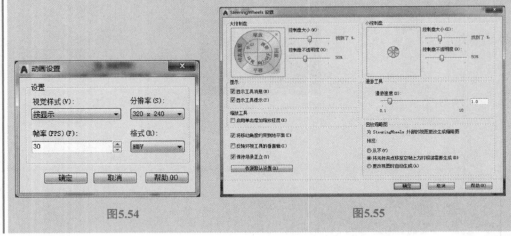

图5.54　　　　　　　　　　　　　　　　　图5.55

　　5）动态输入

　　对输入坐标的维度设置。勾选"为指针输入显示Z字段(O)"复选框，输入坐标时，将增加Z坐标的输入。

（9）"选择集"选项卡

　　该选项卡表示在AutoCAD里配置需要构造一个选择集时的工作方式。点取该选项卡时弹出一个对话框，如图5.56所示。"选择集"选项卡的设置见5.9小节。

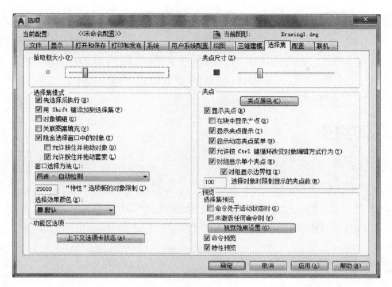

图5.56

5.11.2 菜单项的调入

在AutoCAD 2020中，除了使用"选项"对话框对系统环境进行配置外，还可对下拉菜单项进行调入或退出，如图5.57所示。

> 下拉菜单：［工具］→[自定义...]
> 命令行：MENULOAD

执行时在二级菜单中选择"工具选项板"，弹出一个对话框，如图5.58所示。

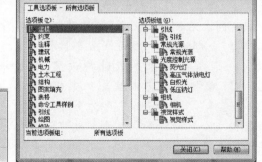

图5.57   图5.58

对图5.57和图5.58所示的两对话框进行有关操作，即可调入或退出有关的菜单项。其操作比较简单，这里不一一举例了。

5.12 AutoCAD 的约束功能

随着AutoCAD软件版本的升级，功能的不断完善，高版本的功能越

5.12 视频精讲

来越强大，参数化是软件发展的一大趋势。使用参数化的图形，在绘制与该图结构相同，但是尺寸大小不同的图形时，只需根据需要更改对象的尺寸，整个图形将自动随尺寸参数而变化，但形状不变。参数化技术适合应用于绘制结构相似的图形。

要绘制参数化图形，"约束"是不可少的要素，约束是应用于二维几何图形的一种关联和限制方法，主要分为几何约束和尺寸约束。

5.12.1 几何约束

> 下拉菜单：[参数]→[几何约束]
> 功能区：[参数化]→[几何]

几何约束即对草图中各对象的位置关系形成几何学上的限制，即草图对象间必须维持的关系。几何约束的图标都在功能区"参数化"选项卡中，由自动约束、几何约束类型、约束显示设置三部分组成，如图5.59所示。

图5.59

（1）自动约束

"自动约束"命令可以根据对象的方向位置及对象间的相互关系自动约束对象。通过对自动约束进行设置，可将设置公差范围内的对象进行自动约束。

可以通过以下方式进行自动约束设置：

> 下拉菜单：[参数]→[约束设置]
> 命令行：CONSTRAINTESTTINGS
> 功能区：[参数化]→[几何]→[约束设置，几何] ⌐

使用上述命令，弹出约束设置对话框，弹出"自动约束"选项卡，如图5.60所示，选项说明如下：

① 约束列表：包括约束类型及其优先级，列表右侧有"上移""下移""全部选择""全部清除""重置"五个按钮，可以对约束类型及优先级进行设置。"上移""下移"按钮可以改变约束优先级，"全部选择""全部清除"即为全部选择约束类型或全部清除约束类型，也可以单击某个约束类型后的✔按钮以去掉该约束类型。"重置"按钮可以恢复初始化设置。

② 相切对象必须共用同一交点：勾选框，则当两对象相切且共用同一交点时（在公差范围内），可自动约束为相切。

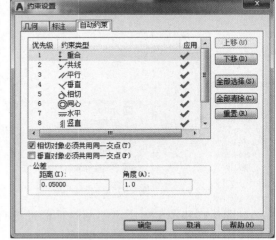

图5.60

③ 垂直对象必须共用同一交点：勾选框，则当两对象垂直且共用同一交点时（在公差范围内），可自动约束为垂直。

④ 公差：包括距离和角度两个设置栏，通过设置距离与角度公差，以确定是否应用自动约束。

本例介绍如何自动约束两段圆弧同心。约束同心的步骤如下：

① 单击功能区[参数化]→[几何]→[自动约束]

② 选择对象或[设置(S)]：（鼠标选择圆弧1）

③ 选择对象或[设置(S)]：（鼠标选择圆弧2）Enter

同心约束的过程如图5.61所示。

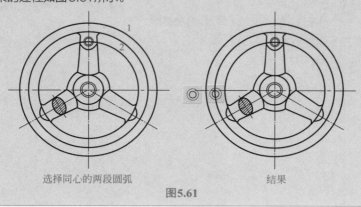

选择同心的两段圆弧　　　　　　　　　　结果

图5.61

（2）几何约束类型

下拉菜单：[参数]→[几何约束]

功能区：[参数化]→[几何]

几何约束主要包括以下12种约束类型，其功能阐述如表5.3所示。

表5.3　几何约束类型功能

约束类型	图标	功能
重合	⌐•	约束两个点使其重合，或约束一个点使其位于对象或对象延长部分的任意位置。约束对象为两个点或一个点和一条直线，约束显示为蓝色小方块
共线	✓	约束两条直线，使其位于同一无限长的线上
同心	◎	将选定的圆、圆弧或椭圆约束为具有相同的圆心点
固定	🔒	约束一点或对象，使其相对世界坐标系的位置和方向均固定
平行	//	将两条直线约束为具有相同的角度
垂直	✕	将两条直线约束为夹角始终保持90°
水平	⚏	将直线、椭圆轴或两个点约束为与当前UCS的X轴平行
竖直	⫞	将直线、椭圆轴或两个点约束为与当前UCS的Y轴平行
相切	⌀	约束两对象，使其彼此相切或其延长线彼此相切
平滑	⤳	约束一条样条曲线与另一条曲线彼此相连并保持曲率连续
对称	⫴	约束两个点或对象，使其以选定直线为对称轴彼此对称
相等	=	约束两个对象使其大小相等。使用"多个"选项可将两个或多个对象设为相等

使用上述各约束命令时，若两个点或对象无其他约束，均由第一个点或对象来决定

第二个点或对象的位置与方向。使用几何约束并不能使草图对象被"完全约束"。我们仍然可以通过夹点编辑，更改对象的几何尺寸，改变其大小。要使草图对象被"完全约束"，还需要对对象添加标注约束。

实例 1

本例介绍如何约束两条直线使其共线。约束共线的步骤如下：

① 单击功能区[参数化]→[几何]→[共线]

② 选择第一个对象或[多个(M)]：(鼠标选择直线1)

③ 选择第二个对象：(鼠标选择直线2)

共线约束的过程如图5.62所示。

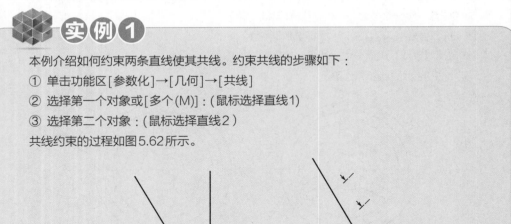

选择共线的两条直线　　　　　　　结果

图5.62

实例 2

本例介绍如何约束两个圆弧同心。约束同心的步骤如下：

① 单击功能区[参数化]→[几何]→[同心]

② 选择第一条样条曲线：(鼠标选择圆弧1)

③ 选择第二条曲线：(鼠标选择圆弧2)

同心约束的过程如图5.63所示。

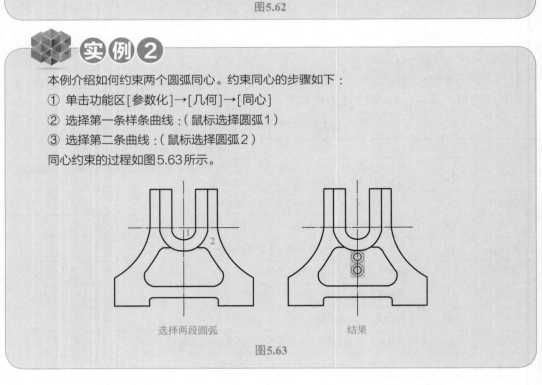

选择两段圆弧　　　　　　　　　结果

图5.63

5.12.2　标注约束

下拉菜单：[参数]→[标注约束]

功能区：[参数化]→[标注]

标注约束控制设计的大小和比例。它们可以约束以下内容：

❶ 对象之间或对象上的点之间的距离；

❷ 对象之间或对象上的点之间的角度；

❸ 圆弧和圆的大小。

（1）"线性约束"命令

约束两点之间的水平或竖直距离。选定直线或圆弧后，对象端点之间的水平或垂直距离将受到约束。

命令行：DCLINEAR

工具栏：

功能区：[参数化]→[标注]→[线性]

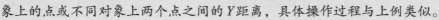

实例

要进行线性约束，可按如下的操作步骤进行：

① 单击功能区[参数化]→[标注]→[线性]

② 指定第一个约束点或[对象(O)]<对象>：（这时选取要进行线性约束对象的第一个点）

③ 指定第二个约束点：（这时选取要进行线性约束对象的第二个点）

④ 指定尺寸线位置：（拖动十字光标确定尺寸线的位置）

⑤ 标注文字：（屏幕显示要进行线性约束对象的长度，Enter或直接键入数值以对对象的长度进行修改）

这时屏幕应如图5.64所示。

步骤②选项说明：

对象(O)：表示直接选取要进行线性约束的对象。

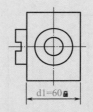

图5.64

线性尺寸约束包括水平约束和竖直约束，水平约束针对对象上的点或不同对象上两个点之间的 X 距离，垂直约束针对约束对象上的点或不同对象上两个点之间的 Y 距离，具体操作过程与上例类似。

（2）"对齐约束"命令

约束对象上两个点之间的距离，或者约束不同对象上两个点之间的距离。

下拉菜单：[参数]→[标注约束]→[对齐]

命令行：DCALIGNED

工具栏：

功能区：[参数化]→[标注]→[对齐]

实例

要进行对齐约束，可按如下的操作步骤进行：

① 单击功能区[参数化]→[标注]→[对齐]

② 指定第一个约束点或[对象(O)/点和直线(P)/两条直线(2L)]<对象>：（这时选取要进行对齐约束对象的第一个点）

③ 指定第二个约束点：（这时选取要进行对齐约束对象的第二个点）

④ 指定尺寸线位置：（拖动十字光标确定尺寸线的位置）

⑤ 标注文字：（屏幕显示要进行对齐约束对象的长度，Enter或直接键入数值以对对象的长度进行修改）

这时屏幕应如图5.65所示。

步骤②选项说明：

点和直线(P)：选择一个点和一个直线对象。对齐约束可控制直线上的某个点与最接近的点之间的距离。

选取该选项后命令行提示：

指定约束点或[直线(L)]<直线>：

选择直线：

使用该选项标注的约束如图5.65所示。

两条直线(2L)：选择两个直线对象。这两条直线将被设为平行，对齐约束可控制它们之间的距离。

选取该选项后命令行提示：

选择第一条直线：

选择第二条直线，以使其平行：

使用该选项标注的约束如图5.65所示。

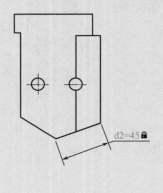
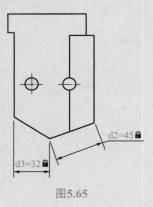
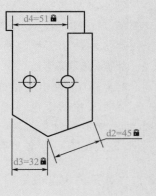

图5.65

（3）"半径约束"命令

该命令对圆或圆弧的半径进行约束。

下拉菜单：[参数]→[标注约束]→[半径]

命令行：DCRADIUS

工具栏：🔒

功能区：[参数化]→[标注]→[半径]

 实 例

要进行半径约束，可按如下的操作步骤进行：

① 单击功能区[参数化]→[标注]→[半径]

② 选择圆弧或圆:（选取要进行半径约束的圆弧或圆）

③ 指定尺寸线位置:（拖动十字光标确定尺寸线的位置）

④ 标注文字:（屏幕显示约束对象的半径，Enter或直接键入数值以对对象的值进行修改）

使用该选项标注的约束如图5.66所示。

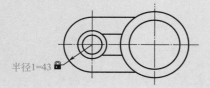 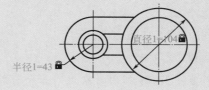

图5.66

（4）"直径约束"命令

该命令对圆或圆弧的直径进行约束。

下拉菜单:	[参数]→[标注约束]→[直径]
命令行:	DCDIAMETER
工具栏:	
功能区:	[参数化]→[标注]→[直径]

实例

要进行直径约束，可按如下的操作步骤进行:

① 单击功能区[参数化]→[标注]→[直径]

② 选择圆弧或圆:（选取要进行直径约束的圆弧或圆）

③ 指定尺寸线位置:（拖动十字光标确定尺寸线的位置）

④ 标注文字:（屏幕显示约束对象的直径，Enter或直接键入数值以对对象的值进行修改）

这时屏幕应如图5.66所示。

（5）"角度约束"命令

对直线段或多段线线段之间的角度、由圆弧或多段线圆弧段扫掠得到的角度或对象上三个点之间的角度进行约束。

下拉菜单:	[参数]→[标注约束]→[角度]
命令行:	DCANGULAR
工具栏:	
功能区:	[参数化]→[标注]→[角度]

实例

要进行角度约束，可按如下的操作步骤进行:

① 单击功能区[参数化]→[标注]→[角度]

② 选择第一条直线或圆弧或[三点(3P)]<三点>：（这时选取要进行角度约束的第一条直线）

③ 选择第二条直线：（这时选取要进行角度约束的第一条直线）

④ 指定尺寸线位置：（拖动十字光标确定尺寸线的位置）

⑤ 标注文字：（屏幕显示约束对象的角度，Enter或直接键入数值以对对象的值进行修改）

这时屏幕应如图5.67所示。

步骤②选项说明：

三点（3P）：利用对象上的三个有效约束点对对象进行角度约束。

选取该选项时命令行提示：

指定角的顶点：

指定第一个角度约束点：

指定第二个角度约束点：

使用该选项标注的约束如图5.67所示。

圆弧：选择圆弧创建角度约束时，角顶点位于圆弧的中心，圆弧的角端点位于圆弧的端点处。

使用该选项标注的约束如图5.67所示。

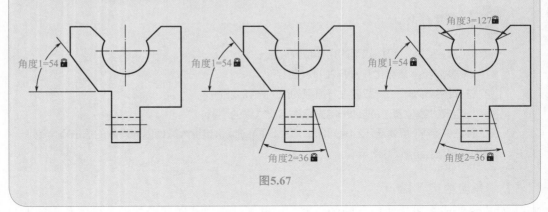

图5.67

（6）"转换"命令

该命令可以将标注转换为标注约束。

命令行：DCCONVERT

工具栏：

功能区：[参数化]→[标注]→[转换]

实例

要进行转换命令，可按如下的操作步骤进行：

① 单击功能区[参数化]→[标注]→[转换]

② 选择要转换的关联标注：（这时选取要进行转换的标注）Enter

如图5.68为将图5.69的标注转换为标注约束的结果。

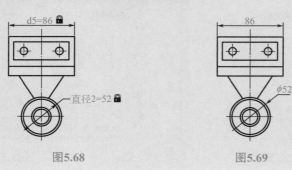

图5.68　　　　　　　图5.69

5.12.3　约束显示设置

在几何约束面板中约束命令按钮的右侧有三个约束设置按钮，用于对约束对象进行显示与隐藏设置。包括"显示/隐藏" 显示/隐藏 、"全部显示" 全部显示 、"全部隐藏" 全部隐藏 ，通过约束设置按钮来显示或隐藏代表这些约束的直观标记。

（1）显示/隐藏

显示或隐藏选定对象的动态标注约束。

> 命令行：DCDISPLAY
>
> 功能区：[参数化]→[标注]/[几何]→[显示/隐藏]

（2）全部显示

表示显示图形中的所有动态标注约束。单击该按钮后，则绘图区中的所有动态标注约束全部显示。

（3）全部隐藏

表示隐藏图形中的所有动态标注约束。单击该按钮后，则绘图区中的所有动态标注约束全部隐藏。

5.12.4　参数管理器

> 下拉菜单：[参数]→[参数管理器]
>
> 功能区：[参数化]→[管理]→[参数管理器]
>
> 工具栏：f_x

当从绘图区域访问时，单击按钮，弹出"参数管理器"选项板，如图5.70所示。选项板将显示在图形中可用的所有关联变量，包括当前图形中的所有标注约束参数和用户变量。通过选项板设置，可以创建、编辑、重命名和删除关联变量。

（1）栅格控件

默认状态下，"参数管理器"选项板包括三列栅格控件，即"名称""表达式""值"。鼠标右击空白处，可以添加、删减控件，如图5.71所示。对各控件说明如表5.4所示。

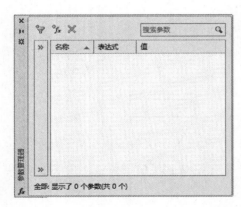
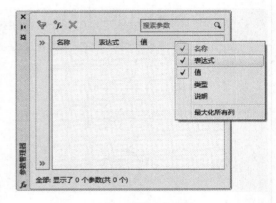

图5.70   图5.71

表5.4 栅格控件说明

列	说明
名称	显示变量名
表达式	显示实数或表达式的方程式，例如 d1+d2，表达式中可以使用+、−、*、%、/、^等运算符
值	显示表达式的值
类型	显示标注约束类型或变量值
说明	显示与用户变量关联的说明或备注

（2）标注变量

参数管理器中包含了标注变量，即标注约束参数，通过管理器可以轻松地创建、修改和删除参数。

参数管理器可以编辑标注变量名称和表达式。执行此操作的步骤：

❶ 双击名称或表达式框。

❷ 选择行并按F2键。按Tab键可编辑相邻列。

用户不能编辑"值"列。标注变量修改后，图形中以及"参数管理器"选项板中变量的所有实例都将更新。

单击鼠标右键并单击"删除"可以删除标注约束参数或用户变量。删除标注变量时，图形中关联的标注约束将被删除。

单击标注约束参数的名称可以亮显图形中的约束。单击列标题以按名称、表达式或值对参数的列表进行排序。

（3）用户变量

用户变量是自定义变量，用户可以通过其创建及驱动对象关系。这些变量可以包含常数或方程式。

单击"参数管理器"选项板上的"新建用户参数"图标 🏷 或者双击空单元，可创建用户变量。

用户变量具有以下特性。

❶ 默认值为：名称 = user1，表达式 = 1，值 = 1.00。

❷ 名称应当由字母和数字组成，且不能以数字开头、不能包含空格或超过 256 个字符。

❸ 表达式的值应在-1e100到1e100之间。

（4）搜索参数

用户可以使用右上角编辑框按名称、字符等搜索参数。

（5）定义参数组

用户可以使用参数管理器在图形编辑器中定义参数组。参数组是参数列表的显示过滤器。参数组将参数分配给其中一个或多个组。这样，用户可以一次查看一组参数，从而组织和限制这些参数在参数管理器中的显示。

过滤器中有两个预过滤器：

❶ 全部：列出当前空间中的所有参数。

❷ 表达式中使用的所有参数：列出表达式中使用的或由表达式定义的所有参数。

单击"过滤器"图标 🔻，创建一个组，此时将在选项板的左侧垂直面板上显示过滤器树，用户可在其中显示、隐藏或展开组过滤器。将参数从栅格控件拖放到参数组中。

"反转过滤器"复选框显示所有不属于该组的参数，如图5.72所示。

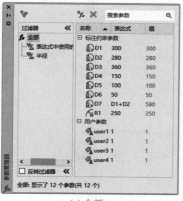

(a) 全部

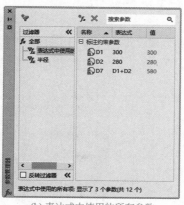

(b) 表达式中使用的所有参数

(c) 半径过滤器

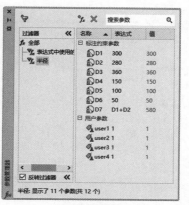

(d) 反转过滤器

图5.72

实例

本例介绍如何通过参数化方程约束两个面积相差一倍的矩形同心，参数化约束步骤如下：

① 单击功能区[参数化]→[管理]→[参数管理器]。

② 标注所有尺寸。

③ 单击下拉菜单[参数]→[参数管理器]，弹出选项卡。

④ 更改选项卡名称及表达式如图5.73所示。

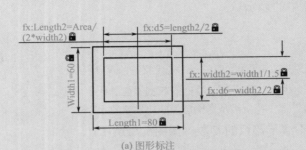

| (a) 图形标注 | (b) 参数管理器 |

图5.73

⑤ 可以新建过滤器，将两个矩形的尺寸分开，如图5.74所示。

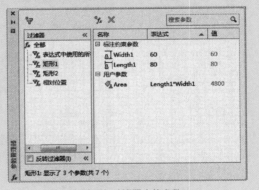

(a) 矩形1过滤器内的参数

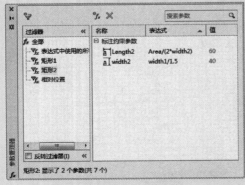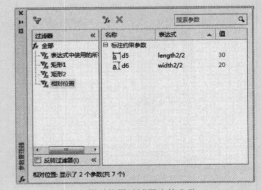

| (b) 矩形2过滤器内的参数 | (c) 相对位置过滤器内的参数 |

图5.74

5.13　小结与练习

小结

本章详细介绍了AutoCAD 2020的绘图工具和捕捉等辅助功能，例如正交、栅格、捕捉、过滤、计算器、选择集、夹点编辑等功能。熟练掌握这些应用，将有利于提高作图效率。此外本章还详细介绍了AutoCAD 2020的环境设置功能。选项卡设置提供了较为灵活的绘图环境，用户可以根据需要改变环境，提升用户体验。利用环境设置功能和前面介绍的绘图及编辑功能，用户将感到利用AutoCAD来绘图既精确又方便。

练习

1. 综合相关知识，根据图5.75所示的相关尺寸绘制零件图。

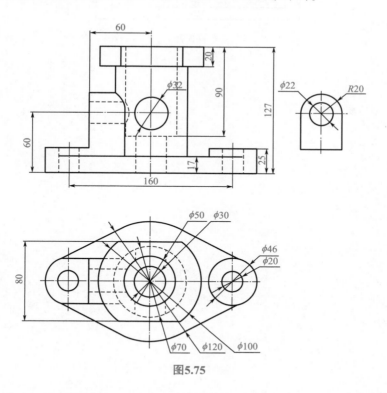

图5.75

2. 综合相关知识，根据图5.76所示的相关尺寸绘制零件图。

第 05 章　绘图工具和辅助功能

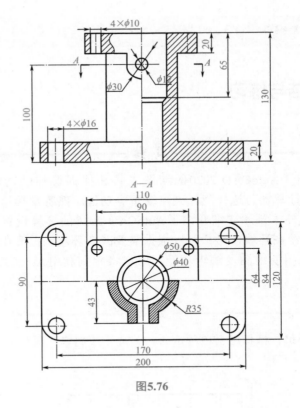

图5.76

06

第6章

尺寸标注、文字和图案填充

在工程制图中，尺寸标注是一项必不可少的基本内容。无论用多精确的比例打印图形，都不足以向生产人员传达足够的设计信息。所以通常要添加注释标记实体的测量值，注明实体间的距离和角度。进行标注是向图形中添加测量注释的过程。AutoCAD提供许多标注实体及设置标注格式的方法。可以在各个方向上为各类实体创建标注，也可以方便快速地以一定格式创建符合行业或项目标准的标注。

在AutoCAD 2020中，专门有一个功能极强的尺寸标注模块，需要时仅需单击要标注尺寸的实体以及标注位置，这个标注模块就能完成剩余工作。只要图形绘制是正确的且有规定的精度，系统就可以自动测量并进行精确的尺寸标注。AutoCAD提供了一套完整的尺寸标注命令，通过这些命令，可以方便地标注画面上的各种尺寸，如线性尺寸、角度、直径、半径等。当进行尺寸标注时，AutoCAD会自动测量实体的大小，并在尺寸线上给出正确的尺寸文字。所以在标注尺寸之前，必须精确地构造图形。

6.1 尺寸标注的概念和类型

6.1-6.18
视频精讲

设计过程通常分为四个阶段：绘图、注释、查看和打印。在注释阶段，设计者要添加文字、数字和其他符号以传达有关设计元素的尺寸和材料的信息，或者对施工或制造工艺进行注解。标注是一种通用的图形注释，可以显示实体的测量值，例如墙的长度、柱的直径或建筑物的面积。

AutoCAD提供了多种标注样式和多种设置标注样式的方法。可以指定所有图形实体的测量值，可以测量垂直和水平距离、角度、直径和半径，创建一系列从公共基准线引出的尺寸线，或者采用连续标注。

① 尺寸线的有关部分的说明如图6.1所示。

② 尺寸标注的类型如图6.2所示。

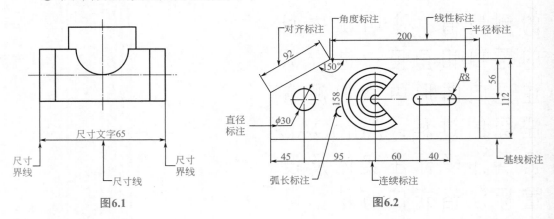

图6.1   图6.2

6.2 "线性尺寸标注"命令

线性尺寸标注是指在两点之间的一组标注，这两点可以是端点、交点、圆弧线端点或者是能识别的任意两点。

下拉菜单：	[标注]→[线性]
命令行：	-DIMLINEAR
工具栏：	⊢⊣
功能区：	[默认]→[注释]→[线性]或[注释]→[标注]→[线性]

实例

要进行线性尺寸标注，可按如下的操作步骤进行：

① 单击下拉菜单[标注]→[线性]

② 指定第一条尺寸界线原点或<选择对象>：（这时选取第一条尺寸界线的起始位置点）

③ 指定第二条尺寸界线原点：（这时选取第二条尺寸界线的起始位置点）

④ 指定尺寸线位置或[多行文字(M)/文字(T)/角度(A)/水平(H)/垂直(V)/旋转(R)]：（拖动十字光标确定尺寸线的位置）

这时屏幕应如图6.3所示。

步骤④选项说明：

多行文字(M)：表示尺寸文字要键入新值，并且键入的文字需要两行以上。

文字(T)：输入标注文字。

角度(A)：指定标注文字的角度。

水平(H)：表示在水平位置标注尺寸。

垂直(V)：表示在垂直位置标注尺寸。

旋转(R)：指定尺寸线的旋转角度。

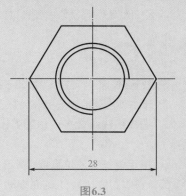

图6.3

6.3 "对齐尺寸标注"命令

"对齐尺寸标注"命令可以标注一条与两个尺寸延长线起点的连线平行的尺寸线，即选取两点，按平行该两点连线的方向标注尺寸。

下拉菜单：[标注]→[对齐]

命令行：-DIMALIGNED

工具栏：

功能区：[默认]→[注释]→[对齐]或[注释]→[标注]→ [已对齐]

实例

要进行对齐尺寸标注，可按如下操作步骤进行：

① 单击下拉菜单[标注]→[对齐]

② 指定第一条尺寸界线原点或 <选择对象>：（这时选取第一条尺寸界线的起始位置点）

③ 指定第二条尺寸界线原点：（这时选取第二条尺寸界线的起始位置点）

④ 指定尺寸线位置或[多行文字(M)/文字(T)/角度(A)]：（这时拖动十字光标确定尺寸线的位置）

屏幕应如图6.4所示。

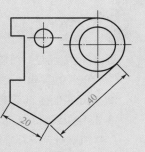

图6.4

6.4 "弧长标注"命令

"弧长标注"命令可以标注圆弧的总弧长。

下拉菜单: [标注]→[弧长]

命令行: -DIMARC

工具栏:

功能区: [默认]→[注释]→[弧长]或[注释]→[标注]→[弧长]

要进行弧长尺寸标注,可按如下操作步骤进行:

① 单击下拉菜单[标注]→[弧长]

② 选择弧线段或多段线圆弧段:(这时选取要标注的圆弧)

③ 指定弧长标注位置或 [多行文字(M)/文字(T)/角度(A)/部分(P)/引线(L)]:(这时拖动十字光标确定尺寸线的位置)

这时屏幕应如图6.5所示。

步骤③选项说明:

部分(P):表示选取圆弧段的一部分进行标注。

引线(L):表示为弧长标注添加引线。

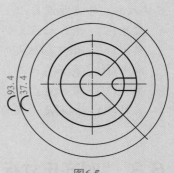

图6.5

6.5 "坐标标注"命令

"坐标标注"测量与原点(即基准)的垂直距离。

下拉菜单: [标注]→[坐标]

命令行: -DIMORDINATE

工具栏:

功能区: [默认]→[注释]→[坐标标注]或[注释]→[标注]→[坐标标注]

要进行坐标标注,可按如下操作步骤进行:

① 单击下拉菜单[标注]→[坐标]

② 指定点坐标:(这时选取要标注坐标的点)

③ 指定引线端点或[X基准(X)/Y基准(Y)/多行文字(M)/文字(T)/角度(A)]:(这时拖动十字光标确定尺寸线的位置)

这时屏幕应如图6.6所示。

步骤③选项说明：

X基准(X)：测量X坐标并确定引线和标注文字的方向。

Y基准(Y)：测量Y坐标并确定引线和标注文字的方向。

多行文字(M)：键入M后则功能区出现"文字编辑器"，可用来编辑标注文字。

文字(T)：在命令提示下，自定义标注文字。

角度(A)：修改标注文字的角度。

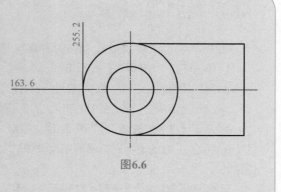

图6.6

6.6 "半径式标注"命令

"半径式标注"命令可在圆或弧线内标注圆或圆弧的半径尺寸。

下拉菜单：[标注]→[半径]

命令行：-DIMRADIUS

工具栏：

功能区：[默认]→[注释]→[半径]或[注释]→[标注]→[半径]

 实 例

要进行半径式标注，可按如下操作步骤进行：

① 单击下拉菜单[标注]→[半径]

② 选择圆弧或圆：（这时选取图6.7中所示的圆弧）

③ 指定尺寸线位置或 [多行文字(M)/文字(T)/角度(A)]：
（拖动十字光标来确定尺寸线的位置）

这时屏幕应如图6.7所示。

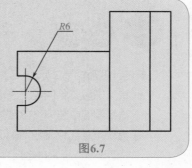

图6.7

6.7 "折弯标注"命令

当圆弧或圆的中心位于布局之外并且无法在其实际位置显示时，可使用折弯标注创建折弯半径标注。

下拉菜单：[标注]→[折弯]

命令行：-DIMJOGGED

工具栏：

功能区：[默认]→[注释]→[折弯]或[注释]→[标注]→[已折弯]

实例

要进行折弯标注尺寸标注，可按如下操作步骤进行：

① 单击下拉菜单[标注]→[折弯]

② 选择圆弧或圆：（这时选取要进行折弯标注的圆弧）

③ 指定图示中心位置：（选取自定义的圆弧中心）

④ 指定尺寸线位置或 [多行文字(M)/文字(T)/角度(A)：（拖动十字光标来确定尺寸线的位置）

　　⑤ 指定折弯位置：（拖动十字光标来确定折弯位置）

这时屏幕应如图6.8所示。

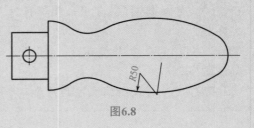

图6.8

6.8 "直径式标注"命令

"直径式标注"命令可在圆或弧线内标注圆或圆弧的直径尺寸。

下拉菜单：[标注]→[直径]
命令行：-DIMDIAMETER
工具栏：🚫
功能区：[默认]→[注释]→[直径]或[注释]→[标注]→[直径]

 实例

要进行直径式尺寸标注，可按如下操作步骤进行：

① 单击下拉菜单[标注]→[直径]

② 选择圆弧或圆：（这时选取要标注直径的圆弧）

③ 指定尺寸线位置或 [多行文字(M)/文字(T)/角度(A)]：（拖动十字光标来确定尺寸线的位置）

这时屏幕应如图6.9所示。

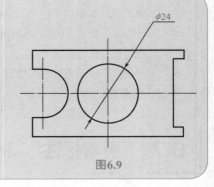

图6.9

6.9 "角度标注"命令

标注图形的夹角是尺寸标注中常常用到的一种标注形式。实际上，在产品的设计过程中，两个实体之间的位置以及它们之间的夹角对于最终的产品具有决定性的作用。在AutoCAD中，角度标注命令DIMANGULAR能够精确地测量并标注出实体之间的夹角。

下拉菜单：[标注]→[角度]

命令行：-DIMANGULAR

工具栏：△

功能区：[默认]→[注释]→[角度]或[注释]→[标注]→[角度]

 实例

要完成角度的标注可按如下操作步骤进行：

① 单击下拉菜单[标注]→[角度]

② 选择圆弧、圆、直线或<指定顶点>：（选取图6.10中的L_1线）

③ 选择第二条直线：（再选取图6.10中的L_2线）

④ 指定标注弧线位置或 [多行文字(M)/文字(T)/角度(A)/象限点(Q)]：（拖动十字光标来确定尺寸线的位置）

这时屏幕应如图6.10所示。

步骤④选项说明：

象限点(Q)：将对象划分为四个部分。

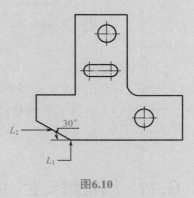

图6.10

6.10 "基线标注"命令

基线标注是以固定一点作为基准线，再以此为基准以累进的方式来标注尺寸。这里的基线是指任何尺寸的尺寸界线。当执行基线标注命令时，系统会自动将上一次执行标注操作的第一点位置作为基准点，用户只需选取第二点的位置即可，系统会自动将尺寸线置于固定位置上。

下拉菜单：[标注]→[基线]

命令行：-DIMBASELINE

工具栏：⊨

功能区：[注释]→[标注]→[基线]

 实例

要执行"基线标注"命令可按如下步骤进行：

① 单击下拉菜单[标注]→[基线]

② 选择基准标注：（这时可选择一个尺寸线作为基准，然后开始基线标注）

③ 指定第二个尺寸界线原点或 [选择(S)/放弃(U)] <选择>：（在屏幕上指定第二个尺寸界线原点）

这时屏幕应如图6.11所示。

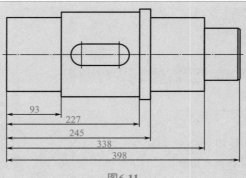

图6.11

步骤③选项说明：

选择(S)：表示重新选择基准尺寸线。

放弃(U)：表示放弃选择的第二个尺寸界线原点，重新选择第二个尺寸界线原点。

6.11 "连续标注"命令

"连续标注"命令是将最先设置点视为起始点，再以此继续标注尺寸。该命令可以方便迅速地标注一排尺寸。使用过程中，先使用DIMLINEAR命令定义一组标注，然后用连续标注命令把一串连续尺寸排成一行。当然，系统会自动地在上一个尺寸线结束的地方，开始给出下一个尺寸线。

下拉菜单：[标注]→[连续]
命令行：-DIMCONTINUE
工具栏：|+|+|
功能区：[注释]→[标注]→[连续]

执行"连续标注"命令时，只需单击下拉菜单[标注]→[连续]，这时命令行的提示和上面的基线标注命令相同，其操作过程也和基线标注命令大同小异。

 实例

要连续标注尺寸可按如下操作步骤进行：

① 单击下拉菜单[标注]→[连续]。

② 选择连续标注：(这时可选择一个尺寸线作为基准，然后开始连续标注)

③ 指定第二个尺寸界线原点或[选择(S)/放弃(U)]<选择>：(在屏幕上指定第二个尺寸界线原点)

这时屏幕应如图6.12所示。

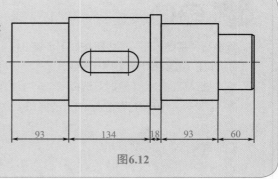

图6.12

6.12 "标注间距"命令

使用"标注间距"命令，平行尺寸线之间的间距将设为相等。该命令仅适用于平行的线性标注或共用一个顶点的角度标注。

下拉菜单：[标注]→[标注间距]
命令行：-DIMSPACE
工具栏：
功能区：[注释]→[标注]→[]

要标注间距可按如下操作步骤进行：

① 单击下拉菜单[标注]→[标注间距]

② 选择基准标注：（这时可选择一个尺寸线作为基准，然后开始间距标注）

③ 选择要产生间距的标注：（这时选择所有要与基准尺寸产生间距的尺寸）

④ 输入值或[自动（A）]：<自动>：（输入相邻尺寸要产生的间距值）

这时屏幕应如图6.13所示，可以看到相邻尺寸线之间的间距相等。

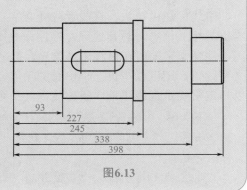

图6.13

6.13 "标注打断"命令

在标注和尺寸界线与其他对象的相交处打断或恢复标注和尺寸界线。可以将折断标注添加到线性标注、角度标注和坐标标注等。

下拉菜单：[标注]→[标注打断]
命令行：-DIMBREAK
工具栏：
功能区：[注释]→[标注]→[]

要标注打断可按如下操作步骤进行：

① 单击下拉菜单[标注]→[标注打断]

② 选择要添加/删除折断的标注或[多个(M)]：（这时选择要标注打断的对象）

③ 选择要折断标注的对象或[自动(A)/手动(M)/删除(M)]：<自动>：（这时选择与标注打断对象或其尺寸线相交的对象）

这时屏幕应如图6.14所示。

步骤②和③选项说明：

多个(M)：键入M后表示对多个对象进行打断标注。

自动(A)：表示自动将折断标注放置在与选择的折断标注对象的交点处。

手动(M)：表示手动放置折断标注。

删除(M)：表示删除折断标注。

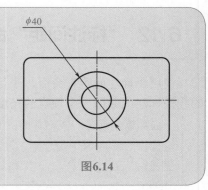

图6.14

6.14 "引线标注"命令

引线标注由箭头、直线及注释文字三部分组成。可使用引线来指示一个特征，然后给出其相关信息。与其他尺寸标注命令不同的是，引线标注命令QLEADER并不测量距离。注释文字一般在引线末端给出。缺省注释为单行文字，可以通过适当选项进入多行文字编辑，还可以拷贝一个已有的角度、多行文字、属性定义、块或者公差。此外还可以指定引线是直线还是样条曲线，并决定其是否带有箭头。

下拉菜单：[标注]→[多重引线]
命令行：MLEADER（QLEADER）
工具栏：
功能区：[注释]→[引线]→[多重引线]

实例

标注引线可按如下操作步骤进行：

① 单击下拉菜单[标注]→[多重引线]

② 指定引线箭头的位置或 [引线基线优先(L)/内容优先(C)/选项(O)] <选项>：（在屏幕上选取一点作为引线箭头的位置）

③ 指定引线基线的位置：（拖动十字光标在屏幕上给出引线基线的位置）

功能区出现"文字编辑器"对话框，可根据需要对文字样式进行设置。

绘图区出现小方框，直接在其中键入文字。

这时屏幕应如图6.15所示。

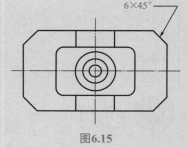

图6.15

6.15 重新关联标注

重新关联标注是添加、重定义或删除标注之间以及它们测量的对象之间关联性的一种标注。它把实体与尺寸标注连接起来，因此，实体的任何改变都可以自动更新到对应的标注上。

下拉菜单：[标注]→[重新关联标注]

命令行：DIMREASSOCIATE

工具栏：□

功能区：[注释]→[标注]→[□]

重新关联标注可按如下操作步骤进行：

① 单击下拉菜单[标注]→[重新关联标注]

② 选择对象或[解除关联(D)]：（这时选择要进行关联标注的尺寸线）Enter

③ 指定第一个尺寸界线原点或[选择对象(S)]<下一个>：（这时选择第一个尺寸界线的原点）

④ 指定第二个尺寸界线原点<下一个>：（这时选择第二个尺寸界线的原点）

⑤ 选择圆弧或圆<下一个>：

步骤②和③选项说明：

解除关联(D)：表示解除已经存在的关联。

选择对象(S)：表示直接选择尺寸线所对应的直线。

执行该命令时提示选择一个尺寸，同时提示指定关联点。如果尺寸和实体没有关联，在尺寸端点显示一个"×"符号。如果尺寸和实体有关联，在尺寸端点显示一个"×"符号加一个矩形外框。

可通过"移动"命令更好地理解重新关联标注。

设目前的屏幕为如图6.16所示，尺寸"48"为下部水平直线的长度。其操作步骤如下：

① 单击下拉菜单[修改]→[移动]

② 选择对象：（选择下部的水平直线）Enter

③ 指定基点或[位移(D)]<位移>：（选择该直线的左端点）

④ 指定第二个点或<使用第一个点作为位移>：（选择该直线的右端点）

这时屏幕如图6.17所示。

若没有对尺寸进行重新关联标注，则使用"移动"命令后如图6.18所示。

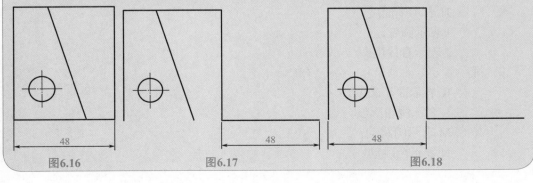

图6.16　　　　　　图6.17　　　　　　图6.18

6.16 形位公差标注

形位公差表示特征的形状、轮廓、方向、位置和跳动的允许偏差，可以通过特征控制框来添加形位公差，这些框中包含单个标注的所有公差信息。

下拉菜单：[标注]→[公差]

命令行：TOLERANCE

工具栏：⊕I

执行"形位公差"命令时，弹出一个对话框，如图6.19所示。

在图6.19中单击"符号"选项下面的黑色小方框，则弹出另一个对话框，如图6.20所示。

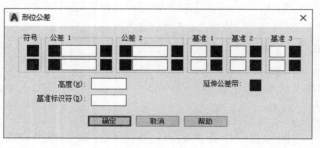

图6.19

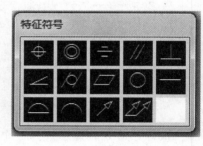

图6.20

图6.19和图6.20中有关选项的含义如下：

在图6.20中（"特征符号"栏中按从左到右的次序编成A～N这样的代号）：

第一行：

      A 表示位置度。

      B 表示同轴度。

      C 表示对称度。

      D 表示平行度。

      E 表示垂直度。

第二行：

      F 表示倾斜度。

      G 表示圆轴度。

      H 表示平面度。

      I 表示圆度。

      J 表示直线度。

第三行：

      K 表示面轮廓度。

      L 表示线轮廓度。

      M 表示圆跳动。

      N 表示全跳动。

在图6.19中：
- 符号：表示其中含有从图6.20中所选取的几何特征。
- 公差1：表示第一个形位公差的值。下面有三个小方框，从左到右为第一方框到第三方框，其中：
- • 第一方框：表示在形位公差的值前面插入一个直径符号。
- • 第二方框：表示键入形位公差的值。
- • 第三方框：表示材料状况，可从中选择修饰符号。

在选取材料状况时又弹出一个对话框，如图6.21所示（有关内容将在稍后详细解释）。
- 公差2：表示第二个形位公差的值。其下方的三个小方框与在公差1中的含义相同。
- 基准1：表示第一个基准数据。下面有两个小方框：
- • 第一方框：表示键入一个数据的基准值。
- • 第二方框：表示材料状况，可从中选择修饰符号。

同公差1，在选取材料状况时又弹出一个对话框，如图6.21所示。
- 基准2：表示第二个基准数据。其下方的两个小方框的说明同上。
- 基准3：表示第三个基准数据。其下方的两个小方框的说明同上。
- 高度：表示键入投影公差带的值。
- 延伸公差带：表示投影公差带。
- 基准标识符：表示键入数据作为标记。

在图6.21中：
- M（maximum material condition）：指孔按最小可接受的尺寸生成，这样留于工件上的材料最多。
- L（least material condition）：指材料最少，即定义孔直径取公差最大的部分。
- S（regardless of feature size）：在这种状况下表明材料状况不影响公差。

图6.22表明了形位公差的各个组成部分。

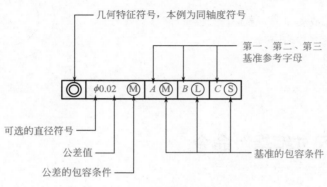

图6.22

实例

标注形位公差可按如下操作步骤进行：

① 单击下拉菜单[标注]→[公差]，弹出一个对话框，如图6.19所示。

② 单击图6.19的"符号"后又弹出一个对话框，如图6.20所示。

③ 单击图6.20的"对称度"符号。

④ 在图6.19所示的"公差1"栏里的第二个小方框里键入"0.01"，在"公差2"栏里的第二个小方框里键入"A—B"。

⑤ 在图6.19所示的对话框中按"确定"按钮，关闭该对话框。

⑥ 这时命令行提示：输入公差位置（拖动十字光标在屏幕上选定形位公差的位置）。

这时看到的屏幕应如图6.23所示。

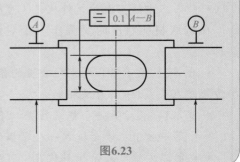

图6.23

6.17 圆心标记

在圆或圆弧上标注尺寸时，一般要标出圆或圆弧的中心。在AutoCAD中专门提供了圆心标记命令。

下拉菜单：[标注]→[圆心标记]
命令行：-DIMCENTER
工具栏：⊕
功能区：[注释]→[中心线]→[圆心标记⊕]

实例

进行中心标记时可按如下操作步骤进行：

① 单击下拉菜单[标记]→[圆心标记]

② 选择圆弧或圆：（选择要进行圆心标记的圆弧或圆）

这时屏幕如图6.24所示。

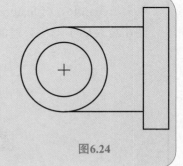

图6.24

6.18 "尺寸编辑"命令

编辑已标注好的尺寸是工程制图中常用到的一种修改标注的方法。尺寸编辑命令提供了对尺寸指定新文字、调整文字到缺省位置、旋转文字和倾斜尺寸界线的功能。

命令行：DIMEDIT

工具栏：

先利用DIMLINEAR命令在屏幕上标注一个尺寸，如图6.25所示，对它按照图6.26中所示的尺寸进行编辑，可按如下操作步骤进行。

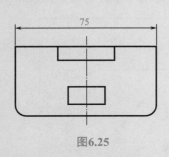

图6.25

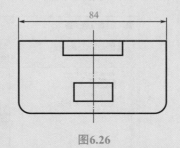

图6.26

① 命令行：DIMEDIT Enter

② 输入标注编辑类型 [默认(H)/新建(N)/旋转(R)/倾斜(O)] <默认>：N Enter

功能区弹出"文字编辑器"选项卡，如图6.27所示

图6.27

③ 在弹出的"文字编辑器"选项中设置好文字样式，然后在绘图区出现的小方框中删除原有数字，键入新的尺寸文字值，如键入"84"，Esc

④ 选择对象：[选取图6.25中的尺寸标注（该尺寸标注变虚）] Enter

这时尺寸文字就变成"84"，如图6.26所示。

步骤②选项说明：

默认(H)：选定的标注文字将回到由标注样式指定的默认位置和旋转角。

旋转(R)：将标注文字旋转一定的角度。

倾斜(O)：使标注的尺寸倾斜一定角度。

当然，除了可编辑尺寸文字外，还可编辑尺寸标注的位置，如修改尺寸线、尺寸界线、箭头和中心标记等。下节对这些内容详细介绍。

6.19　尺寸标注样式设置

前面详细介绍了尺寸标注各个命令的用法，本节将学习尺寸标注样式的设置，以便于对尺寸标注进行修改。

6.19-6.21
视频精讲

6.19.1　样式设置方法

在 AutoCAD 2020 中设置尺寸标注样式，可选用下面任意一种方法：

❶ 下拉菜单：[格式]→[标注样式...]

❷ 下拉菜单：[标注]→[标注样式...]

❸ 命令行：DIMSTYLE

不管采用这三种方法中的哪一种，执行时都将弹出一个对话框如图6.28所示。

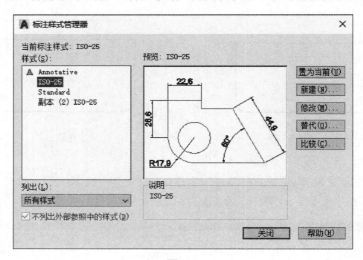

图6.28

用图6.28所示的对话框可进行尺寸标注类型的设置，主要可实现以下功能：

- 预演尺寸标注类型。
- 设置新的尺寸标注类型。
- 修改已有的尺寸标注类型。
- 设置覆盖一个尺寸标注类型。
- 设置当前的尺寸标注类型。
- 比较尺寸标注类型。
- 重命名尺寸标注类型。
- 删除尺寸标注类型。

图6.28中各项的含义如下：

- 当前标注样式：显示当前的尺寸标注类型。
- 样式(S)：显示绘图中所用的全部尺寸标注类型。在列表中AutoCAD将用高亮度显示当前所用的尺寸标注类型。如果要设置某一尺寸标注类型为当前类型，可选取它，然后再单击"置为当前"按钮即可。
- 列出(L)：列出要显示的尺寸标注类型，它们包括：
- • 所有样式：显示所有的尺寸标注类型。
- • 正在使用的样式：仅显示在图形中标注尺寸时所用到的尺寸标注类型。
- 不列出外部参照中的样式(D)：在外部引用图形中不显示尺寸标注类型。
- 置为当前：设置所选取的类型为当前类型。

• 新建(N)…：单击时将弹出一个对话框，如图6.29所示（稍后解释），在本对话框中可设置新的尺寸标注类型，单击"继续"项，可弹出一个对话框，如图6.30所示（参见6.19.2节中的解释）。

• 修改(M)…：单击时将弹出一个对话框，内容如图6.30所示（参见6.19.2节中的解释），在本对话框中可修改尺寸标注类型。

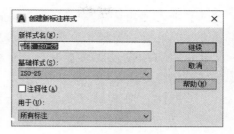

图6.29

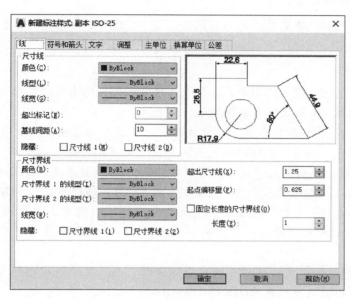

图6.30

• 替代(O)…：单击时将弹出一个对话框，内容如图6.30所示（参见6.19.2节中的解释），在本对话框中可覆盖一种尺寸标注类型。

• 比较(C)…：单击时将弹出一个对话框，如图6.31所示，在本对话框中可比较一种尺寸标注类型和另一种尺寸标注类型的相关特性。

图6.29中各项的含义如下：

• 新样式名(N)：显示当前尺寸标注类型的名称。如果想建立一个新的尺寸类型，请输入一个新的名称。

• 基础样式(S)：列出当前图形中已经定义的尺寸标注类型的名称。可以在其中选择一个尺寸标注类型名称，并将其设置为当前类型。

• 用于（U）：创建一种对指定的尺寸有用的标注类型。例如，对于STANDARD类型而言，尺寸文字的颜色是黑色的。现在仅想在直径尺寸标注中，将文字的颜色设为

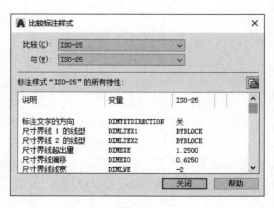

图6.31

蓝色，则在"基础样式"选项下，选取STANDARD，然后在"用于"选项下，选取直径即可。这时，新的尺寸类型因为定义了STANDARD的子类型而不可用。在标注直径尺寸中用STANDARD类型时，尺寸文字的颜色将是蓝色，而标注别的尺寸类型时，文字字符仍将是黑色。

• 继续：单击继续项，弹出一个对话框，如图6.30所示（参见6.19.2节中的解释）。

6.19.2 新建尺寸标注样式

图6.30所示的对话框有线、符号和箭头、文字、调整、主单位、换算单位、公差七个选项卡。

（1）"线"选项卡

使用"线"选项卡时，屏幕显示如图6.30所示。图6.30中各项的含义如下：

• 尺寸线区域：可设置尺寸线的特性，它包括：

• • 颜色(C)：表示设置和显示尺寸线的颜色，这时可在列表框中通过弹出颜色对话框选择其他颜色。该选项也可以通过系统变量DIMCLRD控制。

• • 线型(L)：表示设置尺寸线的线型。该选项也可以通过系统变量DIMLTYPE控制。

• • 线宽(G)：表示设置尺寸线的宽度。该选项也可以通过系统变量DIMLWD控制。

• • 超出标记(N)：当用斜尺寸、建筑尺寸、标记、整型、无箭头等标记时，本项为超出延伸线的尺寸线指定一个距离，如图6.32所示。该选项也可以通过系统变量DIMDLE控制。

• • 基线间距(A)：表示进行基线尺寸标注时，设置尺寸线间的距离，如图6.33所示。该选项也可以通过系统变量DIMDLI控制。

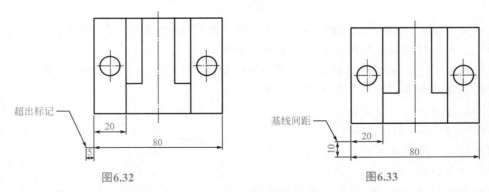

图6.32　　　　　　　　　　　图6.33

• • 隐藏：抑制尺寸线的显示。尺寸线1(M)抑制第一条尺寸线，尺寸线2(D)抑制第二条尺寸线，如图6.34所示。该选项也可以通过系统变量DIMSD1和DIMSD2控制。

• 尺寸界线区域：可显示延伸线的外观，它有以下选项：

• • 颜色(R)：表示设置和显示延伸线的颜色，这时可在列表框中通过弹出颜色对话框选择其他颜色。该选项也可以通过系统变量DIMCLRE控制。

• • 尺寸界线1的线型(I)：表示设置第一条尺寸界线的线型，其后的下拉列表如图6.35所示，用户可根据需要选择线型，也可点击"其他"加载列表外的线型。该选项也可以通过系统变量DIMLTEX1控制。

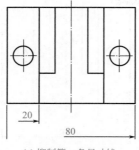
(a) 抑制第一条尺寸线

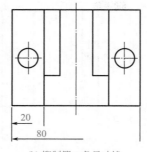
(b) 抑制第二条尺寸线

图6.34

··尺寸界线2的线型(T)：表示设置第二条尺寸界线的线型。该选项也可以通过系统变量DIMLTEX2控制。

··线宽(W)：表示设置延伸线的线宽。该选项也可以通过系统变量DIMLWE控制。

··隐藏：抑制尺寸界线的显示。尺寸界线1(I)抑制第一条尺寸界线，尺寸界线2(T)抑制第二条尺寸界线，如图6.36所示。该选项也可以通过系统变量DIMSE1和DIMSE2控制。

图6.35

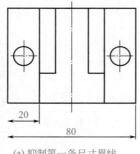
(a) 抑制第一条尺寸界线

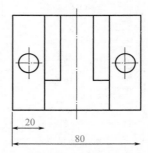
(b) 抑制第二条尺寸界线

图6.36

··超出尺寸线(X)：表示设置尺寸界线超出尺寸线的距离，如图6.37所示。该选项也可以通过系统变量DIMEXE控制。

··起点偏移量(F)：表示设置自图形中定义标注的点到尺寸界线的偏移距离，如图6.38所示。该选项也可以通过系统变量 DIMEXO 控制。

··固定长度的尺寸界线(O)：表示启用固定长度的尺寸界线。该选项也可以通过系统变量 DIMFXLON控制。勾选其前面的复选框表示启用，则下面的"长度(E)"选项被激活，可在右边的方框中键入所需的长度。

（2）"符号和箭头"选项卡

在图6.30中，单击"符号和箭头"选项卡，屏幕显示从图6.30变为图6.39所示。

·箭头区域：可显示尺寸箭头的外观，对于尺寸线而言，可将第一个箭头和第二个箭头指定成不同的形式，它有以下四个选项：

··第一个(T)：在弹出的列表菜单中设置尺寸线的第一个箭头。该选项也可以通过系统变量 DIMBLK1控制。

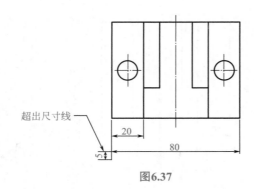

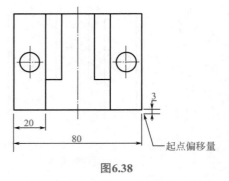

超出尺寸线

图6.37

图6.38

起点偏移量

• • 第二个(D)：在这里可设置尺寸线的第二个箭头，箭头的图示如图6.40所示。当然，箭头的形状还可自行定义（用户箭头）。该选项也可以通过系统变量DIMBLK2控制。

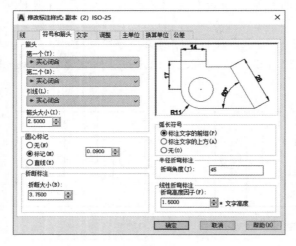

图6.39

图6.40

• • 引线(L)：在弹出的列表菜单中设置引线的箭头。该选项也可以通过系统变量DIMLDRBLK控制。

• • 箭头大小(I)：表示由用户来指定箭头的大小。用户可以在其后的文字编辑框中键入具体的箭头大小数值，从而指定箭头的大小。

• 圆心标记区域：设置中心标记和直径或半径式尺寸的中心线的外观。它包括三个选项（如图6.41所示）：

• • 无(N)：表示不创建圆心标记或中心线。该值在DIMCEN系统变量中存储为0。

• • 标记(M)：表示创建圆心标记。该值在DIMCEN系统变量中存储为正值。

• • 直线(E)：表示创建中心线。该值在DIMCEN系统变量中存储为负值。

• 折断标注区域：表示控制折断标注的间隙大小。包含一个选项：

• • 折断大小(B)：可在下面的方框中键入数值来控制折断大小。

• 弧长符号区域：设置弧长标注中圆弧符号的显示及与文字的相对位置，它包括三个选项：

• • 标注文字的前缀(P)：表示将弧长符号放置在标注文字的前面。该选项也可以通过系统变量DIMARCSYM控制。

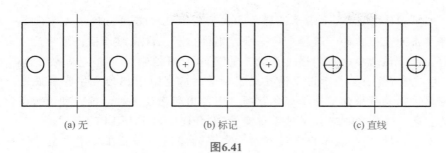

(a) 无	(b) 标记	(c) 直线

图6.41

•• 标注文字的上方(A)：表示将弧长符号放置在标注文字的上方。该选项也可以通过系统变量DIMARCSYM控制。

•• 无(O)：表示不显示弧长符号。该选项也可以通过系统变量DIMARCSYM控制。

• 半径折弯标注区域：表示控制折弯半径标注中，尺寸线的横向线段的角度。包含一个选项：

•• 折弯角度(J)：可在右面的方框中键入角度。该选项也可以通过系统变量DIMJOGANG控制。

• 线性折弯标注区域：通过形成折弯的角度的两个顶点之间的距离确定折弯高度。包含一个选项：

•• 折弯高度因子(F)：可在下面的方框中键入文字高度。

（3）"文字"选项卡

在图6.30中，单击"文字"选项卡，屏幕显示从图6.30变为图6.42所示。

图6.42中各项的含义如下：

• 文字外观区域：可设置尺寸文字的格式和大小，它包括以下选项：

•• 文字样式(Y)：表示设置尺寸文字的字型，可从列表框中选择一种字型。若想为尺寸文字设置一种新的字型，可单击列表框右侧的省略按钮（...），则弹出字型设置对话框，如图6.43所示，可设置一种新的字型。

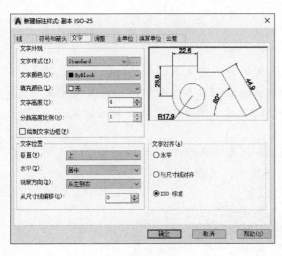

图6.42

图6.43

• • 文字颜色(C)：表示用于设置尺寸文字的颜色。若想为尺寸文字设置一种新的颜色，可单击列表框中的"选择颜色"项，则弹出颜色设置对话框，可为尺寸文字设置一种新的颜色。该选项也可以通过系统变量DIMCLRT控制。

• • 填充颜色(L)：表示用于设置文字背景的颜色。若想为文字背景设置一种新的颜色，可单击列表框中的"选择颜色"项，则弹出颜色设置对话框，可为文字背景设置一种新的颜色。该选项也可以通过系统变量DIMFILL和DIMFILLCLR控制。

• • 文字高度(T)：表示用于设置尺寸文字的字高。如果在文字类型对话框中字高被设置成一个固定的高度（即文字高度大于0），那么这个高度覆盖这里所设置的高度。如果想在该选项卡中设置字高，必须将文字类型对话框中的字高设置为0。该选项也可以通过系统变量DIMTXT控制。

• • 分数高度比例(H)：表示设置尺寸文字的小数比例。该选项也可以通过系统变量DIMTFAC控制。

• • 绘制文字边框(F)：表示在尺寸文字的外围加上矩形框。该选项也可以通过系统变量DIMGAP控制。

• 文字位置区域：可设置尺寸文字的放置方式，它有以下选项：

• • 垂直(V)：可设置尺寸文字沿着尺寸线的垂直方向放置。该选项也可以通过系统变量DIMTAD控制。垂直位置如图6.44所示，主要包括：

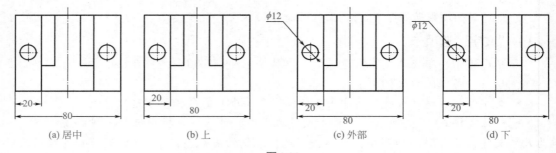

图6.44

• • • 居中：表示将尺寸文字沿尺寸线与尺寸界线的中心对齐。

• • • 上：表示将尺寸文字放置在尺寸线的上方。文字和尺寸线的间距就是当前的文字间距。

• • • 外部：将标注文字放在尺寸线上远离第一个定义点的一边。

• • • JIS：表示按JIS（japanese industrial standards日本工业标准）放置尺寸文字。

• • • 下：表示将尺寸文字放置在尺寸线的下方。文字和尺寸线的间距就是当前的文字间距。

• • 水平(Z)：可设置尺寸文字与尺寸线或者尺寸界线平行书写。该选项也可以通过系统变量DIMJUST控制。水平位置如图6.45所示，主要包括：

• • • 居中：尺寸文字中心与尺寸中心对齐。

• • • 第一条尺寸界线：尺寸文字与第一条尺寸界线对齐。

• • • 第二条尺寸界线：尺寸文字与第二条尺寸界线对齐。

• • • 第一条尺寸界线上方：将尺寸文字沿第一条尺寸界线放置。

• • • 第二条尺寸界线上方：将尺寸文字沿第二条尺寸界线放置。

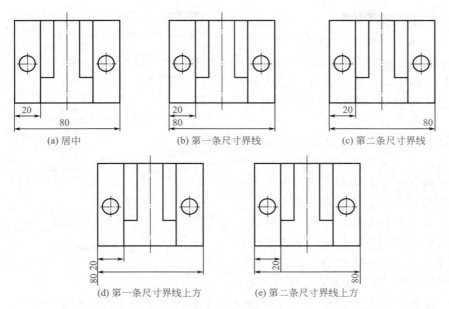

(a) 居中　　　　　　　(b) 第一条尺寸界线　　　　　　(c) 第二条尺寸界线

(d) 第一条尺寸界线上方　　　　　(e) 第二条尺寸界线上方

图6.45

● ● 观察方向(D)：控制标注文字的观察方向。它包括两个选项：

● ● ● 从左到右：按从左到右阅读的方式放置文字。

● ● ● 从右到左：按从右到左阅读的方式放置文字。

● ● 从尺寸线偏移(O)：表示可以通过在其后的文字编辑框中键入一个具体值来设置当前尺寸文字与断开的尺寸线之间的间隙值，其含义如图6.46所示。该选项也可以通过系统变量DIMGAP控制。

● 文字对齐区域：可设置尺寸文字的放置方位（水平或对齐），而不管尺寸文字在延伸线外或延伸线里。该选项也可以通过系统变量DIMTIH或DIMTOH控制。

该区域主要包括三个选项，如图6.47所示：

● ● 水平：以水平位置放置尺寸文字。

● ● 与尺寸线对齐：表示尺寸文字和尺寸线对齐。

● ● ISO标准：表示按ISO标准放置尺寸线，即当尺寸文字在尺寸界线内时，尺寸文字和尺寸线平行；当尺寸文字在尺寸线延伸线之外时，尺寸文字水平放置。

图6.46

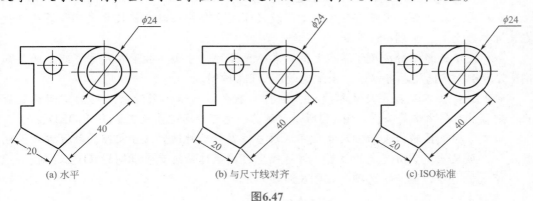

(a) 水平　　　　　　　(b) 与尺寸线对齐　　　　　　(c) ISO标准

图6.47

（4）"调整"选项卡

在图6.30中，单击"调整"选项卡，屏幕显示从图6.30变为图6.48所示。

在图6.48中，各选项表示控制尺寸文字、箭头、引线以及尺寸线的放置位置。各项的含义如下：

图6.48

• 调整选项区域：在延伸线之间有足够的空间时，不管在尺寸界线内或尺寸界线外都可控制尺寸文字和箭头的放置。只要有足够的空间，系统总是将尺寸文字和箭头放在尺寸界线之间，否则，按照最优化原则放置尺寸文字和箭头。该选项也可以通过系统变量DIMATFIT、DIMTIX和DIMSOXD控制。该区域主要包括六个选项：

• • 文字或箭头（最佳效果）：表示按照最优化原则放置尺寸文字和箭头，主要有以下原则：

当有足够的空间时，将尺寸文字和箭头都放在尺寸界线以内，否则，按照最优化原则放置尺寸文字和箭头。

当空间仅能放置尺寸文字时，将尺寸文字放在尺寸界线以内，将箭头放在尺寸界线以外。

当空间仅能放置箭头时，将箭头放在尺寸界线以内，将尺寸文字放在尺寸界线以外。

当空间既不能放置尺寸文字，也不能放置箭头时，将尺寸文字和箭头都放在尺寸界线之外。

• • 箭头：如图6.49所示，放置尺寸文字和箭头按以下的原则：
当有足够的空间时，将尺寸文字和箭头都放在尺寸界线以内。
否则，首先将箭头放在尺寸界线之外。

• • 文字：如图6.50所示，放置尺寸文字和箭头按以下的原则：
当有足够的空间时，将尺寸文字和箭头都放在尺寸界线以内。
否则，首先将文字放在尺寸界线之外。

• • 文字和箭头：当没有足够的空间放尺寸文字和箭头时，将尺寸文字和箭头都放在尺寸界线之外，如图6.51所示。

• • 文字始终保持在尺寸界线之间：表示总是把尺寸文字放置在尺寸界线之间，如图6.52所示。该选项也可以通过系统变量DIMTIX控制。

• • 若箭头不能放在尺寸界线内，则将其消失，表示如果没有足够的空间放置箭头，则标注时将省略箭头，如图6.53所示。该选项也可以通过系统变量DIMSOXD控制。

• 文字位置区域：表示当尺寸文字从缺省位置移动时设置尺寸文字的放置方式，也就是说，被尺寸类型所定义的位置。该选项也可以通过系统变量DIMTMOVE控制。

该区域主要包括三个选项，如图6.54所示：

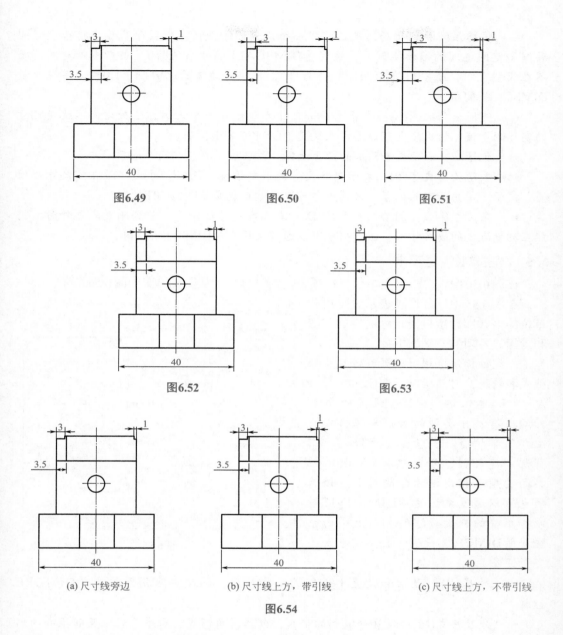

图6.49   图6.50   图6.51

图6.52   图6.53

(a) 尺寸线旁边   (b) 尺寸线上方，带引线   (c) 尺寸线上方，不带引线

图6.54

• • 尺寸线旁边：放置尺寸文字在尺寸线的旁边。

• • 尺寸线上方，带引线(L)：表示如果从尺寸线上移开尺寸文字时，将会设置一个引线来连接尺寸线和尺寸文字。

• • 尺寸线上方，不带引线(O)：表示从尺寸线上移动尺寸文字时，移开距离太小，将不用设置引线。

• 标注特征比例区域：表示设置全部尺寸的比例值或图纸空间的缩放比例。该区域主要包括以下选项：

• • 注释性：指定标注为注释性。注释性对象和样式用于控制注释对象在模型空间或布局中显示的尺寸和比例。

••将标注缩放到布局：表示指定一个比例因子，该比例因子基于当前模型空间和图纸空间之间的缩放比例。系统变量DIMSCALE的缺省值为0。当在图纸空间，而不在模型空间，或当TILEMODE的值为1时，系统用缺省的比例因子1.0作为系统变量DIMSCALE的值。

••使用全局比例(S)：表示为全部尺寸类型设置一个比例。这种比例不改变尺寸的实际测量值。该选项也可以通过系统变量DIMSCALE控制。

• 优化区域：表示设置附加的最优选择。该区域主要包括两个选项：

••手动放置文字(P)：表示忽略文字的水平设置，而将尺寸文字放在"尺寸线位置"提示下用户指定的位置。该选项也可以通过系统变量DIMUPT控制。

••在尺寸界线之间绘制尺寸线(D)：表示即使系统将箭头放到测量点之外时，仍然在测量点之间画尺寸线。该选项也可以通过系统变量DIMTOFL控制。

（5）"主单位"选项卡

在图6.30中，单击"主单位"选项卡，则屏幕显示从图6.30变为图6.55所示。

在图6.55中，各选项表示设置尺寸单位的格式和精度以及尺寸文字的前缀和后缀。各项的含义如下：

• 线性标注区域：设置线性尺寸的格式和精度，它包括以下选项：

•• 单位格式(U)：设置除角度外的所有尺寸类型的当前单位格式。主要的单位有：科学制、十进制、工程制、建筑制、分数制以及Windows桌面类型（指用逗号分隔符）。该选项也可以通过系统变量DIMLUNIT控制。堆叠的分数数字的相对大小由系统变量DIMTFAC设置（公差值也用此变量设置）。

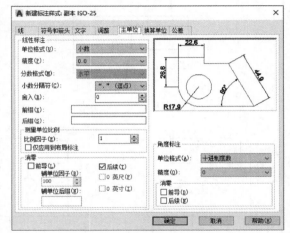

图6.55

•• 精度(P)：显示和设置十进制的尺寸精度。该项也可用系统变量DIMDEC控制。

•• 分数格式(M)：设置分数制的形式，包括对角形式、水平形式以及非堆叠的形式。该选项也可以通过系统变量DIMFRAC控制。

•• 小数分隔符(C)：设置十进制格式的分隔符，包括句号、逗号或空格。该选项也可以通过系统变量DIMDSEP控制。

•• 舍入(R)：设置当前尺寸的舍入值。可以在其后的文字编辑框中设置小数点后的位数。例如，可以在UNITS中设置为小数点后两位，这样当标注尺寸设置值超过小数点后两位时，只取小数点后两位的数值；若设置的尺寸数值恰为整数时，亦会自动补上两个零，如200.00。该选项也可以通过系统变量DIMRND控制。

•• 前缀(X)：表示可以通过在其后的文字编辑框键入一个字符或数值等来定义尺寸文字的前缀。可以在这里键入一个前缀字符串，则在对话框中的样板区域内将显示其结果，并且会覆盖系统原有的前缀（例如表示半径尺寸文字的R等）。该选项也可以通过系统变量DIMPOST控制。

• • 后缀(S)：表示可以通过在其后的文字编辑框键入一个字符或数值等来定义尺寸文字的后缀。也可以在这里键入一个后缀字符串，则在对话框中的样板区域内显示其结果，而且并不覆盖其公差值。该选项也可以通过系统变量DIMPOST控制。

• 测量单位比例区域：表示定义度量比例的选择项，选择项包括：

• • 比例因子(E)：表示为所有的尺寸类型（除角度外）的线性尺寸设置一个比例因子。AutoCAD用比例因子乘以所键入的尺寸度量值。例如，如果键入2，图形是1英寸。而实际的尺寸显示却是2英寸。角度尺寸和公差不乘以该比例因子。该选项也可以通过系统变量DIMLFAC控制。

• • 仅应用到布局标注：仅仅对在布局图中的线性比例尺寸有效。当选此项时，系统在系统变量DIMLFAC里存储的长度比例的值为负值。

• 消零区域：控制是否禁止输出前导零和后续零以及零英尺和零英寸部分，包括6个选项，可以通过系统变量DIMZIN控制。其中：

• • 前导(L)：表示抑制十进数的前导零。例如，将0.2500去掉前导零为.2500。

• • 后续(T)：表示抑制十进数的后置零，例如，将1.300去掉后置零为1.3。

• • 辅单位因子(B)：将辅单位的数量设定为一个单位。它用于在距离小于一个单位时以辅单位为单位计算标注距离。例如，如果后缀为m而辅单位后缀为以cm显示，则输入100。

• • 辅单位后缀(N)：在标注值子单位中包含后缀。可以输入文字或使用控制代码显示特殊符号。例如，输入cm可将.96m显示为96cm。

• • 0英尺(F)：表示对于英尺单位尺寸而言，如果不足一英寸时，将去掉前导零。例如，0'3 1/4″，去掉前导零为3 1/4″。

• • 0 英寸(I)：表示对于英寸单位而言，如果为一个整英寸数时将去掉后置零。例如，2.0″，去掉后置零为2″。

• 角度标注区域：设置并显示当前角度尺寸的角度格式，它的选择项包括：

• • 单位格式(A)：表示设置角度单位格式，可选择的格式包括：十进制度、度/分/秒、梯度、弧度等测量单位。该选项也可以通过系统变量DIMAUNIT控制。

• • 精度(O)：设置并显示角度尺寸的十进制位数。该选项也可以通过系统变量DIMADEC控制。

• 消零区域：设置零抑制的实体，它的选项包括：

• • 前导(D)：在所有的十进制尺寸中抑制前导零。例如，0.5000变为.5000。

• • 后续(N)：在所有的十进制尺寸中抑制后置零。例如，0.5000变为 0.5。

（6）"换算单位"选项卡

在图6.30中，单击"换算单位"选项卡，则屏幕显示从图6.30变为图6.56所示。

在图6.56中，各项表示设置格式、精度单位、角度、尺寸以及替换度量单位的比例。各项的含义如下：

• 显示换算单位(D)：表示对尺寸文字设置替换度量单位。该选项也可以通过系统变量DIMALT控制。

• 换算单位区域：除角度外，为所有的尺寸类型设置并显示当前的替换单位格式，它的选项有六个：

• • 单位格式(U)：设置替换单位格式。主要包含的单位有：科学制、十进制、工程制、建筑制、分数制以及Windows桌面制。该选项也可以通过系统变量DIMALTU控制。堆叠的分数数字的相对大小由系统变量DIMTFAC设置（公差值也用此变量设置）。

• • 精度(P)：设置所选取的角度格式或单位的十进制精确位数。该选项也可以通过系统变量DIMALTD控制。

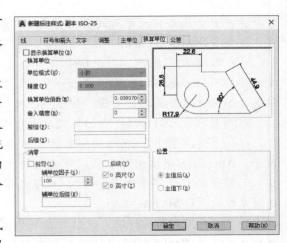

图6.56

• • 换算单位倍数(M)：在原始单位和替换单位之间指定一个乘法器来作为转换的因子。要想决定替换单位的值，AutoCAD用选取的线性比例值乘以所有的线性距离（线性距离由尺寸和坐标测量所得）。本项对角度尺寸凑整或加减公差值无效。该选项也可以通过系统变量DIMALTF控制。

• • 舍入精度(R)：设置除角度外所有尺寸类型的替换单位的舍入值。可以在其后的文字编辑框中设置小数点后的位数。例如，可以在UNITS中设置为小数点后两位，这样当标注尺寸设置值超过小数点后两位时，只取小数点后两位的数值，反之，若设置的数值恰为整数时，亦会自动补上两个零，如200.00。该选项也可以通过系统变量DIMALTRND控制。

• • 前缀(F)：表示可以通过在其后的文字编辑框键入一个字符或数值等来定义尺寸文字的前缀。可以在这里键入一个前缀字符串，则在对话框中的样板区域内将显示其结果，并且会覆盖系统原有的前缀（例如表示半径尺寸文字的R等）。该选项也可以通过系统变量DIMAPOST控制。

• • 后缀(X)：表示可以通过在其后的文字编辑框键入一个字符或数值等来定义尺寸文字的后缀，也可以在这里键入一个后缀字符串，则在对话框中的样板区域内显示其结果，但不覆盖其公差值。该选项也可以通过系统变量DIMAPOST控制。

• 消零区域：与主单位选项的说明相同，这里不再重复。

• 位置区域：控制替换单位的位置，其选项有：

• • 主值后(A)：在原始单位之后放置替换单位。

• • 主值下(B)：在原始单位之下方放置替换单位。

（7）"公差"选项卡

在图6.30中，单击"公差"选项卡，则屏幕显示从图6.30变为图6.57所示。

在图6.57中，各项表示设置尺寸文字公差的格式和显示，各项的含义如下：

• 公差格式区域：控制公差的格式，它的选项包括：

• • 方式(M)：设置计算公差的方法，包括4个选项，如图6.58所示：

• • • 无：不使用公差。

• • • 对称：指定使用正负公差表达式，正负偏差对称标注。

• • • 极限偏差：可以设置尺寸公差的上、下极限值。

• • • 极限尺寸：使用正负公差表达式，正偏差与负偏差分开标注所示。

• • 精度（P）：设置公差的十进制位数。该选项也可以通过系统变量DIMTDEC控制。

• • 上偏差(V)：上偏差值，即可以在其后的文字编辑框中键入一个数值作为输入公差的上偏差。该选项也可以通过系统变量DIMTP控制。

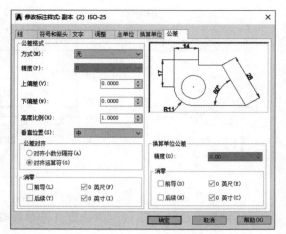

图6.57

• • 下偏差(W)：下偏差值，即可在其后的文字编辑框中键入一个数值作为输入公差的下偏差值。该选项也可以通过系统变量DIMTM控制。

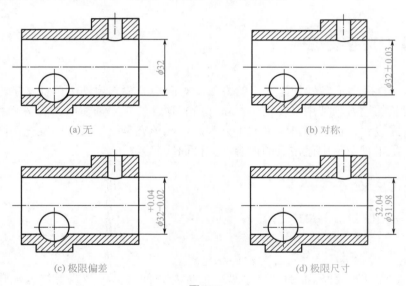

(a)无   (b)对称

(c)极限偏差   (d)极限尺寸

图6.58

• • 高度比例(H)：设置并显示公差数值的高度。该选项也可以通过系统变量DIMTFAC控制。

• • 垂直位置(S)：控制对称公差及偏离公差的文字排列方式，包括3个选项(如图6.59所示)：

• • • 下：将公差文字和主尺寸文字的底部对齐。

• • • 中：将公差文字和主尺寸文字的中部对齐。

• • • 上：将公差文字和主尺寸文字的顶部对齐。

• 公差对齐区域：堆叠时，控制上偏差值和下偏差值的对齐，包括两个选项：

• • 对齐小数分隔符：通过值的小数分割符堆叠值。

• • 对齐运算符：通过值的运算符堆叠值。

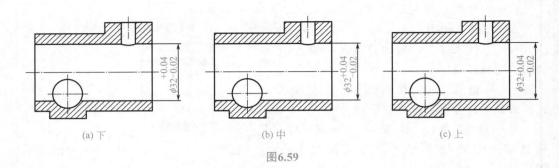

(a) 下   (b) 中   (c) 上

图6.59

- 消零区域：与主单位选项的说明相同，这里不再重复。
- 换算单位公差区域：为替换公差单位设置精度和零抑制的原则。只有一个选项：
- • 精度(O)：设置并显示公差的十进制位数。该选项也可以通过系统变量 DIMALTTD控制。

在本节中，尺寸类型设置的有关选项的含义已经讲得很仔细了，限于篇幅，这里就不一一举例了，用户可自行试作。

6.20 文字标注

AutoCAD提供了多种创建文字的方法。对简短的输入项使用单行文字，对带有内部格式的较长的输入项使用多行文字。虽然所有输入的文字都使用当前文字字型建立缺省字体和格式设置，但也可自定义文字外观。图案填充是指用某种图案充满图形中的指定区域，它是工程图形中最常见的内容（如剖面线等）。

6.20.1 定义文字字型

下拉菜单：[格式]→[文字样式]
命令行：STYLE
功能区：[默认]→[注释]→[文字]

AutoCAD提供一种标准的文字字型。如果希望创建新字型或者修改现有字型，请使用文字样式命令。文字样式也为随后使用的单行文字和多行文字设置当前字型。如果改变现有文字字型的方向或字体文件，那么所有具有该字型的文字实体在图形重生成时将使用新值。

在AutoCAD中，除了SHX字体外，它还支持PFA、PFB以及TTF等字体。下面对此进行详细介绍。

单击下拉菜单[格式]→[文字样式...]，弹出一个对话框，如图6.60所示。

图6.60中各选项的含义如下：

- 当前文字样式：列出当前的文字样式。
- 样式(S)区域：显示图形中已有的样式列表，单击"新建(N)"选项，可新建一种文字类型，弹出对话框如图6.61所示。选中某种样式，单击"置为当前(C)"选项，可将该样式设置为图形正在应用的文字样式。单击"删除(D)"选项，表示删除已建立的文字类型。

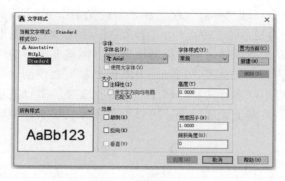

图6.60   图6.61

- 字体区域：表示更改样式的字体。其中：
- · 字体名(F)：表示字体的根（文件名）。单击该项可弹出对话框如图6.62所示，可在此重新指定一种字体的根。
- · 字体样式(Y)：表示字根类型，可选择字体文件，这里设置了多种字体的根文件名。
- 大小区域：表示文本样式所使用的字高以及图纸文字高度。其中：
- · 高度(T)：表示字根的高度。如果输入高度为 0，每次使用该样式输入文字时AutoCAD都会提示输入文字高度。输入大于0的高度值则设置该样式的固定文字高度。

图6.62

- · 注释性(I)：用于控制注释对象在模型空间或布局中显示的尺寸和比例。单击其前面的复选框，则下面的"使文字方向与布局匹配(M)"选项被激活，右边选项变为"图纸文字高度(T)"。
- 效果区域：表示文字的外观和排列。其中：
- · 颠倒(E)：表示文本颠倒显示。
- · 反向(K)：表示文本反向显示。
- · 垂直(V)：表示垂直排列文本。
- · 宽度因子(W)：确定宽度系数，即字符宽度与高度之比。输入值小于1.0时压缩文字，输入值大于1.0时则扩大文字。它不仅对已有的多行文本有影响，而且对以后输入的单行文本也有影响。该选项对已经存在的单行文本无效。

 注意

"倾斜角度"选项与"单行文本"命令的参数"旋转角度"不同，倾斜角度是指文本中每个字符的倾斜度，旋转角度是指文本行的倾斜度。

- · 倾斜角度(O)：用于指定文本字符倾斜的角度（缺省值为0，即不倾斜）。朝右倾斜时，角度为正，反之为负。该选项仅影响画面已有的多行文本，以及后面的单行或多行文本。输入一个−85和85之间的值从而使文字倾斜。
- · 应用：表示具体操作执行，即设置好后执行。

6.20.2 文字标注

在 AutoCAD 2020 中提供了两个命令(即"单行文字"和"多行文字",在早期版本的 AutoCAD 中单行文字和多行文字命令已经合二为一)用于文字标注。添加到图形中的文字可以表达各种信息。它可能是复杂的规格说明、标题块信息、标签或图形的一部分。对于不需要使用多种字体的简短内容,如标签,可使用"单行文字"命令创建单行文字。对于较长、较为复杂的内容,可用"多行文字"命令创建多行文字。多行文字在指定的宽度内布满,同时还可以在垂直方向上无限延伸。可以设置多行文字实体中单个字或字符的格式。

(1)单行文字

> 命令行:TEXT
>
> 下拉菜单:[绘图]→[文字]→[单行文字]
>
> 工具栏: **A**
>
> 功能区:[默认]→[注释]→[文字]→[单行文字]

 实例

用单行文字命令在图形上标注文字,可按如下操作步骤进行:

① 下拉菜单:[绘图]→[文字]→[单行文字]

② 指定文字的起点或[对正(J)/样式(S)]:(这时在绘图区选取一点作为文字的起点)

③ 指定高度:(输入文字高度)Enter

④ 指定文字的旋转角度<0>:(输入文字的旋转角度)Enter

⑤ 绘图区出现小方框,在其中键入文字后单击鼠标退出。

命令结束。这时"AutoCAD 2020"出现在屏幕上光标选取的位置,如图6.63所示。

图6.63

步骤②选项说明:

对正(J):用于改变文本的对齐方式,缺省时为左对齐。

样式(S):文字类型,用于改变文字的类型设置。

当选择对正(J)提示项时，该提示项依次提示：

左(L)：即指定文字字符中的左下角点。

居中(C)：即指定文字字符串基线上的水平中点。

右(R)：即指定文字字符中的右下角点。

对齐(A)：即指定文字基线的起始点和结束点。文字高度将按比例调整。

中间(M)：即指定文字字符中水平和垂直方向上的中心点。

布满(F)：即确定文字的起点和终点，系统改变文字的宽度来适应两点间的距离，而文字的高度不变。

左上(TL)：即指定文字字符串的左上角点。上方以字符串中最高字符顶部为准。

中上(TC)：即指定文字字符串的中心点，其上方以大写字符的顶部为准。

右上(TR)：即指定文字字符串的右上角点，以大写字符的顶部为准。

左中(ML)：即指定文字字符串的左中间点，中间位置以大写字符顶部和文字行基线的中间为准。

正中(MC)：即指定文字字符串的中心点，中间位置以大写字符顶部和文字行基线的中间为准。

右中(MR)：即指定文字字符串的右中间点，中间位置以大写字符顶部和文字行基线的中间为准。

左下(BL)：即指定文字字符串的左下角点，其上下位置以两行间空隙的底部为准。

中下(BC)：即指定文字字符串的中心点，其上下位置以两行间空隙的底部为准。

右下(BR)：即指定文字字符串的右下角点，其上下位置以两行间空隙的底部为准。

（2）多行文字

命令行：MTEXT

下拉菜单：[绘图]→[文字]→[多行文字...]

工具栏：**A**

功能区：[默认]→[注释]→[文字]→[多行文字]

多行文字是由任意数目的文字行或段落组成的，布满指定的宽度。与单行文字不同的是，在一个多行文字编辑任务中创建的所有文字行或段落都被当作同一个多行文字实体。可以移动、旋转、删除、复制、镜像、拉伸或比例缩放多行文字实体。

与单行文字相比，多行文字具有更多的编辑选项。用"多行文字编辑器"可以将下划线、字体、颜色和高度的变化应用到段落中的单个字符、词语或词组。也可以使用"特性"窗口修改多行文字实体的所有特性。

可将由其他字处理器或电子表格程序创建的ASCII文本文件输入到AutoCAD图形中。可以输入文本文件或者从Microsoft Windows资源管理器中拖放文件。

 实例

用多行文字命令在图形上标注文字，可按如下操作步骤进行：

① 单击下拉菜单[绘图]→[文字]→[多行文字]

② 指定第一角点：(在绘图区合适位置选取第一角点)

③ 指定对角点或[高度(H)/对正(J)/行距(L)/旋转(R)/样式(S)/宽度(W)/栏(C)]：(在绘图区选取对角点)

④ 绘图区出现小方框，在其中键入文字后，单击鼠标退出

命令结束。这时"欢迎使用AutoCAD 2020"出现在屏幕上光标选取的位置，如图6.64所示。

图6.64

当在屏幕上单击段落的对角点后，功能区和绘图区如图6.65所示。

图6.65

功能区说明：功能区出现文字编辑器，其顶部有八个选项卡，即"样式""格式""段落""插入""拼写检查""工具""选项"及"关闭"。

绘图区说明：绘图区的说明可参照图6.66。

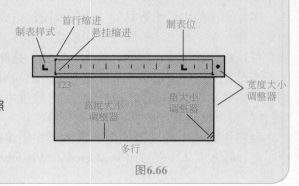

图6.66

注意

如果在此前已经有现成的文字，而且已将其作为文件存储在磁盘上，那么就可以在AutoCAD的工作环境中直接调用该文件。在装载文字时还可以改变字型。表6.1介绍了部分编辑文字的控制键。

表6.1　编辑文字的控制键

控制键	说明
Ctrl+A	选择"多行文字编辑器"中的所有文字
Ctrl+B	为选中的文字应用或去除粗体格式
Ctrl+C	将选中的文字复制到剪贴板
Ctrl+I	为选中的文字应用或去除斜体格式
Ctrl+Shift+L	将选中的文字转换为小写
Ctrl+U	为选中的文字应用或去除下划线格式
Ctrl+Shift+U	将选中的文字转换为大写
Ctrl+V	将剪贴板的内容粘贴到光标处
Ctrl+X	将选中的文字剪切到剪贴板
Ctrl+Spacebar	从选中的文字中去除字符格式
Enter	结束当前段落并开始新行

6.21　图案填充

图案填充是用某种图案充满图形中的指定区域，可使用该命令填充封闭的区域或指定的边界。

"图案填充"命令可以创建关联的或非关联的图案填充。关联图案填充将与它们的边界联系起来，修改边界时将自动更新。非关联图案填充则独立于它们的边界。在要填充的区域内指定一个点时，该命令将自动定义边界。任何实体，如果不是边界的一部分，都将被忽略且与图案填充无关。边界可能具有突出边或孤岛（填充区域内的封闭区域）。对于孤岛，可进行填充或不进行填充。还可以通过选择实体来定义边界。

AutoCAD 提供了实体填充以及50多种行业标准填充图案，可以使用它们区分实体的部件或表现实体的材质。AutoCAD 还提供了14种与ISO（国际标准化组织）标准一致的填充图案。当选择ISO图案时，可以指定笔宽。笔宽将决定图案中的线条宽度。

命令行：HATCH
下拉菜单：[绘图]→[图案填充...]
工具栏：▨
功能区：[默认]→[绘图]→[▨]

要进行图案填充，可按下面的操作步骤进行：

① 下拉菜单：[绘图]→[图案填充…]

② 拾取内部点或[选择对象(S)/放弃(U)/设置(T)]：(拾取要填充区域的内部点)Enter

命令结束，如图6.67所示。

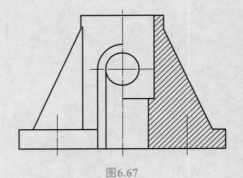

图6.67

执行该命令时，功能区出现"图案填充创建"选项卡如图6.68所示。

图6.68

退出图案填充创建并关闭上下文选项卡。

6.22 创建表格

AutoCAD中可以使用"创建表格"命令指定行数和列数，还可以对列、行或整个表格进行拉伸和大小调整。如果针对注释使用布局选项卡，则直接在布局选项卡上创建表格。会自动进行缩放。如果针对注释使用模型空间，则需要缩放表格。表格不支持注释性缩放。

命令行：TABLE
下拉菜单：[绘图]→[表格...]
工具栏：田
功能区：[默认]→[注释]→[表格]

执行命令后，将弹出一个"插入表格"的对话框如图6.69所示。

下面对图6.69进行详细介绍。

• 表格样式：用于选择表格样式。通过单击下拉列表旁边的按钮，用户可以创建新的表格样式。

• 插入选项：指定插入表格的方式。

●● 从空表格开始(S)：创建可以手动填充数据的空表格。

●● 自数据链接(L)：从外部电子表格中的数据创建表格。

●● 自图形中的对象数据（数据提取）(X)：启动"数据提取"向导。

图6.69

● 预览(P)：控制是否显示预览。如果从空表格开始，则预览将显示表格样式的样例。如果创建表格链接，则预览将显示结果表格。处理大型表格时，清除此选项以提高性能。

● 插入方式：指定表格位置。

●● 指定插入点(I)：指定表格左上角的位置。可以使用定点设备，也可以在命令提示下输入坐标值。如果表格样式将表格的方向设定为由下而上读取，则插入点位于表格的左下角。

●● 指定窗口(W)：指定表格的大小和位置。可以使用定点设备，也可以在命令提示下输入坐标值。选定此选项时，行数、列数、列宽和行高取决于窗口的大小以及列和行设置。

● 列和行设置：设置列和行的数目和大小。

●● 列数(C)：指定列数。选定"指定窗口"选项并指定列宽时，"自动"选项将被选定，且列数由表格的宽度控制。如果已指定包含起始表格的表格样式，则可以选择要添加到此起始表格的其他列的数量。

●● 列宽(D)：指定列的宽度。选定"指定窗口"选项并指定列数时，则选定了"自动"选项，且列宽由表格的宽度控制。最小列宽为一个字符。

●● 数据行数(R)：指定行数。选定"指定窗口"选项并指定行高时，则选定了"自动"选项，且行数由表格的高度控制。带有标题行和表格头行的表格样式最少应有三行。最小行高为一个文字行。如果已指定包含起始表格的表格样式，则可以选择要添加到此起始表格的其他数据行的数量。

●● 行高(G)：按照行数指定行高。文字行高基于文字高度和单元边距，这两项均在表格样式中设置。选定"指定窗口"选项并指定行数时，则选定了"自动"选项，且行高由表格的高度控制。

● 设置单元样式：对于不包含起始表格的表格样式，需要指定新表格中行的单元格式。

●● 第一行单元样式：指定表格中第一行的单元样式。默认情况下，使用标题单元样式。

●● 第二行单元样式：指定表格中第二行的单元样式。默认情况下，使用表头单元样式。

●● 所有其他行单元样式：指定表格中所有其他行的单元样式。默认情况下，使用数据单元样式。

实 例

要创建表格，可按下面的操作步骤进行：

① 单击下拉菜单[绘图]→[表格…]，则打开如图6.69所示的对话框。

② 在"插入表格"对话框中，输入4作为列数，并输入3作为数据行数。指定表格的位置，则插入如图6.70所示的表格。

③ 双击表格内部任意单元，则表格如图6.71所示，此时可在表格内输入信息，同时功能区出现文字编辑器。

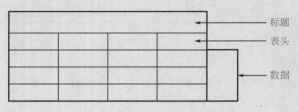

图6.70

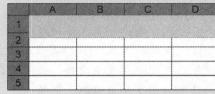

图6.71

④ 输入图6.72所示文字。

⑤ 单击并拖动以选中部分或所有数据单元，从功能区的"对齐"按钮下选择文字在单元格内的相对位置，如图6.73为"正中"位置。

明细表			
序号	名称	数量	备注
1	压板	5	发蓝
2	螺母	6	GB/T 6170
3	螺栓	4	GB/T 5782

图6.72

明细表			
序号	名称	数量	备注
1	压板	5	发蓝
2	螺母	6	GB/T 6170
3	螺栓	4	GB/T 5782

图6.73

则表格创建完成。

图6.70中，单击表格任意边，则表格如图6.74所示。可通过单击深蓝色三角形夹点来调整表格的宽度和高度，通过单击深蓝色正方形夹点来调整表格每一列的列宽。

单击表格内部任意单元，则表格如图6.75所示。此时功能区如图6.76所示，用于对现有表格行、列的插入或删除以及对单元格的处理。

图6.74

图6.75

图6.76

最后，如果要填充一些颜色，可在"标题"单元内单击，单击鼠标右键，然后单击"背景填充"。选择表格标题的背景色。

就这么简单，不过在准备好之后，还有很多内容可以探索学习。例如，可以定义表格样式来控制各种单元类型的文字格式。还可以自动从 Microsoft Excel 电子表格创建表格，并且可以在两者之间链接数据。

提示

要调整列宽，通常最好是先禁用对象捕捉（F3键）。

6.23 小结与练习

小结

AutoCAD 2020制图除表达工件结构现状外，还需标注尺寸确定其形状和大小。尺寸是图样的重要组成部分，尺寸标注是否合理、正确，会直接影响到图样的质量。本章详细介绍了 AutoCAD 的尺寸标注的各个命令和图案填充功能。利用这些功能可在图形中使用文字，还可以用文字标记图形的各个部分、提供说明或进行注释，也可以利用图案填充完成多种行业的工程图绘制。用户应熟练掌握各个命令的执行和操作方式，做到尺寸标注完整正确，布置清晰，符合国家规定。

练习

1. 绘制如图 6.77 所示的图形，并进行尺寸标注。
2. 绘制如图 6.78 所示的图形，并进行尺寸标注。

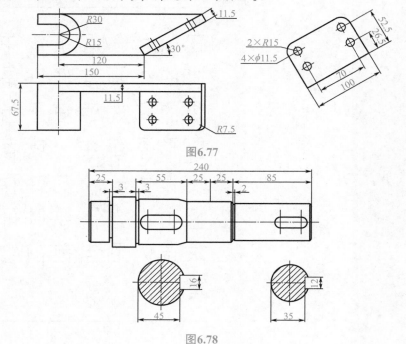

图6.77

图6.78

07

第7章

图块、外部参照和
设计中心

在 AutoCAD 系统中，所
谓的"标准件"是以图
块的形式存在于当前的
图形系统中，或者将图
块作为一个文件存于磁
盘上，当需要时可按要
求调入到当前的绘图环
境中。

图块简化了绘图过程，主要体现在以下几点：

• 建立常用符号、部件、标准件的标准库。可以将同样的图块多次插入到图形中，而不必每次都重新创建图形元素。

• 修改图形时，使用图块作为部件进行插入、重定位和复制的操作比使用许多单个几何实体的效率要高。

• 在图形数据库中，将相同图块的所有参照存储为一个块定义可以节省磁盘空间。

7.1　图块的创建和插入

7.1.1　创建块

下拉菜单：[绘图]→[块]→[创建...]
命令行：BLOCK
工具栏：⌨
功能区：[默认]→[块]→[创建]或[插入]→[块定义]→[创建块]

执行命令后弹出一个对话框如图7.1所示。

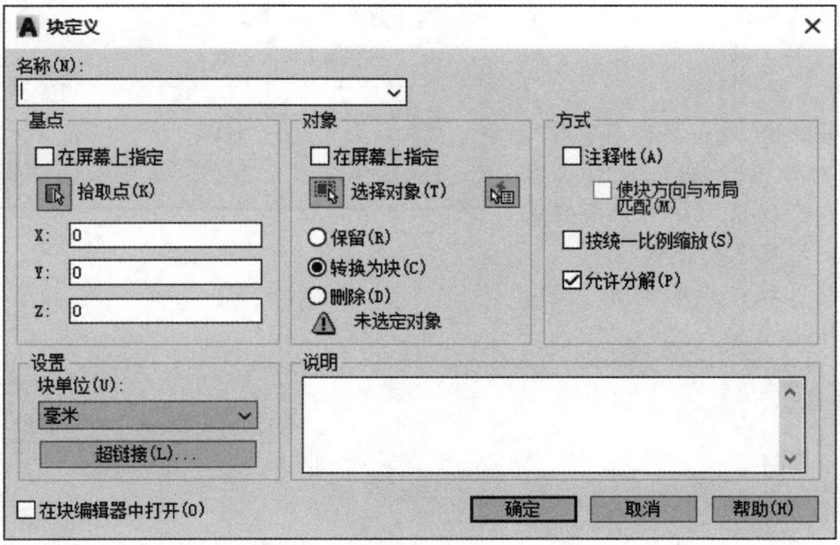

图7.1

图7.1的各选项的含义如下：

• 名称(N)：要定义的图块名。可在下边的文字框中键入一个要定义的图块名，名称最长可达255字符。

• 基点区域：设置插入图块的基准点。可用"拾取点(K)"从屏幕上选点，亦可在X、Y、Z相应的文字框中键入插入基准点的坐标。

- 对象区域：在屏幕上选取要设置成块的图块，其选项如下：
- • 选择对象(T)：当创建一个图块时，需暂时隐去该对话框，就使用此按钮；当选取实体后，按"Enter"键又弹出该对话框。其后的圙按钮表示"快速选择"，单击本项时可弹出一个对话框(如图7.2所示，稍后解释)，该对话框可定义一个选择集。
- • 保留(R)：当创建了一个图块后，在当前图形中是否保留所选的实体来作为可见实体。
- • 转换为块(C)：当创建了一个图块后，在当前图形中是否转换所选的实体来作为图块实例。
- • 删除(D)：当创建了一个图块后，是否在当前图形中删除所选的实体。
- 方式区域：
- • 注释性(A)：指定块为注释性。
- • 按统一比例缩放(S)：指定是否块参照不按统一比例缩放。
- • 允许分解(P)：指定块参照是否可以被分解。
- 设置区域：
- • 块单位(U)：指定块参照单位。
- • 超链接(L)：单击本项时可弹出一个对话框(如图7.3所示，稍后解释)，可以使用该对话框将某个超链接与块定义相关联
- 说明区域：指定和图块定义有关的文字描述。

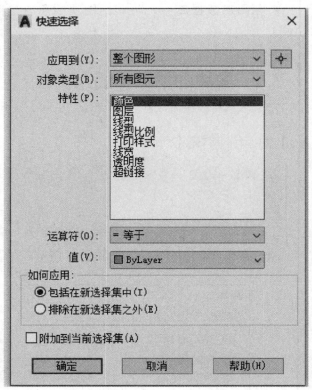

图7.2

 注意

"快速选择"命令支持定制实体（定制实体即实体被别的应用程序所创建）及其特性。如果一个定制实体具有AutoCAD特性以外的其他特性，则定制实体的原始应用程序必须运行，以便定制实体的特性对快速选择命令可用。

下面解释图7.2所示的对话框。

该对话框的功能是选取实体时可指定一个筛选标准，以及怎样从这个标准中去创建选择集。

图7.2的各选项的含义如下：

- 应用到(Y)：确定在整个图形或当前选择集中是否使用筛选标准。如果有当前选择集，当前选择集就是缺省选项；如果没有当前选择集，整个图形就是缺省选项。

● 对象类型(B)：为筛选指定实体的类型，缺省是多种类型。如果没有选择集，本项列出了在AutoCAD里的所有类型，包括定制体类型；如果有选择集，本项仅列出所选择的实体的类型。

● 特性(P)：为筛选指定实体的特性。本列表框列出了所选实体的全部特性。

● 运算符(O)：控制筛选的范围。依照所选取的特性，这里主要有等于、不等于、大于、小于以及通配符的匹配。一些特性没有大于和小于，通配符的匹配也只有在可编辑的文字中才有。

● 值(V)：为筛选指定特性的值。如果所选择的特性值可用，这些值就成为一个列表。在这个列表中，可选取一个值，也可键入一个值。

● 如何应用：确定是否想要在一个新的选择集中，加入或排除与指定筛选标准相匹配的实体。若选取加入则组成一个新的选择集，这个选择集仅仅由那些与指定筛选标准相匹配的实体组成；选取排除也组成一个新的选择集，这个选择集仅仅由那些与指定筛选标准不相匹配的实体组成。

● 附加到当前选择集(A)：确定是否由"快速选择"命令所创建的选择集来代替或者被附加到当前的选择集里。

下面解释图7.3所示的对话框。

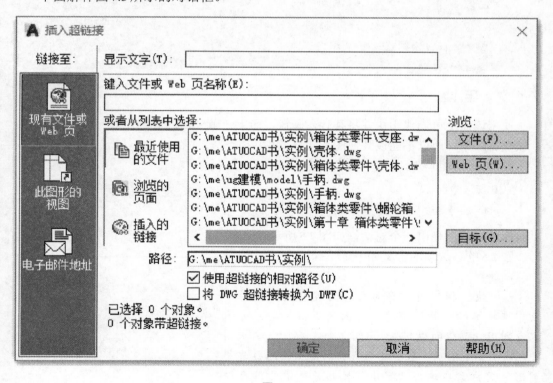

图7.3

图7.3的各选项的含义如下：

● 现有文件或Web页：可以直接键入文件或Web页名称，也可以从最近使用的文件、浏览的页面、插入的链接中选择。

● 此图形的视图：选择"模型""布局1""布局2"中的一种。

- 电子邮件地址：键入要链接到的电子邮件地址。

 实例

设目前的屏幕如图7.4所示，要将两个同心圆制作成一个图块，可按如下操作步骤进行：
① 单击下拉菜单[绘图]→[块]→[创建...]，则弹出一个对话框，如图7.1所示。
② 在"名称"栏中给图块一个名字(如A1)。
③ 在图7.1中单击"选择对象（T）"项。
对话框关闭，命令行提示：
④ 选择对象：(选择同心圆) Enter 。
⑤ 对话框弹出，基点选择"拾取点(K)"。
对话框关闭，命令行提示：
⑥ 指定插入基点：(选择同心圆的圆心为插入基点)。
⑦ 对话框弹出，单击"确定"按钮，则A1图块创建完成。

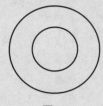

图7.4

 注意

基点选择有两种方式，为了方便后续插入图块，可选择"拾取点(K)"方式拾取图形上比较好定位的点，如该实例中选择同心圆的圆心。

7.1.2　写块

使用该命令可创建图块并将其存入磁盘，而上一节介绍的"创建块"命令由于块不存储在磁盘中，所以不能被其他图形文件使用。

命令行：WBLOCK
工具栏：
功能区：[插入]→[块定义]→[写块]

执行命令后弹出一个对话框如图7.5所示。
图7.5的各选项的含义如下：
- 源：
- • 块：指定要另存为文件的现有块，从列表中选择名称。打开"块"后面的下拉长条，可以看到用户创建的块列表。
- • 整个图形：选择要另存为其他文件的当前图形。用户需在单击"写块"按钮前选定要另存的图形，默认为选择该文件中的所有图形。
- • 对象：
基点区域：设置插入图块的基准点。可用"拾取点（K）"从屏幕上选点，亦可在X、Y、Z相应的文字框中键入插入基准点的坐标。

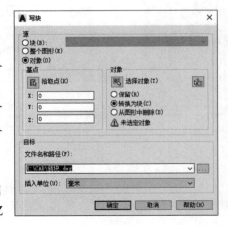

图7.5

对象区域：在屏幕上选取要设置成块的图块，其选项如下：

选择对象（T）：当创建一个图块时，需暂时隐去该对话框，就使用此按钮；当选取实体后，按Enter键又弹出该对话框。其后的 按钮表示"快速选择"，单击本项时可弹出一个对话框（如图7.2所示），该对话框可定义一个选择集。

保留（R）：当创建了一个图块后，在当前图形中是否保留所选的实体来作为可见实体。

转换为块（C）：当创建了一个图块后，在当前图形中是否转换所选的实体来作为图块实例。

删除（D）：当创建了一个图块后，是否在当前图形中删除所选的实体。

- 目标：
- • 文件名和路径：用户可自行设置。
- • 插入单位：指定块参照单位。

7.1.3 图块的插入

下拉菜单：[插入]→[块选项板]

命令行：INSERT

工具栏：

功能区：[默认]→[块]→[插入]或[插入]→[块]→[插入]

执行命令后弹出一个对话框如图7.6所示。

在图7.6中，单击"当前图形"选项卡，选项板显示从图7.6变为图7.7所示。

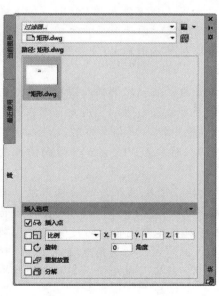

图7.6

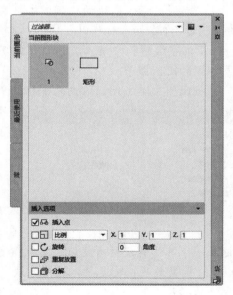

图7.7

图7.6的各选项的含义如下：

- 过滤器：输入块名称或其关键字的一部分时，过滤可用块。
- ▦ ▾：显示多种模式以列出或预览可用块，单击其下拉三角，出现如图7.8所示的下拉菜单，用户可选择图块在"当前图形块"区域显示的模式。以"详细信息"模式为例，选项板显示从图7.7变为图7.9所示。

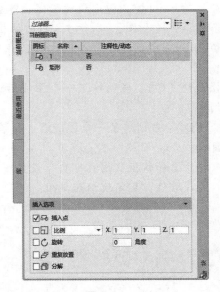

图7.8   图7.9

- 当前图形块：显示在当前图形文件中创建的块的缩略图。
- 插入选项：
- • 插入点：鼠标单击工作空间内一点以指定图块的插入点。
- • 比例：插入图块的比例。本区域用于显示和定义当前插入的X、Y、Z轴方向的比例因子，即在插入时可以在X、Y、Z轴方向取不同的比例因子。用户可以在其右侧的X、Y、Z文字编辑框中键入具体数值来实现指定图块在插入时取X、Y、Z三轴方向的相同或不同的比例因子。

统一比例：单击比例右侧的下拉三角可将其设置为以统一比例插入图块，插入选项

图7.10

区域从图7.9变为7.10所示。用户可以在其右侧的文字编辑框中键入一个具体的数值来实现指定图块在插入时取X、Y、Z三轴方向的相同的比例因子。

• • 旋转：图块插入时的旋转角度。本区域用于显示和定义图块插入时要求的旋转角度。用户可以在其右侧的"角度"文字编辑框中键入一个具体的旋转角度值来实现指定图块在插入时可以旋转的角度。

• • 重复放置：重复插入选定的块，当勾选"重复放置"选项时，用户可以将一个图块连续插入当前工作空间中，按键盘上的Esc键结束放置。

• • 分解：表示打碎图块，当勾选"分解"选项时，要插入的图块的图形将被打碎成各自独立的图形元素并插入到当前的绘图环境中。这里的"分解"和介绍过的"分解"命令确有相同之处。不过，这里如果设置勾选"分解"选项，表示图块在插入时已被打碎。当然，如果在图块插入时不勾选"分解"选项，然后将图块插入，再用"分

解"命令将其打碎也可，这和前面的解释是一致的。

 注意

选定"分解"时只可以指定统一比例因子。

在图7.6中，单击"最近使用"选项卡，选项板显示从图7.6变为图7.11所示。

• 最近使用的块：显示用户最近插入过的块的缩略图（包括用户最近使用的文件内部块和文件外部即在其他图形文件中创建的块）。

• 插入选项：与当前图形选项板中一致，这里不再赘述。

在图7.6中，单击"库"选项卡，选项板显示从图7.6变为图7.12所示。

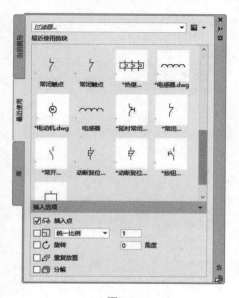

图7.11   图7.12

• 图块：使用"写块"命令（WBLOCK）创建的图块所在的文件夹名称，用户可按照7.1.2节"写块"自行设置。

图7.13

：显示文件导航对话框，从中可以指定文件夹、图形文件或其块定义之一作为块插入当前图形。单击该按钮，弹出如图7.13所示对话框。

• "路径：图块"区域：显示用户使用"写块"命令（WBLOCK）创建的图块所在的文件夹名称以及各图块缩略图。

• 插入选项：与当前图形选项板中一致，这里不再赘述。

要插入一个当前图形中创建的图块，有如下两种方法（将如图7.4所示的块插入到图7.17中）：

① 单击功能区[插入]→[块]→[插入]下拉菜单 ▼ ，打开如图7.14所示的对话框，直接单击要插入的图块的缩略图。

② 单击功能区[插入]→[块]→[插入]下拉菜单 ▼ ，打开如图7.14所示的对话框，单击"最近使用的块"，打开如图7.15所示的对话框，鼠标右击要插入的图块的缩略图，选择"插入"；或切换到如图7.16所示的当前图形选项板，鼠标右击要插入的图块的缩略图，选择"插入"。

图7.14

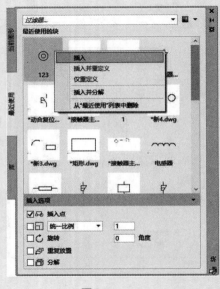

图7.15

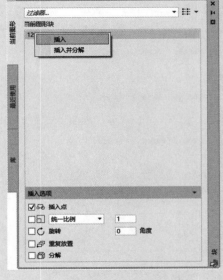

图7.16

命令行提示：

指定插入点或 [基点(B)/比例(S)/X/Y/Z/旋转(R)/分解(E)/重复(RE)]: [选择要插入图块的位置（这里使用"捕捉"功能捕捉两条短中心线的交点）]

则图块插入完成，结果如图7.18所示。

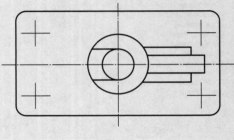

图7.17

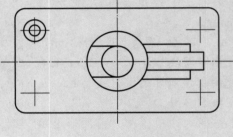

图7.18

> 拖动插入方式：在Windows操作系统中，可以采用拖动插入方式将图块或一个文件插入到AutoCAD的环境中。其具体操作是：找到要插入的文件，用鼠标拖动到AutoCAD环境中，命令行的其他提示同插入一般图块时相同，这里不再重复。

7.2 属性的定义及属性块的插入

图块是针对图形实体而言的，即用图形来构图。但有时一张图上如果加上适当的文字说明，在一个图块内附上适当的标准，将给用户带来更多的信息，增加了图形文件的可读性，这就要求对图形实体之外的数据进行编辑。AutoCAD 提供了一系列命令来对这些数据进行编辑，这一系列数据就称为属性。

属性是图形数据以外的数据信息，用于增强图形的可用性和帮助使用者与其他软件系统进行信息交换，它可以完成必须由数据库用交换文件或文本控制的复杂方式才能做好的工作。

在 AutoCAD 中，可以指定任意图块的附加信息，这些属性就好比附于商品上面的标签一样，它包含关于商品的各种信息，如商品制造者、型号、原材料、价格等。

先了解一下属性是如何与图块配合使用的，然后再来练习如何定义属性。对于图 7.19 中的加工符号，如果要进行标注时，需要输入精度数值。这时，可以将加工符号的外形做成图块，这样只要使用"插入"命令即可重复使用，不必重新画图了。

但是其中的数值如何处理呢？如果没有使用属性，那么必须使用"文字"命令，选择字型，设置字高等，再设置文字的放置位置，键入所需的数值。这样是不是很麻烦呢？说不定因为文字位置没有放好还要重复操作好几次呢。

如果使用了属性，那么用图块插入时，只要在提示信息中键入所需数值，则 AutoCAD 会自动按照所键入的数值及原来已设置好的文字位置显示用户所插入进来的图块。

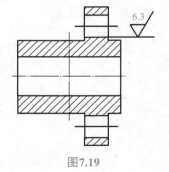

图7.19

从上面可以看出，属性是配合图块来使用的。先要画好图块所需的图形，再将属性定义到图块中，然后当依次提示"选择对象："时，选择包含属性在内的图形。这样用户所设置的图块中就会包含有属性的成分，而在用插入命令（INSERT）时就会要求用户键入属性的数值。

定义属性时可以用在命令行：提示符下键入 -ATTDEF 或者使用属性对话框来完成，下面分别介绍。

7.2.1 定义属性

> 下拉菜单：[绘图]→[块] →[定义属性]
> 命令行：ATTDEF
> 工具栏：✎
> 功能区：[插入] →[块定义] →[定义属性]

执行命令后弹出一个对话框，如图7.20所示。

模式	属性	
☐ 不可见(I)	标记(T):	
☐ 固定(C)	提示(M):	
☐ 验证(V)	默认(L):	
☐ 预设(P)		
☑ 锁定位置(K)	文字设置	
☐ 多行(U)	对正(J):	左对齐
插入点	文字样式(S):	Standard
☑ 在屏幕上指定(O)	☐ 注释性(N)	
X: 0	文字高度(E):	2.5
Y: 0	旋转(R):	0
Z: 0	边界宽度(W):	0

☐ 在上一个属性定义下对齐(A)

[确定]　[取消]　[帮助(H)]

图7.20

 实例

对属性的定义可按如下的操作步骤进行，对图7.21定义属性：

① 单击下拉菜单[绘图]→[块]→[定义属性...]，弹出对话框如图7.20所示。

② 在"标记"后面的文本框中输入"张某"，在"提示"后面的文本框中输入"设计"，在"默认"后面的文本框中输入"张某"，根据需要对文字进行设置，单击"确定"按钮。

③ 对话框关闭，命令行提示：

指定起点：(屏幕上选取要放置的起点)

则属性定义完成，如图7.22所示。使用同样的方法设置"王某"，完成后如图7.23所示。

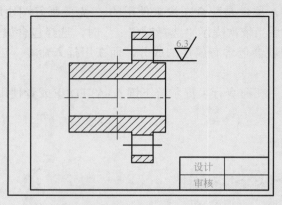

图7.21

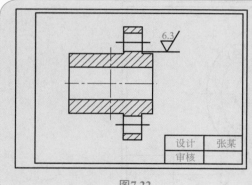

图7.22

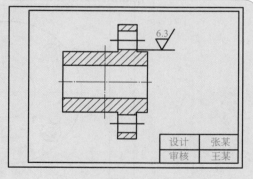

图7.23

属性定义完成后，需要对带属性的块进行定义，如将图7.23中图框和标题栏创建为一个名称为"表格"的块，对块的定义请参照7.1节，这里不再重复。对属性块定义完成后，下面来看其如何使用。

7.2.2 属性块的插入

如果给图块附加了属性或在图形中定义属性，这时就可以使用"插入"命令来插入带属性的图块了。

注意

可使用系统变量ATTDIA控制AutoCAD，表示是在命令行上显示属性提示，还是在对话框中显示属性提示。当系统变量ATTDIA的值为1时，表示用对话框来插入属性块。当系统变量ATTDIA的值为0时，表示用命令行来插入属性块。

下拉菜单：[插入]→[块选项板]
命令行：INSERT
工具栏： 🔲
功能区：[插入]→[块]→[插入]或[默认]→[块]→[插入]

对属性块的插入与块的插入过程相同，这里不再重复，当完成操作步骤后，将弹出一个对话框如图7.24所示的对话框。

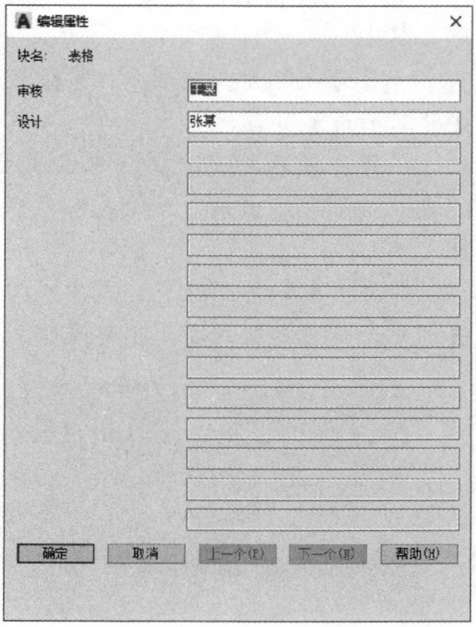

从图7.24中可以看出，属性图块名为"表格"，其下方有属性，在横条方框的左边是属性定义时设置的输入提示符，如"王某"。用户可改变属性的值，如设置属性的值为"李某"。当修改完后，选择"确定"按钮退出。这时属性块就被调入到当前文件之中，如图7.25所示。

图7.24

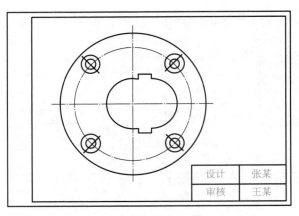

图7.25

> 注意
>
> 这里的属性块及其插入是一个简单的图形和文字，复杂的图形和文字依次类推。

7.3　属性的显示

下拉菜单：[视图]→[显示]→[属性显示]
命令行：ATTDISP

属性的显示是一个很重要的功能。当我们在使用属性时，有时也希望不要显示属性，能将属性暂时隐藏起来。该命令有"普通(N)""开(O)"和"关(F)"三个提示选项。其中：

- 普通：本方式控制属性按设置的数值显示(本方式为缺省设置)，即恢复原有属性定义时所设置的显隐性。

- 开：表示打开状态，本方式控制属性的所有设置值都显示在画面上，即将所有的属性值都显示出来，无论是可见模式下，还是不可见模式下的属性值都将被显示在屏幕上。

- 关：表示关闭状态，本方式控制属性将不显示在画面上，即将所有的属性值都隐去，无论是可见模式还是不可见模式属性，都一样对待。

> 注意
>
> 在执行"属性显示"命令的操作时，有时系统并不会自动执行"模型重新生成"操作，此时用户也就看不到属性显示的结果，这时您必须自行执行一次"模型重新生成"操作才能看到改变的结果。实际上本功能并不常使用，一般使用缺省值"普通"来控制属性的显示与否。

7.4 属性的编辑

在属性定义中，我们知道当属性未包含在图块中时，可使用许多方法来修改属性，当属性包含在图块中时，一般的编辑命令只能对图块产生作用。

如果属性块不能编辑的话，属性的意义就不能得到充分发挥。在 AutoCAD 中提供了相应的"编辑属性"命令来对属性块进行编辑。在对属性进行编辑时，分为单个编辑、全局编辑和属性块的管理三种。

单个编辑用于编辑一个属性块，而全局编辑用于编辑已经存在的属性（与属性所在的块无关）。

7.4.1 属性的单个编辑

属性的单个编辑是一个一个地编辑属性，它可以改变一个属性的值以及位置、方向等特性，但只限于对当前屏幕上可见的属性进行编辑。

下拉菜单：[修改]→[对象]→[属性]→[单个...]
命令行：EATTEDIT
工具栏：
功能区：[默认]→[块]→[编辑属性]→[单个]

实例

对属性进行单个编辑时可以采用如下操作过程：

单击下拉菜单[修改]→[对象]→[属性]→[单个...]，命令行提示：

① 选择块：（这时在屏幕上选取先前定义的属性块）Enter。

② 弹出一个对话框如图7.26所示。图7.26有三个选项卡，分别为"属性""文字选项""特性"。当单击"文字选项"和"特性"选项卡时，对话框分别为图7.27和图7.28所示。这里就不一一解释了。

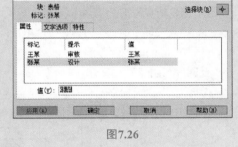

图7.26

③ 这时就可以在图7.26的对话框中编辑修改所要的数值了。修改完后，单击"确定"按钮退出，属性修改完毕。

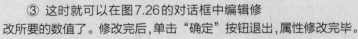

图7.27　　　　　　　　　　　　　　　　图7.28

7.4.2 属性的全局编辑

全局编辑允许在规定属性编辑范围内，对各种属性同时进行编辑。全局编辑只能改变属性的值，它既可以编辑屏幕上可见的属性，也可以编辑不可见属性和当时不在屏幕上的属性。

下拉菜单：[修改]→[对象]→[属性]→[全局]

命令行：ATTEDIT

工具栏：

功能区：[默认]→[块]→[编辑属性]→[多个]

 实例

对图7.23中的属性进行全局编辑时可以采用如下操作过程：

单击下拉菜单[修改]→[对象]→[属性]→[全局]，命令行提示：

① 是否一次编辑一个属性 [是(Y)/否(N)] <Y>：Enter

② 输入块名定义<*>：（这时可键入要编辑的块名或Enter）

③ 输入属性标记定义<*>：（这时可修改属性的标记值或Enter）

④ 输入属性值定义<*>：（这时可修改属性的默认值或Enter）

⑤ 选择属性：（这时可选择属性）Enter

⑥ 输入选项 [值(V)/位置(P)/高度(H)/角度(A)/样式(S)/图层(L)/颜色(C)/下一个(N)] <下一个>：V Enter

⑦ 输入值修改的类型[修改(C)/替换(R)]<替换>：C Enter

⑧ 输入要修改的字符串：（张某）

⑨ 输入新字符串：（李某）

⑩ 输入选项 [值(V)/位置(P)/高度(H)/角度(A)/样式(S)/图层(L)/颜色(C)/ 下一个(N)] <下一个>：Enter

此时屏幕如图7.29所示。

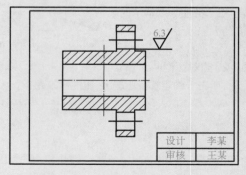

图7.29

步骤①选项说明：

是(Y)：一次编辑一个属性。属性必须可见并且平行于当前UCS。使用此方法，除了可以修改文字字符串外，用户还可以更改特性（例如，高度和颜色）。

否(N)：一次编辑多个属性。全局编辑属性只限于用一个文字字符串（或属性值）替换另一个字符串。全局编辑适用于可见属性和不可见属性。

该步骤中输入N后，命令行提示如下：

是否仅编辑屏幕可见的属性？[是(Y)/否(N)]<Y>：Enter

输入块名定义<*>：（这时可键入要编辑的块名或Enter）

输入属性标记定义<*>：（这时可修改属性的标记值或Enter）

输入属性值定义<*>：（这时可修改属性的默认值或Enter）

选择属性：（这时可选择属性Enter）

输入要修改的字符串：（张某）

输入新字符串：（李某）

此时依然可以得到图7.29。

步骤⑥选项说明：

值(V)：表示更改属性值。

位置(P)：表示修改属性的位置。

高度(H)：表示修改字符串的高度。

角度(A)：表示修改属性文字行的旋转角度。

样式(S)：表示修改字型。

图层(L)：表示修改属性所在的图层。

颜色(C)：表示修改属性的颜色。

下一个(N)：表示编辑下一条属性。

7.4.3 属性块管理器

下拉菜单：[修改]→[对象]→[属性]→[块属性管理器...]
命令行：BATTMAN

用此命令可以在当前图形中管理属性。在属性块中可以编辑属性的定义、从图块中移去属性、改变图块插入时提示属性值的顺序。

执行时弹出一个对话框如图7.30所示。

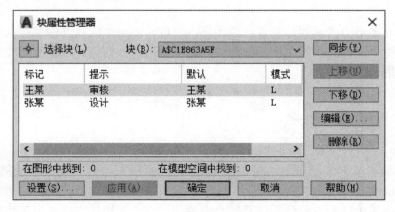

图7.30

图7.30中各项的含义：

- 选择块：表示选择属性块名。
- 同步：表示属性的顺序同步。
- 上移：表示顺序排序上行。
- 下移：表示顺序排序下行。
- 编辑...：表示编辑属性。单击时弹出如图7.31～图7.33所示的对话框。
- 删除：表示删除属性。
- 设置...：表示在列表框中列出属性的外观。例如字高、颜色等。单击时弹出一个

对话框如图7.34所示。图7.34中的各项较简单，这里不一一解释。

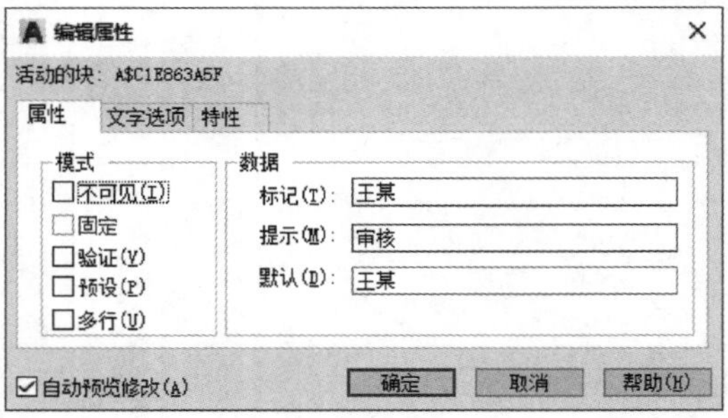

图7.31

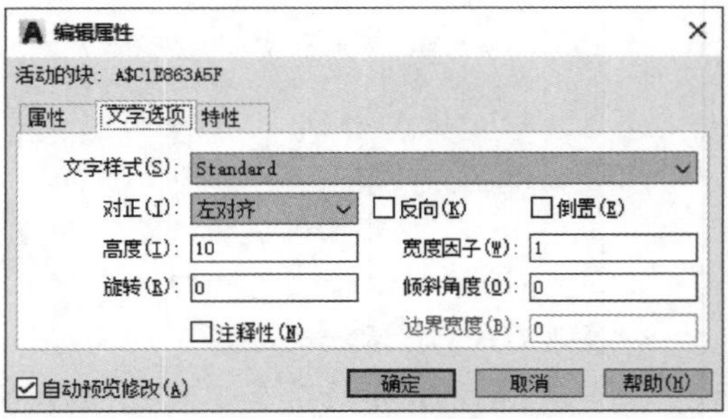

图7.32

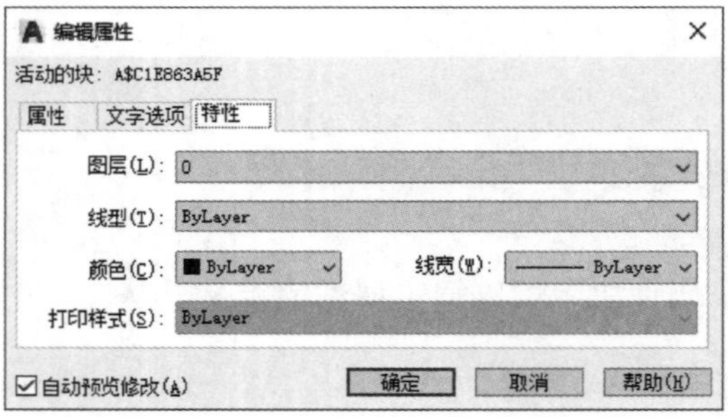

图7.33

图7.34

除了可对图形中的属性信息进行修改外，还可将图形中的属性信息提取出来并且送入到一份文件中保存起来，以便于别的应用软件使用这些信息，这也就是我们下面要介绍的属性提取。

7.5 "清除"命令

通过本章和前几章的学习，可以用AutoCAD 2020来绘制一些很复杂的实用图形，还可以完成标注尺寸、制作图块以及完成一些很复杂的编辑功能，例如，用"删除"命令来删除一些不用的图形实体和符号等。但是一旦新的图块建立后如何删除呢？

当然您会说删除图块的方法就是从磁盘上删掉图块的文件就可以了。如果真的是这样，那么您搞错了。这种方法删掉的是用"写块"命令所形成的图块文件，而绝不是图块，图块仍然会存在于您的当前图形文件中，如何删除它呢？

本节介绍一种删除图块、线型类型、文字类型和尺寸标注类型等的命令——"清除"。

 注意

不能清理被其他图形实体引用的实体。例如，不能清除图形中的某条直线引用的线型。此外，在清理块之前，要确保图纸中该块已被完全删除干净，不然的话清理会失败。

下拉菜单：[文件]→[图形实用工具]→[清理...]
命令行：PURGE

执行命令后可以弹出一个对话框如图7.35所示。

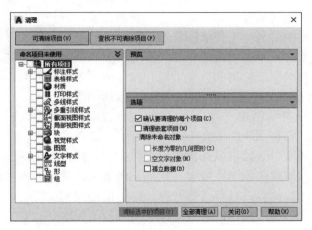

图7.35

设已经用"创建块"命令建立了两个图块B1和B2，现在要清除掉图块B1，可按如下操作步骤进行：

① 命令行：-PURGE Enter

② 输入要清理的未使用对象的类型：[块(B)/局部视图样式(DE)/标注样式(D)/组(G)/图层(LA)线型(LT)/材质(MA)/多重引线样式(MU)打印样式(P)/形(SH)/文字样式(ST)/多线样式(M)/截面视图样式(SE)/表格样式(SE)/视觉样式(V)/注册应用程序(R)/零长度几何图形(Z)/空文字对象(E)/孤立的数据(O)/全部(A)] Enter

③ 输入要清理的名称<*>：B1

④ 是否确认每个要清理的名称？ [是(Y)/否(N)]<Y>：Enter

⑤ 清理块"B1"<N>：Y Enter

则图块B1被清理掉。

7.6 外部参照文件

外部参照文件与图块类似，它可包含许多图形实体，并将它作为一个整体，可像图块一样进行调用，其不同之处在于图块的数据存储于当前图形中，而外部引用的数据存储于一个外部图形中。

7.6.1 外部参照的概念

如果使用"插入"命令将写块插入于图形文件中时，该写块会成为图形文件的一部分。这样，插入的写块越多，图形文件就越大，那是因为我们将相同的资源重复使用的缘故。如果一个写块是10kB，在10个图形文件中都使用到它，那么在硬盘上就要耗掉100kB的空间。

基于节省硬盘空间的需要，本节介绍一个新的命令，既外部引用命令。所谓外部引用，是指在一幅图形中对另一个外部图形的引用。外部引用有两种基本用途。首先，它是用户在当前图形中引入不必修改的标准元素的一个高效率途径。其次，它提供了用户在多个图形中应用相同图形数据的一个手段。当任何一个用户对外部引用图形进行修改后，AutoCAD都会自动地在它所附加的或覆盖的图形中将其更新。

外部引用是将已有的图形文件插入到当前的绘图环境中。外部引用文件与图块类似，但不同于图块。它与图块的主要不同在于：一旦插入了一个图块，此图块就永久地驻留于当前的绘图环境中；如果以外部引用文件的方式插入一个图形文件，被插入的图形文件并不直接加入当前的绘图环境中，只是记录引用的关系，对当前图形的操作也不会改变外部引用文件的内容。只有在打开有外部引用的图形文件时，系统才自动地把各外部引用图形文件重新调入内存，且该文件保持最新的版本。

7.6.2 "外部参照"命令

（1）命令行方式

命令行：-XREF

外部引用命令的命令行方式的操作如下：

① 命令行：-XREF Enter ，提示：

输入选项[?/绑定(B)/拆离(D)/路径(P)/路径类型(T)/卸载(U)/重载(R)/覆盖(O)/附着(A)]<附着>：Enter

② 弹出"选择参照文件"对话框如图7.36所示：

③ 选择要附加在当前图形中的文件，单击"打开"，对话框关闭，命令行提示：

指定插入点或[比例(S)/X/Y/Z/旋转(R)/预览比例(PS)/PX(PX)/PY(PY)/PZ(PZ)/预览旋转(PR)]：（在当前图形中指定插入点）

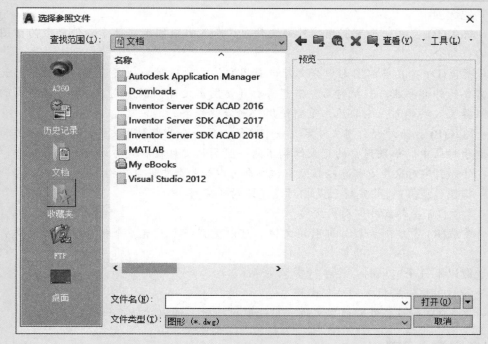

图7.36

④ 输入X比例因子，指定对角点或[角点(C)/xyz(XYZ)]：<1>：（设置X轴方向的比例因子）

⑤ 输入Y比例因子<使用X比例因子>：（设置Y轴方向的比例因子）

⑥ 指定旋转角度〈0〉：（设置外部参照的旋转角度）

则将外部引用文件附加到当前图形中。

步骤③选项说明：

比例(S)：指定X轴、Y轴、Z轴方向的比例因子，Z轴方向的比例是所指定的比例因子的绝对值。

X/Y/Z：依次指定X轴、Y轴、Z轴方向的比例因子。

旋转(R)：指定外部图形的插入角度。

预览比例(PS)：当外部参照被插入到一个位置时，设置X轴、Y轴、Z轴方向的比例因子，以便显示图形。

PX(PX)/PY(PY)/PZ(PZ)：当外部参照被插入到一个位置时，设置X轴、Y轴和Z轴，以便显示图形。

预览旋转(PR)：当外部参照被插入到一个位置时，设置一个旋转角度值，以便显示图形。

步骤④选项说明：

角点(C)：用图形的插入点和对角点来确定比例因子。

xyz(XYZ)：指定X、Y、Z方向的比例因子。

以上为步骤①中"附着"选项完整的操作过程，该项为缺省选项，下面介绍步骤①中的其他选项。

- 绑定(B)：将一个可引用的外部文件永久加入当前图形文件中，使之成为该图形文件的一部分。

- 拆离(D)：在当前图形中分离外部引用文件。执行时会从当前图形文件中移开用户不需要的外部参照。当执行后，若想再打开该图形文件，则系统不会将已经拆离的外部参照再装入供参考，除非用户重新使用"附着"命令。

- 路径(P)：为外部引用文件定义一个路径。每一个外部引用文件的路径均被作为数据存储于对象中。如果用户的目录结构不同并且引用文件被移到另外一个子目录中，就必须在外部引用对象中更新路径信息。该命令可以为外部文件重新指定一个路径。

- 路径类型(T)：指定路径是相对还是绝对（完整）。

- 卸载(U)：卸载外部引用文件。

- 重载(R)：重新加载外部引用文件。可以更新一个或者多个被修改过的外部引用文件。

选取以上几个选项时，命令行提示：

输入要（相应选项）的外部参照名：

- 覆盖(O)：覆盖外部引用文件。当选取该项时，弹出对话框如图7.37所示。

图7.37

选择要覆盖的文件，单击"打开"，对话框关闭，命令行提示：

指定插入点或[比例(S)/X/Y/Z/旋转(R)/预览比例(PS)/PX(PX)/PY(PY)/PZ(PZ)/预览旋转(PR)]：

与"附着"选项相同，这里不再重复。

（2）对话框方式

下拉菜单：[插入]→[外部参照]

执行命令后弹出对话框如图7.38所示。

图7.38中各项的含义如下：

• 📷附着：点击该按钮后，弹出如图7.39所示的对话框，选择一个外部引用文件，则弹出一个对话框如图7.40所示。

• 🔄刷新：显示或重新加载所有参照以显示在参照文件中可能发生的任何更改。

• 📋更改路径：修改选定文件的路径。可以将路径设置为绝对或相对。如果参照文件与当前图形存储在相同位置，也可以删除路径。还可使用"选择新路径"选项为缺少的参照选择新路径。"查找和替换"选项支持从选定的所有参照中找出使用指定路径的所有参照，并将此路径的所有匹配项替换为指定的新路径。

• ❓帮助：打开"帮助"系统。

• 文件参照右边的两个图标为列表图和树状图两个按钮：选取时，表示下方的列表栏将在列表形式和树型形式之间进行切换。图显示为列表形式。在列表栏中将显示外部引用文件的参照名、状态、大小、类型、日期、找到位置和保存路径。在树状图中可以观察到外部引用文件中的嵌套情况。

图7.38

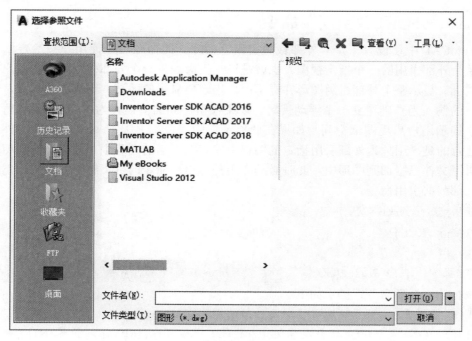

图7.39

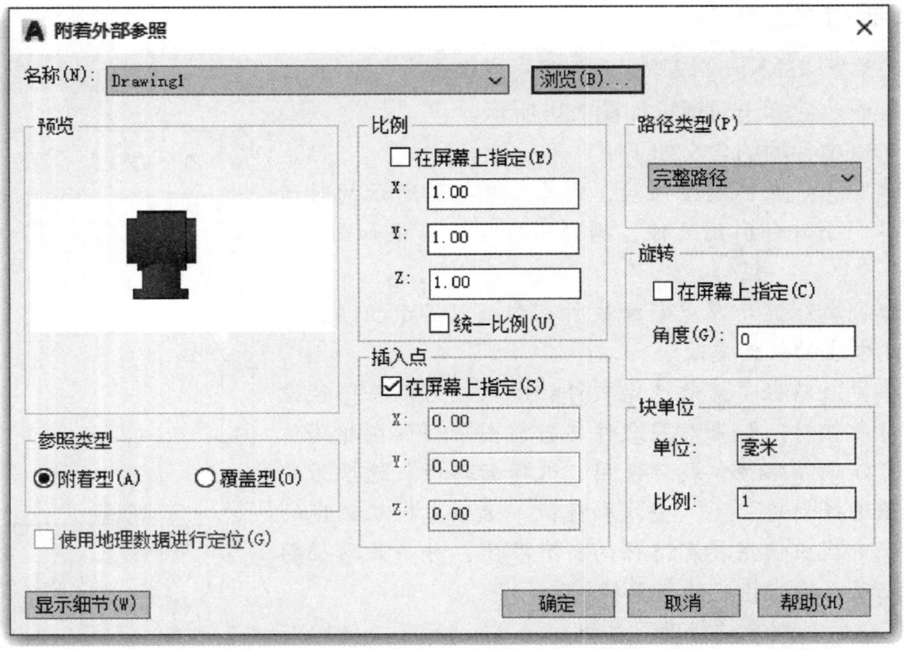

图7.40

• 文件参照：在当前图形中显示参照的列表，包括状态、大小和创建日期等信息。双击文件名以对其进行编辑。双击"类型"下方的单元以更改路径类型（仅限DWG）。

• 详细信息：显示选定参照的信息或预览图像。

7.6.3　"外部裁剪引用"命令

AutoCAD中还设有一个"外部裁剪引用"命令。此命令可以使用户按给定的比例建立某个外部引用的一个指定视图。也就是说，该命令将一个外部引用附加到用户指定的图层上，显示整个外部引用图形并提示用户指定要显示的区域、比例和插入点，然后以用户的输入为基础建立一个浮动视区。如果模型空间的值设置为0，则外部裁剪引用命令会提示用户启用图纸空间。如果在此提示下回答否，则此命令将失败。另外一点值得注意的是，用户为外部引用指定的图层不能存在于当前图形中。如果用户想剪辑的外部引用文件已附加到图形中，此时必须先用外部引用命令的拆离删除此引用，然后再使用外部裁剪引用命令。

下拉菜单：[修改]→[裁剪]→[外部参照]

命令行：XCLIP

工具栏：📋

功能区：[插入]→[参照]→[裁剪]

执行该命令后命令行提示如下：

① 选择对象：（表示可选取已引用外部的图形实体）

② [开（ON）/关（OFF）/裁剪深度（C）/删除（D）/生成多段线（P）/新建边界（N）]〈新建边

界〉: Enter

③〔选择多段线(S)/多边形(P)/矩形(R)/反向裁剪(I)]〈矩形〉: Enter

④ 指定第一个角点 : (选取矩形的第一个角点)

⑤ 指定对角点 : (选取矩形的对角点)

则外部裁剪参照完成，矩形内部的图形被保留，矩形外部的图形被裁剪。

步骤③选项说明 :

• 选择多段线(S) : 用所选取的多义线来定义裁剪边界。这里所指的多义线必须由不相交的直线段组成。

• 多边形(P) : 用一个指定顶点的多边形来定义裁剪边界。

• 反向裁剪(I) : 裁剪边界外部或边界内部的对象。

上述为选择"新建边界"选项时的操作过程，下面对其他选项进行说明。

• 开(ON) : 在外部引用的图形中预定义的裁剪边界。

• 关(OFF) : 忽略所引用的图形中预定义的裁剪边界，显示全图。

• 裁剪深度(C) : 对所引用的图形设置前后裁剪面，选择该选项时命令行提示 :

指定前裁剪点或 [距离 (D) / 删除 (R)] : 选取前裁剪点，通过裁剪边界设置一个垂直裁剪面。

指定后裁剪点或 [距离 (D) / 删除 (R)] : 选取后裁剪点

• 选项说明 :

• • 距离(D) : 通过裁剪边界设置一个平行裁剪面。

• • 删除(R) : 去除前后裁剪面。

• 删除(D) : 删除预定义的裁剪边界。在这里要提醒用户注意的是，删除预定义的裁剪边界不可在"命令 :"提示符下用"ERASE"命令。

• 生成多段线(P) : 自动绘出一条与裁剪边界相对应的多义线。

7.6.4 "外部参照绑定"命令

在"外部参照绑定"命令的使用中，如果需要将外部参照文件的一部分而不是全部转成图块，则外部参照的绑定选项不能满足这些要求。这时就需要另外一个AutoCAD"外部引用"命令——"外部绑定"。外部绑定允许用户选择外部参照文件的一部分并将其转换成图块。

（1）命令行方式

命令行: -XBIND

具体操作时命令行显示 :

输入要绑定的符号类型 [块 (B)/标注样式 (D)/图层 (LA)/线型 (LT)/样式 (S)]:
选取不同的选项时，命令行要求输入依赖选项的名称。

（2）对话框方式

命令行: XBIND

下拉菜单: [修改]→[对象]→[外部参照]→[绑定...]

执行该命令时弹出一个对话框，如图7.41所示。

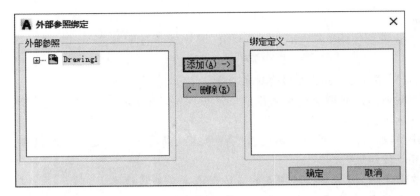

图7.41

在图7.41中可以看到，系统中有一个外部引用图形文件，即Drawing1.DWG。双击文件名Drawing1，图7.41将变为图7.42所示。

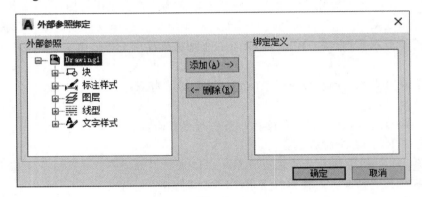

图7.42

在图7.42中包括块、标注样式、图层、线型和文字样式等格式。在这5种格式中，如果要选择引用其中一种，双击相应的格式项即可。

例如，如果要引用该文件的标注尺寸类型，双击标注样式，图7.42将变为图7.43。

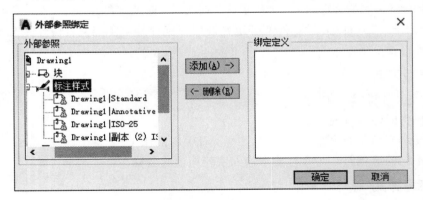

图7.43

在图7.43中，选取要引用的标注尺寸类型，然后再点取"添加"按钮，则该标注尺寸类型被加入当前的绘图环境中，如图7.44所示。当然，也可以从当前的绘图环境中去除引入的标注尺寸类型。

此外，从图7.44也可看到，对当前图形中的外部引用图形文件所拥有的有名实体名称都将被冠以前缀，该前缀所使用的字符为所引用的图形文件名称。例如在图中，尺寸类型将以所引用的图形文件名称（Drawing1）为前缀，变为Drawing1|ISO-25，以便与当前图形中的其他类型相区别。这种命令法将使用一条竖直线作为分隔符，如类型名与前缀间就将被放置一条竖线。在当前图形中，对这些更名后的有名实体的操作有很大的限制，但是还是可以使用插入或者标注样式这类命令的"?"选择项来查看，也可以打开或者关闭、冻结、锁定这些层。

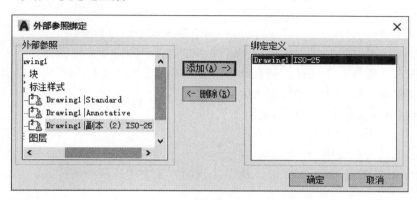

图7.44

当一个图形文件被打开时，系统会自动加载其外部引用文件。这可理解为系统一次可打开几个图形文件。在当前图形中，用户可以控制外部引用图形文件的共享层。不过，所做的任何修改在关闭当前图形文件后将全部丢失。外部引用的图形文件是不可拆开的，而且也不更新任何图块。

7.7 AutoCAD 2020 的设计中心

对于一个工程项目的设计来说，一般是要由很多的工程技术人员相互协作来完成的。为了使广大的设计人员能够高效率地在一起工作，必须制定一些设计标准和规范。AutoCAD 2020的设计中心为此提供了方便易用的功能。在设计中心，可以浏览图形中的很多内容，如图块、图层、布局、线型设置、尺寸标注类型等。这样，设计的结果就可以相互参照和共用，从而提高工作效率。

重复利用和共享图形内容是有效管理绘图项目的基础。创建块引用和附着外部引用有助于重复利用图形内容。使用AutoCAD设计中心，可以管理块引用、外部引用、光栅图像以及来自其他源文件或应用程序的内容。不仅如此，如果同时打开多个图形，就可以在图形之间复制和粘贴内容（如图层定义）来简化绘图过程。

AutoCAD 设计中心也提供了查看和重复利用图形的强大工具。用户可以浏览本地系统、网络驱动器，甚至从Internet下载文件。使用Autodesk收藏夹（AutoCAD设计中心的缺省文件夹），不用一次次寻找经常使用的图形、文件夹和Internet地址，从而节省了时间。收藏夹汇集了到不同位置的图形内容的快捷方式。例如，可以创建一个快捷方式，指向经常访问的网络文件夹。

使用 AutoCAD 设计中心可以：

- 浏览不同图形内容源，从经常打开的图形文件到网页上的符号库。
- 查看图形文件中的实体（例如块和图层）的定义，将定义插入、附着、复制和粘贴到当前图形中。
- 创建指向常用图形、文件夹和Internet地址的快捷方式。
- 在本地和网络驱动器上查找图形内容。例如，可以按照特定图层名称或上次保存图形的日期来搜索图形。找到图形后，可以将其加载到 AutoCAD 设计中心，或直接拖放到当前图形中。
- 将图形文件（DWG）从控制板拖放到绘图区域中即可打开图形。
- 将光栅文件从控制板拖放到绘图区域中即可查看和附着光栅图像。
- 通过在大图标、小图标、列表和详细资料视图之间切换控制板的内容显示。也可以在控制板中显示预览图像和图形内容的说明文字。

在 AutoCAD 设计中心中可以使用下列内容：

- 图形、可用作块引用或外部引用。
- 图形中的外部引用。
- 其他图形内容，如图层定义、线型、布局、文字样式和标注样式。
- 光栅图像。
- 由第三方应用程序创建的自定义内容。

7.7.1　设计中心的启动

AutoCAD 2020 设计中心的启动有以下四种方法：

命令行：ADCENTER

单击下拉菜单[工具]→[选项板]→[设计中心]。

在任何时候按下Ctrl+2键。

单击"标准工具栏"工具条上的"设计中心"按钮。

执行命令后弹出对话框如图7.45所示。

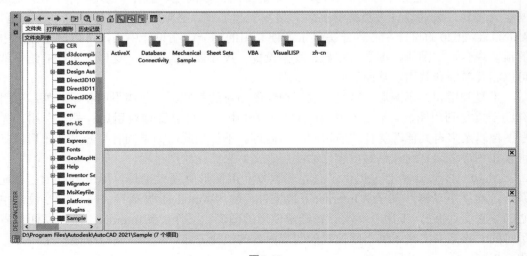

图7.45

AutoCAD 2020的设计中心启动后，屏幕将如图7.45所示。在图中，可以利用鼠标拖动边框来改变设计中心资源管理器和内容显示框以及绘图区的大小。

从图7.45中可以看到：AutoCAD 2020的设计中心分成两部分，左边方框为AutoCAD设计中心的树状视图区，右边方框为AutoCAD设计中心的列表区。

7.7.2　在设计中心中打开文件及插入图形实体

（1）在AutoCAD 2020的设计中心中打开文件的三种方法

❶ 在树状视图区中单击要显示的文件。

❷ 用Load按钮弹出一个对话框查找要显示的文件。

❸ 在Windows资源管理器中选择要显示的文件，然后按住右键将其拖动到设计中心里来。

（2）在AutoCAD 2020的设计中心里插入图形实体

在AutoCAD 2020的设计中心里，可以将一些图形文件直接插入到已打开的图形文件中，例如插入图块、光栅图像、外部引用文件等，下面作详细介绍。

当一个图形文件被插入到图形中的时候，图形的定义就被拷贝到图形数据库中。插入到当前图形中后，如果原来的图形被修改，则当前图形也随之改变。

在AutoCAD设计中心中，可以用以下两种方法来插入图形文件：

1）用缺省比例和旋转角度来插入图形文件

用此方式来插入图形文件时，可对图形文件自动进行缩放，系统会比较当前图形和插入图形文件的单位，并根据两者之间的比例进行插入。用该方法来插入图形文件可按如下操作步骤进行：

❶ 从列表区或搜索对话框内的结果列表框中选择要插入的图形文件，按住左键将其拖动到已打开的当前图形中。

❷ 在要插入实体的地方放开左键，则被选择的图形实体就根据当前图形的比例和旋转角度插入到当前图形之中。具体插入时，可利用捕捉方式将图块插入到精确的位置。

2）按指定坐标、比例和旋转角度来插入图形文件

用指定坐标、比例和旋转角度来插入图形文件可按如下操作步骤进行：

❶ 从列表区或搜索对话框内的结果列表框中用鼠标右键选取要插入的图块，在按住鼠标右键的同时拖动图块到已打开的图形中。

❷ 放开右键，出现如图7.46所示选项，根据需要进行选择，则命令行出现相应的命令提示，按步骤进行操作即可。

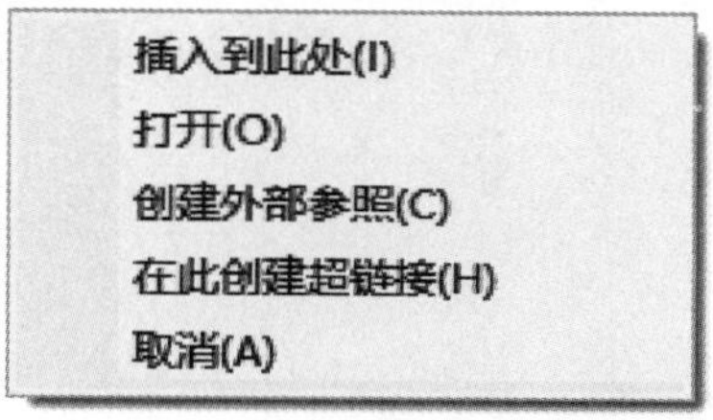

插入到此处(I)

打开(O)

创建外部参照(C)

在此创建超链接(H)

取消(A)

图7.46

7.8　小结与练习

―――――― 小结 ――――――

本章详细地介绍了 AutoCAD 2020 中图块、外部引用以及设计中心的功能。其中块具有提高绘图效率、节省存储空间、便于修改图形等特点；外部参照能够减小文件容量、提高绘图速度，同时优化设计文件的数量；而设计中心可以管理块参照、外部参照、光栅图像以及来自其他源文件或应用程序的内容。可以看到合理使用这些功能，将会大大提高作图效率，用户可多加练习。

―――――― 练习 ――――――

1. 创建如图 7.47（a）所示的图块，并将其插入图 7.47（b）中。

2. 定义"标记"为"RA"，"提示"为"输入表面粗糙度值"，"默认"为"6.3"的属性，创建名称为"表面粗糙度"的属性块，如图 7.48（a）所示，并将该属性块插入图 7.48（b）中，编辑属性为 3.2。

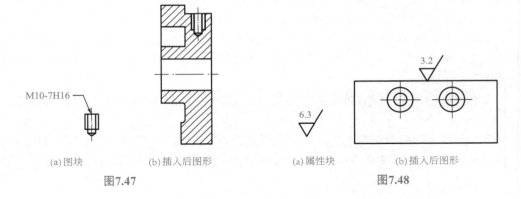

(a) 图块　　　(b) 插入后图形　　　(a) 属性块　　　(b) 插入后图形

图7.47　　　　　　　　　图7.48

08

第8章

三维建模是AutoCAD软件的重要功能之一，在三维建模环境中，利用一些基本的几何元素，如立方体、球体等，通过一系列几何操作，如平移、旋转、拉伸以及布尔运算等可以构建复杂的几何场景。三维建模的网格和实体绘制是实际生产应用中必不可少的环节。

8.1 三维绘图基础

8.1 视频精讲

从本章开始介绍AutoCAD 2020三维图形的绘制方法。在介绍绘图方法之前，先了解一些三维绘图的基础知识。在AutoCAD 2020中，可以利用三种方法来创建三维图形，分别是：

① 创建线框模型。
② 创建曲面网格模型。
③ 创建实体模型。

其中：
① 线框模型即轮廓模型，它由三维的直线和曲线组成，不包含面的信息。
② 曲面网格模型由曲面组成，曲面不透明，能挡住视线。
③ 实体模型也具有不透明的曲面，但是包含了一部分空间信息。

尽管可以用AutoCAD创建这三种类型的模型，但是，三种模型通常都以线框模型方式显示。这意味着只有使用特定命令时，模型的真实属性才能显示出来，否则，三种模型在计算机上的显示是相同的，即均以线框结构显示。要描述一个物体在三维空间中的位置，应使用空间坐标，即（X, Y, Z）形式。其中X轴和Y轴组成的平面又称为XY平面，Z坐标被称为高度，就三维实体本身而言，它又有厚度特性。

在创建三维模型时，往往会设置不同的二维视图以便更好地显示、绘制和编辑几何图形。AutoCAD提供了各种工具，用于设置模型的不同视图，也可以为各个标准正交视图指定不同的用户坐标系（UCS）和标高并在视图之间随意切换。

8.1.1 三维坐标系

除了增加第三维坐标（即Z轴）之外，指定三维坐标与指定二维坐标是相同的。在三维空间绘图时，要在世界坐标系（WCS）或用户坐标系（UCS）中指定X、Y和Z的坐标值。图8.1表示WCS的X、Y和Z轴。

（1）右手定则简介

在三维坐标系中知道了X轴和Y轴的方向，根据右手定则就能确定Z轴的正方向。右手定则也决定三维空间中任一坐标轴的正旋转方向。

右手定则如图8.2所示。图8.2（a）表示：要确定X、Y和Z轴的正轴方向，将右手

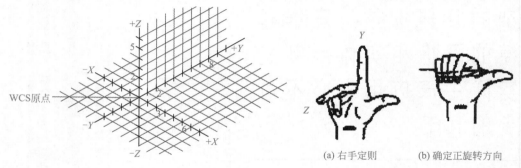

图8.1

(a) 右手定则   (b) 确定正旋转方向

图8.2

背对着屏幕放置，拇指指向X轴的正方向。伸出食指和中指，食指指向Y轴的正方向，中指所指示的方向即是Z轴的正方向。图8.2（b）表示：要确定某个轴的正旋转方向，则用右手的大拇指指向该轴的正方向并弯曲其他四个手指，右手四指所指示的方向即是轴的正旋转方向。

（2）X、Y、Z坐标的输入

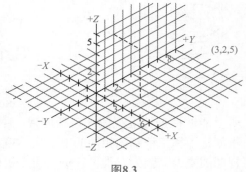

图8.3

如图8.3所示是一个三维笛卡儿坐标。输入三维笛卡儿坐标（X, Y, Z）与输入二维坐标（X, Y）相似。但除了指定X和Y值以外，还要指定Z值。点坐标（3, 2, 5）表示一个沿X轴正方向3个单位，沿Y轴正方向2个单位，沿Z轴正方向5个单位的点。可以输入相对于UCS原点的绝对坐标值，或者输入基于上一个输入点的相对坐标值。

（3）柱坐标系简介

输入柱坐标与输入二维极坐标类似，但还需要输入从极坐标垂足到XY平面的距离。点是通过指定沿UCS的X轴夹角方向的距离以及垂直于XY平面的Z值进行定位的。

如图8.4和图8.5所示是绝对柱坐标和相对柱坐标的表示法。下面分别介绍：

① 绝对柱坐标：坐标5<60，6表示到当前UCS原点距离为5个单位，在XY平面上的投影与X轴的夹角为60°，且沿Z轴方向有6个单位的点。坐标8<30，1表示到当前UCS原点距离为8个单位，在XY平面上的投影与X轴的夹角为30°，且沿Z轴方向有1个单位的点。

② 相对柱坐标：坐标@4<45，5表示相对上一输入点（不是UCS原点）在XY平面上的距离为4个单位，在X轴上的投影与X轴正方向的夹角为45°，两点连线在Z轴上的投影为5个单位的点。

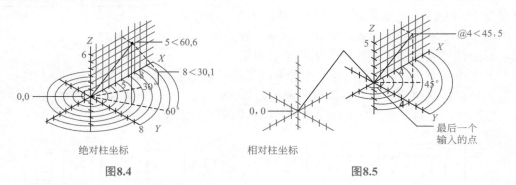

图8.4　绝对柱坐标　　　　　图8.5　相对柱坐标

（4）球坐标系简介

在三维空间中输入球面坐标与在二维空间中输入极坐标类似。指定点时，分别指定该点与当前UCS原点的距离，该点与坐标原点的连线在XY平面上的投影与X轴的角度，以及该点与坐标原点的连线与XY平面的角度。每项数据都用尖括号"<"作分隔符。

如图8.6所示是球坐标系的表示法。坐标8<60<30表示一个点，它相对当前UCS原点的距离为8个单位，在XY平面上的投影与X轴的夹角为60°，与XY平面的夹角为30°。坐标5<45<15也表示一个点，它相对原点的距离为5个单位，在XY平面上的投影与X轴的夹角为45°，与XY平面上的夹角为15°。

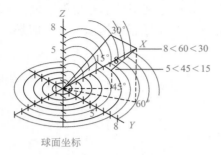

球面坐标

图8.6

8.1.2 标准三维视图和投影

本节介绍一些绘图和投影的基本知识。使用AutoCAD从事设计的人都应该学习过《工程制图》，所以能够根据标准视图（包括俯视、主视和侧视等）将三维模型形象化。在AutoCAD里创建了和工程制图相同的电子化环境，并增加了许多重要的功能，包括同时处理多个视图的能力。因为三维设计仍是建立在标准绘图经验的基础上的，所以了解一些绘图知识非常重要。本节只是简单介绍一些制图知识。如果想详细学习工程制图的有关知识，必须找一本详细介绍工程制图的书去学习。

（1）标准视图

任何三维建模都可以从各个方向查看，标准视图设置了6个正交查看方向：俯视、仰视、右视、左视、主视和后视。

在AutoCAD中，可以用6个标准视图显示三维建模，通常只用其中的3个视图就足以表达模型的全部细节。俯视、主视、右视的投影原理如图8.7所示。

（2）标准投影

6种标准视图都是二维视图，每个视图都仅显示物体的3个可能测量值（长、宽、高）中的两个。一旦在屏幕上或图纸上出现多个视图，就必须排列这些视图以便共用两个可能的

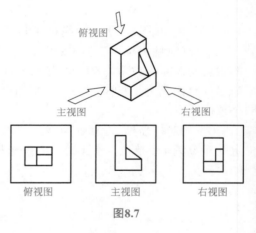

图8.7

测量值中的一个。如果它们共享一个公共测量值，则称之为投影。如图8.8（a）显示了正确的投影，这两个视图共享高度测量值。图8.8（b）、（c）分别为第一角投影法和第三角投影法，它们是表现与主视图相关的视图的标准技术绘图方法。

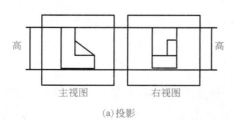

(a)投影   (b)第一角投影法   (c)第三角投影法

图8.8

（3）等轴测图

视窗中的等轴测图主要起直观展示作用。在二维视图中创建或编辑物体时，它有助于理解三维模型。如图8.9所示显示了二维视图（主视图和右视图）和等轴测图的关系。

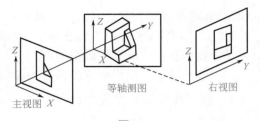

图8.9

（4）玻璃盒

在一个玻璃盒中描绘三维模型有助于理解视图和方向的关系。从右侧向玻璃盒中观看，可以得到右视图；从顶部向玻璃盒中观看，可以得到俯视图；从前面向玻璃盒中观看，可以得到主视图。要想理解二维视图和另一个二维视图的相互关系，以及物体的二维视图如何放置，可展开玻璃盒。当玻璃盒的侧面完全展开后，将以正确的位置显示二维视图。玻璃盒的展开过程如图8.10所示。这也是工程绘图的基本原理。

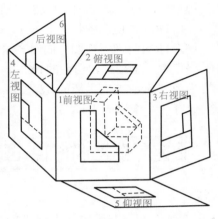

图8.10

8.1.3 用户坐标系的定义

定义用户坐标系（UCS）是为了改变原点（0，0，0）的位置以及XY平面和Z轴的方向。在三维空间，可在任何位置定位和定向UCS，坐标的输入和显示均相对于当前的UCS。假如有多个活动视窗，那么可以为每一个视窗指定不同的UCS。根据不同的构造需要，每个UCS可以具有不同的原点和方向。

如果需要标识UCS的原点和方向，可以用UCSICON命令在UCS原点处显示UCS图标。在三维空间中，UCS特别有用。有了它，把坐标系与现有几何图形对齐，精确地标注三维空间点的位置更容易。

如图8.11所示，左边是AutoCAD中的UCS图标，右边是三维图形中UCS的使用情况。

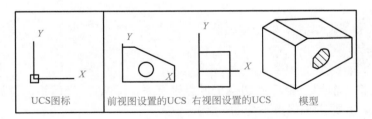

图8.11

就像在模型空间中一样，也可以在图纸空间中定义新的UCS。但是，在图纸空间中定义的UCS将受二维处理方式的限制。虽然可以在图纸空间输入三维坐标，但不能使用3DORBIT、DVIEW、PLAN和VPOINT等三维视图命令。AutoCAD可回溯模型空间和图纸空间的各10个坐标系。

由"标高"命令建立的当前标高定义了当前UCS的图形平面，并根据系统变量

UCSVP的设置将当前标高应用到独立视窗。该系统变量决定每个视窗中是否保存和恢复UCS。如果UCSVP=1，则在视窗中保存不同的UCS设置，而标高的设置同时保存在每个视窗的模型空间和图纸空间中。

一般情况下，最好将标高设置为零，并用UCS命令控制当前UCS的*XY*平面。

（1）在三维空间中定义UCS

可用下面不同的方法定义UCS并对应如图8.12工具栏中相应按钮：

① 指定新原点、新*XY*平面或新*Z*轴；

② 使新UCS与现有的物体对齐；

③ 使新UCS与当前视图方向对齐；

④ 绕任意一个轴旋转当前的UCS；

⑤ 为现有的UCS提供新的*Z*深度；

⑥ 选择一个面以应用UCS。

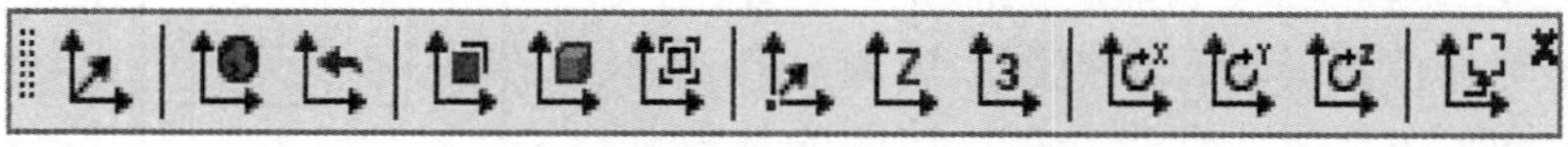

图8.12

下面详细介绍在三维空间中定义UCS、使用预定义的正交UCS和将当前UCS应用到其他视窗常用的方法。

命令行：UCS

1）UCS

工具栏：

功能区：[常用]→[坐标]→[UCS]

执行命令，命令行操作如下：

指定UCS的原点或[面(F)命名(NA)对象(OB)上一个(P)视图(V)世界(W)X Y Z Z轴(ZA)]

其中命令行中各选项与下述命令对应。

2）世界

下拉菜单：[工具]→[新建 UCS]→[世界]

工具栏：

功能区：[常用]→[坐标]→[世界]

世界命令将当前用户坐标系切换至世界坐标系，即WCS坐标系，世界坐标系又称为绝对坐标系，其原点是保持不变的。

3）原点

下拉菜单：[工具]→[新建 UCS]→[原点]

工具栏：

功能区：[常用]→[坐标]→[原点]

通过指定原点改变坐标系的位置，但其坐标轴的方向保持不变。

执行该命令后，命令行操作如下：

选择新原点：（鼠标选取原点）

4）Z轴矢量

> 下拉菜单：[工具]→[新建 UCS]→[Z轴矢量]
>
> 工具栏：↳
>
> 功能区：[常用]→[坐标]→[Z轴矢量]

通过指定原点作为坐标原点，指定一个方向作为 Z 轴的正方向，定义当前坐标系。

执行该命令后，命令行操作如下：

指定新原点或［对象(O)］:（鼠标选取原点）

在正 Z 轴范围上指定点：（鼠标选取 Z 轴方向的点）

5）三点

> 下拉菜单：[工具]→[新建 UCS]→[三点]
>
> 工具栏：↳
>
> 功能区：[常用]→[坐标]→[三点]

可以用 UCS 命令的"3 点"选项在三维空间定义 UCS，指定 UCS 原点以及 X 轴和 Y 轴的正方向，然后通过右手定则来确定 Z 轴。

执行该命令后，命令行操作如下：

指定新原点：（鼠标选取原点）

在正 X 轴范围上指定点：（鼠标选取 X 轴方向的点）

在 UCS XY 平面的正 Y 轴范围上指定点：（鼠标选取 Y 轴方向的点）

（2）使用预定义的正交 UCS

> 下拉菜单：[工具]→[命令 UCS]
>
> 功能区：[常用]→[坐标]→[命令 UCS]

使用弹出的"UCS"对话框的"正交 UCS"选项卡中列出的预定义 UCS，如图 8.13 所示。这些 UCS 是根据 WCS 定义的，但也可以根据"命名 UCS"来定义。

 实例

本例介绍如何使用预定义正交 UCS。使用预定义正交 UCS 的步骤如下：

① 单击下拉菜单[工具]→[命令 UCS]。

② 在"UCS"对话框的"正交 UCS"选项卡中，从列表里选择 UCS。

③ 要指定 Z 深度，在要修改的 UCS 上单击右键，然后从快捷菜单中选择"深度"。

④ 要根据命名 UCS 确定选定 UCS 的原点，可从"相对于"列表中选择 UCS 的名称。在缺省情况下，正交 UCS 是根据 WCS 确定的。

⑤ 要指定在应用选定的 UCS 之后是否将当前视窗中的视图升级为平面视图，可选择"设置"选项卡，然后选择"修改 UCS 时更新平面视图"，如图 8.14 所示。

⑥ 选择"详细信息"查看选定 UCS 的原点的坐标值和 X、Y 和 Z 轴。

⑦ 选择"置为当前"。在列表中，用 UCS 名称旁边的一个小指针标记当前 UCS，同时该 UCS 的名称显示在"当前 UCS"中。

⑧ 选择"OK"。

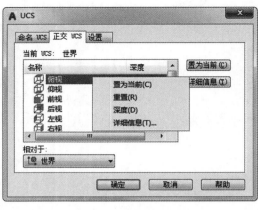

图8.13

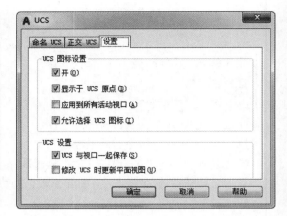

图8.14

注意

系统变量UCSBASE存储确立一个正交UCS的坐标系的名称。系统变量UCSFOLLOW控制在恢复UCS后，当前视窗中的视图是否设置为平面视图。UCS命令的"正交"选项提供了从命令行访问6个预定义正交UCS的途径。

（3）将当前UCS应用到其他视窗

命令行：UCS
工具栏：

可以将当前UCS设置应用到一个特定视窗或所有活动视窗中。

实例

本例介绍如何将当前UCS应用到其他视窗。将当前UCS应用到其他视窗的步骤如下：
① 确认要应用到另一个视窗的UCS是当前的UCS。
② 单击工具栏按钮。
③ 拾取要应用当前UCS的视口或[所有(A)]<当前>：（选取要应用当前UCS的视窗）。

8.1.4 在三维中使用多个视窗

（1）基本概念

多个视窗提供模型的不同视图。例如，可以设置显示俯视图、主视图、右视图和等轴测图的视窗。要想更方便地在不同视图中编辑物体，可以为每个视图定义一个不同的UCS。视窗每次设置为当前视窗时，都可以使用上一次作为当前视窗时用到的UCS。

每个视窗中的UCS都由系统变量UCSVP控制。当视窗中UCSVP设置为1时，该视窗中最后使用的UCS将和视窗一起保存。当该视窗再次成为当前视窗时，UCS将被恢复。当视窗中UCSVP设置为0时，其UCS总是与当前视窗中的UCS相同。

如图8.15所示，第一个示意图显示的是等轴测视窗，该视窗反映左上视窗或俯视窗的当前UCS。第二个示意图显示的是当左下视窗或主视窗设置为当前视窗时发生的变化。等轴测视窗中的UCS将得到更新以反映主视窗的UCS。

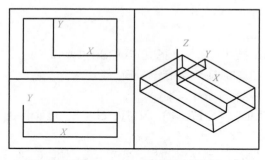

当前视窗为俯视窗　　　　　　　　等轴测视窗UCSVP＝0
　　　　　　　　　　　　　　　　UCS始终反映当前视窗的UCS

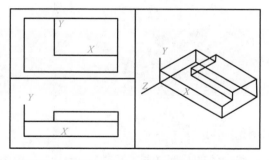

当前视窗为主视窗　　　　　　　　等轴测视窗UCSVP＝0
　　　　　　　　　　　　　　　　UCS始终反映当前视窗的UCS

图8.15

　　本例介绍如何设置视窗以便保存和恢复其指定的UCS。设置视窗以便保存和恢复其指定的UCS的步骤如下：
　　① 将要修改设置的视窗设置为当前视窗。
　　② 单击下拉菜单[工具]→[命名 UCS]。
　　③ 在"UCS"对话框中选择"设置"选项卡，然后选择"UCS 与视口一起保存"。
　　④ 选择"OK"。

　　在早期的AutoCAD中，无论是在模型空间还是在图纸空间中，所有视窗的UCS都是全局设置。如果要恢复AutoCAD先前版本的功能，可以在所有活动视窗中将UCSVP

系统变量的值设置为0。

（2）为视窗指定UCS

使用 AutoCAD 2020 可以为不同的视窗指定不同的 UCS。视窗的 UCS 与其指定的 UCS 保持一致，独立于当前视窗的 UCS。

本例介绍如何为视窗指定UCS。为视窗指定UCS的步骤如下：

① 将要为其指定UCS的视窗设置为当前视窗。

② 单击下拉菜单[工具]→[命名UCS]。

③ 在"UCS"对话框的"命名UCS"及"正交UCS"选项卡中，选择要指定的UCS 名称，然后选择"置为当前"。

列表中，UCS 名称旁边有一个小指针标记当前UCS，同时该UCS的名称显示在"当前 UCS"边。

④ 选择"OK"保存新的UCS设置。

注意

系统变量UCSVP确定UCS设置是否随视窗一起保存。

8.1.5 三维图形的显示选项

图形配置设置影响三维物体的显示方式，例如，运行3DORBIT命令时可以设置三维物体的着色和图形的显示方式。可以使用"三维图形系统配置"对话框设置这些选项。这些设置不影响物体的渲染。

AutoCAD 使用由 Autodesk 开发的 Heidi 三维图形系统作为默认的图形系统。如果想使用其他图形系统，请按照显卡经销商提供的手册进行安装。

本例介绍如何设置三维图形系统的显示选项。设置三维图形系统的显示选项的步骤如下：

① 单击下拉菜单[工具]→[选项...]。

② 在"选项..."对话框中选择"系统"选项卡。

③ 在"硬件加速"中单击"图形性能"按钮，弹出"图形性能"对话框。

④ 选择或修改一个或多个选项，然后选择"确定"。

8.2 三维线框和网格的绘制

8.2.1 概述

在 AutoCAD 里，虽然创建三维模型比创建二维物体的三维视图更困难、更费时间，但三维模型有诸多优点。一旦创建出三维模型，就可用它做以下的事情：

① 从任何位置查看模型；

② 自动生成可靠的标准或辅助二维视图；

③ 创建二维剖面图；

④ 消除隐藏线并进行真实感着色；

⑤ 检查干涉检验；

⑥ 提取模型以创建动画；

⑦ 进行工程分析；

⑧ 提取工艺数据。

AutoCAD 支持三种类型的三维模型：线框模型、曲面网格模型和实体模型。每种模型都有自己的创建方法和编辑技术。三种模型如图 8.16 所示。

线框模型描绘三维物体的框架。线框模型中没有面，只有描绘物体边界的点、直线和曲线。用 AutoCAD 可在三维空间的任何位置放置二维（平面）物体来创建线框模型。AutoCAD 也提供了一些三维线框物体，如三维多义线（仅包含 Continuous 线型）和样条曲线。由于构成线框模型的每个物体都必须单独绘制和定位，因此，这种建模方式最为耗时。

曲面网格模型比线框模型更为复杂，它不仅定义三维物体的边，而且定义三维物体的面。AutoCAD 的曲面模型使用多边形网格定义镶嵌面。由于网格面是平面，所以网格只能近似于曲面。使用 AutoCAD 的增值产品 MDT 可以创建真正的曲面。为区分这两种曲面，镶嵌面在本书中称为网格。

线框 　　　　曲面网格 　　　　实体

图 8.16

本章主要介绍线框模型和网格模型的创建方法。

> ✍ **注意**
>
> 由于可采用不同的方法来构造三维模型，并且每种编辑方法对不同的模型也产生不同的效果，因此建议不要混合使用建模方法。不同的模型类型之间只能进行有限的转换，即从实体到曲面或从曲面到线框。但不能从线框转换到曲面，或从曲面转换到实体。

8.2.2　线框

用AutoCAD在三维空间的任何位置放置二维平面物体即可创建线框模型。可用下列方法之一在三维空间放置二维物体：

① 输入三维点来创建三维物体，即输入指定点的X、Y和Z坐标值。

② 设置缺省构造平面（XY平面），从中定义用户坐标系以便绘制物体。

③ 创建物体后，在三维空间中把物体移动到正确的方向。

也可以创建多义线和样条曲线等线框物体，这些物体可放置在三维空间的任何位置。用三维空间中的一组三维多义线和二维符号进行三维建模的情况如图8.17所示。

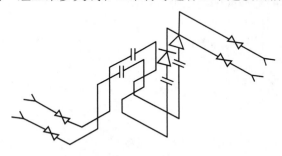

由三维多义线和二维符号合成的管道图

图8.17

8.2.3　网格

网格是用平面镶嵌面来表示物体的曲面。网格的密度（镶嵌面的数目）由包含$M×N$个顶点的矩阵决定，类似于用行和列组成栅格。M和N分别为给定的顶点指定列和行的位置。在二维和三维中都可以创建网格，但主要在三维中使用。

如果我们不需要实体的物理特性（质量、重量、重心等），但又需要消隐、着色和渲染功能（这些功能线框没有）时，就可以使用网格。网格还常常用于创建不规则的几何图形，如山脉的三维地形模型。

网格可以是开放的或闭合的。如果在某个方向上网格的起始边和终止边没有接触，则网格就是开放的。开放和闭合的网格如图8.18所示。

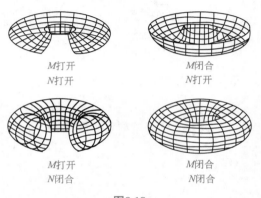

图8.18

AutoCAD提供了多种创建网格的方法，如图8.19所示。如果手动输入网格参数，那么有些方法使用起来可能比较困难，为此，AutoCAD提供了3D命令，大大简化了创建基本曲面形状的过程。

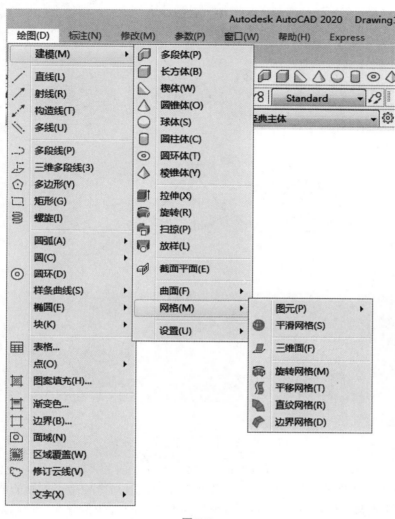

图8.19

（1）创建预定义三维曲面网格

命令行：MESH
下拉菜单：[绘图]→[建模]→[网格]→[图元]

　　MESH命令用于创建三维网络图元对象，例如：长方体、圆锥体、圆柱体、棱锥体、球体、楔体或圆环体。除非使用了HIDE、RENDER或SHADEMODE命令，否则这些网格都显示为线框形式。如图8.20所示。

　　要更清楚地查看用3D命令创建的物体，需用3DORBIT、DVIEW或VPOINT命令设置查看方向。创建三维网格的过程和创建三维实体的过程相似，如图8.20所示是用3D命令创建的曲面网格，数字表示创建网格需要指定的点的数目。

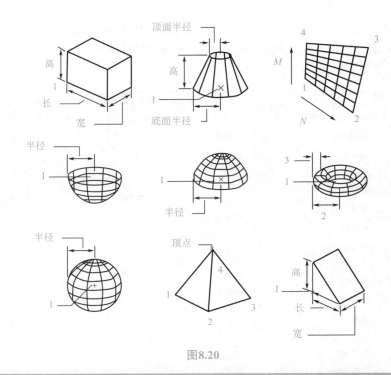

图8.20

（2）矩形网格

命令行：3DMESH

　　用3DMESH命令可以在M和N方向（类似于XY平面的X轴和Y轴）上创建开放多边形网格。可用PEDIT命令闭合网格，也可用3DMESH命令构造不规则的曲面。通常，如果已知网格点数，则可将3DMESH命令与脚本或AutoLISP例程配合使用。

　　应用矩形网格的例子如图8.21所示。

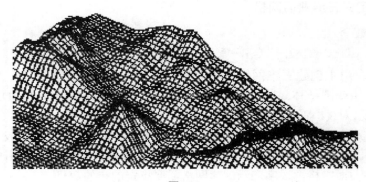

图8.21

实例 1

本例介绍如何创建矩形网格。创建矩形网格的步骤如下：

① 命令行输入3DMESH，按命令行提示创建矩形网格

② 输入M方向上的网格数量：（输入从2到256之间的整数）Enter

③ 输入N方向上的网格数量：（输入从2到256之间的整数）Enter

④ 为顶点指定位置：（鼠标按提示指定顶点）

如图8.22表示不同M和N值的例子。

　　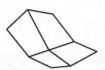

网格M值：2　　　网格M值：2　　　网格M值：3
网格N值：2　　　网格N值：3　　　网格N值：3

图8.22

 注意

　　3DFACE 命令创建三维曲面。EDGE 命令调整三维面边界的清晰度。3D命令的"Mesh"选项创建四边形平面网格。

  2

本例介绍如何在命令行中为每一顶点输入坐标，从而创建网格。

命令行输入3DMESH，按命令行提示创建矩形网格，操作如下：

① 输入M方向上的网格数量：4 Enter

② 输入N方向上的网格数量：3 Enter

③ 为顶点(0, 0)指定位置：10,1,3 Enter

④ 为顶点(0, 1)指定位置：10,5,5 Enter

⑤ 为顶点(0, 2)指定位置：10,10,3 Enter

⑥ 为顶点(1, 0)指定位置：15,1,0 Enter

⑦ 为顶点(1, 1)指定位置：15,5,0 Enter

⑧ 为顶点(1, 2)指定位置：15,10,0 Enter

⑨ 为顶点(2, 0)指定位置：20,1,0 Enter

⑩ 为顶点(2, 1)指定位置：20,5,–1 Enter

⑪ 为顶点(2, 2)指定位置：20,10,0 Enter

⑫ 为顶点(3, 0)指定位置：25,1,0 Enter

⑬ 为顶点(3, 1)指定位置：25,5,0 Enter

⑭ 为顶点(3, 2)指定位置：25,10,0 Enter

所创建的网格如图8.23所示。

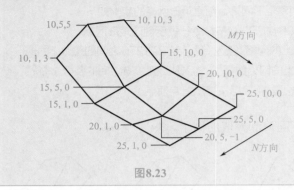

图8.23

  注意

3DMESH主要是为程序员设计的。其他用户应该使用3D命令。AutoCAD用矩阵来定义多边形网格，其大小由M向和N向网格数决定。M、N必须等于指定的顶点数目。

网格中每个顶点的位置由M和N（即顶点的行列坐标）定义。定义顶点首先从顶点(0,0)开始。在指定行M+1上的顶点之前，必须先提供行M上的每个顶点的坐标位置。顶点之间可以是任意距离。网格的M和N方向由它的顶点位置决定。

3DMESH多边形网格通常在M和N两个方向上都是开放的，可以用PEDIT命令闭合此网格。

（3）直纹网格

命令行：RULESURF

下拉菜单：[绘图]→[建模] →[网格] →[直纹网格]

可用RULESURF命令在两条曲线之间创建多边形网格，所创建的多边形网格称之为直纹曲面网格。定义直纹曲面的边的是两个不同的物体：直线、点、圆弧、圆、椭圆、椭圆弧、二维多义线、三维多义线或样条曲线。作为直纹曲面网格"轨迹"的两个对象必须都开放或都闭合。点物体可以与开放或闭合物体成对使用。

实例

本例介绍如何创建直纹曲面，创建直纹曲面步骤如下：

① 单击下拉菜单[绘图] →[建模] →[网格] →[直纹网格]

② 选择第一条定义曲线：（鼠标选择曲线1）

③ 选择第二条定义曲线：（鼠标选择曲线2）

创建直纹曲面的过程如图8.24所示。

定义曲线

结果

图8.24

系统变量SURFTAB1和SURFTAB2分别控制*M*和*N*方向上的网格密度（镶嵌面的数目）。

可以在闭合曲线上指定任意两点来完成RULESURF。对于开放曲线，AutoCAD基于曲线上指定点的位置构造直纹曲面。如图8.25是指定不同的点的位置所创建的直纹曲面。

用户所选择的用于定义直纹曲面的边可以是点、直线、样条曲线、圆、圆弧或多段线。如果有一个边界是闭合的，那么另一个边界必须也是闭合的。可以将一个点作为开放或闭合曲线的另一个边界，但是只能有一个边界曲线可以是一个点。（0，0）顶点是每条最靠近曲线选择点的曲线的终点。

对于闭合曲线，则不考虑选择的对象。如果曲线是一个圆，直纹曲面从0度象限点开始绘制，此象限点由当前*X*轴加上SNAPANG系统变量的当前值决定。对于闭合多义线，直纹曲面从最后一个顶点开始反向沿着多义线的线段绘制。在圆和闭合多义线之间创建直纹曲面将搞乱直纹，将一个闭合半圆多义线替换为圆，效果可能会好一些。直纹曲面的不同类型如图8.26所示。

对应边上指定的点　　　　　结果

对边上指定的点　　　　　结果

图8.25

图8.26

直纹曲面以2×*N*多边形网格的形式构造。RULESURF将网格的一半顶点沿着一条定义好的曲线均匀放置，将另一半顶点沿着另一条曲线均匀放置。等分数目由SURFTAB1系统变量决定，对每一条曲线都是如此处理，因此如果两条曲线的长度不同，那么这两条曲线上的顶点间的距离也不同。

网格的*N*方向与边界曲线的方向相同。如果两个边界都是闭合的，或者一个边界是闭合的而另一个边界是一个点，那么得出的多边形网格在*N*方向上闭合，并且*N*等于SURFTAB1。如果两个边界都是开放的，则*N*等于SURFTAB1+1。因为曲线等分为*n*份，所以需要有*n*+1条分界线。

（4）平移网格

命令行：TABSURF

下拉菜单：[绘图]→[建模]→[网格]→[平移网格]

使用TABSURF命令可以创建构造一个多边形网格，此网格表示一个由路径曲线和方向矢量定义的平移曲面。其中，路径曲线可以是直线、圆弧、圆、椭圆、椭圆弧、二维多义线、三维多义线或样条曲线；方向矢量可以是直线或开放的二维或三维多义线。可以将TABSURF命令创建的网格看作是指定路径上的一系列平行多边形。在使用该命令前，必须事先绘制好原物体和方向矢量，具体方法参见如下的实例。

本例介绍如何创建平移曲面网格，创建平移曲面网格步骤如下：

① 单击下拉菜单[绘图]→[建模]→[网格]→[直纹网格]

② 选择用作轮廓曲线的对象：（鼠标选择多线段1）

③ 选择用作方向矢量的对象：（鼠标选择直线2）

创建平移曲面网格的过程如图8.27所示。

指定的对象　　　　　指定的方向矢量　　　　结果

图8.27

TABSURF构造一个$2 \times n$的多边形网格，此处n由SURFTAB1系统变量确定。网格的M方向一直为2，并且沿着方向矢量的方向。N方向沿着路径曲线的方向。如果路径曲线为直线、圆弧、圆、椭圆或样条拟合多义线，AutoCAD绘制以SURFTAB1设置的间距等分路径曲线的平移曲面。如果路径曲线是未经样条拟合的多义线，AutoCAD将在线段的端点绘制柱面直纹，并且将每段圆弧以SURFTAB1设置的间距等分。

（5）旋转网格

命令行： REVSURF

下拉菜单：[绘图]→[建模]→[网格]→[旋转网格]

REVSURF命令通过绕轴旋转物体的剖面图来创建旋转曲面。REVSURF命令适用于对称旋转体曲面。

本例介绍如何创建旋转曲面网格。创建旋转曲面网格的步骤如下。

① 单击下拉菜单[绘图]→[建模]→[网格]→[直纹网格]

② 选择要旋转的对象：（鼠标选择曲线1）

旋转对象规定了网格的N方向。它可以是直线、圆弧、圆、椭圆、椭圆弧、二维多义线、三维多义线或样条曲线。如果选择了圆、闭合的椭圆或闭合的多义线，则AutoCAD在N方向上闭合网格。

③ 选择定义旋转轴的对象：（鼠标选择直线2）

旋转轴可以是直线，也可以是开放的二维或三维多义线。如果选择多义线，矢量设置从第一个顶点指向最后一个顶点的方向为旋转轴。AutoCAD忽略中间的所有过渡顶点。旋转轴决定网格的M方向。

④ 指定起点角度<0>：Enter

⑤ 指定夹角（ +=逆时针，-=顺时针）<360>：Enter

如果指定的起始角不为零，AutoCAD将在路径曲线偏移该角度的位置生成网格。包含角决定曲面沿旋转轴的延伸。

创建旋转曲面网格的过程如图8.28所示。

指定剖面　　指定的转轴　　结果

图8.28

（6）边界网格

命令行：EDGESURF
下拉菜单：[绘图] →[建模] →[网格] →[边界网格]

EDGESURF命令可用来创建边界（即孔斯曲面片）网格，边界网格是由4个称为边界的物体创建的。边界可以是圆弧、直线、多义线、样条曲线和椭圆弧，并且必须形成闭合环和公共端点。孔斯片是插在4个边界间的双三次曲面（一条M方向上的曲线和一条N方向上的曲线）。

实例

本例介绍如何创建边界定义曲面网格。创建边界定义曲面网格的步骤如下：

① 单击下拉菜单[绘图] →[建模] → [网格] →[边界网格]
② 选择用作曲面边界的对象1：（鼠标选择曲线1）
③ 选择用作曲面边界的对象2：（鼠标选择曲线2）
④ 选择用作曲面边界的对象3：（鼠标选择曲线3）
⑤ 选择用作曲面边界的对象4：（鼠标选择曲线4）

创建边界网格的过程如图8.29所示。

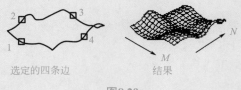

选定的四条边　　结果

图8.29

（7）标高和厚度的设置

命令行：ELEV(标高), THICKNESS（厚度）

厚度和标高是AutoCAD模拟网格的一种方法。使用标高和厚度的优点在于：可以快速、简便地修改新建物体和现有物体。

物体的标高是绘制物体的基准XY平面所对应的Z值。标高为0表示当前UCS的基准XY平面。正标高在当前UCS的基准XY平面之上，负标高在之下。

物体厚度是物体沿标高向上或向下拉伸的距离。正厚度表示向上（Z正轴）拉伸，负厚度表示向下（Z负轴）拉伸，0厚度表示不拉伸。标高为0且厚度为-1单位的物体与标高为-1且厚度为1单位的物体在外观上是相同的。创建物体时UCS的方向决定了Z的方向。

厚度可改变某些几何物体（如圆、直线、多义线、圆弧、二维实体和点）的外观。可以用THICKNESS系统变量设置物体的厚度。AutoCAD把物体均匀拉伸。单个物体上各个点的厚度必须一致。一旦设置了物体的厚度，在除平面视图以外的任何视图中都可以查看结果。

二维对象、标高、厚度的概念如图8.30所示。

二维对象　　改变标高　　增加厚度

图8.30

像其他任何网格一样，有厚度的物体也可以消隐、着色和渲染。

修改或设置标高和厚度时，要考虑以下几点：

① AutoCAD中不考虑三维面、三维多义线、三维多边形网格、标高和视口物体厚度，也不能被拉伸。用CHANGE命令可修改这些物体的厚度，而不影响它们的外观。

② 创建新文本或属性定义物体时，不管当前的设置如何，AutoCAD均将其厚度指定为0。

③ 用SKETCH命令生成的线段，在选择"记录"选项之后将被拉伸。

④ 切换用户坐标系时，用ELEV命令建立的当前标高仍然有效，并用于定义当前用户坐标系的图形平面。

设置新物体的标高和厚度，在除平面视图以外的任何视图中都可以查看结果。

 实 例 1

本例介绍如何设置新物体的厚度。设置新物体厚度的步骤如下：

① 在命令行中输入THICKNESS。

② 根据单位输入厚度值。

③ 绘制物体。

AutoCAD以当前标高和厚度绘制物体。要修改这些设置或绘制其他物体，重复步骤①和②。

无论当前设置如何，用ATTDEF或TEXT创建的任何文本物体（普通文本或属性定义）的厚度都为零。但可以用CHANGE、CHPROP、PROPERTIES给这些物体设置非零厚度。

修改现有物体的标高和厚度，在除平面视图以外的任何视图中都可以查看结果。

实例❷

本例介绍如何修改新物体的厚度。修改现有物体厚度的步骤如下：

① 单击下拉菜单[修改]→[特性]。

② 选择要修改的物体。

③ 在"特性"窗口中输入新的厚度。

④ 按Enter键退出命令。

 注意

　　选择要修改的物体，在绘图区域中单击鼠标右键，然后在快捷菜单中选择"特性"。系统变量THICKNESS控制当前厚度。CHANGE、CHPROP和PROPERTIES命令改变现有物体的特性。沿Z方向移动现有物体即可改变它的标高。

8.3　三维实体的绘制

8.3　视频精讲

8.3.1　概述

　　实体模型是最容易使用的三维模型。在各类三维模型中，实体的信息最完整，歧义最少。再复杂的实体模型也要比线框和网格容易构造和编辑。

　　在AutoCAD 2020中有三种创建实体的方法，分别是：

① 根据基本体素（长方体、圆锥体、圆柱体、球体、圆环体和楔体）创建实体；

② 沿路径拉伸二维物体创建实体；

③ 绕轴旋塑二维物体创建实体。

　　创建实体之后，通过组合这些实体可以创建更为复杂的实体。可对这些实体进行合并，获得它们的差集或交集（重叠）部分。

　　通过圆角、倒角操作或修改边的颜色，可以对实体进行进一步完善。因为无须绘制新的几何图形，也无需对实体执行布尔操作，所以操作实体上的面较为容易。AutoCAD也提供了将实体剖切为两部分的命令以及获得实体二维截面的命令。

　　与网格相同，在进行消隐、着色或渲染之前，实体显示为线框。可以分析实体的物理特性（体积、惯性矩、重心等），导出实体的数据以供数控机床使用或进行FEM（有限元法）分析，或者将实体分解为网格和线框。

 注意

　　系统变量ISOLINES控制用于显示线框弯曲部分的素线数目，有效的取值范围为0到2047。系统变量FACETRES调整着色物体和消隐物体的平滑程度，其有效值为0.01到10.0。

8.3.2　长方体

命令行：BOX

下拉菜单：[绘图]→[建模]→[长方体]

工具栏：

功能区：[常用]→[建模]→[长方体]

可以用BOX命令创建长方体实体。长方体的底面总与当前UCS的XY平面平行。一旦创建长方体，就不能拉伸或改变其尺寸。但是可以用SOLIDEDIT命令拉伸长方体的面。

 实例

本例介绍如何创建长方体。创建长方体步骤如下：

① 单击下拉菜单[绘图]→[建模]→[长方体]

② 指定第一个角点或[中心(C)]：（鼠标选择合适位置1点）

③ 指定其他角点或[立方体(C)/长度(L)]：（鼠标选择底面第二个角点位置2点）

④ 指定高度或[两点(2P)]：（指定高度位置3点）Enter

创建的长方体如图8.31所示。

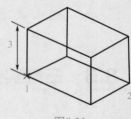

图8.31

 注意

沿路径拉伸二维物体创建实体可以通过RECTANG或PLINE命令创建长方形或闭合多义线，再用EXTRUDE命令即可生成长方体。

8.3.3　圆锥体

命令行：CONE

下拉菜单：[绘图]→[建模]→[圆锥体]

工具栏：

功能区：[常用]→[建模]→[圆锥体]

可以使用CONE命令创建圆锥实体，圆锥体是由圆或椭圆底面以及顶点所定义的。缺省情况下，圆锥体的底面位于当前UCS的XY平面。它的高可为正值或负值，且平行于Z轴。顶点决定了圆锥体的高和方向。

要创建截断的圆锥体或特定锥角的圆锥体，可绘制二维圆并使用EXTRUDE命令使圆沿Z轴按一定锥角形成锥形。要完成截断，可以用SUBTRACT命令从圆锥体的顶部截去一段。圆锥体是一种基本实体，它以圆或椭圆为底，垂直向上对称地变细直至一点。

注意

沿路径拉伸二维物体创建实体可以通过使用CIRCLE命令创建圆，然后使用EXTRUDE创建圆锥体。

8.3.4 圆柱体

命令行：CYLINDER
下拉菜单：[绘图]→[建模]→[圆柱体]
工具栏：
功能区：[常用]→[建模]→[圆柱体]

可以使用CYLINDER命令以圆或椭圆作底面创建圆柱实体。圆柱的底面位于当前UCS的*XY*平面。圆柱体是与拉伸圆或椭圆相似的一种基本实体，但它没有拉伸斜角。

如果想构造有特殊细节的圆柱，如沿轴向有凹槽的圆柱，可以先用PLINE创建圆柱的底面，然后用EXTRUDE定义沿*Z*轴拉伸的高度。

 实例

本例介绍如何创建以圆为底面的圆柱体。创建圆柱体步骤如下：

① 单击下拉菜单[绘图]→[建模]→[圆柱体]

② 指定底面的中心点或[三点(3P)/两点(2P)/切点、切点、半径(T)/椭圆(E)]：（鼠标选取底面圆心）

③ 指定底面半径或[直径(D)]：50 Enter

④ 指定高度或[两点(2P)/轴端点(A)]：20 Enter

创建的圆柱体消隐后如图8.32所示。

图8.32

 注意

沿路径拉伸二维物体创建实体可以通过使用CIRCLE命令创建圆，然后用EXTRUDE命令创建圆柱。

8.3.5 球体

命令行: SPHERE

下拉菜单: [绘图]→[建模]→[球体]

工具栏: ⬤

功能区: [常用]→[建模]→[球体]

SPHERE命令根据中心点和半径或直径创建球体。球体的纬线平行于XY平面，中心轴与当前UCS的Z轴方向一致。

要创建上半球面或下半球面，先将球面和长方体组合起来，然后使用SUBTRACT命令。如果想创建球面上带附加细节的物体，先创建一个二维剖面图，然后用REVOLVE定义绕Z轴旋转的旋转角。

8.3.6 圆环体

命令行: TORUS

下拉菜单: [绘图]→[建模]→[圆环体]

工具栏: ◎

功能区: [常用]→[建模]→[圆环体]

可以使用TORUS命令创建与轮胎内胎相似的环形体。圆环体与当前UCS的XY平面平行且被此平面平分。圆环体由两个半径定义：一个是圆管的半径；另一个是从圆环中心到圆管中心的距离。

在AutoCAD中，也可以创建自交圆环体。自交圆环体无中心孔：圆管半径大于圆环体半径。如果两个半径都是正值，且圆管半径大于圆环半径，效果就像一个两极凹陷的球体。如果圆环半径为负值，并且圆管半径绝对值大于圆环半径绝对值，则效果就像一个两极尖锐突出的球体。

  实例

本例介绍如何创建圆环体。创建圆环体步骤如下：

① 单击下拉菜单[绘图]→[建模]→[圆环体]

② 指定底面的中心点或[三点(3P)/两点(2P)/切点、切点、半径(T)]:(鼠标选取球体中心)

③ 指定半径或[直径(D)]: 20 Enter

④ 指定圆管半径或[两点(2P)/直径(D)]: 5 Enter

创建的圆环体消隐后如图8.33所示。

图8.33

圆环可能是自交的。如果管道半径比圆环半径的绝对值大，则自交的圆环没有中心孔。

要创建纺锤形实体，需设置圆环半径为负，管道半径为正，并且管道的半径要比圆环半径的绝对值大。例如，如果圆环的半径为−2.0，则管道的半径必须大于2.0。纺锤形实体如图8.34所示。

图8.34

8.3.7 楔体

命令行：WEDGE
下拉菜单：[绘图]→[建模]→[楔体]
工具栏：
功能区：[常用]→[建模]→[楔体]

可以使用 WEDGE 创建楔体。楔体的底面平行于当前 UCS 的 XY 平面，其斜面正对第一个角点。它的高可以是正数也可以是负数，并与 Z 轴平行。

本例介绍如何创建楔体。创建楔体步骤如下：

① 单击下拉菜单[绘图]→[建模]→[楔体]
② 指定第一个角点或[中心(C)]：(鼠标选取合适点)
③ 指定其他角点或[立方体(C)/长度(L)]：(鼠标选取底面第二个角点)
④ 指定高度或[两点(2P)]：30 Enter

创建的楔体如图8.35所示。

图8.35

8.3.8 拉伸实体

命令行：EXTRUDE
下拉菜单：[绘图]→[建模]→[拉伸]
工具栏： ■
功能区：[常用]→[建模]→[拉伸]

使用 EXTRUDE 命令，可以通过拉伸（增加厚度）所选物体创建实体。可拉伸闭合的物体，如多义线、多边形、矩形、圆、椭圆、闭合的样条曲线、圆环和面域。但不能拉伸三维物体、包含块内的物体、有交叉或横断部分的多义线和非闭合的多义线。可以沿路径或指定的高度值和斜角拉伸物体。其中：

① 拉伸高度：如果输入正值则在对象所在坐标系的 Z 轴正向拉伸物体。如果输入负值，则 AutoCAD 在 Z 轴负向拉伸物体。拉伸高度的含义如图8.36（a）所示。

② 拉伸斜角：正角度表示从基准物体逐渐变细地拉伸，而负角度则表示从基准物体逐渐变粗地拉伸。缺省拉伸斜角0表示在与二维物体平面垂直的方向上拉伸。指定一个较大的斜角或较长的拉伸高度将导致拉伸物体或拉伸物体的一部分在到达拉伸高度之前就已经汇聚到一点。

当圆弧是锥状拉伸的一部分时，圆弧的张角保持不变而圆弧的半径则改变了。在垂直拉伸时，每条圆弧都生成一个圆柱面。只要有可能，EXTRUDE 就使用斜角作为表面与 Z 轴的倾斜角。拉伸斜角的含义如图8.36（b）所示。

③ 拉伸路径：选择基于指定曲线的拉伸路径。所有指定物体的剖面都沿着选定路径拉伸以创建实体。直线、圆、圆弧、椭圆、椭圆弧、多段线和样条曲线可以作为路径。路径既不能与剖面在同一个平面，也不能具有高曲率的区域。

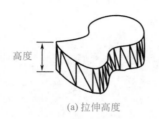

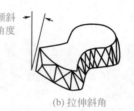

(a) 拉伸高度   (b) 拉伸斜角

图8.36

　　拉伸实体始于剖面所在的平面,终于在路径端点处与路径垂直的平面。路径的一个端点应该在剖面平面上,否则,AutoCAD将移动路径到剖面的中心。

　　如果路径是一条样条曲线,那么在路径的一个端点处该曲线应该与剖面平面垂直。否则,AutoCAD将旋转剖面以使其与样条曲线路径垂直。如果样条曲线的一个端点在剖面平面上,那么AutoCAD绕该点旋转剖面,否则AutoCAD移动样条曲线路径到剖面的中心然后绕剖面中心旋转剖面。

　　如果路径包含不相切的线段,那么AutoCAD沿每段进行拉伸,然后在两段的分角平面处连接对象。如果路径是封闭的,剖面应该在连接平面上。这使得实体的开始部分和终结部分能够匹配。如果剖面不在连接平面上,则AutoCAD旋转它直到它在连接平面上。拉伸路径的含义如图8.37所示(右边为拉伸后的实体)。

　　如图8.38(a)、(b)分别为初始物体和拉伸后的物体。

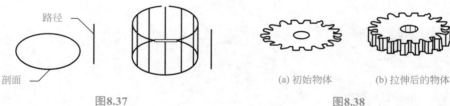

图8.37   (a) 初始物体   (b) 拉伸后的物体

图8.38

　　使用EXTRUDE命令可从物体的公共剖面创建实体,如齿轮或链轮。对于包含圆角、倒角和其他不用剖面很难重新制作的细节图,EXTRUDE尤其有用。如果用直线或圆弧创建剖面,可用PEDIT将它们转换为单个多义线物体,或将它们变为面域,然后再使用EXTRUDE命令。

実例

　　本例介绍如何沿路径拉伸生成实体物体。沿路径拉伸生成实体步骤如下:

　　① 单击下拉菜单[绘图]→[建模]→[拉伸]

　　② 选择要拉伸的对象或[模式(MO)]:(鼠标选择轮廓线1)Enter

　　③ 指定拉伸的高度或[方向(D) /路径(P)/倾斜角(T)/表达式(E)] : P Enter

　　④ 选择拉伸路径或[倾斜角(T)]:(鼠标选择轮廓线2)

　　沿路径拉伸物体的过程如图8.39所示。

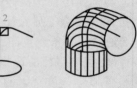

图8.39

注意

拉伸以后，AutoCAD可能会根据系统变量DELOBJ的设置删除或保留原物体。

对于侧面成一定角度的零件来说，倾斜拉伸特别有用。如
铸造工程中制造金属产品的模具。应尽量避免使用非常大的斜
角。如果角度过大，剖面可能在达到所指定高度以前就倾斜为
一个点。如图8.40中的孔是通过表面上的圆拉伸而成（指沿一
定斜角拉伸）。

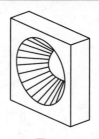

图8.40

8.3.9　旋转实体

命令行：REVOLVE
下拉菜单：[绘图]→[建模]→[旋转]
工具栏：
功能区：[常用]→[建模]→[旋转]

使用REVOLVE命令，可以将一个闭合线段绕当前UCS的*X*轴或*Y*轴旋塑一定的角
度生成实体。也可以绕直线、多义线或两个指定的点旋塑物体。与EXTRUDE相同，如
果物体包含圆角或其他用普通剖面很难制作的细节图，则REVOLVE命令尤其有用。假
如用与多义线相交的直线或圆弧创建剖面，可用PEDIT将它们转换为单个多义线物体，
然后再使用REVOLVE命令。

可以对闭合物体使用REVOLVE命令，这些闭合物体包括多义线、多边形、矩形、
圆、椭圆和面域。

注意

不能对下列物体使用REVOLVE命令：三维物体、包含在块内的物体、具有交叉或横断部分的
多义线和非闭合多义线。

本例介绍如何通过旋转而生成实体的过程。通过旋转而生成实体步骤如下：
① 单击下拉菜单[绘图]→[建模]→[旋转]
② 选择要旋转的对象或[模式(MO)]：(鼠标选择轮廓线1) Enter
③ 指定轴起点或根据以下选项之一定义轴 [对象(O)/X Y Z]：P Enter
④ 指定轴端点：(鼠标选择轮廓线2)
⑤ 指定旋转角度或[起点角度(ST)反转(R)表达式(EX)]：270 Enter
绘制过程及结果如图8.41所示。

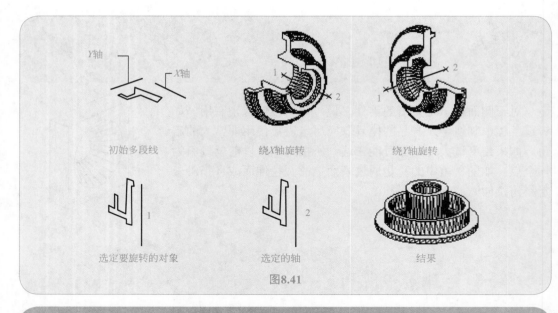

Y轴　　　X轴

初始多段线　　　　　　　绕X轴旋转　　　　　　　绕Y轴旋转

选定要旋转的对象　　　　选定的轴　　　　　　　结果

图8.41

 注意

指定起点和终点的位置，使物体处于轴上指定点的一侧。正轴方向即从起点到终点的方向。

8.3.10　复合实体

命令行：UNION（并集）；
　　　　SUBTRACT（差集）；
　　　　INTERSECT（交集）。
下拉菜单：[绘图]→[实体编辑]→[并集]/[差集]/[交集]
工具栏：
功能区：[常用]→[实体编辑]→[并集]/[差集]/[交集]

可以使用现有实体的并集、差集和交集创建复合实体。

UNION命令可以合并两个或多个实体（或面域），构成一个复合实体。

实例 1

本例介绍如何通过求并构成复合实体。求并构成复合实体步骤如下：

① 单击下拉菜单[绘图]→[建模]→
[并集]

② 选择对象：（鼠标选择要组合的对象）
Enter

绘制过程及结果如图8.42所示。

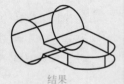

要组合的对象　　　　　　　结果

图8.42

SUBTRACT命令可删除两实体间的公共部分。例如，可用SUBTRACT命令在物体上减去一个圆柱，从而在机械零件上增加孔。

本例介绍如何通过求差构成复合实体。求差构成复合实体步骤如下：

① 单击下拉菜单[绘图]→[建模]→[差集]

② 选择对象：(鼠标选择被减的对象) Enter

③ 选择对象（选择要减去的实体、曲面和面域）:(鼠标选择要减去的对象) Enter

绘制过程及结果如图8.43所示。

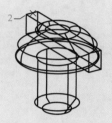

选定被减的对象　　　　　选定要减去的对象　　　　结果(为了清晰显示，
　　　　　　　　　　　　　　　　　　　　　　　　将线进行消隐)

图8.43

INTERSECT 命令可以用两个或多个重叠实体的公共部分创建复合实体。INTERSECT 删除非重叠部分，用公共部分创建实体。

本例介绍如何通过求交构成复合实体。求交构成复合实体步骤如下：

① 单击下拉菜单[绘图]→[建模]→[交集]

② 选择对象：(鼠标选择要相交的对象) Enter

绘制过程及结果如图8.44所示。

选定要相交　　　　结果
的对象

图8.44

 注意

INTERFERE命令执行的操作与 INTERSECT命令一样，但前者保留两个原始物体。

8.4 三维实体的编辑

8.4 视频精讲

在AutoCAD中，可以对三维物体进行旋转、阵列、镜像、修剪、倒角和圆角等编辑操作。对三维物体或二维物体都可以使用ARRAY、COPY、MIRROR、MOVE和ROTATE命令。编辑三维物体时还可使用捕捉方式（"交点"或"外观交点"除外）来确保精确地绘图。

8.4.1 三维实体的旋转

命令行：3DROTATE

下拉菜单：[修改]→[三维操作]→[三维旋转]

工具栏：

功能区：[常用]→[修改]→[三维旋转]

用ROTATE命令，可以绕指定点旋转二维物体。当前UCS决定了旋转的方向。用3DROTATE则可以绕指定的轴旋转三维物体。可以根据两点指定轴方向，指定某物体为轴，指定X轴、Y轴、Z轴，也可以指定当前视图的Z方向来指定一根轴。要旋转三维物体，既可使用ROTATE命令，也可使用3DROTATE命令。

> **注意**
>
> 使用ROTATE命令是平面上的绕点旋转，而使用3DROTATE命令是空间的绕轴旋转。

实例

本例介绍如何绕轴旋转三维物体。绕轴旋转三维物体步骤如下：

① 单击下拉菜单[修改]→[三维操作]→[三维旋转]

② 选择对象：（鼠标选择要旋转的对象1）Enter

③ 指定基点：（鼠标选择旋转的中心点2）

④ 拾取旋转轴：（鼠标选择直线23所对应的轴轨迹）

⑤ 指定角的起点或键入角度：150 Enter

绕轴旋转三维物体的过程如图8.45所示。

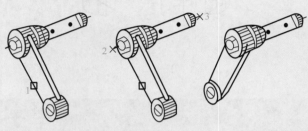

选定要旋转的对象　　　　指定的转轴　　　　结果

图8.45

注意

对于旋转轴而言，从起点到终点的方向为正方向，并按右手定则旋转。

8.4.2　三维实体的阵列

命令行：3DARRAY
下拉菜单：[修改]→[三维操作]→[三维阵列]
工具栏：

使用 **3DARRAY** 命令，可以在三维空间创建物体的矩形阵列或环形阵列。除了指定列数（*X* 方向）和行数（*Y* 方向）以外，还要指定层数（*Z* 方向）。

实例①

本例介绍如何进行物体的矩形阵列。物体的矩形阵列步骤如下：

① 单击下拉菜单 [修改]→[三维操作]→[三维阵列]

② 选择对象：（鼠标选择要阵列的对象 1）Enter

③ 输入阵列类型 [矩形 (R)/环形 (P)]：R Enter

④ 输入行数（－－－）：1 Enter

⑤ 输入列数（|||）：4 Enter

⑥ 输入层数（...）：2 Enter

⑦ 指定列间距（|||）：50 Enter

⑧ 指定层间距（...）：80 Enter

创建物体的矩形阵列的过程如图 8.46 所示。

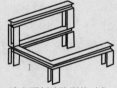
选定要创建阵列的对象

结果

图8.46

实例②

本例介绍如何进行物体的环形阵列。物体的环形阵列步骤如下：

① 单击下拉菜单 [修改]→[三维操作]→[三维阵列]

② 选择对象：（鼠标选择要阵列的对象 1）Enter

③ 输入阵列类型 [矩形 (R)/环形 (P)]：P Enter

④ 输入阵列中的项目数目：9

⑤ 指定要填充的角度（+=逆时针，-=顺时针）<360>：Enter

⑥ 旋转阵列对象？[是 (Y)/否 (N)]<Y>：Y Enter

⑦ 指定阵列的中心点：（鼠标选择 2 点）

⑧ 指定旋转轴上的第二点：（鼠标选择 3 点）

创建物体的环形阵列的过程如图 8.47 所示。

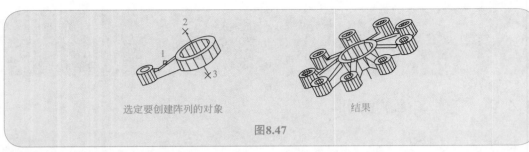

选定要创建阵列的对象　　　　　　　　结果

图8.47

8.4.3　三维实体的镜像

命令行：MIRROR3D

下拉菜单：[修改]→[三维操作]→[三维镜像]

功能区：[常用]→[修改]→[三维镜像]

用**MIRROR3D**命令可沿指定的镜像平面创建物体的镜像。镜像平面可以是下列平面：

① 平面物体所在的平面；

② 通过指定点且与当前UCS的*XY*、*YZ*或*XZ*平面平行的平面；

③ 由选定三点定义的平面。

  实例

本例介绍如何进行三维物体的镜像。进行三维物体的镜像步骤如下：

① 单击下拉菜单[修改]→[三维操作]→[三维镜像]

② 选择对象：（鼠标选择要镜像的对象1）Enter

③ [对象(O)最近的(L)Z轴(Z)视图(V)XY平面(XY)YZ平面(YZ)ZX平面(ZX)三点(3)]<三点>：Enter

④ 在镜像平面上指定第一点：（鼠标选择2点）

⑤ 在镜像平面上指定第二点：（鼠标选择3点）

⑥ 在镜像平面上指定第三点：（鼠标选择4点）

⑦ 是否删除源对象？[是(Y)/否(N)]<否>：Enter

三维物体的镜像过程如图8.48所示。

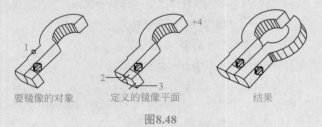

要镜像的对象　　　　定义的镜像平面　　　　结果

图8.48

8.4.4　三维实体的修剪和延伸

命令行：EXTEND（延伸），

　　　　TRIM（修剪）

下拉菜单：[修改]→[延伸]，[修改]→[修剪]	
工具栏： 	
功能区：[常用]→[修改]→[延伸]/[修剪]	

在三维空间中，可以修剪物体或将物体延伸到其他物体，而不必考虑物体是否在同一个平面，或物体是否平行于剪切或边界的边。用系统变量PROJMODE和EDGEMODE可为修剪或延伸选择三种投影之一：

① 当前UCS的XY平面；

② 当前视图平面；

③ 真实三维空间（不是投影）。

在真实三维空间修剪或延伸物体时，物体必须与三维空间的边界相交。在当前UCS的XY平面修剪或延伸物体时，如果两者不相交，修剪或延伸的物体可能无法精确地在三维空间的边界结束。下面的实例说明了使用三种投影选项进行物体的修剪和延伸。

实例①

本例介绍如何在当前UCS的XY平面内延伸物体。延伸物体步骤如下：

① 单击下拉菜单[修改]→[延伸]

② 选择对象或<全部选择>：（鼠标选择延伸的边界1）Enter

③ [栏选(F)/窗交(C)/投影(P)/边(E)/放弃(U)]：E Enter

④ 输入隐含边延伸模式[延伸(E)/不延伸(N)]：E Enter

⑤ [栏选(F)/窗交(C)/投影(P)/边(E)/放弃(U)]：P Enter

⑥ 输入投影选项[无(N)UCS(U)视图(V)]：U Enter

⑦ [栏选(F)/窗交(C)/投影(P)/边(E)/放弃(U)]：（鼠标选择直线2）

在当前UCS的XY平面内延伸物体的过程如图8.49所示。

图8.49

实例②

本例介绍如何在当前视图平面内修剪物体。修剪物体步骤如下：

① 单击下拉菜单[修改]→[修剪]

② 选择对象或<全部选择>：（鼠标选择剪切边1）Enter

③ [栏选(F)/窗交(C)/投影(P)/边(E)/放弃(U)]：P Enter

④ 输入投影选项[无(N)UCS(U)视图(V)]：V Enter

⑤ [栏选(F)/窗交(C)/投影(P)/边(E)/放弃(U)]：（鼠标选择要修剪的边界2）

在当前视图平面内修剪物体的过程如图8.50所示。

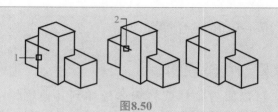

图8.50

 实例③

本例介绍如何在真实三维空间修剪物体。修剪物体步骤如下：

① 单击下拉菜单[修改]→[修剪]

② 选择对象或<全部选择>:（鼠标选择剪切边1、2）Enter

③ [栏选(F)/窗交(C)/投影(P)/边(E)/放弃(U)]: P Enter

④ 输入投影选项[无(N)/UCS(U)/视图(V)]: N Enter

⑤ [栏选(F)/窗交(C)/投影(P)/边(E)/放弃(U)]:（鼠标选择要修剪的边界2）

在真实三维空间修剪物体的过程如图8.51所示。

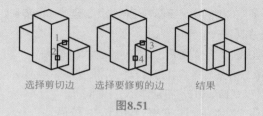

选择剪切边　　　　选择要修剪的边　　　　结果

图8.51

8.5　三维实体的修改

在AutoCAD中创建实体模型后，可以：

① 进行圆角、倒角、切割、剖切和分割操作来修改模型的外观；

② 编辑实体模型的面和边；

③ 轻松地删除使用FILLET或CHAMFER创建的光顺效果；

④ 将实体的面或边作为体、面域、直线、圆弧、圆、椭圆或样条曲线物体来改变颜色或进行复制；

⑤ 压印现有实体上的几何图形，以创建新的面或合并多余的面；

⑥ 偏移相对实体的其他面修改某些面的特性。如将孔的半径修改得大些或小些；

⑦ 分割并能够分解复合实体，创建3DSOLID物体；

⑧ 抽壳来创建指定厚度的薄壁。

8.5.1　实体的倒角

命令行：CHAMFER

8.5.1　视频精讲

下拉菜单：[修改]→[倒角]

工具栏：

功能区：[常用]→[修改]→[倒角]

CHAMFER命令给实体的相邻面加倒角。如果需倒角的两个实体在同一图层，AutoCAD将在这个图层创建倒角。否则，AutoCAD在当前图层创建倒角线。倒角的颜色、线型和线宽也是如此。

本例介绍如何为实体倒角。为实体倒角步骤如下：

① 单击下拉菜单[修改]→[倒角]

② 选择第一条直线或[放弃(U)/多线段(P)/距离(D)/角度(A)/修剪(T)/方式(E)/多个(M)]：(鼠标选择基面上的一条边1) Enter

此时，AutoCAD把选定的边的两相邻曲面之一变虚（即高亮度显示）。

③ 输入曲面选择选项[下一个(N)/当前(OK)]<当前(OK)>：Enter

要选择另一个曲面，输入 n（下一个）；或按 Enter 键使用当前曲面。

④ 选择基面倒角距离或[表达式(E)]：5 Enter

基面距离是指从所选择的边到基面上的距离。

⑤ 指定其他曲面倒角距离或[表达式(E)]：5 Enter

其他曲面距离是指从所选择的边到相邻曲面上的距离。

⑥ 选择边或[环(L)]：(鼠标选择倒角边2) Enter

"环"将选择基面的所有边，"选择边"将选择单独的边。

实体倒角的过程如图8.52所示。

选定的基曲面

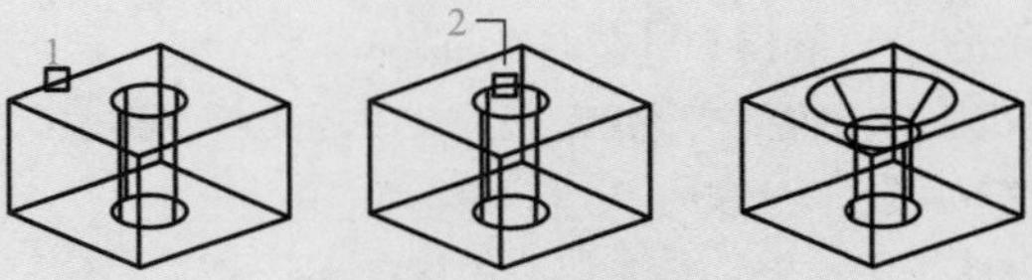

选定要倒角的边

结果

图8.52

8.5.2　实体的圆角

命令行：FILLET

下拉菜单：[修改]→[圆角]

工具栏：

功能区：[常用]→[修改]→[圆角]

8.5.2　视频精讲

使用 FILLET 命令，可以为所选择的物体抛圆或圆角。缺省方法是指定圆角半径并选择要进行圆角的边。其他方法为每个要进行圆角的边单独指定参数并为一系列相切的边圆角。

本例介绍如何为实体圆角。为实体圆角步骤如下：

① 单击下拉菜单[修改]→[圆角]

② 选择第一条直线或[放弃(U)/多线段(P)/距离(D)/角度(A)/修剪(T)/方式(E)/多个(M)]：（鼠标选择基面上的一条边1）Enter

输入圆角半径或[表达式(E)]：10 Enter

③ 选择边或[链(C)/环(L)/半径(R)]：Enter

为实体圆角的过程如图8.53所示。

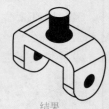

选定要圆角的边 　　　　　结果

图8.53

8.5.3 实体的切割

命令行：SECTIONPLAN

下拉菜单：[绘图]→[建模]→[截面平面]

功能区：[常用]→[截面]→[截面平面]

8.5.3 视频精讲

使用SECTIONPLAN命令，可创建如面域或无名块等实体的相交截面。缺省方法是指定三个点来定义一个面作为相交截面。也可以通过其他物体、当前视图、Z轴或XY、YZ和ZX平面来定义相交截面。AutoCAD在当前图层上放置相交截面。

实例

本例介绍如何创建实体的相交截面，步骤如下：

① 单击下拉菜单[绘图]→[建模]→[截面平面]

② 选择面或任意点以定位截面线或[绘制截面(D)/正交(O)/类型(T)]：D Enter

③ 指定起点：（鼠标选择实体上的一个点1）

④ 指定下一点：（鼠标选择实体上的另一个点2）

⑤ 指定下一点或按ENTER键完成：Enter

⑥ 按截面视图的方向指定点：（鼠标选择截面一边的点）

创建实体的相交截面的过程如图8.54所示。

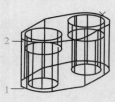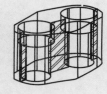

选定的对象和指定 　　定义的相交截面 　　为了清晰显示，将
的三个点 　　　　　的剪切平面 　　　　相交截面隔离并填充

图8.54

注意

如果要对相交截面的剪切平面进行填充，必须先将相交截面的剪切平面与 UCS 对齐。

8.5.4　实体的剖切

命令行：SLICE
下拉菜单：[修改]→[三维操作]→[剖切]
功能区：[常用]→[实体编辑]→[剖切]

8.5.4　视频精讲

　　使用 SLICE 命令可以切开现有实体，然后移去指定部分生成新的实体，也可以保留剖切实体的一半或全部。剖切实体保留原实体的图层和颜色特性。剖切实体的缺省方法是：先指定三点定义剪切平面，然后指定要保留的部分。也可以通过别的物体、当前视图、Z 轴或 XY、YZ 和 ZX 平面定义剪切平面。

　　本例介绍如何剖切实体。剖切实体步骤如下：
　　① 单击下拉菜单 [修改] → [三维操作] → [剖切]
　　② 选择要剖切的对象：（鼠标选择剖切实体）
　　③ 指定切面的起点或 [平面对象(O)/曲面(S)/Z轴(Z)/视图(V)/xy(XY)/yz(YZ)/zx(ZX)/三点(3)]<三点>：Enter
　　④ 指定平面上的第一点：（鼠标选择实体上的点1）
　　⑤ 指定平面上的第二点：（鼠标选择实体上的点2）
　　⑥ 指定平面上的第三点：（鼠标选择实体上的点3）
　　⑦ 在所需的侧面上指定点或 [保留两个侧面(B)]<保留两个侧面>：（鼠标选择截面一边的点）Enter
　　剖切实体的过程如图8.55所示。

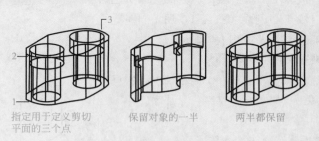

指定用于定义剪切　　　保留对象的一半　　　两半都保留
平面的三个点

图8.55

8.5.5　编辑三维实体的面

命令行：SOLIDEDIT

通过拉伸、移动、旋转、偏移、倾斜、删除或复制实体来进行编

8.5.5　视频精讲

辑，或者改变面的颜色。

可以选择三维实体上单独的面，或者使用以下AutoCAD选取实体方法的一个：

① 边界集的选取方法。

② 交叉多边形的选取方法。

③ 交叉窗口的选取方法。

④ 栏选的选取方法。

边界集是由闭合边界定义的面的集合，它是由直线、圆、圆弧、椭圆弧和样条曲线组成的。当在实体上定义边界集时，首先选择实体上的一个内部点，亮显该面。如果再次选择面上的同一点，AutoCAD将亮显相邻的面。也可以用鼠标或通过交叉窗口、不规则的多边形或栏选（选择它通过的面或边）选择单独的面或边。

（1）拉伸面

下拉菜单：[修改]→[实体编辑]→[拉伸面]
工具栏：
功能区：[常用]→[实体编辑]→[拉伸面]

可以沿一条路径拉伸平面，也可指定一个高度值和倾斜角来拉伸平面。每个面都有一个正边，该边在面（正在处理的面）的法向上。输入一个正值可沿正方向拉伸面（通常是向外），输入一个负值可沿负方向拉伸面（通常是向内）。

将选定的面倾斜负角度可向内倾斜面，将选定的面倾斜正角度可向外倾斜面。缺省角度为0，可垂直于平面拉伸面。如果指定了过大的倾斜角度或拉伸高度，则面到达指定的拉伸高度之前可能先倾斜成为一点，AutoCAD会拒绝这种拉伸。面沿着一个基于路径曲线（直线、圆、圆弧、椭圆、椭圆弧、多段线或样条曲线）的路径拉伸。

实例 ①

本例介绍如何拉伸实体上的面。拉伸实体上的面步骤如下：

① 单击下拉菜单[修改]→[实体编辑]→[拉伸面]

② 选择面或[放弃(U)/删除(R)]：（鼠标选择实体上的一个面1）Enter

③ 选择面或[放弃(U)/删除(R) 全部(ALL)]：Enter

④ 指定拉伸高度或路径[(P)]：40 Enter

⑤ 指定拉伸的倾斜角度：40 Enter

⑥ [拉伸(E)/移动(M)/旋转(R)/偏移(O)/倾斜(T)/删除(D)/复制(C)/颜色(L)/材质(A)/放弃(U)/退出(X)]<退出>：
Enter

⑦ 输入实体编辑选项[面(F)/边(E)/体(B)/放弃(U)/退出(X)]<退出>：Enter

拉伸实体上的面的过程如图8.56所示。

选定的面

拉伸后的面

图8.56

可以沿指定的直线或曲线拉伸实体的面。选定面上的所有剖面都沿着选定的路径拉伸。可以选择直线、圆、圆弧、椭圆、椭圆弧、多段线或样条曲线作为路径。路径不能和选定的面位于同一平面，也不能具有大曲率的区域。

 实例 2

本例介绍如何沿实体上的路径拉伸面。沿实体上的路径拉伸面的步骤如下：

① 单击下拉菜单[修改]→[实体编辑]→[拉伸面]

② 选择面或[放弃(U)/删除(R)]：(鼠标选择实体上的一个面1)

③ 选择面或[放弃(U)/删除(R)/全部(ALL)]：Enter

④ 指定拉伸高度或路径[(P)]：P Enter

⑤ 选择拉伸路径：(鼠标选择路径直线2)

⑥ [拉伸(E)/移动(M)/旋转(R)/偏移(O)/倾斜(T)/删除(D)/复制(C)/颜色(L)/材质(A)/放弃(U)/退出(X)]<退出>：Enter

⑦ 输入实体编辑选项[面(F)/边(E)/体(B)/放弃(U)/退出(X)]<退出>：Enter

沿实体上的路径拉伸面的过程如图8.57所示。

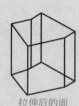

选定的面　　　　选定的拉伸路径　　　　拉伸后的面

图8.57

（2）移动面

下拉菜单：[修改]→[实体编辑]→[移动面]

工具栏：

功能区：[常用]→[实体编辑]→[移动面]

可通过移动面来编辑三维实体。AutoCAD 只移动选定的面而不改变其方向。使用 AutoCAD 2020，可以非常方便地移动三维实体上的孔。可以使用"捕捉"模式、坐标和物体捕捉精确地移动选定的面。

 实例

本例介绍如何移动实体上的面。移动实体上的面的步骤如下：

① 单击下拉菜单[修改]→[实体编辑]→[移动面]

② 选择面或[放弃(U)/删除(R)]：(鼠标选择实体上的一个面1)

③ 选择面或[放弃(U)/删除(R)/全部(ALL)]：Enter

④ 指定基点或位移：(鼠标选择基点2)

⑤ 指定位移的第二点：(鼠标选择第二点3)

⑥ [拉伸(E)/移动(M)/旋转(R)/偏移(O)/倾斜(T)/删除(D)/复制(C)/颜色(L)/材质(A)/放弃(U)/退出(X)]<退出>：Enter

⑦ 输入实体编辑选项[面(F)/边(E)/体(B)/放弃(U)/退出(X)]<退出>：Enter

移动实体上的面的过程如图8.58所示。

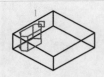

选定的面　　　　　选定的基点　　　　移动后的面
　　　　　　　　　和第二点

图8.58

（3）旋转面

下拉菜单：[修改]→[实体编辑]→[旋转面]

工具栏：

功能区：[常用]→[实体编辑]→[旋转面]

　　通过选择一个基点和相对（或绝对）旋转角度，可以旋转选定实体上的面或特征集合，如孔。所有三维面都可绕指定的轴旋转。当前的 UCS 和系统变量 ANGDIR 的设置决定了旋转的方向。可以通过指定两点，一个物体，*X*轴、*Y*轴、*Z*轴或相对于当前视图视线的*Z*方向来确定旋转轴。

实例

本例介绍如何旋转实体上的面。旋转实体上的面的步骤如下：

① 单击下拉菜单[修改]→[实体编辑]→[旋转面]

② 选择面或[放弃(U)/删除(R)]：（鼠标选择实体上的一个面1）

③ 选择面或[放弃(U)/删除(R)/全部(ALL)]：Enter

④ 指定轴点或[经过对象的轴(A)/视图(V)/x轴(X)/y轴(Y)/z轴(Z)]<两点>：Z Enter

⑤ 指定旋转原点<0,0,0>：（鼠标选择旋转点2）

⑥ 指定旋转的角度或[参照(R)]：35 Enter

⑦ [拉伸(E)/移动(M)/旋转(R)/偏移(O)/倾斜(T)/删除(D)/复制(C)/颜色(L)/材质(A)/放弃(U)/退出(X)]<退出>：Enter

⑧ 输入实体编辑选项[面(F)/边(E)/体(B)/放弃(U)/退出(X)]<退出>：Enter

旋转实体上的面的过程如图8.59所示。

选定的面　　　　　选定的旋转角　　　绕Z轴旋转35°
　　　　　　　　　　　　　　　　　　后的面

图8.59

注意

SOLIDEDIT命令执行与3DROTATE命令相似的操作。

（4）偏移面

> 下拉菜单：[修改]→[实体编辑]→[偏移面]
>
> 工具栏：
>
> 功能区：[常用]→[实体编辑]→[偏移面]

在一个三维实体上，可以按指定的距离均匀地偏移面。通过将现有的面从原始位置向内或向外偏移指定的距离可以创建新的面（在面的法向偏移，或向曲面或面的正侧偏移）。例如，可以偏移实体上较大的或较小的孔。指定正值将增大实体的尺寸或体积，指定负值将减少实体的尺寸或体积。也可以用一个通过的点来指定偏移距离。

本例介绍如何偏移实体上的面。偏移实体上的面的步骤如下：

① 单击下拉菜单[修改] → [实体编辑] → [偏移面]

② 选择面或[放弃(U)/删除(R)]：（鼠标选择实体上的一个面1）

③ 选择面或[放弃(U)/删除(R) 全部(ALL)]： Enter

④ 指定偏移距离：1 Enter

⑤ [拉伸(E)/移动(M)/旋转(R)/偏移(O)/倾斜(T)/删除(D)/复制(C)/颜色(L)/材质(A)/放弃(U)/退出(X)]<退出>： Enter

⑥ 输入实体编辑选项[面(F)/边(E)/体(B)/放弃(U)/退出(X)]<退出>： Enter

偏移实体上的面的过程如图8.60所示。

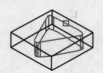 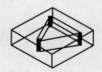

选定的面 　　　　　 面的偏移量1 　　　　　 面的偏移量-1

图8.60

 注意

> 实体的体积较大时，实体内的孔的偏移较小。

（5）倾斜面

> 下拉菜单：[修改]→[实体编辑]→[倾斜面]
>
> 工具栏：
>
> 功能区：[常用]→[实体编辑]→[倾斜面]

可以沿矢量方向以绘图角度倾斜面。以正角度倾斜选定的面将向内倾斜面，以负角度倾斜选定的面将向外倾斜面。要避免使用很大的角度。如果该角度过大，剖面在到达指定的高度前可能就已经倾斜成一点，AutoCAD将拒绝这种倾斜。

实例

本例介绍如何倾斜物体上的面。倾斜物体上的面步骤如下：

① 单击下拉菜单[修改]→[实体编辑]→[倾斜面]

② 选择面或[放弃(U)/删除(R)]:（鼠标选择实体上的一个面1）

③ 选择面或[放弃(U)/删除(R)/全部(ALL)]: Enter

④ 指定基点:（鼠标选择实体上的点2）

⑤ 指定沿倾斜轴的另一个点:（鼠标选择实体上的点3）

⑥ 指定倾斜角度：10 Enter

⑦ [拉伸(E)/移动(M)/旋转(R)/偏移(O)/倾斜(T)/删除(D)/复制(C)/颜色(L)/材质(A)/放弃(U)/退出(X)]<退出>: Enter

⑧ 输入实体编辑选项[面(F)/边(E)/体(B)/放弃(U)/退出(X)]<退出>: Enter

倾斜物体上的面的过程如图8.61所示。

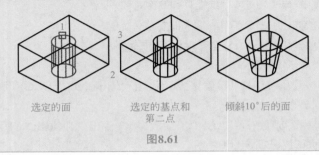

选定的面　　　　　选定的基点和　　　倾斜10°后的面
　　　　　　　　　第二点

图8.61

（6）删除面

下拉菜单：[修改]→[实体编辑]→[删除面]

工具栏：

功能区：[常用]→[实体编辑]→[删除面]

可以从三维实体上删除面和圆角。例如，用SOLIDEDIT从三维实体上删除钻孔或圆角。

（7）复制面

下拉菜单：[修改]→[实体编辑]→[复制面]

工具栏：

功能区：[常用]→[实体编辑]→[复制面]

可以复制三维实体上的面，AutoCAD将选定的面复制为面域或体。如果指定了两个点，AutoCAD将第一点用作基点，并相对于基点放置一个副本。如果只指定一个点，然后按Enter键，AutoCAD使用原始选择点作为基点，下一次指定的点作为位移点。

 实例

本例介绍如何复制实体上的面。复制实体上的面步骤如下：

① 单击下拉菜单[修改]→[实体编辑]→[复制面]

② 选择面或[放弃(U)/删除(R)]：（鼠标选择实体上的一个面1）

③ 选择面或[放弃(U)/删除(R) 全部(ALL)]：Enter

④ 指定基点或位移：（鼠标选择实体上的点2）

⑤ 指定位移的第二点：（鼠标选择实体上的点3）

⑥ [拉伸(E)/移动(M)/旋转(R)/偏移(O)/倾斜(T)/删除(D)/复制(C)/颜色(L)/材质(A)/放弃(U)/退出(X)]<退出>：Enter

⑦ 输入实体编辑选项[面(F)/边(E)/体(B)/放弃(U)/退出(X)]<退出>：Enter

复制实体上的面的过程如图8.62所示。

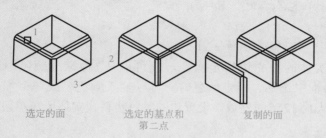

选定的面　　　　　　选定的基点和　　　　　复制的面
　　　　　　　　　　　第二点

图8.62

 注意

使用 EXTRUDE 命令可拉伸复制的面。

（8）修改面的颜色

下拉菜单：[修改]→[实体编辑]→[着色面]

工具栏：

功能区：[常用]→[实体编辑]→[着色面]

可以修改三维实体上的面的颜色，修改时可以从7种标准颜色中选择，也可以从"选择颜色"对话框中选择。指定颜色时，可以输入颜色名或一个AutoCAD颜色索引（**ACI**）编号，即从1到255的整数。设置面的颜色将替代该实体所在图层的颜色设置。

实例

本例介绍如何修改实体的面的颜色。修改实体的面的颜色步骤如下：

① 单击下拉菜单[修改]→[实体编辑]→[着色面]

② 选择面或[放弃(U)/删除(R)]：（鼠标选择实体上的一个面）

③ 选择面或[放弃(U)/删除(R)/全部(ALL)]：Enter

④ 在"选择颜色"对话框中选择一个颜色，然后选择"OK"

⑤ [拉伸(E)/移动(M)/旋转(R)/偏移(O)/倾斜(T)/删除(D)/复制(C)/颜色(L)/材质(A)/放弃(U)/退出(X)]<退出>：Enter

⑥ 输入实体编辑选项[面(F)/边(E)/体(B)/放弃(U)/退出(X)]<退出>：Enter

8.5.6 编辑三维实体的边

命令行：SOLIDEDIT

在AutoCAD中，可以改变边的颜色或复制三维实体的各个边，可从"选择颜色"对话框中选取颜色。所有三维实体的边都可复制为直线、圆弧、圆、椭圆或样条曲线物体。

8.5.6 视频精讲

（1）修改边的颜色

下拉菜单：[修改]→[实体编辑]→[着色边]

工具栏：

功能区：[常用]→[实体编辑]→[着色边]

可以为三维实体的独立边指定颜色，既可以从7种标准颜色中选择，也可以从"选择颜色"对话框中选择。指定颜色时，可以输入颜色名或一个AutoCAD颜色索引（ACI）编号，即从1到255的整数。设置边的颜色将替代实体所在图层的颜色设置。

实例

本例介绍如何修改实体边的颜色。修改实体边的颜色步骤如下：

① 单击下拉菜单[修改]→[实体编辑]→[着色边]

② 选择边或[放弃(U)删除(R)]：（鼠标选择实体上的一条边）

③ 选择边或[放弃(U)删除(R)]： Enter

④ 在"选择颜色"对话框中选择一个颜色，然后选择"OK"

⑤ 输入边编辑选项[复制(C)/着色(L)/放弃(U)/退出(X)]<退出>： Enter

⑥ 输入实体编辑选项[面(F)/边(E)/体(B)/放弃(U)/退出(X)]<退出>： Enter

（2）复制边

下拉菜单：[修改]→[实体编辑]→[复制边]

工具栏：

功能区：[常用]→[实体编辑]→[复制边]

可以复制三维实体的各个边。所有的边都复制为直线、圆弧、圆、椭圆或样条曲线物体。如果指定两个点，AutoCAD使用第一个点作为基点，并相对于基点放置一个副本。如果只指定一个点，然后按Enter键，AutoCAD将使用原始选择点作为基点，下一次选取的点作为位移点。

实例

本例介绍如何复制实体的边。复制实体的边步骤如下：

① 单击下拉菜单[修改]→[实体编辑]→[复制边]

② 选择边或[放弃(U)/删除(R)]：（鼠标选择实体上的一条边）

③ 选择边或[放弃(U)/删除(R)]： Enter

④ 指定基点或位移：（鼠标选择点2）

⑤ 指定位移的第二点：(鼠标选择点3)

⑥ 输入边编辑选项[复制(C)/着色(L)/放弃(U)/退出(X)]<退出>：Enter

复制实体的边的过程如图8.63所示。

选定的边   选定的基点和   复制的边
第二点

图8.63

8.5.7 压印实体

下拉菜单：[修改]→[实体编辑]→[压印边]

工具栏：

功能区：[常用]→[实体编辑]→[压印边]

8.5.7 视频精讲

通过压印圆弧、圆、直线、二维和三维多义线、椭圆、样条曲线、面域、体和三维实体来创建新的面或三维实体。例如，如果圆与三维实体相交，则可以压印实体上的相交曲线。可以删除原始压印物体，也可保留下来以供将来编辑使用。压印物体必须与选定实体上的面相交，这样才能压印成功。

本例介绍如何压印三维实体。压印三维实体步骤如下：

① 单击下拉菜单[修改]→[实体编辑]→[压印边]

② 选择三维实体或曲面：(鼠标选择实体1)

③ 选择要压印的对象：(鼠标选择压印对象2)

④ 是否删除源对象[是(Y)/否(N)]<N>：Y Enter

⑤ 选择要压印的对象：Enter

压印三维实体的过程如图8.64所示。

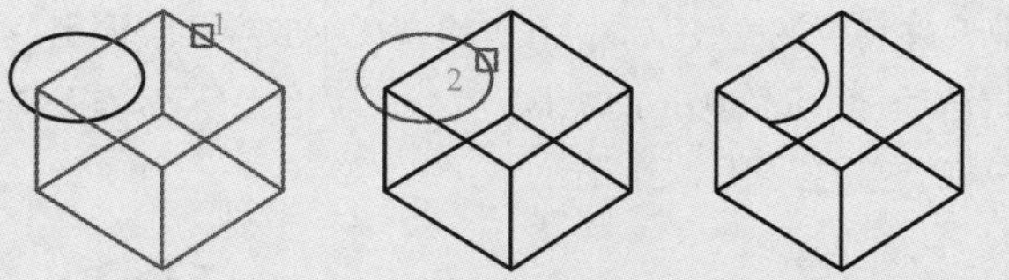

选定的实体   选定的对象   实体上压印出的对象

图8.64

8.5.8 分割实体

下拉菜单：[修改]→[实体编辑]→[分割]

8.5.8 视频精讲

工具栏：

功能区： [常用]→[实体编辑]→[分割]

　　可以将组合实体分割成零件。组合三维实体不能共享公共的面积或体积。在将三维实体分割后，独立的实体保留其图层和原始颜色。所有嵌套的三维实体都将分割成最简单的结构。

 实 例

　　本例介绍如何将复合实体分割为单独实体。将复合实体分割为单独实体步骤如下：

① 单击下拉菜单[修改]→[实体编辑]→[分割]

② 选择三维实体：(鼠标选择实体)

③ [压印(I)/分割实体(P)/抽壳(S)/清除(L)/检查(C)/放弃(U)/退出(X)]<退出>：Enter

④ 输入实体编辑选项[面(F)/边(E)/体(B)/放弃(U)/退出(X)]<退出>：Enter

8.5.9　抽壳实体

下拉菜单： [修改]→[实体编辑]→[抽壳]

工具栏：

功能区： [常用]→[实体编辑]→[抽壳]

　　可以从三维实体中以指定的厚度创建壳体或中空的墙体。AutoCAD 通过将现有的面向原位置的内部或外部偏移来创建新的面。偏移时，AutoCAD 将连续相切的面看作单一的面。下面的例子在圆柱体中创建抽壳。

 实 例

　　本例介绍如何创建三维实体抽壳。创建三维实体抽壳步骤如下：

① 单击下拉菜单[修改]→[实体编辑]→[抽壳]

② 选择三维实体：(鼠标选择实体)

③ 删除面或[放弃(U)/添加(A)/全部(ALL)]：Enter

④ 输入抽壳偏移距离：5 Enter

⑤ [压印(I)/分割实体(P)/抽壳(S)/清除(L)/检查(C)/放弃(U)/退出(X)]<退出>：Enter

⑥ 输入实体编辑选项[面(F)/边(E)/体(B)/放弃(U)/退出(X)]<退出>：Enter

创建三维实体抽壳的过程如图8.65所示。

选定的面　　　　　抽壳的偏移量5　　　　抽壳的偏移量-5

图8.65

8.5.10 清除实体

下拉菜单：[修改]→[实体编辑]→[清除]
工具栏：
功能区：[常用]→[实体编辑]→[清除]

如果边的两侧或顶点共享相同的曲面或顶点，那么可以删除这些边或顶点。AutoCAD 2020将检查实体的体、面或边，并且合并共享相同曲面的相邻面。三维实体所有多余的、压印的以及未使用的边都将被删除。

本例介绍如何清除三维实体。清除三维实体步骤如下：

① 单击下拉菜单[修改]→[实体编辑]→[清除]

② 选择三维实体：(鼠标选择实体1)

③ [压印(I)/分割实体(P)/抽壳(S)/清除(L)/检查(C)/放弃(U)/退出(X)]<退出>：Enter

④ 输入实体编辑选项[面(F)/边(E)/体(B)/放弃(U)/退出(X)]<退出>：Enter

清除三维实体的过程如图8.66所示。

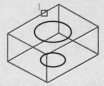

选定的实体　　　　　　　　清除后的实体

图8.66

8.5.11 检查实体

下拉菜单：[修改]→[实体编辑]→[检查]
工具栏：
功能区：[常用]→[实体编辑]→[检查]

可以检查实体看它是否是有效的三维实体。对于有效的三维实体，对其进行修改不会导致 ACIS 失败错误信息。如果三维实体无效，则不能编辑物体。

本例介绍如何检查三维实体。检查三维实体步骤如下：

① 单击下拉菜单[修改]→[实体编辑]→[检查]

② 选择三维实体：(鼠标选择实体1)

③ [压印(I)/分割实体(P)/抽壳(S)/清除(L)/检查(C)/放弃(U)/退出(X)]<退出>：Enter

输入实体编辑选项[面(F)/边(E)/体(B)/放弃(U)/退出(X)]<退出>：Enter

8.6 三维实体的观察

8.6 视频精讲

在AutoCAD的模型空间里，可以用3DORBIT、DVIEW或VPOINT命令从不同的位置查看图形。既可在所选视窗中增加新图形、编辑现有图形、消去隐藏线、着色视图或渲染视图，也可以定义平行投影或透视视图。如果在图纸空间绘图，就不能用3DORBIT、DVIEW或VPOINT命令定义图纸空间视图。图纸空间中的视图永远是平面视图。模型空间和图纸空间的概念见AutoCAD 2020的多视窗相关概念，因篇幅所限，这里略去不讲。

8.6.1 三维动态观察器

命令行：3DORBIT或3DO

下拉菜单：[视图]→[动态观察]

3DORBIT命令在当前视窗中激活一个交互的三维动态观察器。当3DORBIT命令运行时，可使用鼠标操纵模型的视图，既可以查看整个图形，也可以从模型四周的不同点查看模型中的任意物体。

三维动态观察器显示一个弧线球，弧线球是一个圆被几个小圆划分成4个象限。当运行3DORBIT命令时，查看的起点或目标点被固定。查看的起点或相机位置绕物体移动。弧线球的中心是目标点。三维动态观察器的显示画面如图8.67和图8.68所示。

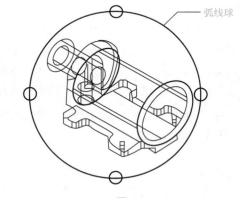

弧线球

图8.67

图8.68

如果没有运行3DORBIT命令，那么可以输入一个命令启动3DORBIT，同时激活一个选项。例如，3DZOOM启动三维动态观察器视图并激活"缩放"选项。

注意

运行 3DORBIT 命令时也可以为图形中的物体着色。

本例介绍如何运行3DORBIT命令。运行3DORBIT命令的步骤如下：

① 选择要用3DORBIT查看的物体。

② 单击下拉菜单[视图]→[动态观察]。

③ 单击并拖动光标旋转视图。当将光标移动到转盘上的不同部分时，光标图标将改变。单击并拖动光标，光标有下面四种形状。

a.两条直线环绕的球状，如图8.69所示。

光标移进弧线球时，光标图标显示为两条线环绕着的小球体。当光标显示为球体时，单击并拖动光标可以轻松地操纵视图，就好像是抓着物体周围的一个球体，并绕着目标点拖动球体一样。可以在水平、垂直和对角线方向上拖动光标。

b.圆形箭头，如图8.70所示。

光标移出弧线球时光标图标显示为围绕小球体的环形箭头。在弧线球外单击并绕着弧线球拖动光标，视图将绕着与屏幕正交的轴（延长将穿过弧线球球心）移动，称为"滚动"。

如果将光标拖入弧线球中，光标将变为两条线环绕着的小球体，视图移动更加自由，如上文所述。如果将光标移回到弧线球外，再次恢复到滚动状态。

c.水平椭圆，如图8.71所示。

光标置于弧线球左侧或右侧的小圆时，光标图标显示为围绕小球体的水平椭圆。单击这些点并拖动将使视图绕着通过弧线球中心的垂直轴或 Y 轴旋转。Y 轴用光标处的垂直直线表示。

d.垂直椭圆，如图8.72所示。

光标置于弧线球顶部或底部的小圆时，光标图标显示为围绕小球体的垂直椭圆。单击这些点并拖动，将使视图绕着通过弧线球中心的水平轴或 X 轴旋转。X 轴用光标处的水平直线表示。

图8.69	图8.70	图8.71	图8.72

注意

可以在运行3DORBIT命令时编辑物体。要退出3DORBIT，按Enter键或Esc键，或者从快捷菜单中选择"退出"。CAMERA在启动3DORBIT命令之前改变相机和目标位置。

8.6.2　三维空间的观察

（1）视点预设

命令行：DDVPOINT

下拉菜单：[视图]→[三维视图]→[视点预设]

处理模型或者要从某个特定视点检查一个完成的模型时，要先设置查看方向。

可以用DDVPOINT命令旋转视图。下面介绍通过不同角度来定义查看方向的三种情况，其中：

① 通过两个夹角定义查看方向，如图8.73所示。

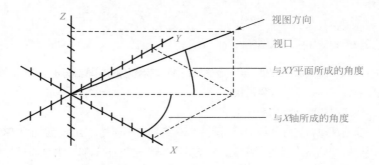

通过两个夹角定义查看方向

图8.73

② 相对于X轴的视角，如图8.74所示。

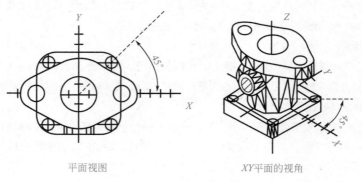

平面视图　　　　XY平面的视角

相对于X轴的视角

图8.74

③ 相对于XY平面的视角，如图8.75所示。

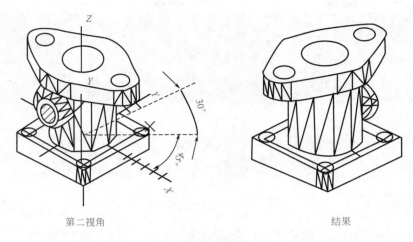

第二视角   结果

相对于XY平面的视角

图8.75

 实例

本例介绍如何设置查看方向。设置查看方向的步骤如下：

① 单击下拉菜单[视图]→[三维视图]→[视点预设]。

② 如图8.76所示，在"视点预设"对话框中，单击图像控件，选择相对于X轴和XY平面的视角，或者直接输入相对于X轴和XY平面的视角值。

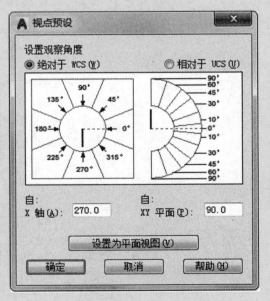

图8.76

要选择图形相对于当前UCS的平面视图，请选择"设置为平面视图"。

③ 选择"OK"。

注意

　　VPOINT 命令在当前的视窗中设置三维可视查看位置。也可用坐标球和三轴架或直接输入坐标值来模拟视图。

（2）平面视图的显示

> 命令行：PLAN
> 下拉菜单：[视图]→[三维视图]→[平面视图]

实例

　　本例介绍如何将当前视窗变为平面视图。将当前视窗变为平面视图的步骤如下：

　　① 单击下拉菜单[视图]→[三维视图]→[平面视图]。

　　② 任选"当前UCS""世界UCS"或"命名 UCS"。

（3）使用坐标球和三轴架设置视图

> 命令行：VPOINT
> 下拉菜单：[视图]→[三维视图]→[视点]

　　可以使用显示在屏幕上的坐标球和三轴架设置视点。坐标球表示展平了的地球。坐标球的中心点表示北极（0，0，1），内环表示赤道（n，n，0），外环表示南极（0，0，−1）。单击坐标球上的某个位置将决定相对 XY 平面的视角，点击的位置与中心点的关系决定 Z 视角。在地球上移动视点时，三轴架将显示 X、Y 和 Z 轴的旋转。不同视点的坐标球和三轴架如图 8.77 所示。

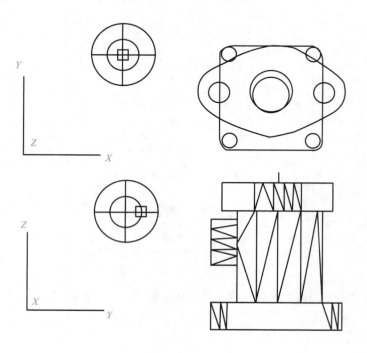

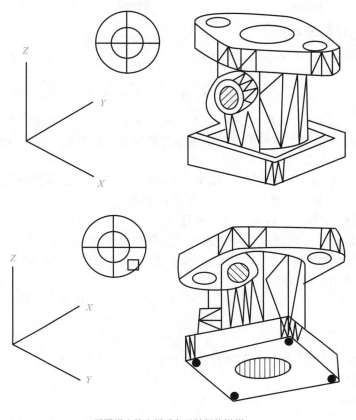

不同视点的坐标球和三轴架的样例

图8.77

本例介绍如何使用坐标球和三轴架设置视图。使用坐标球和三轴架设置视图的步骤如下：

① 单击下拉菜单[视图]→[三维视图]→[视点]。

② 在坐标球的内部选择一点来指定视点。

8.7 实体的着色和渲染

　　三维造型的绝大部分时间通常都花在模型的线框表示上。然而，有时也可能需要包含色彩和透视的更具有真实感的图像，三维图形经着色后会大大增强感染力。在AutoCAD中对三维实体进行着色处理，就是将真实环境中光的反射现象和明暗色彩做一些模拟。在验证设计或提交最终图形的时候，最有可能用到实体的着色和渲染。由于机械设计大部分不涉及实体图形的着色和渲染，而且由于本书的篇幅所限，关于实体的着色和渲染本书略去不讲。

8.8 小结与练习

小结

本章介绍了 AutoCAD 2020 三维实体建模的全过程，包括基础简介、三维线框与网格的绘制、三维实体绘制与编辑、三维实体的观察及实体着色和渲染几部分。通过本章的学习，应了解并掌握以下内容：

① 了解世界坐标系与用户坐标系的定义与应用，掌握坐标系的设置与切换。

② 了解三维线框与网格的建模过程及操作命令。

③ 灵活使用各类工具完成三维实体建模，包括使用长方体、圆锥体、圆柱体等基础几何体，通过拉伸、回转、放样等操作建立复杂几何体。

④ 掌握三维模型的基础操作功能和实体面、边的修改编辑功能。通过三维实体编辑完成复杂零件的三维建模。

⑤ 了解三维观察功能，包括视点、动态观察器等，并对渲染着色有一定的认识。

练习

1. 综合相关知识，根据图 8.78 所示的相关尺寸绘制零件图。

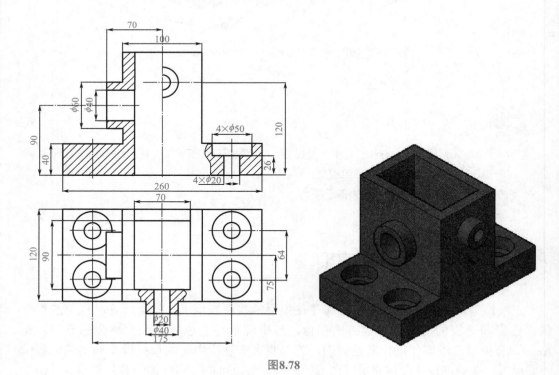

图8.78

2. 综合相关知识，根据图 8.79 所示的相关尺寸绘制零件图。

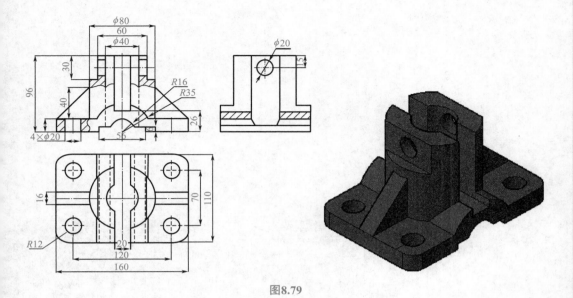

图8.79

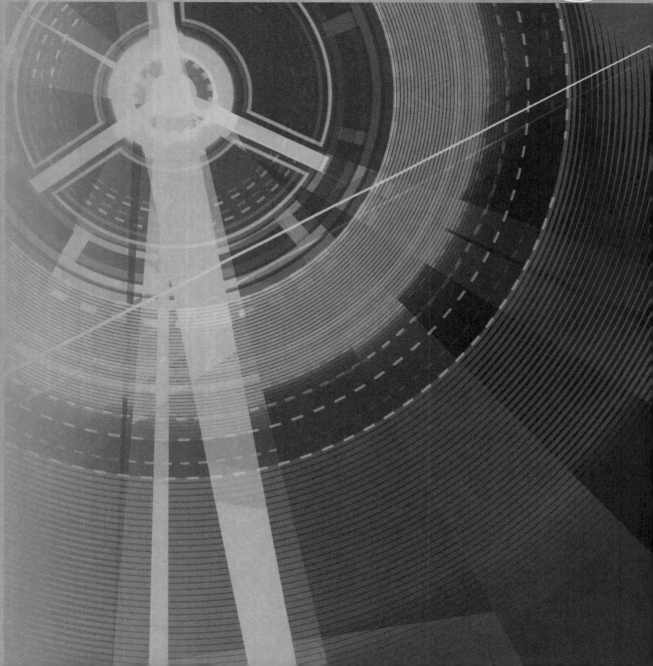

AutoCAD 2020

AutoCAD 2020 从入门到精通　实战案例视频版

Pa

art two

第二部分
专业实例篇

09

第9章

实例 机械零件二维图

本章分别以垫片、轴、阀体和端盖为例介绍了板类零件、回转类零件、箱体类零件和法兰盘零件的二维图的绘制过程。其中板类零件用于连接和密封；回转类零件能够绕某个中心线做旋转，一般用于传动和承载；箱体类零件一般用作传动零件基座，应具有足够的强度和刚度；法兰盘通常是指周边带有用于固定和连接其他零件的孔的金属体，该金属体类似盘状。

9.1 实例1——垫板

9.1 视频精讲

本例将绘制一个如图9.1所示的垫板。垫板用于密封，可以使零件之间连接得更加紧密，防止泄漏。此垫板在绘制过程中用到了"圆""直线""剖面线"等绘图工具以及"修剪""偏移""复制"等修改工具。

9.1.1 设置环境

（1）新建文件

打开AutoCAD 2020软件，单击菜单栏[文件]→[新建]命令或在快速访问工具栏单击新建按钮，弹出"选择样板"对话框，选择样板后单击"打开"命令，新建一个图形文件。

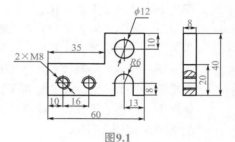

图9.1

（2）草图设置（设置图形界限）

根据创建零件的尺寸选择合适的作图区域，设置图形界限。

> 下拉菜单：[格式]→[图形界限]
> 命令行：LIMITS

LIMITS 指定左下角点或 [开 (ON)/ 关 (OFF)]<0.0000，0.0000>：Enter
LIMITS 指定右下角点 <0.0000,0.0000>：297，210 Enter

注意

不需图形界限时，可以单击"图形界限"命令后，执行如下操作。
LIMITS指定左下角点或[开(ON)/关(OFF)]<0.0000，0.0000>：OFF

（3）图层设置

绘图之前，根据需要设置相应的图层，还可以进行名称、线型、线宽、颜色等图层特性的设置。

> 下拉菜单：[格式]→[图层]
> 工具栏："图层特性"按钮 ▤
> 命令行：LAYER

弹出"图层特性管理器"对话框，单击"新建"按钮，新建"粗实线""中心线""剖面线""尺寸线""细实线""虚线"六个图层，设置"粗实线"线宽为0.5mm，加载"中心线"线型为CENTER2，加载虚线线型为DASHED，设置"细实线"线宽为0.25mm。为了更便于查看与区分，可以将不同图层设置为不同颜色。

9.1.2　绘图过程

（1）绘制主视图

① 绘制轮廓线。将"粗实线"层设置为当前图层，使用"直线"命令，绘制零件外轮廓线。

工具栏："直线"按钮／
命令行：LINE

指定第一个点：（在合适位置单击鼠标左键）
指定下一个点或［放弃(U)］：（水平方向）60 Enter
指定下一个点［闭合(C)/放弃(U)］：（竖直方向）40 Enter
指定下一个点［闭合(C)/放弃(U)］：（水平方向）25 Enter
指定下一个点［闭合(C)/放弃(U)］：（竖直方向）20 Enter
指定下一个点［闭合(C)/放弃(U)］：（水平方向）35 Enter
指定下一个点［闭合(C)/放弃(U)］：（竖直方向）C Enter
绘制结果如图9.2所示。

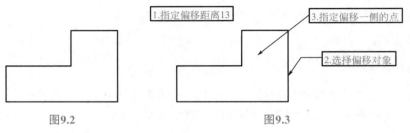

图9.2　　　　　　　　　　　图9.3

② 偏移并打断轮廓线。

工具栏："偏移"按钮⊂
命令行：OFFSET

指定偏移距离或［通过(T)/删除(E)/图层(L)］：13 Enter
选择要偏移的对象，或［退出(E)/放弃(U)］：（选择竖直轮廓线向左侧偏移）

偏移过程如图9.3所示，使用"偏移"命令，将上下水平轮廓线分别向中间偏移10mm、8mm的距离，完成轮廓线的偏移，完成偏移后，将偏移的直线选中，转换为"中心线"层。将竖直中心线打断，并将其调整至合适长度。

工具栏："打断于点"按钮凵
命令行：BREAK

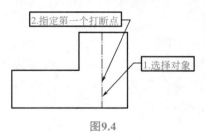

图9.4

选择对象：（选取图中竖直中心线）
指定第一个打断点：（选取竖直中心线上一点）

打断过程如图9.4所示。打断竖直中心线后，选中中心线，按住夹点，将其调整至合适长度。绘制结果如图9.5所示。

③ 绘制圆。使用"圆"命令(C)，在两个中心线交点处分别绘制半径为6的圆。

工具栏："圆"按钮⊘
命令行：CIRCLE

指定圆的圆心或[三点(3P)/两点(2P)/切点、切点、半径(T)]:（选择交点）
指定圆的半径或[直径(D)]: 6 Enter
绘制结果如图9.6所示。

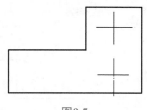

图9.5　　　　　　　　　　　　图9.6

④ 绘制直线并修剪。使用"直线"命令(L)，绘制圆的切线。使用"修剪"命令，修剪多余圆弧及直线。

工具栏："修剪"按钮✂
命令行：TRIM

选择对象或〈全部选择〉:（选取图中圆的切线）Enter
[栏选(F)/窗交(C)/投影(P)/边(E)/删除(R)/放弃(U)]:（选取图中多余直线及圆弧）
[栏选(F)/窗交(C)/投影(P)/边(E)/删除(R)/放弃(U)]: Enter
修剪过程如图9.7所示。绘制结果如图9.8所示。

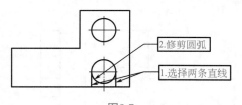
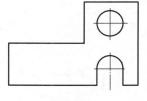

图9.7　　　　　　　　　　　　图9.8

⑤ 偏移轮廓线。使用"偏移"命令(O)，将竖直轮廓线向右偏移10mm、16mm的距离，将水平轮廓线向上偏移8mm的距离，并将其转换为"中心线"层。调整其长度，绘制结果如图9.9所示。

⑥ 绘制圆。使用"圆"命令(C)，绘制半径为4mm、3.5mm的圆。使用"修剪"命令(TR)，修剪多余圆弧。并将半径为4mm的圆选中，转换为"细实线"层。绘制结果如图9.10所示。

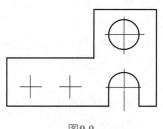

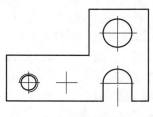

图9.9　　　　　　　　　　　　图9.10

第 09 章

机械零件二维图实例

281

⑦ 复制圆。使用"复制"命令(CO)，复制圆环。

工具栏："复制"按钮🎛

命令行：COPY

选择对象：（鼠标选择圆环）

指定基点或［位移(D)/模式(O)］：（鼠标选择圆环圆心）

指定第二个点或［阵列(A)］：（鼠标选择中心线交点）Enter

复制过程如图9.11所示。绘制结果如图9.12所示。

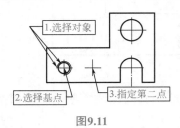

图9.11

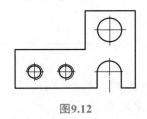

图9.12

（2）绘制左视图

① 绘制轮廓线。打开"极轴追踪"🔾，利用对象追踪使用"直线"命令(L)，绘制左视图的轮廓线。绘制结果如图9.13所示。

② 绘制孔的轮廓线。利用对象追踪，使用"直线"命令(L)，绘制孔的剖切线。并将中心线转换为"中心线"层，孔的外轮廓线转换为"细实线"层。绘制结果如图9.14所示。

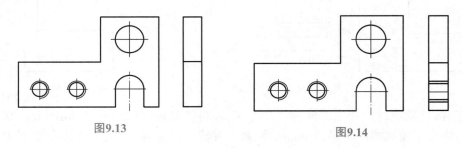

图9.13   图9.14

③ 绘制样条曲线。左视图采用局部剖，需要绘制样条曲线表示边界。

工具栏："样条曲线"按钮〜

命令行：SPLINE

指定第一个点或［方式(M)/节点(K)/对象(O)］：（鼠标选择轮廓线上一点）

输入下一点或［起点切向(T)/公差(L)］：（鼠标选择中间点）

输入下一点或［端点相切(T)/公差(L)/放弃(U)］：（鼠标选择另一轮廓线上一点）

输入下一点或［端点相切(T)/公差(L)/放弃(U)/闭合(C)］：Enter

绘制结果如图9.15所示。

④ 绘制剖面线。将"剖面线"置为当前图层，对左视图进行填充。

工具栏："图案填充"按钮▦

命令行：HATCH

拾取内部点或[选择对象(S)/放弃(U)/设置(T)]:(鼠标选择需要填充的区域) Enter

使用"图案填充"命令，选项板会出现"图案填充创建"功能区，用户可以根据需要调整剖面线图案、角度、比例等设置。绘制结果如图9.16所示。

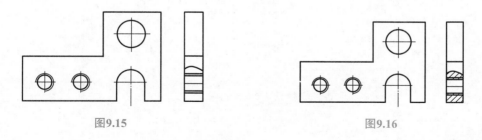

图9.15　　　　　　　　　　　　　　　　图9.16

9.1.3　尺寸标注

（1）确定标注样式

标注尺寸线之前，需要先确定标注样式。

下拉菜单：[标注]→[标注样式(S)]
命令行：DIMSTYLE

使用"标注样式"命令后，系统弹出"标注样式管理器"，用户可以根据需要对标注样式进行更改。本例中单击"新建"按钮，新建样式，更改"箭头大小"为2.5，如图9.17所示，"文字高度"为2.5，"文字位置"中"垂直"一栏选择"上"，"文字对齐"选择"ISO标准"，如图9.18所示，"主单位精度"选择"0"，单击"确定"按钮完成标注样式修改，如图9.19所示。

（2）尺寸标注

① 标注线性尺寸。将"尺寸线"置为当前图层。首先对主视图、左视图线性尺寸进行标注。

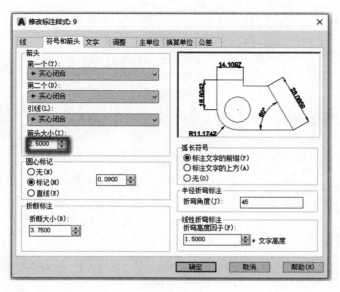

图9.17

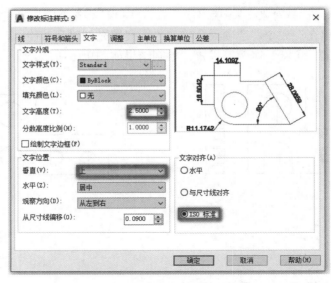

图9.18

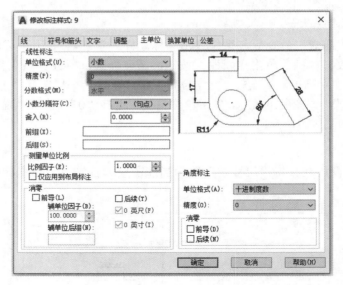

图9.19

下拉菜单：[标注]→[线性]

命令行： DIMLINEAR

指定第一个尺寸界线原点或〈选择对象〉：（鼠标点击要标注的对象的第一个点）

指定第二个尺寸界线原点：（鼠标点击要标注的对象的第二个点）

指定尺寸线位置或[多行文字(M)/文字(T)/角度(A)/水平(H)/垂直(V)/旋转(R)]：（鼠标点击尺寸线要放的位置）

连续使用"线性尺寸"命令完成线性尺寸的标注。标注结果如图9.20所示。

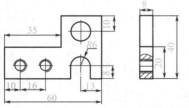

图9.20

② 标注半径及直径尺寸。对主视图的圆弧进行标注。

> 下拉菜单：[标注→[半径]/[直径]
>
> 命令行：DIMRADIUS（DIMDIAMETER）

选择圆弧或圆：（鼠标点击要标注的圆弧）

指定尺寸线位置或[多行文字(M)/文字(T)/角度(A)]：（鼠标点击尺寸线要放的位置）

完成圆弧尺寸的标注后，根据需要对已标注尺寸添加前缀或扩展名。

> 命令行：DDEDIT（ED）

选择注释对象或[放弃(U)/模式(M)]：（鼠标点击需要更改的尺寸）

系统功能区显示"文字编辑器"，点击输入"2×M8"并点击Enter键，单击"关闭文字编辑器"按钮，前缀添加完成。

标注结果如图9.21所示。

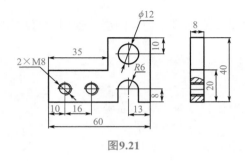

图9.21

9.2 实例2——轴

9.2 视频精讲

轴作为最常见也是最典型的回转类零件，具有支撑传动零件、承受载荷、传递扭矩的作用。按照不同的分类方法，可对轴进行不同的分类。本小节将绘制如图9.22所示的齿轮轴。

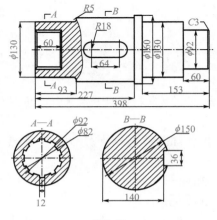

图9.22

9.2.1 设置环境

（1）新建文件

打开 AutoCAD 2020 软件，单击菜单栏 [文件] → [新建] 命令或在快速访问工具栏单击"新建"按钮 ⬜，弹出"选择样板"对话框，选择样板后单击"打开"命令，新建一个图形文件。

（2）图层设置

根据创建零件的尺寸选择合适的作图区域，单击菜单栏 [格式] → [图形界限] 设置图形界限为 <420，297>。并按照 9.1.1 小节所述方式设置图层。

9.2.2 绘图过程

（1）绘制主视图

① 绘制直线。将"粗实线"置为当前图层，使用"直线"命令 (L)，画出轴的外轮廓线。

工具栏："直线"按钮 ／
命令行：LINE

指定第一个点：(在合适位置单击鼠标左键)

指定下一个点或 [放弃 (U)]：65 Enter

指定下一个点：Enter

使用同样方法绘制长度为 93mm、10mm、134mm、5mm、18mm、15mm、93mm、19mm、60mm、46mm 的水平、竖直直线。绘制结果如图 9.23 所示。

② 绘制中心线。将"中心线"置为当前图层，使用"直线"命令 (L)，过两条竖直直线的下端点画一条直线。绘制结果如图 9.24 所示。

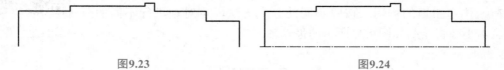

图9.23   图9.24

③ 绘制倒角。

工具栏："倒角"按钮 ╱
命令行：CHAMFER

选择第一条直线或 [放弃 (U)/ 多段线 (P)/ 距离 (D)/ 角度 (A)/ 修剪 (T)/ 方式 (E)/ 多个 (M)]：(选取最右边水平直线)

选择第二条直线，或按住 shift 键选择直线以应用角点或 [距离 (D)/ 角度 (A)/ 方法 (M)]：D Enter

指定第一个倒角距离：3 Enter

指定第二个倒角距离：3 Enter

选择第二条直线，或按住 Shift 键选择直线以应用角点或 [距离 (D)/ 角度 (A)/ 方法 (M)]：(选取最右边竖直直线)

使用"直线"命令(L)，以倒角的左端点为起点，向下画长度为46mm的直线。绘制结果如图9.25所示。

图9.25

④ 延伸直线。

工具栏："延伸"按钮⇥
命令行：EXTEND

选择对象：(选择水平中心线) Enter
选择要延伸的对象，或按住Shift键选择要修剪的对象，或[栏选(F)/窗交(C)/投影(P)/边(E)/删除(R)/放弃(U)]：(选择中间的竖直直线) Enter

绘制结果如图9.26所示。

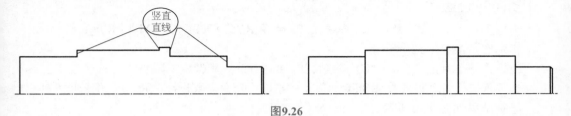

图9.26

⑤ 偏移直线。

工具栏："偏移"按钮⊆
命令行：OFFSET

指定偏移距离或[通过(T)/删除(E)/图层(L)]：60 Enter
选择要偏移的对象，或[退出(E)/放弃(U)]：(选取左边竖直直线)
指定要偏移的那一侧上的点，或[退出(E)/多个(M)/放弃(U)]<退出>：(在右侧任意位置单击，完成偏移)

使用同样的方法将该竖直直线依次向右侧偏移3mm、57mm，将水平直线依次向下侧偏移19mm、24mm。绘制结果如图9.27所示。

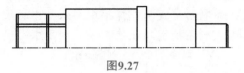

图9.27

⑥ 修剪。

工具栏："修剪"按钮⊁
命令行：TRIM

选择对象或<全部选择>：(选取偏移后右侧的竖直直线) Enter
选择要修剪的对象，或按住Shift键选择要延伸的对象，或[栏选(F)/窗交(C)/投影(P)/边(E)/删除(R)/放弃(U)]：(依次选取水平直线的右半部分) Enter

使用同样的方法修剪掉多余的部分。绘制结果如图9.28所示。

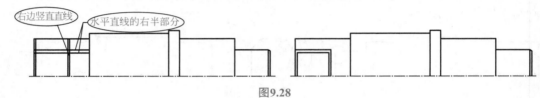

图9.28

⑦ 绘制直线。使用"直线"命令(L)，连接两个端点，绘制结果如图9.29所示。

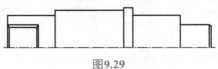

图9.29

⑧ 绘制圆角。

工具栏："圆角"按钮◯

命令行：FILLET

选择第一个对象或[放弃(U)/多线段(P)/半径(R)/修剪(T)/多个(M)]：R Enter

指定圆角半径：5 Enter

选择第一个对象或[放弃(U)/多线段(P)/半径(R)/修剪(T)/多个(M)]：(选择竖直直线)

选择第二个对象，或按住Shift键选择对象以应用角点或[半径(R)]：(选择水平直线)

绘制结果如图9.30所示。

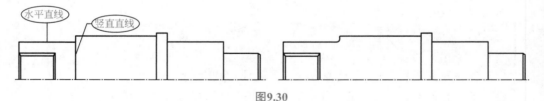

图9.30

⑨ 镜像。

工具栏："镜像"按钮⚠

命令行：MIRROR

选择对象：(选择图9.30中除中心线外的所有对象) Enter

指定镜像线的第一点：(利用捕捉功能捕捉中间水平中心线的端点)

指定镜像线的第二点：(利用捕捉功能捕捉中间水平中心线的另一个端点)

要删除源对象吗？[是(Y)/否(N)]<N>：N Enter

绘制结果如图9.31所示。

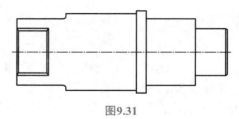

图9.31

⑩ 绘制圆。将"粗实线"设置为当前图层。

> 工具栏："圆"按钮 ⊙
> 命令行：CIRCLE

指定圆的圆心或[三点(3P)/两点(2P)/切点、切点、半径(T)]：（指定距左边竖直直线128mm处且在水平中心线上的点为圆心）

指定圆的半径或[直径(D)]：18 Enter

使用同样的方法在距该圆圆心64mm处画半径为18mm的圆。绘制结果如图9.32所示。

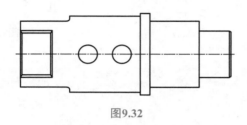

图9.32

⑪ 绘制直线并修剪圆。

使用"直线"命令(L)，连接两圆的最高点和最低点。将"中心线"置为当前图层，依次为两个圆画上竖直中心线。

使用"修剪"命令(TR)，修剪掉多余的部分。绘制结果如图9.33所示。

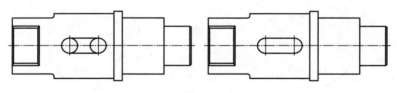

图9.33

⑫ 绘制局部剖视图的边界线。将"细实线"置为当前图层。

> 工具栏："样条曲线"按钮 〜
> 命令行：SPLINE

指定第一个点或[方式(M)/阶数(D)/对象(O)]：（在合适位置选定第一个点）

输入下一个点：（选定第二个点）

输入下一个点：（选定第三个点）Enter

绘制结果如图9.34所示。

（2）绘制齿轮处的剖视图

① 绘制中心线。将"中心线"置为当前图层，使用

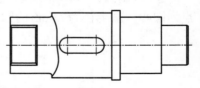

图9.34

"直线"命令(L)，画两条相互垂直的中心线。绘制结果如图9.35所示。

② 绘制同心圆。将"粗实线"置为当前图层，使用"圆"命令(C)，以两条中心线的交点为圆心，依次画半径为41mm、46mm、65mm的同心圆。绘制结果如图9.36所示。

③ 偏移并修剪圆。

使用"偏移"命令(O)，将竖直中心线依次向左、右两侧各偏移6mm，并将偏移后的直线图层改为"粗实线"。

使用"修剪"命令(TR)，修剪掉多余的部分。绘制结果如图9.37所示。

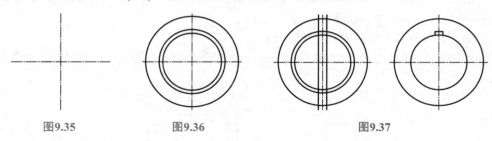

图9.35　　　　　图9.36　　　　　　　　图9.37

④ 阵列齿。

工具栏："环形阵列"按钮 ⠿
命令行：ARRAYPOLAR

选择对象：(选择小段圆弧及两条竖直直线) Enter

指定阵列的中心点或[基点(B)/旋转轴(A)]：(选择两条中心线的交点)

修改功能区的参数：项目数为10，填充为360

绘制结果如图9.38所示。

⑤ 修剪圆。使用"修剪"命令(TR)，修剪掉多余的部分。绘制结果如图9.39所示。

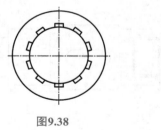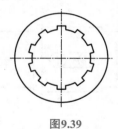

图9.38　　　　　　　　　　图9.39

（3）绘制键槽处的剖视图

① 绘制中心线。将"中心线"置为当前图层，使用"直线"命令(L)，画两条相互垂直的中心线。绘制结果如图9.40所示。

② 绘制圆。将"粗实线"置为当前图层，使用"圆"命令(C)，以两条中心线的交点为圆心，画半径为75mm的圆。绘制结果如图9.41所示。

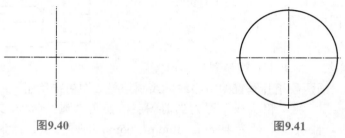

图9.40　　　　　　　　图9.41

③ 偏移并修剪直线。

使用"偏移"命令(O)，将竖直中心线向右侧偏移65mm，将水平中心线依次向上、下侧各偏移18mm。

使用"修剪"命令(TR)，修剪掉多余的部分。绘制结果如图9.42所示。

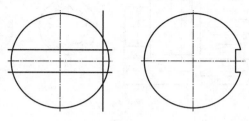

图9.42

④ 绘制剖面线。将"剖面线"置为当前图层。

> 工具栏："图案填充"按钮🔲
> 命令行：HATCH

拾取内部点或[选择对象(S)/放弃(U)/设置(T)]：(鼠标选择需要填充的区域) Enter

使用"图案填充"命令，选项板会出现"图案填充创建"功能区，用户可以根据需要调整剖面线图案、角度、比例等设置，绘制结果如图9.43所示。

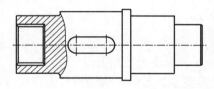

图9.43

9.2.3 尺寸标注

（1）确定标注样式

标注尺寸线之前，需要先确定标注样式。

> 菜单栏：[标注]→[标注样式(S)]
> 命令行：DIMSTYLE

使用"标注样式"命令后，系统弹出"标注样式管理器"，用户可以根据需要对标注样式进行更改。本例中单击"新建"按钮，新建样式，更改"箭头大小"为4，"文字高度"为8，"文字位置"中"垂直"一栏选择"上"，"文字对齐"选择"ISO标准"，"主单位精度"选择"0"，单击"确定"按钮完成标注样式修改。

（2）标注线性尺寸

将"尺寸线"置为当前图层。

> 菜单栏：[标注]→[线性]
> 命令行：DIMLINEAR

指定第一个尺寸界线原点或〈选择对象〉：(点击要标注的对象的第一个点)

指定第二个尺寸界线原点：(点击要标注的对象的第二个点)

指定尺寸线位置或[多行文字(M)/文字(T)/角度(A)/水平(H)/垂直(V)/旋转(R)]：

（点击尺寸线要放的位置）

连续使用"线性尺寸"命令完成线性尺寸的标注。标注结果如图9.44所示。

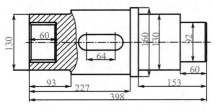

图9.44

（3）标注半径及直径尺寸

菜单栏：[标注]→[半径]/[直径]
命令行：DIMRADIUS（DIMDIAMETER）

选择圆弧或圆：（鼠标点击要标注的圆弧）

指定尺寸线位置或[多行文字(M)/文字(T)/角度(A)]：（鼠标点击尺寸线要放的位置）

标注结果如图9.45所示。

（4）标注需要添加前缀或扩展名的尺寸

命令行：TEXTEDIT

选择注释对象或[放弃(U)/模式(M)]：点击需要更改的尺寸

系统功能区显示"文字编辑器"，根据需要添加前缀。直径符号为在尺寸测量值之前输入"%%c"，单击"关闭文字编辑器"按钮，前缀添加完成。标注结果如图9.46所示。

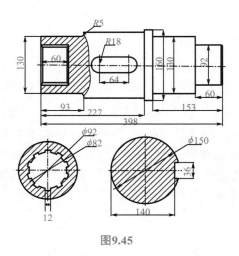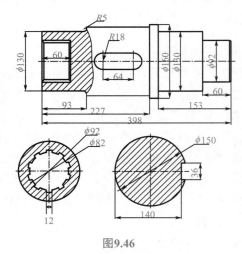

图9.45   图9.46

（5）标注倒角

使用"多重引线"命令（ML）对倒角进行标注。

工具栏："多重引线"按钮/°
命令行：MLEADER

指定引线箭头的位置或[引线基线优先(L)/内容优先(C)/选项(O)]：(在倒角合适位置处单击)

指定引线基线的位置：(在合适位置确定引线基线)

在文本框中输入C3，单击关闭"文字编辑器"。标注结果如图9.47所示。

（6）标注剖面符号及基准代号

使用"快速引线"命令(QL)绘制剖面符号线。

命令行：QLEADER

指定第一个引线点或[设置(S)]<设置>：(在图形上方合适位置单击确定箭头位置)

指定下一点：(对齐到竖直中心线确定转折点)

指定下一点：(向下拖动引线，在合适位置单击)

使用"单行文字"命令为其添加基准代号。

工具栏："单行文字"按钮
命令行：TEXT

指定文字的起点：(点击文字放置位置一点)
指定文字的高度：8 Enter
指定文字的旋转角度<0>：Enter
输入文本：A(单击"关闭文本编辑器")
用户可在"文本编辑器"中调整文字样式。
使用同样的方法标注剖面符号 *B*。
绘制结果如图9.48所示。

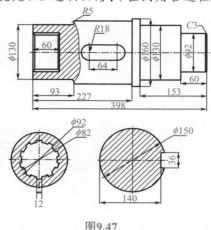

图9.47

图9.48

9.3 实例3——阀体

阀体是阀门中的一个主要零部件，根据压力等级有不同的机械制造方法，它与阀芯以及阀座密封圈一起形成密封后能够有效承受介质压力。本小节将绘制如图9.49所示的阀体。

9.3 视频精讲

9.3.1 设置环境

打开AutoCAD 2020软件，单击菜单栏[文件]→[新建]命令或在快速访问工具栏单击"新建"按钮，弹出"选择样板"对话框，选择样板后单击"打开"命令，新建一个图形文件。

根据创建零件的尺寸选择合适的作图区域，单击菜单栏[格式]→[图形界限]设置图形界限

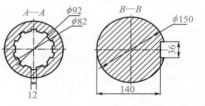
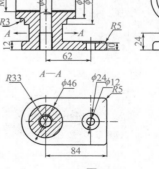

图9.49

为<420，297>。并按照9.1.1小节所述方式设置图层。

9.3.2 绘图过程

（1）绘制主视图

① 绘制直线。将"中心线"设置为当前图层，绘制竖直中心线。

工具栏："直线"按钮／
命令行：LINE

指定第一个点：（在合适位置单击鼠标左键）
指定下一个点或［放弃(U)］：116 Enter
指定下一个点：Enter

使用同样方法绘制长度为90mm的水平方向的中心线，该水平中心线的中点位于竖直中心线上，并距竖直中心线上端点的距离为40mm。绘制结果如图9.50所示。

② 绘制矩形。将"粗实线"设置为当前图层。

工具栏："矩形"按钮口
命令行：RECTANG

指定第一个角点或［倒角(C)/标高(E)/圆角(F)/厚度(T)/宽度(W)］：（鼠标点击中心线左上角位置）
指定另一个角点或［面积(A)/尺寸(D)/旋转(R)］：D Enter
指定矩形的长度：82 Enter
指定矩形的宽度：72 Enter
指定另一个角点或［面积(A)/尺寸(D)/旋转(R)］：（鼠标单击右下方任意一点）
绘制结果如图9.51所示。

③ 移动矩形。

工具栏："移动"按钮✛
命令行：MOVE

选择对象：（选取步骤② 所画矩形）Enter
指定基点或［位移(D)<位移>］：（选取矩形的几何中心）
指定第二个点或<使用第一个点作为位移>：（选取两条中心线的交点）
结果如图9.52所示。

④ 分解矩形。

工具栏："分解"按钮
命令行：EXPLODE

选择对象：（选取矩形）Enter
则将矩形由一个整体分解为四条独立的直线。

⑤ 偏移直线。

工具栏："偏移"按钮
命令行：OFFSET

指定偏移距离或［通过(T)/删除(E)/图层(L)］：8 Enter

选择要偏移的对象，或[退出(E)/放弃(U)]：(选取上部水平直线)

指定要偏移的那一侧上的点，或[退出(E)/多个(M)/放弃(U)]<退出>：(在水平直线下侧任意位置单击，完成偏移)

使用同样方法将下部水平直线向上侧偏移8mm，将左边竖直直线向右侧偏移12mm，右边竖直直线向左侧偏移12mm。绘制结果如图9.53所示。

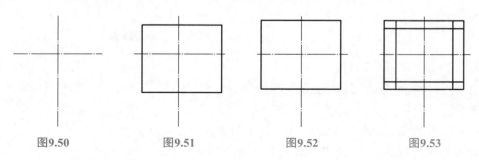

图9.50　　　　　图9.51　　　　　图9.52　　　　　图9.53

⑥ 修剪直线。

工具栏：“修剪”按钮
命令行：TRIM

选择对象或<全部选择>：(选取中间两条水平直线)Enter

选择要修剪的对象，或按住Shift键选择要延伸的对象，或[栏选(F)/窗交(C)/投影(P)/边(E)/删除(R)/放弃(U)]：(选取中间两条竖直直线)Enter

使用同样的方法修剪掉其他多余部分。绘制结果如图9.54所示。

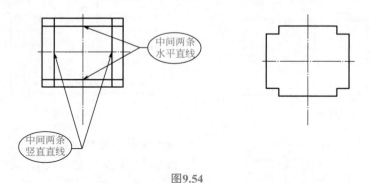

中间两条水平直线

中间两条竖直直线

图9.54

⑦ 偏移并修剪直线。

使用“偏移”命令(O)，将水平中心线分别向上、下两侧各偏移16mm、18mm，并将偏移后的直线图层分别改为“粗实线”“细实线”。

使用“修剪”命令(TR)，修剪掉多余的部分。绘制结果如图9.55所示。

⑧ 偏移并修剪直线。

使用“偏移”命令(O)，将竖直中心线分别向左、右两侧各偏移8mm，将水平中心线依次向上侧偏移21mm，向下侧偏移21mm、72mm，并将偏移后的所有直线图层改为“粗实线”。

使用“修剪”命令(TR)，修剪掉多余的部分。绘制结果如图9.56所示。

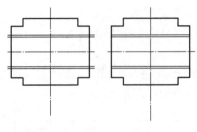

图9.55

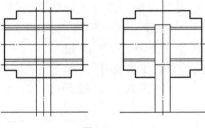

图9.56

⑨ 绘制圆弧并删除直线。

工具栏："圆弧起点、端点、方向"按钮 ⌐

命令行：ARC

指定圆弧的起点或[圆心(C)]：(选择水平直线的左端点为起点)

指定圆弧的端点：(选择水平直线的右端点为端点)

指定圆弧起点的相切方向(按住Ctrl键以切换方向)：30 Enter

选中该水平直线，按Delete键将其删除。绘制结果如图9.57所示。

⑩ 偏移并修剪直线。

使用"偏移"命令(O)，将竖直中心线分别向左、右两侧各偏移23mm，将水平中心线向下侧偏移60mm，并将偏移后的所有直线图层改为"粗实线"。

使用"修剪"命令(TR)，修剪掉多余的部分。绘制结果如图9.58所示。

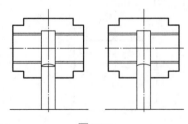

图9.57

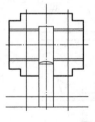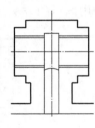

图9.58

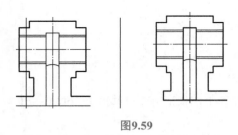

图9.59

⑪ 偏移并修剪直线。

使用"偏移"命令(O)，将竖直中心线分别向左侧偏移33mm，向右侧偏移84mm，并将偏移后的直线图层改为"粗实线"。

使用"修剪"命令(TR)，修剪掉多余的部分。绘制结果如图9.59所示。

⑫ 延伸直线。

工具栏："延伸"按钮 ⌐

命令行：EXTEND

选择对象：(选择右边竖直直线)Enter

选择要延伸的对象，或按住Shift键选择要修剪的对象，或[栏选(F)/窗交(C)/投影(P)/边(E)/删除(R)/放弃(U)]：(选择两条水平直线)Enter

绘制结果如图9.60所示。

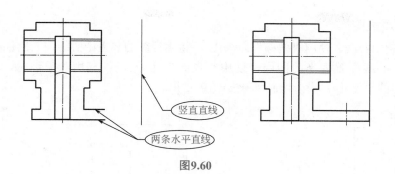

图9.60

⑬ 修剪并偏移直线。

使用"修剪"命令(TR)，修剪掉多余的部分。

使用"偏移"命令(O)，将竖直中心线向右侧偏移60mm，并将其调整为合适长度。绘制结果如图9.61所示。

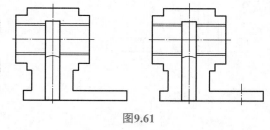

图9.61

⑭ 绘制直线。使用"直线"命令(L)，利用对象追踪，绘制沉头孔。绘制结果如图9.62所示。

⑮ 偏移并修剪直线。

使用"偏移"命令(O)，将竖直中心线分别向左、右两侧各偏移10mm，并将偏移后的直线图层改为"细实线"；将最下边水平直线向上侧偏移24mm。

使用"修剪"命令(TR)，修剪掉多余的部分。绘制结果如图9.63所示。

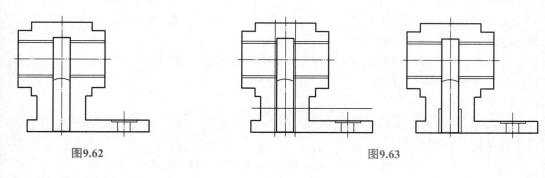

图9.62

图9.63

⑯ 绘制圆角。

工具栏："圆角"按钮╭

命令行：FILLET

选择第一个对象或[放弃(U)/多线段(P)/半径(R)/修剪(T)/多个(M)]：R Enter

指定圆角半径：(根据需要输入半径) Enter

选择第一个对象或[放弃(U)/多线段(P)/半径(R)/修剪(T)/多个(M)]：(选择需要倒圆角的第一个对象)

选择第二个对象，或按住Shift键选择对象以应用角点或[半径(R)]：(选择需要倒圆角的第二个对象)

绘制结果如图9.64所示。

（2）绘制左视图

① 绘制中心线。使用"偏移"命令(O)，将主视图的竖直中心线向右侧偏移180mm。

将"中心线"置为当前图层，使用"直线"命令(L)，利用对象追踪，通过主视图绘制左视图的水平中心线。绘制结果如图9.65所示。

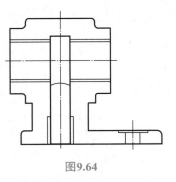

图9.64

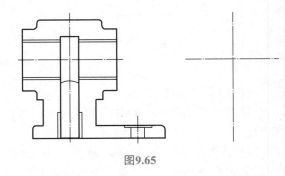

图9.65

② 绘制圆。

工具栏：	"圆"按钮⊘
命令行：	CIRCLE

指定圆的圆心或[三点(3P)/两点(2P)/切点、切点、半径(T)]：（单击水平中心线与竖直中心线的交点）

指定圆的半径或[直径(D)]：16 Enter

使用同样的方法依次绘制半径为18mm、21mm、28mm、36mm的圆。

绘制结果如图9.66所示。

③ 修剪圆。将步骤②中所画半径为18mm的圆图层改为"细实线"，使用"修剪"命令(TR)，修剪掉该圆的四分之一圆弧。

使用"修剪"命令(TR)，修剪掉21mm圆的左半部分和半径为28mm圆的右半部分。绘制结果如图9.67所示。

④ 绘制构造线。

工具栏：	"构造线"按钮✔
命令行：	XLINE

指定点或[水平(H)/垂直(V)/角度(A)/二等分(B)/偏移(O)]指定通过点：（点击水平位置任意点）Enter

使用同样的方法绘制其他构造线。绘制结果如图9.68所示。

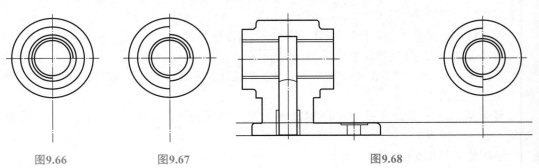

图9.66　　　　　　图9.67　　　　　　　　　　图9.68

⑤ 偏移并修剪直线。

使用"偏移"命令(O)，将竖直中心线分别向左、右两侧各偏移23mm、33mm，并将偏移后的直线图层改为"粗实线"。

使用"修剪"命令(TR)，修剪掉多余的部分。绘制结果如图9.69所示。

⑥ 绘制构造线。使用"构造线"命令(XL)，过主视图螺纹孔的上部画一条构造线。绘制结果如图9.70所示。

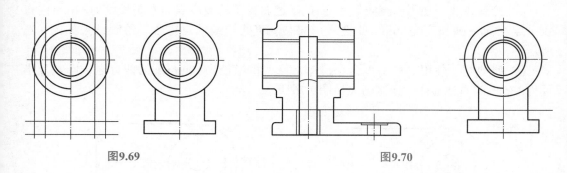

图9.69   图9.70

⑦ 偏移并修剪直线。

使用"偏移"命令(O)，将竖直中心线依次向右侧偏移8mm、10mm，并将偏移后的直线图层改为"粗实线""细实线"。

使用"修剪"命令(TR)，修剪掉多余的部分。绘制结果如图9.71所示。

⑧ 绘制圆角。使用"圆角"命令(FIL)，绘制两个半径为5mm的圆角。绘制结果如图9.72所示。

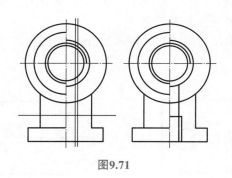
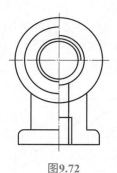

图9.71   图9.72

（3）绘制俯视剖视图

① 绘制中心线。将"中心线"置为当前图层，使用"直线"命令(L)，利用对象追踪，通过主视图绘制俯视图的竖直中心线，过竖直中心线的中点处画水平中心线。绘制结果如图9.73所示。

② 绘制圆。将"粗实线"设置为当前图层。使用"圆"命令(C)，以中心线的交点为圆心，分别绘制半径为8mm、10mm、23mm、33mm的圆。将半径为10mm的圆的图层改为"细实线"。绘制结果如图9.74所示。

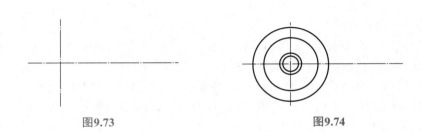

图9.73　　　　　　　　　图9.74

③ 绘制直线。使用"直线"命令(L)，过俯视图的最高点向右画长度为84mm的直线，连续向下画长度为66mm的直线，向左画直线与最低点重合。绘制结果如图9.75所示。

④ 修剪圆。使用"修剪"命令(TR)，修剪掉半径为10mm圆的四分之一圆弧及半径为33mm的右半部分。绘制结果如图9.76所示。

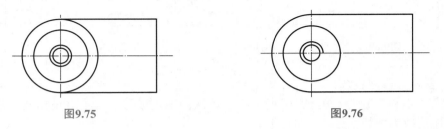

图9.75　　　　　　　　　图9.76

⑤ 绘制直线及圆。

将"中心线"置为当前图层，使用"直线"命令(L)，利用对象追踪，通过主视图绘制俯视图沉头孔的竖直中心线。

将"粗实线"置为当前图层，使用"圆"命令(C)，以中心线的交点为圆心，绘制两个半径为6mm、12mm的同心圆。绘制结果如图9.77所示。

⑥ 绘制圆角。使用"圆角"命令(FIL)，绘制两个半径为5mm的圆角。绘制结果如图9.78所示。

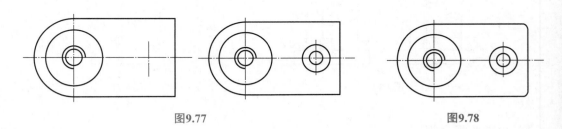

图9.77　　　　　　　　　图9.78

（4）绘制剖面线

将"剖面线"置为当前图层。

| 工具栏："图案填充"按钮▨ |
| 命令行：HATCH |

拾取内部点或[选择对象(S)/放弃(U)/设置(T)]：(鼠标选择需要填充的区域) Enter

使用"图案填充"命令，选项板会出现"图案填充创建"功能区，用户可以根据需要调整剖面线图案、角度、比例等设置。绘制结果如图9.79所示。

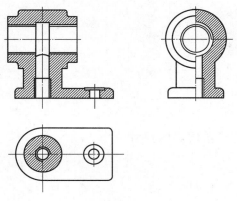

图9.79

9.3.3 尺寸标注

（1）确定标注样式

标注尺寸线之前，需要先确定标注样式。

菜单栏：[标注]→[标注样式(S)]
命令行：DIMSTYLE

使用"标注样式"命令后，系统弹出"标注样式管理器"，用户可以根据需要对标注样式进行更改。本例中点击"新建"按钮，新建样式，更改"箭头大小"为2.5，"文字高度"为5，"文字位置"为"居中"，"垂直"一栏选择"上"，"文字对齐"选择"ISO标准"，"主单位精度"选择"0"，点击"确定"按钮完成标注样式修改。

（2）标注线性尺寸

将"尺寸线"图层置为当前图层。

菜单栏：[标注]→[线性]
命令行：DIMLINEAR

指定第一个尺寸界线原点或<选择对象>：（鼠标点击要标注的对象的第一个点）

指定第二个尺寸界线原点：（鼠标点击要标注的对象的第二个点）

指定尺寸线位置或[多行文字(M)/文字(T)/角度(A)/水平(H)/垂直(V)/旋转(R)]：（鼠标点击尺寸线要放的位置）

连续使用"线性尺寸"命令完成线性尺寸的标注。标注结果如图9.80所示。

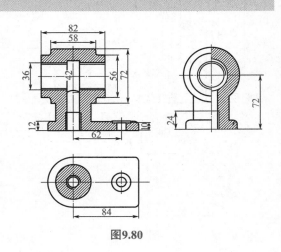

图9.80

（3）标注半径及直径尺寸

菜单栏：[标注]→[半径]/[直径]
命令行：DIMRADIUS（DIMDIAMETER）

选择圆弧或圆：（鼠标点击要标注的圆弧）

指定尺寸线位置或[多行文字(M)/文字(T)/角度(A)]：（鼠标点击尺寸线要放的位置）

标注结果如图9.81所示。

（4）标注需要添加前缀或扩展名的尺寸

命令行：TEXTEDIT

选择注释对象或[放弃(U)/模式(M)]：（点击需要更改的尺寸）

系统功能区显示"文字编辑器"，根据需要添加前缀。直径符号为在尺寸测量值之前输入"%%c"，点击"关闭文字编辑器"按钮，前缀添加完成。标注结果如图9.82所示。

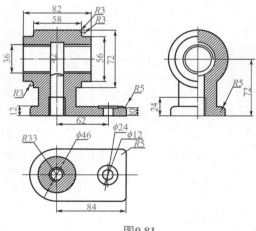

图9.81

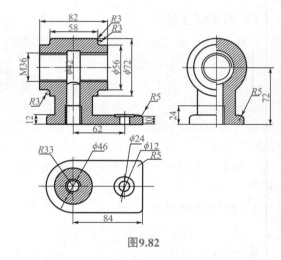

图9.82

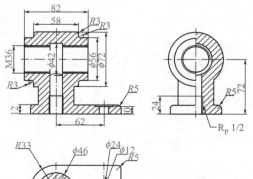

图9.83

（5）标注管螺纹

使用"多重引线"命令(ML)对管螺纹进行标注。

工具栏："多重引线"按钮
命令行：MLEADER

指定引线箭头的位置或[引线基线优先(L)/内容优先(C)/选项(O)]：在合适位置单击

指定引线基线的位置：在合适位置确定引线基线

在文本框中输入$R_p1/2$，可在功能区对文字进行设置，点击关闭"文字编辑器"窗口。标注结果如图9.83所示。

（6）标注剖面符号及基准代号

使用"快速引线"命令(QL)绘制剖面符号线。

命令行：QLEADER

指定第一个引线点或[设置(S)]〈设置〉：(在图形上方合适位置单击确定箭头位置)
指定下一点：(对齐到竖直中心线确定转折点)
指定下一点：(向下拖动引线，在合适位置单击)
使用"单行文字"命令为其添加基准代号。

工具栏："单行文字"按钮 A
命令行：TEXT

指定文字的起点：(点击文字放置位置一点)
指定文字的高度：5 Enter
指定文字的旋转角度〈0〉：Enter
输入文本：A(点击"关闭文本编辑器")
用户可在"文本编辑器"中调整文字样式。绘制结果如图9.84所示。

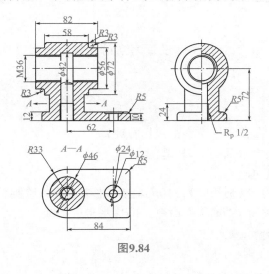

图9.84

9.4 实例4——端盖

9.4 视频精讲

本例将绘制一个如图9.85所示的端盖，多用于齿轮箱和减速机箱体，防止灰尘、污物侵入运动部位。此端盖在绘制过程中用到了"圆""直线""剖面线"等绘图工具以及"修剪""偏移""旋转""复制""圆角"等修改工具。

9.4.1 设置环境

打开 AutoCAD 2020 软件，单击菜单栏[文件]→[新建]命令或在快速访问工具栏单击"新建"按钮 □，弹出"选择样板"对话框，选择样板后单击"打开"命令，新建一个图形文件。

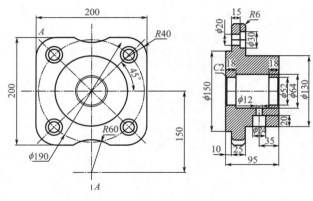

图9.85

根据创建零件的尺寸选择合适的作图区域，单击菜单栏[格式]→[图形界限]设置图形界限为<297，210>，并按照9.1.1小节所述方式设置图层。

9.4.2 绘图过程

（1）绘制主视图

① 绘制中心线。将"中心线"设置为当前图层，利用"直线"命令绘制竖直中心线。

工具栏："直线"按钮╱
命令行：LINE

指定第一个点：（在合适位置单击鼠标左键）
指定下一个点或［放弃(U)］：210 Enter
指定下一个点：Enter
利用"直线"命令，绘制长度为210mm的水平中心线。绘制结果如图9.86所示。
② 偏移中心线。使用"偏移"命令，偏移水平中心线。

工具栏："偏移"按钮⊆
命令行：OFFSET

指定偏移距离或［通过(T)/删除(E)/图层(L)］：100 Enter
选择要偏移的对象，或［退出(E)/放弃(U)］：（选择水平中心线向上下两侧偏移）

偏移过程如图9.87所示。使用"偏移"命令，完成竖直中心线的偏移，完成偏移后，将偏移的直线选中，转换为"粗实线"图层。绘制结果如图9.88所示。

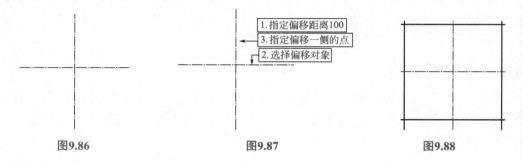

图9.86　　　　　　　　　图9.87　　　　　　　　　图9.88

③ 倒圆角。

选择第一个对象或[放弃(U)/多线段(P)/半径(R)/修剪(T)/多个(M)]：R Enter

指定圆角半径：40 Enter

选择第一个对象或[放弃(U)/多线段(P)/半径(R)/修剪(T)/多个(M)]：(选择倒圆角的第一条直线)

选择第一个对象，或按住Shift键选择对象以应用角点或[半径(R)]：(选择倒圆角的第二条直线)

倒角过程如图9.89所示。重复使用"圆角"命令，完成其他倒角，绘制结果如图9.90所示。

④ 绘制圆。将"粗实线"设置为当前图层，开启"对象捕捉"🔲，利用"圆"命令，在中心线的交点处绘制圆。

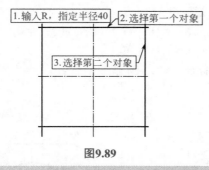

图9.89

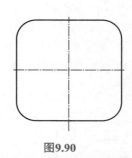

图9.90

指定圆的圆心或[三点(3P)/两点(2P)/切点、切点、半径(T)]：(鼠标单击中心线交点)

指定圆的半径或[直径(D)]：95 Enter

同样利用"圆"命令，在中心线的交点处绘制半径分别为65mm、28mm、26mm的圆。完成"圆"命令后，将半径为95mm的圆选中，转换为"中心线"图层。绘制结果如图9.91所示。

⑤ 绘制斜直线。将"中心线"设置为当前图层，使用"直线"命令(L)，将中心线的交点处作为起点位置，用键盘输入另一点的极坐标@长度<角度，绘制一条长度为110mm，角度为45°的斜直线。

指定第一个点：中心线的交点处

指定下一个点或[放弃(U)]：@110<45 Enter

指定下一个点：Enter

同样方法绘制另外一条长度为110mm，角度为−45°的斜直线。选中直线，可以将其拉长，绘制结果如图9.92所示。

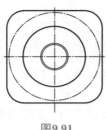
图9.91

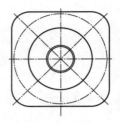
图9.92

⑥ 绘制圆。首先使用"偏移"命令(O)，将水平中心线向下方偏移150mm的距离。在竖直中心线与偏移中心线的交点处，使用"圆"命令(C)，绘制半径为60mm的圆。绘制结果如图9.93所示。

⑦ 修剪圆。将多余的圆弧及线段进行修剪。

工具栏："修剪"按钮 \\
命令行：TRIM

选择对象或〈全部选择〉：(选取图中直线) Enter

[栏选(F)/窗交(C)/投影(P)/边(E)/删除(R)/放弃(U)]：(选取图中多余圆弧)

[栏选(F)/窗交(C)/投影(P)/边(E)/删除(R)/放弃(U)]：Enter

修剪过程如图9.94所示。使用"修剪"命令，修剪圆弧中的直线段，绘制结果如图9.95所示。

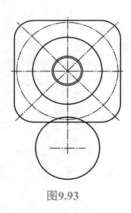
图9.93

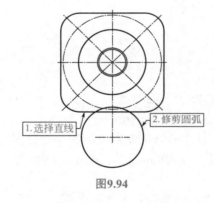
1.选择直线　2.修剪圆弧
图9.94

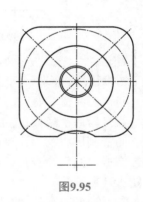
图9.95

⑧ 镜像圆弧。镜像圆弧，使其关于水平中心线对称。

工具栏："镜像"按钮 ⚏
命令行：MIRROR

选择对象：(鼠标选择圆弧) Enter

指定镜像线的第一点：(鼠标选择中心线的一端点)

指定镜像线的第二点：(鼠标选择中心线的另一端点)

要删除源对象吗？[是(Y)/否(N)]〈否〉：Enter

镜像过程如图9.96所示。使用"修剪"命令(TR)，修剪镜像圆弧中的直线段，绘制结果如图9.97所示。

图9.96

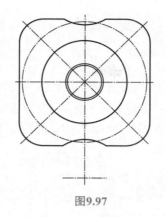

图9.97

⑨ 绘制同心圆。在斜直线与圆的交点处，使用"圆"命令(C)，绘制直径为30mm、20mm的同心圆。绘制结果如图9.98所示。

⑩ 复制同心圆。选择同心圆，并将其复制到斜直线与圆的其他交点处。

> 工具栏："复制"按钮
> 命令行：COPY

选择对象：(鼠标选择同心圆)
指定基点或[位移(D)/模式(O)]：(鼠标选择同心圆圆心)
指定第二个点或[阵列(A)]：(鼠标选择圆的其他交点) Enter

复制过程如图9.99所示，重复使用"复制"命令，使斜直线与圆的各个交点都存在同心圆，绘制结果如图9.100所示。

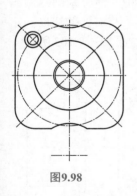

图9.98

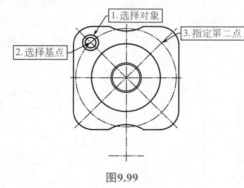

图9.99

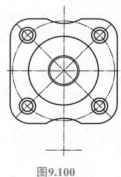

图9.100

（2）绘制左视图

① 绘制中心线。将"中心线"设置为当前图层，打开"极轴追踪" ，利用对象追踪，通过主视图绘制左视图的中心线。绘制结果如图9.101所示。

② 旋转直线。左视图采用旋转剖，需要确定轮廓线的竖直位置。首先使用"直线"命令(L)，以中心线交点及中心线与圆角交点为端点，绘制直线，然后将其旋转至竖直方向。

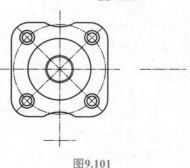

图9.101

工具栏："旋转"按钮 ↻
命令行：ROTATE

选择对象：（鼠标选择直线段）
指定基点：（鼠标选择中心线交点）
指定旋转角度，或［复制(C)/参照(R)］：45 Enter
旋转过程如图9.102所示，绘制结果如图9.103所示。

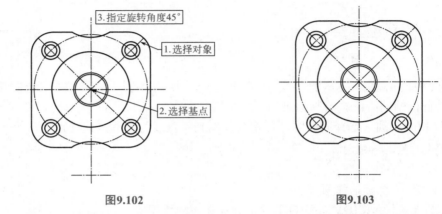

图9.102   图9.103

③ 绘制轮廓线。将"粗实线"层设置为当前图层，利用对象追踪使用"直线"命令(L)，绘制左视图的轮廓线，并删除(Delete)上一步绘制的辅助线，绘制结果如图9.104所示。

④ 绘制沉头孔。使用"偏移"命令(O)，将左视图中沉头孔的中心线分别向两侧偏移15mm、10mm的距离，并将偏移的中心线转换为"粗实线"图层。将右侧的线段向左偏移10mm的距离。使用"修剪"命令(TR)，修剪多余线段，绘制结果如图9.105所示。

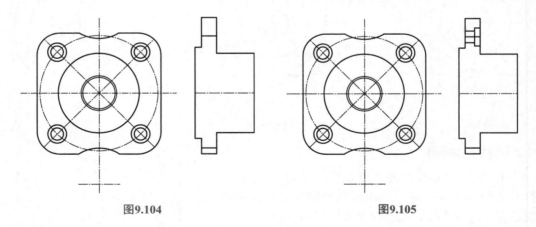

图9.104   图9.105

⑤ 绘制通孔。使用"偏移"命令(O)，将左视图中通孔的中心线分别向两侧偏移32mm、26mm的距离，并将偏移的中心线转换为"粗实线"图层。将左、右侧的线段各向内偏移2mm、18mm的距离。使用"修剪"命令(TR)，修剪多余线段，绘制结果如图9.106所示。

⑥ 绘制孔的斜角。使用"直线"命令(L)，选取要倒角边的端点，用键盘输入另一

点的极坐标"<–45",绘制一条角度为45°的斜直线,长度超出轮廓线即可。依次绘制四条斜直线,使用"修剪"命令(TR),修剪多余线段,绘制结果如图9.107所示。

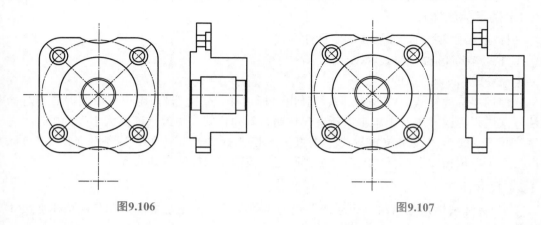

图9.106　　　　　　　　　　　　　　　　　图9.107

⑦ 绘制沉头孔。使用"偏移"命令(O),将左视图中右侧的轮廓线向左偏移35mm的距离,并将偏移的轮廓线转换为"中心线"图层,将沉头孔的中心线分别向两侧偏移12mm、6mm的距离。将下方轮廓线向上偏移20mm的距离。使用"修剪"命令(TR),修剪多余线段,绘制结果如图9.108所示。

⑧ 倒圆角。使用"圆角"命令(F),输入半径6完成左视图倒圆角操作,绘制结果如图9.109所示。

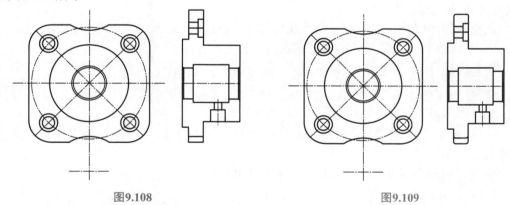

图9.108　　　　　　　　　　　　　　　　　图9.109

⑨ 绘制剖面线。将"剖面线"置为当前图层,对左视图进行填充。

工具栏:　"图案填充"按钮▨
命令行:　HATCH

拾取内部点或[选择对象(S)/放弃(U)/设置(T)]:(鼠标选择需要填充的区域)Enter

使用"图案填充"命令,选项板会出现"图案填充创建"功能区,用户可以根据需要调整剖面线图案、角度、比例等设置。绘制结果如图9.110所示。

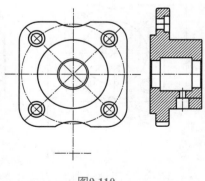

图9.110

9.4.3　尺寸标注

（1）确定标注样式

标注尺寸线之前，需要先确定标注样式。

| 下拉菜单：[标注]→[标注样式(S)] |
| 命令行：DIMSTYLE |

使用"标注样式"命令后，系统弹出"标注样式管理器"，用户可以根据需要对标注样式进行更改。本例中单击"新建"按钮，新建样式，更改"箭头大小"为2.5，"文字高度"为2.5，"文字位置"中"垂直"一栏选择"上"，"文字对齐"选择"ISO标准"，"主单位精度"选择"0"，单击"确定"按钮完成标注样式修改。

（2）尺寸标注

① 标注线性尺寸。将"尺寸线"置为当前图层。首先对主视图、左视图线性尺寸进行标注。

| 下拉菜单：[标注]→[线性] |
| 命令行：DIMLINEAR |

指定第一个尺寸界线原点或〈选择对象〉：（鼠标点击要标注的对象的第一个点）

指定第二个尺寸界线原点：（鼠标点击要标注的对象的第二个点）

指定尺寸线位置或[多行文字(M)/文字(T)/角度(A)/水平(H)/垂直(V)/旋转(R)]：（鼠标点击尺寸线要放的位置）

连续使用"线性尺寸"命令完成线性尺寸的标注。标注结果如图9.111所示。

② 标注直径及半径尺寸。对主视图的圆弧进行标注。

| 下拉菜单：[标注]→[直径] |
| 命令行：DIMDIAMETER |

选择圆弧或圆：（鼠标点击要标注的圆弧）

指定尺寸线位置或[多行文字(M)/文字(T)/角度(A)]：（鼠标点击尺寸线要放的位置）

命令完成圆弧尺寸的标注。标注结果如图9.112所示。

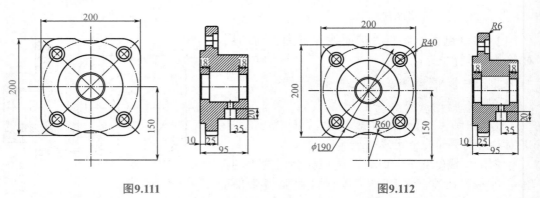

图9.111　　　　　　　　　　　　　　　　图9.112

③ 标注需要添加前缀或扩展名的尺寸。使用"线性尺寸"命令(DLI)，先对需要标

注的对象进行标注，而后对已标注尺寸添加前缀或扩展名。

命令行：DDEDIT(ED)

选择注释对象或[放弃(U)/模式(M)]：(鼠标点击需要更改的尺寸)

系统功能区显示"文字编辑器"，点击输入光标使其位于尺寸测量值之前，输入"%%c"，系统自动切换到直径符号输入，单击"关闭文字编辑器"按钮，前缀添加完成。

前缀可以使用"文字编辑器"根据需要进行添加。绘制结果如图9.113所示。

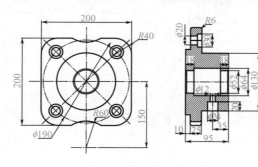

图9.113

④ 标注角度。

下拉菜单：[标注]→[角度]
命令行：DIMANGULAR

选择圆弧、圆、直线或(指定顶点)：(鼠标点击角度标注的第一条直线)

选择第二条直线：(鼠标点击角度标注的第二条直线)

指定标注弧线位置或[多行文字(M)/文字(T)/角度(A)/象限点(Q)]：(鼠标点击尺寸线要放的位置)

命令完成角度尺寸的标注。标注结果如图9.114所示。

⑤ 创建多重引线。

工具栏："多重引线"按钮
命令行：MLEDER

指定引线箭头的位置或[引线基线优先(L)/内容优先(C)/选项(O)]<选项>：(鼠标点击倒角的一个端点)

指定引线基线的位置：(鼠标点击引线放置的位置)

指定引线基线的位置：(鼠标点击图中任意其他位置)

而后使用"多行文字"命令在引线上方添加文字。

工具栏："多行文字"按钮 A
命令行：MTEXT

指定第一角点：(鼠标点击文字放置位置一点)

指定对角点或[高度(H)/对正(J)/行距(L)/旋转(R)/样式(S)/宽度(W)/栏(C)]：(鼠标点击文字放置位置对角点)

输入文本：C2(鼠标单击"关闭文本编辑器")

用户可在"文本编辑器"中调整文字样式。绘制结果如图9.115所示。

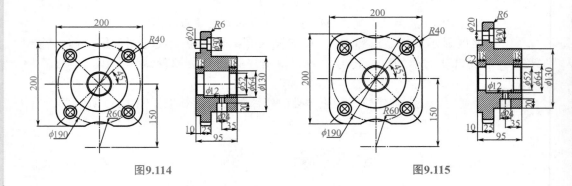

图9.114　　　　　　　　　　　　图9.115

⑥ 标注剖面符号及基准代号。将"粗实线"置为当前图层。使用"直线"命令(L)绘制剖面符号线。而后使用"多行文字"命令为其添加基准代号。

绘制结果如图9.116所示。

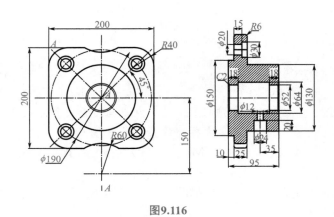

图9.116

9.5　小结与练习

—— 小结 ——

本章介绍了平板类零件"垫板"、回转类零件"轴"、箱体类零件"阀体"和法兰盘类零件"端盖"的绘制方法及步骤，详细介绍了"绘图"工具栏、"修改"工具栏中各命令按钮的使用。通过本章希望读者可以掌握应用命令按钮，快速准确绘制出零件图，提高绘图效率。

—— 练习 ——

1. 绘制如图9.117所示的钻套。

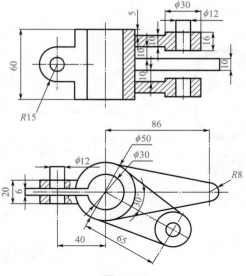

图9.117

2. 绘制如图9.118所示的底座。

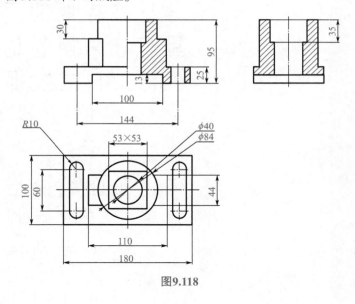

图9.118

10

第10章

机械零件三维图实例

使用AutoCAD进行三维建模，可以全方面地查看模型，自动生成可靠的二维视图，同时可以检查干涉和执行工程分析并提取加工数据，具有非常明显的优势。AutoCAD 2020提供了非常强大的三维建模功能，可让用户使用实体、曲面和网格对象创建图形。本章以上盖、主轴箱下壳和两种机座为例详细介绍了机械零件的三维建模过程。其中实例3和实例4是轴测图，而非真正的三维建模图。

10.1 实例1——上盖

本例将绘制一个如图 10.1 所示的上盖。此零件在绘制过程中用到了"圆""直线""创建面域"等绘图工具，"拉伸""差集""圆柱体""长方体""剖切"建模及实体编辑命令。

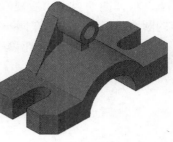

图10.1

10.1.1 设置环境

打开 AutoCAD 2020 软件，单击下拉菜单 [文件] → [新建] 命令或在快速访问工具栏单击"新建"按钮 ，弹出"选择样板"对话框，选择样板后单击"打开"命令，新建一个图形文件，进入三维建模空间。

10.1.2 绘图过程

（1）绘制曲线

利用绘制二维图的方法，绘制如图 10.2 所示的封闭曲线。

（2）创建面域

选择"西南等轴测"视图和"概念"模型。

> 工具栏："面域"按钮
> 命令行：REGION

选择对象：（选择图 10.2 所有曲线）Enter

绘制结果如图 10.3 所示。

（3）拉伸面域

> 工具栏："拉伸"按钮
> 命令行：EXTRUDE

选择要拉伸的对象或 [模式 (MO)]：（选择创建的面域）Enter

指定拉伸的高度或 [方向 (D)/路径 (P)/倾斜角 (T)/表达式 (E)]：15 Enter

绘制结果如图 10.4 所示。

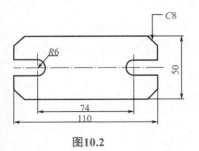

图10.2

图10.3

图10.4

（4）绘制曲线

将视图切换为"后视"，绘制如图10.5所示尺寸的曲线，利用"对象捕捉"使圆弧的圆心与底面的中点在同一竖直线上。

将视图切换为"西南等轴测"。绘制结果如图10.5所示。

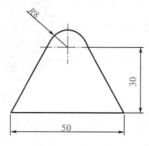 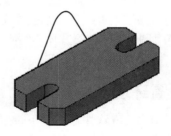

图10.5

（5）拉伸曲面

使用"面域"命令(REG)，将步骤（4）所画曲线创建为一个面域。

使用"拉伸"命令(EXT)，将创建的面域拉伸10mm。绘制结果如图10.6所示。

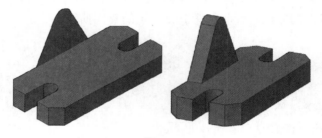

图10.6

（6）绘制圆柱体

在命令行中输入"UCS"命令，将坐标原点放置到图形的左下角。

> 工具栏："圆柱体"按钮🛢
> 命令行：CYLINDER

指定底面的中心点或[三点(3P)/两点(2P)/切点、切点、半径(T)/椭圆(E)]：(47,0,0) Enter

指定底面半径或[直径(D)]：20 Enter

指定高度或[两点(2P)/轴端点(A)]：−50 Enter

使用同样的方法绘制底面中心点为（47,0,0），底面半径为30、高度为−40的圆柱体。

绘制结果如图10.7所示。

（7）剖切圆柱体

> 工具栏："剖切"按钮🛢
> 命令行：SLICE

选择要剖切的对象：[选择步骤(6)中所画的两个圆柱体] Enter

指定切面的起点或[平面对象(O)/曲面(S)/z轴(Z)/视图(V)/xy(XY)/yz(YZ)/zx(ZX)/三点(3)]<三点>：(选择X轴上的任意两点)

在所需的侧面上指定点或[保留两个侧面(B)]<保留两个侧面>：(单击圆柱体的上侧)

绘制结果如图10.8所示。

图10.7 　　　　　　　　　　　　　图10.8

（8）并集运算

工具栏："并集"按钮📦
命令行：UNION

选择对象：(选择除底面半径为20mm的圆柱体外的所有对象)

（9）差集运算

工具栏："差集"按钮📦
命令行：SUBTRACT

选择对象：[选择步骤(8)的并集对象] Enter
选择对象：(选择底面半径为20mm的圆柱体)
绘制结果如图10.9所示。

（10）绘制长方体

在命令行中输入"UCS"命令，将坐标原点移动到（47,30,-32）。

工具栏："长方体"按钮📦
命令行：BOX

指定第一个角点或[中心(C)]：C Enter
指定中心：(0,3,0) Enter
指定角点或[立方体(C)/长度(L)]：L Enter
指定长度：12
指定宽度：6
指定高度：15
绘制结果如图10.10所示。

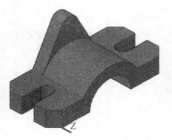

图10.9 图10.10

（11）绘制圆柱体

　　使用"圆柱体"命令(CYL)，捕捉上边圆弧的圆心为底面中心，绘制底面半径为8mm、高度为20mm的圆柱体。捕捉该圆柱体顶面的圆心为底面中心，绘制半径为5mm、高度为−30mm的圆柱体。绘制结果如图10.11所示。

（12）差集运算

　　使用"差集"命令（SUB），挖去底面半径为5mm的圆柱体。绘制结果如图10.12所示。

图10.11 图10.12

10.2 实例2——主轴箱下壳

10.2 视频精讲

　　本例将绘制一个如图10.13所示的主轴箱下壳。它是部件的基础零件，将部件中的轴、套、齿轮等有关零件组装成一个整体。使它们之间保持正确的相互位置，并按照一定的传动关系协调地传递运动或动力。此零件在绘制过程中用到了"圆""直线""修剪"等绘图工具及修改工具和"长方体""圆柱体""拉伸""差集""并集"等建模及实体编辑命令。

10.2.1 设置环境

（1）新建文件

　　打开AutoCAD 2020软件，单击下拉菜单[文件]→[新建]命令或在快速访问工具栏单击"新建"按钮，弹出"选择样板"对话框，选择样板后单击"打开"命令，新建一个图形文件，进入三维建模空间。

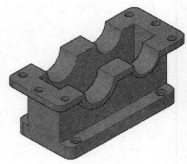

图10.13

（2）转换视图

使用菜单栏[视图]→[三维视图]→[西南等轴测]命令，将视图转换为西南等轴测视图。

10.2.2 绘图过程

① 绘制长方体。使用"长方体"命令，绘制长为100mm、宽为50mm、高度为10mm的长方体。

> 工具栏："长方体"按钮 ▣
> 命令行：BOX

指定第一个角点或[中心(C)]：(鼠标选择合适位置)

指定其他角点或[立方体(C)/长度(L)]：L Enter

指定长度：100 Enter

指定宽度：50 Enter

指定高度或[两点(2P)]：10 Enter

绘制结果如图10.14所示。

② 绘制长方体。使用"长方体"命令(BOX)，利用"极轴追踪"，以距端点10mm的距离处为第一角点，绘制长为100mm、宽为30mm、高度为35mm的长方体。绘制结果如图10.15所示。

图10.14

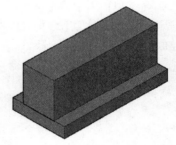

图10.15

③ 绘制长方体。使用"直线"命令(L)，绘制辅助线确定长方体起点，绘制结果如图10.16所示。使用"长方体"命令(BOX)，以辅助线的端点为起点，绘制长为120mm、宽为50mm、高度为5mm的长方体。删除(Delete)辅助线，绘制结果如图10.17所示。

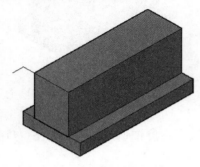

图10.16

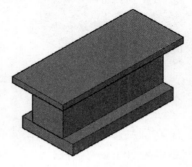

图10.17

④ 绘制辅助线。利用"对象追踪"，使用"直线"命令(L)及"圆"命令(C)，在XY平面内绘制辅助线，绘制结果如图10.18所示。

⑤ 合并轮廓。使用"合并"命令，将绘制的多条轮廓线合并。

工具栏："合并"按钮 ➡
命令行：JOIN

选择源对象或要合并的多个对象：(鼠标选择多段轮廓线) Enter
绘制结果如图10.19所示。

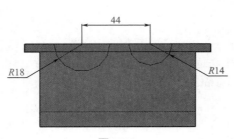

图10.18

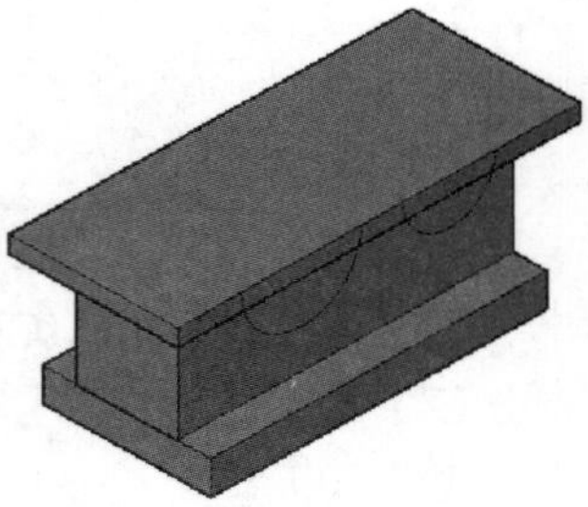

图10.19

⑥ 拉伸轮廓线。使用"拉伸"命令，将 *XY* 平面内轮廓线沿 *Z* 轴向后拉伸50mm。

工具栏："拉伸"按钮 ▣
命令行：EXTRUDE

选择要拉伸的对象或[模式(MO)]：(鼠标选择合并的轮廓线) Enter
指定拉伸的高度或[方向(D)/路径(P)/倾斜角(T)/表达式(E)]：50 Enter
绘制结果如图10.20所示。

⑦ 求并集。使用"并集"命令，将两个拉伸的实体合并。

功能区：[实体编辑]→[并集] ▰
命令行：UNION

选择对象：(鼠标选择两个实体) Enter
删除(Delete)轮廓线，绘制结果如图10.21所示。

图10.20

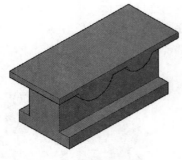

图10.21

⑧ 绘制圆柱体。以上一步确定的中心线的交点为底面圆心，绘制半径为14mm、12mm，高度为50mm的圆柱体。

工具栏："圆柱体"按钮 ▣
命令行：CYLINDER

指定底面的中心点或[三点(3P)/两点(2P)/切点、切点、半径(T)/椭圆(E)]：(选取中心线交点)

指定底面半径或[直径(D)]：14 Enter

指定高度或[两点(2P)/轴端点(A)]：50 Enter

使用同样的方法绘制出底面半径为12mm的圆柱体。绘制结果如图10.22所示。

⑨ 求差集。使用"差集"命令，减去半径为14mm、12mm的圆柱体。

功能区：[实体编辑]→[差集]

命令行：SUBTRACT

选择对象：(鼠标选择步骤⑦绘制的合并体) Enter

选择对象(选择要减去的实体、曲面和面域)：(鼠标选择步骤⑧绘制的圆柱体) Enter

绘制结果如图10.23所示。

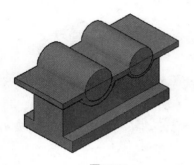
图10.22

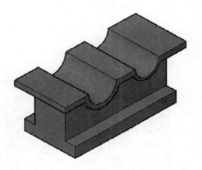
图10.23

⑩ 绘制辅助线。利用"对象追踪"，使用"直线"命令(L)，在 *XY* 平面内绘制辅助线，绘制结果如图10.24所示。

⑪ 绘制长方体。使用"长方体"命令(BOX)，利用"极轴追踪"，以辅助线端点为第一角点，绘制长为90mm、宽为20mm、高度为35mm的长方体。绘制结果如图10.25所示。

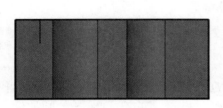
图10.24

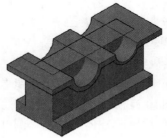
图10.25

⑫ 求差集。使用"差集"命令(SU)，减去上一步绘制的长方体。删除(Delete)辅助线，绘制结果如图10.26所示。

⑬ 绘制圆柱体。使用"圆柱体"命令(CYL)，以距中点5mm的位置为底面圆心，绘制半径为3mm、高度为5mm的圆柱体。绘制结果如图10.27所示。

图10.26

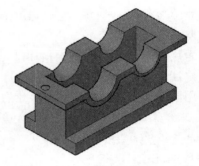

图10.27

⑭　绘制辅助线。利用"对象追踪"，使用"直线"命令(L)，在XY平面内绘制辅助线，绘制结果如图10.28所示。

⑮　绘制圆柱体。使用"圆柱体"命令(CYL)，以辅助线端点为第一角点，绘制半径为3mm、高度为5mm的圆柱体。绘制结果如图10.29所示。

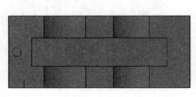

图10.28

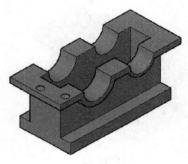

图10.29

⑯　镜像圆柱体。

工具栏："镜像"按钮 ⚖
命令行：MIRROR

选择对象：(鼠标选择需要镜像的圆柱体) Enter
指定镜像线的第一点：(鼠标选择水平中心线上的一点)
指定镜像线的第二点：(鼠标选择水平中心线上的另一点)
要删除源对象吗？[是(Y)/否(N)]<否>：Enter
绘制结果如图10.30所示。

⑰　镜像圆柱体。使用"镜像"命令(MI)，选择垂直中心线，镜像圆柱体。绘制结果如图10.31所示。

⑱　绘制圆柱体。使用"圆柱体"命令(CYL)，以距中点10mm的位置为底面圆心，绘制半径为4mm、高度为3mm的圆柱体及半径为3mm、高度为10mm的圆柱体。绘制结果如图10.32所示。

⑲　求并集。使用"并集"命令(UNI)，将两个圆柱体合并。绘制结果如图10.33所示。

⑳　镜像圆柱体。使用"镜像"命令(MI)，选择垂直中心线及水平中心线，镜像圆柱体。绘制结果如图10.34所示。

㉑　求差集。使用"差集"命令(SU)，减去圆柱体。绘制结果如图10.35所示。

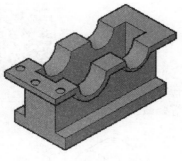

图10.30

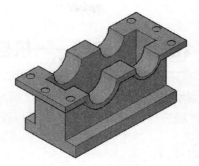

图10.31

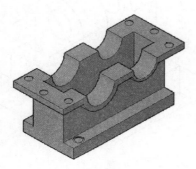

图10.32

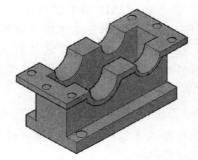

图10.33

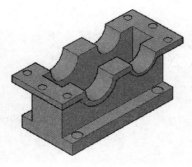

图10.34

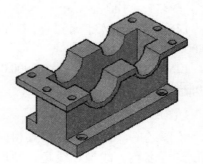

图10.35

㉒ 倒圆角。使用"圆角"命令，对实体进行倒角。

工具栏："圆角"按钮 ⌐
命令行：FILLET

选择第一个对象或[放弃(U)/多线段(P)/半径(R)/修剪(T)/多个(M)]：(鼠标选择倒圆角的一条边)Enter

指定圆角半径或[表达式(E)]：5 Enter

指定边或[链(C)/环(L)/半径(R)]：(鼠标选择倒圆角的其他边)Enter

将棱边倒为半径5mm的圆角。绘制结果如图10.36所示。

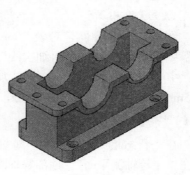

图10.36

10.3 视频精讲

10.3 实例3——机座1

本例将绘制一个如图10.37所示的机座。此机座在绘制过程中用到了"椭圆""直线"等绘图工具以及"修剪""复制"等修改工具。

10.3.1 设置环境

（1）新建文件

打开AutoCAD 2020软件，单击下拉菜单[文件]→[新建]命令或在快速访问工具栏单击"新建"按钮□，弹出"选择样板"对话框，选择样板后单击"打开"命令，新建一个图形文件。

（2）草图设置（设置图形界限）

根据创建零件的尺寸选择合适的作图区域，设置图形界限。

> 下拉菜单：[格式]→[图形界限]
> 命令行：LIMITS

LIMITS 指定左下角点或[开（ON）/关（OFF）]<0.0000,0.0000>：Enter

LIMITS 指定右下角点<0.0000,0.0000>：297,210 Enter

（3）图层设置

绘图之前，根据需要设置相应的图层，还可以进行名称、线型、线宽、颜色等图层特性的设置。

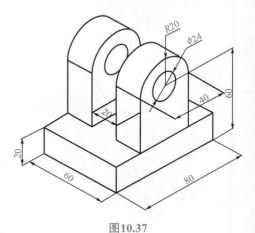

图10.37

> **注意**
>
> 不需图形界限时，可以单击"图形界限"命令后，执行如下操作。
> LIMITS指定左下角点或[开(ON)/关(OFF)]<0.0000,0.0000>：OFF

> 下拉菜单：[格式]→[图层]
> 工具栏："图层特性"
> 命令行：LAYER

弹出"图层特性管理器"对话框，单击"新建"按钮❄，新建"粗实线""中心线""剖面线""尺寸线""细实线""虚线"六个图层，设置"粗实线"线宽为0.5mm，加载"中心线"线型为CENTER2，加载"虚线"线型为DASHED，设置"细实线"线宽为0.25mm。为了更便于查看与区分，可以将不同图层设置为不同颜色。如图10.38所示。

（4）状态栏设置

在"状态栏"中，打开"等轴测草图"，进入等轴测草图绘制环境。通过F5键可以在"左等轴测平面""顶部等轴测平面""右等轴测平面"三个视图界面之间切换。

打开"对象捕捉"□、"对象捕捉追踪"∠、"正交限制"⌐、"极轴追踪"↺，并在

"极轴角设置"中选择"30,60,90,120…"选项。打开"栅格",使"栅格"显示出来。

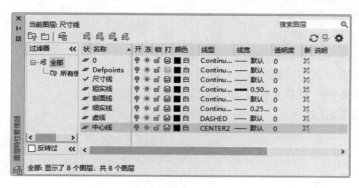

图10.38

10.3.2 绘图过程

① 绘制左面轮廓线。将"粗实线"设置为当前图层,按F5键切换视图界面至"左等轴测平面",使用"直线"命令,绘制轴测图左面轮廓线。

| 工具栏:"直线"按钮／ |
| 命令行:LINE |

指定第一个点:(在合适位置单击鼠标左键)
指定下一个点或[放弃(U)]:(鼠标向上导向)20 Enter
指定下一个点或[放弃(U)]:(鼠标向右导向)60 Enter
指定下一个点或[闭合(C)/放弃(U)]:(鼠标向下导向)20 Enter
指定下一个点或[闭合(C)/放弃(U)]:C Enter

绘制结果如图10.39所示。

② 绘制右面轮廓线。按F5键切换视图界面至"右等轴测平面",使用"直线"命令(L),利用"捕捉"功能,以轮廓线端点为起点,绘制长度为80mm的轴测图右面轮廓线。绘制结果如图10.40所示。

③ 绘制顶部轮廓线。按F5键切换视图界面至"顶部等轴测平面",使用"直线"命令(L),利用"捕捉"功能,以轮廓线端点为起点,绘制轴测图顶部轮廓线。绘制结果如图10.41所示。

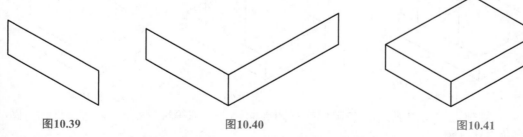

图10.39　　　　　　　　　图10.40　　　　　　　　　图10.41

④ 绘制直线。按F5键切换视图界面至"右等轴测平面",使用"直线"命令(L),利用"捕捉"功能,以距离轮廓线端点20mm处为起点,绘制长为40mm,高为40mm的轴测图右面轮廓线。绘制结果如图10.42所示。

⑤ 绘制椭圆。使用"椭圆"命令，绘制半径为20mm的等轴测圆。

工具栏："椭圆"按钮 ⊙
命令行：ELLIPSE

指定椭圆轴的端点或 [圆弧(A) / 中心点(C) / 等轴测圆(I)] : I Enter
指定等轴测圆的圆心 : (鼠标点击直线段的中点)
指定等轴测圆的半径或 [直径(D)] : 20 Enter
绘制过程如图10.43所示，绘制结果如图10.44所示。

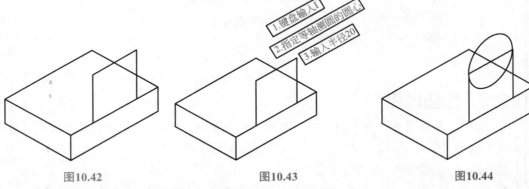

　　图10.42　　　　　　　　　　图10.43　　　　　　　　　　图10.44

⑥ 修剪直线。使用"修剪"命令，修剪多余直线。

工具栏："修剪"按钮 ▸
命令行：TRIM

选择对象或〈全部选择〉: (选取图中直线) Enter
[栏选(F)/ 窗交(C)/ 投影(P)/ 边(E)/ 删除(R)/ 放弃(U)] : (选取图中多余圆弧)
[栏选(F)/ 窗交(C)/ 投影(P)/ 边(E)/ 删除(R)/ 放弃(U)] : Enter
修剪过程如图10.45所示，删除(Delete)多余直线，绘制结果如图10.46所示。

⑦ 绘制椭圆。按F5键切换视图界面至"右等轴测平面"，使用"椭圆"命令(EL)，
选取半圆圆心，绘制半径为10mm的等轴测圆。绘制结果如图10.47所示。

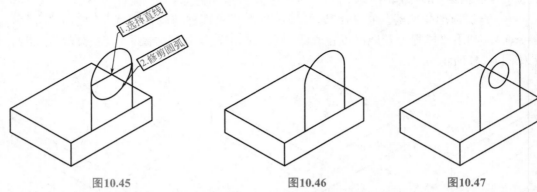

　　图10.45　　　　　　　　　　图10.46　　　　　　　　　　图10.47

⑧ 复制直线及圆弧。按F5键切换视图界面至"顶部等轴测平面"，选择直线与圆
弧，并将其复制。

工具栏："复制"按钮 ⅊
命令行：COPY

选择对象：(鼠标选择直线与圆弧) Enter

指定基点或[位移(D)/模式(O)]：(捕捉直线端点)

指定第二个点或[阵列(A)]：(鼠标向后导向，输入位移距离)20 Enter

复制过程如图10.48所示。绘制结果如图10.49所示。

⑨ 绘制直线并修剪。使用"直线"命令(L)，利用"捕捉"功能，连接两端点及两圆切点。使用"修剪"命令(TR)，修剪多余直线，绘制结果如图10.50所示。

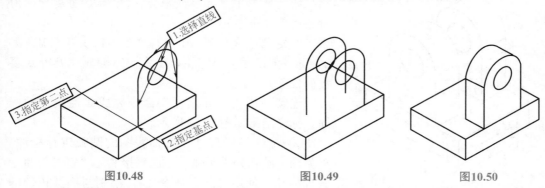

图10.48 图10.49 图10.50

⑩ 复制直线及圆弧。使用"复制"命令(CO)，选择直线与圆弧，并将其复制。修剪多余直线，绘制结果如图10.51所示。

⑪ 绘制底面凹槽。按F5键切换视图界面至"左等轴测平面"，使用"直线"命令(L)，鼠标向右导向，以距离端点15mm处为起点，绘制长为30mm，高为8mm的凹槽轮廓线。按F5键切换视图界面至"顶部等轴测平面"，以凹槽端点为起点，绘制水平线。使用"修剪"命令(TR)，修剪多余直线，绘制结果如图10.52所示。

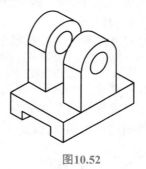

图10.51 图10.52

10.3.3 尺寸标注

（1）确定标注样式

标注尺寸线之前，需要先确定标注样式。

下拉菜单：[标注]→[标注样式(S)]
命令行：DIMSTYLE

使用"标注样式"命令后，系统弹出"标注样式管理器"，用户可以根据需要对标注样式进行更改。本例中单击"新建"按钮，新建样式，更改"箭头大小"为5，"文字高度"为5，"文字位置"中"垂直"一栏选择"上"，"文字对齐"选择"ISO标准"，"主单位精度"选择"0"，单击"确定"按钮完成标注样式修改。

（2）尺寸标注

① 标注对齐尺寸。将"尺寸线"置为当前图层。对轴测图进行对齐尺寸标注。

下拉菜单：[标注]→[对齐]

命令行：DIMALIGNED

指定第一个尺寸界线原点或〈选择对象〉:（鼠标点击要标注的对象的第一个点）

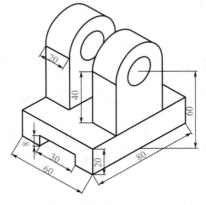

指定第二个尺寸界线原点：（鼠标点击要标注的对象的第二个点）

指定尺寸线位置或[多行文字(M)/文字(T)/角度(A)/水平(H)/垂直(V)/旋转(R)]:（鼠标点击尺寸线要放的位置）

连续使用"对齐尺寸"命令完成线性尺寸的标注。标注结果如图10.53所示。

② 标注半径尺寸。对轴测图的圆弧进行标注。轴测图中圆弧为椭圆弧，不能直接利用"直径"命令进行标注。使用"圆"命令(C)，绘制与椭圆相切的圆，然后使用"半径尺寸"命令进行标注。

图10.53

下拉菜单：[标注]→[半径]/[直径]

命令行：DIMRADIUS（DIMDIAMETER）

选择圆弧或圆：（鼠标点击要标注的圆弧）

指定尺寸线位置或[多行文字(M)/文字(T)/角度(A)]:（鼠标点击尺寸线要放的位置）

命令完成圆弧尺寸的标注，使用"文字编辑器"命令(ED)，对标注尺寸进行修改，完成轴测图中圆的标注。

对已标注尺寸添加前缀或扩展名。

命令行：DDEDIT(ED)

选择注释对象或[放弃(U)/模式(M)]:（鼠标点击需要更改的尺寸）

系统功能区显示"文字编辑器"，更改尺寸，单击"关闭文字编辑器"按钮，前缀添加完成。绘制过程如图10.54所示，标注结果如图10.55所示。

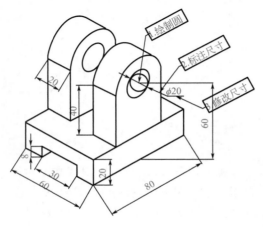

图10.54

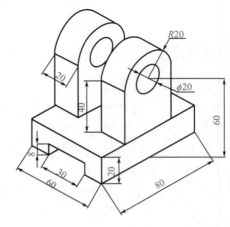

图10.55

③ 倾斜尺寸。使用"倾斜"命令(DED)，倾斜标注尺寸，完成尺寸标注。

选择对象：(鼠标点击已标注尺寸) Enter

输入倾斜角度(按ENTER表示无)：30°（或 –30°）Enter

完成"倾斜"命令后，尺寸界线倾斜，符合标注要求。但尺寸数字仍不正确。

打开[格式]→[文字样式]，如图10.56所示，新建两个新样式，样式名为"30""–30"，分别设置倾斜角为"30""–30"。

使用"文字编辑器"命令(ED)，倾斜尺寸数字。绘制结果如图10.57所示。

图10.56

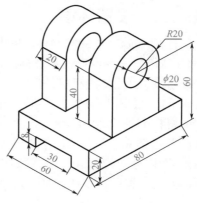

图10.57

④ 分解尺寸。使用"分解"命令(DED)，分解标注尺寸，并将其尺寸线旋转。完成半径及直径的旋转。

选择对象：(鼠标点击已标注尺寸) Enter

完成"分解"命令后，使用"旋转"命令(RO)，将尺寸界线及尺寸数字旋转30°。

工具栏："旋转"按钮↻

命令行：ROTATE

选择对象：(鼠标选择尺寸界线及尺寸数字) Enter

指定基点：(选择尺寸线端点)

指定旋转角度，或[复制(C)/参照(R)]：30 Enter

旋转过程如图10.58所示，绘制结果如图10.59所示。

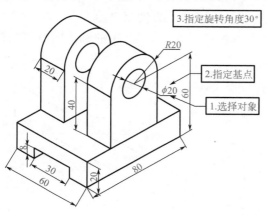

图10.58

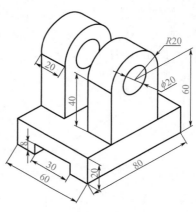

图10.59

10.4 实例4——机座2

10.4 视频精讲

本例将绘制一个如图10.60所示的机座。此机座在绘制过程中用到了"椭圆""直线"等绘图工具以及"修剪""复制"等修改工具。

10.4.1 设置环境

打开 AutoCAD 2020软件，单击菜单栏[文件]→[新建]命令或在快速访问工具栏单击新建按钮口，弹出"选择样板"对话框，选择样板后单击"打开"命令，新建一个图形文件。

根据创建零件的尺寸选择合适的作图区域，单击菜单栏[格式]→[图形界限]，设置图形界限为<297，210>，并按照10.3.1小节所述方式设置图层及状态栏。

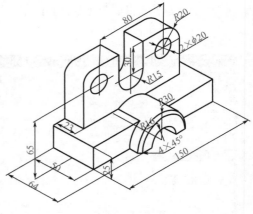

图10.60

10.4.2 绘图过程

① 绘制左面轮廓线。将"粗实线"设置为当前图层，按F5键切换视图界面至"左等轴测平面"，使用"直线"命令，绘制轴测图左面轮廓线。

工具栏："直线"按钮✐
命令行：LINE

指定第一个点：(在合适位置单击鼠标左键)
指定下一个点或[放弃(U)]：(鼠标向上导向)25 Enter
指定下一个点或[放弃(U)]：(鼠标向右导向)50 Enter
指定下一个点或[闭合(C)/放弃(U)]：(鼠标向下导向)25 Enter
指定下一个点或[闭合(C)/放弃(U)]：C Enter
绘制结果如图10.61所示。

② 绘制右面轮廓线。按F5键切换视图界面至"右等轴测平面"，使用"直线"命令(L)，利用"捕捉"功能，以轮廓线端点为起点，绘制长为150的轴测图右面轮廓线。绘制结果如图10.62所示。

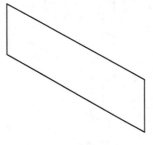

图10.61

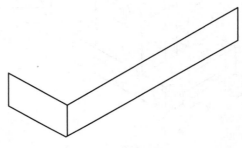

图10.62

③ 绘制顶部轮廓线。按F5键切换视图界面至"顶部等轴测平面"，使用"直线"命令(L)，利用"捕捉"功能，以轮廓线端点为起点，绘制轴测图顶部轮廓线。绘制结果如图10.63所示。

④ 绘制直线。按F5键切换视图界面至"右等轴测平面"，使用"直线"命令(L)，利用"捕捉"功能，以距离轮廓线端点15mm处为起点，绘制长为120mm，高为60mm的轴测图右面轮廓线。绘制结果如图10.64所示。

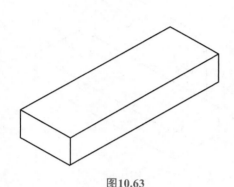

图10.63

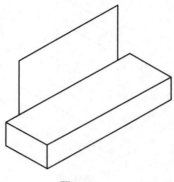

图10.64

⑤ 复制直线。选择直线，并将其复制。

工具栏："复制"按钮   命令行：COPY

选择对象：(鼠标选择直线) Enter
指定基点或[位移(D)/模式(O)]：(捕捉直线端点)
指定第二个点或[阵列(A)]：(鼠标向后导向，输入位移距离)20 Enter

复制过程如图10.65所示。重复使用"复制"命令，并将复制的直线转换为"中心线"层，完成右等轴测平面直线的复制。绘制结果如图10.66所示。

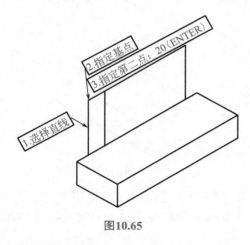

图10.65

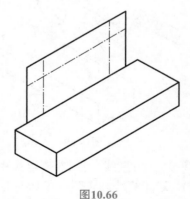

图10.66

⑥ 绘制椭圆等轴测图。使用"椭圆"命令，绘制半径为20mm的等轴测圆。

工具栏："椭圆"按钮   命令行：ELLIPSE

指定椭圆轴的端点或[圆弧(A)/中心点(C)/等轴测圆(I)]：I Enter
指定等轴测圆的圆心：（鼠标点击直线段的中点）
指定等轴测圆的半径或[直径(D)]：20 Enter
绘制过程如图10.67所示，绘制结果如图10.68所示。

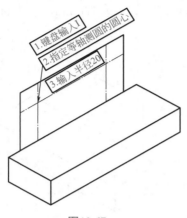
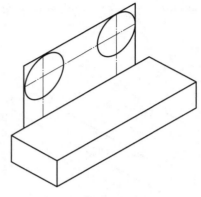

图10.67　　　　　　　　　　　　　　　图10.68

⑦ 修剪直线与圆弧。使用"修剪"命令，修剪多余直线及圆弧。

工具栏："修剪"按钮
命令行：TRIM

选择对象或<全部选择>：（选取图中直线）Enter
[栏选(F)/窗交(C)/投影(P)/边(E)/删除(R)/放弃(U)]：（选取图中多余圆弧）
[栏选(F)/窗交(C)/投影(P)/边(E)/删除(R)/放弃(U)]：Enter
修剪过程如图10.69所示，删除(Delete)多余直线，绘制结果如图10.70所示。

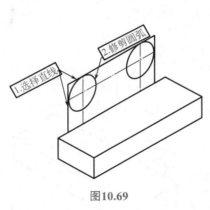

图10.69　　　　　　　　　　　　　　　图10.70

⑧ 复制直线。按F5键切换视图界面至"顶部等轴测平面"，使用"复制"命令(CO)，选择直线与圆弧，鼠标向前导向，将其复制到距离端点23mm的位置。绘制结果如图10.71所示。

⑨ 绘制直线并修剪。使用"直线"命令(L)，利用"捕捉"功能，连接两端点及两圆切点。使用"修剪"命令(TR)，修剪多余直线，删除(Delete)被遮挡的轮廓线，绘制结果如图10.72所示。

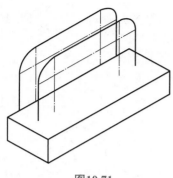

图10.71

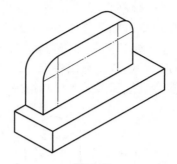

图10.72

⑩ 绘制椭圆。按F5键切换视图界面至"右等轴测平面",使用"椭圆"命令(EL),选取半圆圆心,绘制半径为10mm的等轴测圆。过圆心绘制垂直中心线,将中心线调整至合适长度。绘制结果如图10.73所示。

⑪ 复制直线。使用"复制"命令(CO),选择直线,鼠标向下导向,将其复制到距离端点30mm的位置。使用"直线"命令(L),过中点,绘制竖直直线。将两条垂直直线转换为"中心线"层,并将其调整至合适长度。绘制结果如图10.74所示。

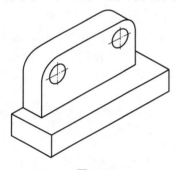

图10.73

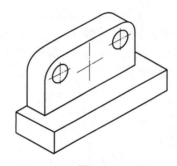

图10.74

⑫ 绘制椭圆及其切线。使用"椭圆"命令(EL),选取中心线交点为圆心,绘制半径为15mm的等轴测圆。使用"直线"命令(L),以中心线与圆的交点为端点,绘制直线。使用"修剪"命令(TR),修剪多余直线和圆弧,绘制结果如图10.75所示。

⑬ 复制直线及圆弧。按F5键切换视图界面至"顶部等轴测平面",使用"复制"命令(CO),选择直线与圆弧,并将其复制。绘制结果如图10.76所示。

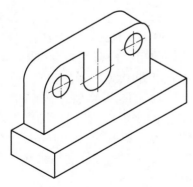

图10.75

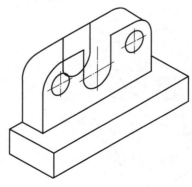

图10.76

⑭ 绘制直线并修剪。使用"直线"命令(L)，以端点为起点绘制直线。使用"修剪"命令(TR)，修剪多余直线和圆弧，绘制结果如图10.77所示。

⑮ 绘制椭圆并修剪。按F5键切换视图界面至"右等轴测平面"，使用"椭圆"命令(EL)，选取轮廓线中点，绘制半径为30mm的等轴测圆。使用"修剪"命令(TR)，修剪多余直线和圆弧，绘制结果如图10.78所示。

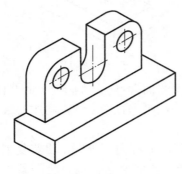

图10.77

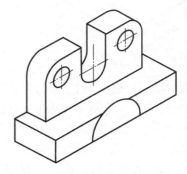

图10.78

⑯ 复制直线及圆弧。按F5键切换视图界面至"顶部等轴测平面"，使用"复制"命令(CO)，选择圆弧，以交点为端点，鼠标向后导向，输入27mm，复制圆弧，鼠标向前导向，输入10mm，复制圆弧。按F5键切换视图界面至"右等轴测平面"，使用"椭圆"命令(EL)，以距离圆心14mm的位置绘制椭圆。绘制结果如图10.79所示。

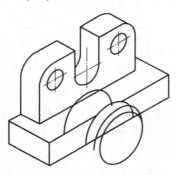

图10.79

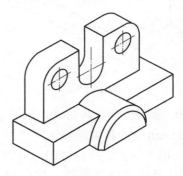

图10.80

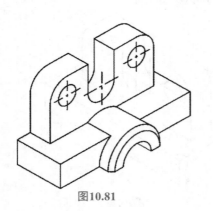

图10.81

⑰ 绘制直线并修剪。按F5键切换视图界面至"顶部等轴测平面"，使用"直线"命令(L)，以端点为起点，绘制直线。使用"修剪"命令(TR)，修剪多余圆弧，绘制结果如图10.80所示。

⑱ 绘制椭圆等轴测图并修剪。按F5键切换视图界面至"右等轴测平面"，使用"椭圆"命令(EL)，选取轮廓线中点，绘制半径为16mm的等轴测圆。使用"修剪"命令(TR)，修剪多余直线和圆弧，绘制结果如图10.81所示。

10.5 小结与练习

── 小结 ──

本章讲述了上盖、主轴箱下壳两个零件的三维实体模型和两种机座的轴测图的绘制方法，通过绘制过程希望读者熟悉三维操作界面、熟练掌握坐标系的建立、轴测图的绘制及其标注方法。

── 练习 ──

1. 绘制如图 10.82 所示的阀体，具体尺寸自定。

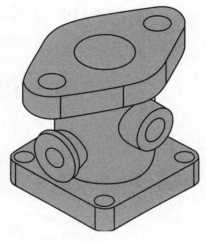

图10.82

2. 绘制如图 10.83 所示支座的轴测图并进行标注。

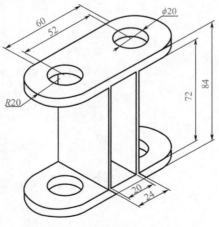

图10.83

11

电动机控制电路图

本章介绍以"并励直流电动机启动控制电路"为代表的电动机驱动控制电路、以"三相交流电动机正/反转控制电路"为代表的电动机正反转控制电路和以"三相交流电动机调速控制电路"为代表的电动机调速电路的详细绘制过程，并在绘制过程中以图块形式插入本章11.1节绘制的电动机控制电路图中最常用的元器件的图形符号，使用户了解常用电动机控制电路图并熟悉其绘制方法。

11.1　实例1——常用电子电路元器件

本例将详细讲解电子电路中一些常用元器件（如图11.1～图11.14所示）的绘制方法。

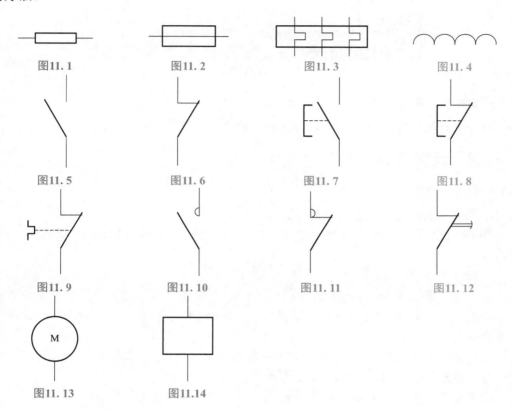

图11.1	图11.2	图11.3	图11.4
图11.5	图11.6	图11.7	图11.8
图11.9	图11.10	图11.11	图11.12
图11.13	图11.14		

11.1.1　设置环境

（1）新建文件

打开AutoCAD 2020软件，单击下拉菜单[文件]→[新建]或在快速访问工具栏单击"新建"按钮，弹出"选择样板"对话框，选择样板后单击"打开"命令，新建一个图形文件。

（2）图层设置

绘图之前，根据需要设置相应的图层，还可以进行名称、线型、线宽、颜色等图层特性的设置。

单击"图层"面板中的"图层特性"按钮。弹出"图层特性管理器"对话框，单击"新建"按钮，新建"元件符号""虚线"两个图层，线宽为默认，加载"虚线"线型为DASHED。为了更便于查看与区分，可以将不同图层设置为不同颜色。如图11.15所示。

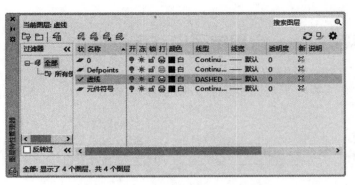

图11.15

（3）状态栏设置

打开"对象捕捉" □、"对象捕捉追踪" ∠和"正交限制光标" ㄴ。

11.1.2 绘图过程

（1）绘制"电阻器"

① 将"元件符号"设置为当前图层。

② 绘制矩形。使用"矩形"命令（REC），绘制一个长为12mm、宽为3mm的矩形。

> 工具栏："矩形"按钮□
>
> 命令行：RECTANG

指定第一个角点或［倒角（C）/标高（E）/圆角（F）/厚度（T）/宽度（W）］:（鼠标单击合适位置）

指定另一个角点或［面积（A）/尺寸（D）/旋转（R）］: D Enter

指定矩形的长度<12.0000>: 12 Enter

指定矩形的宽度<8.0000>: 3 Enter

指定另一个角点或［面积（A）/尺寸（D）/旋转（R）］:（鼠标单击右下方任意一点）

绘制结果如图11.16所示。

③ 绘制直线。使用"直线"命令（L），绘制两条长为5mm的水平直线。

> 工具栏："直线"按钮／
>
> 命令行：LINEG

指定第一个点:（使用"捕捉"功能捕捉矩形左竖直边的中点，并将鼠标向左移动）

指定下一点或［放弃（U）］: 5 Enter

指定下一点或［放弃（U）］: Enter

使用同样的方法，以矩形右竖直边的中点为起点，向右绘制长度为5mm的水平直线。绘制结果如图11.17所示。

图11.16   图11.17

（2）绘制"熔断器"

① 绘制矩形。使用"矩形"命令（REC），绘制一个长为20mm、宽为8mm的矩形。绘制结果如图11.18所示。

② 绘制直线。使用"直线"命令（L），分别捕捉矩形两竖直边的中点作为起点和终点，绘制一条水平直线。绘制结果如图11.19所示。

③ 拉长直线。使用"拉长"命令（LEN），将绘制的水平直线分别向两端拉长5mm。

工具栏："拉长"按钮／
命令行：LENGTHEN

选择要测量的对象或[增量（DE）/百分比（P）/总计（T）/动态（DY）]＜总计（T）＞：DE Enter

输入长度增量或[角度（A）]＜0.0000＞：5 Enter

选择要修改的对象或[放弃（U）]：（鼠标单击水平直线左半部分任意一点）

选择要修改的对象或[放弃（U）]：（鼠标单击水平直线右半部分任意一点）

选择要修改的对象或[放弃（U）]：Enter

结果如图11.20所示。

图11.18 　　　　　　　图11.19 　　　　　　　图11.20

（3）绘制"热继电器"

① 绘制矩形。使用"矩形"命令（REC），绘制一个长为50mm、宽为12mm的矩形。绘制结果如图11.21所示。

② 分解矩形。使用"分解"命令（EXPLODE），将矩形分解成四条独立的直线。

工具栏："分解"按钮
命令行：EXPLODE

选择对象：（鼠标单击矩形上任意一点）

选择对象：Enter

③ 偏移直线。使用"偏移"命令（O），将矩形上水平边向下偏移4mm。

工具栏："偏移"按钮
命令行：OFFSET

指定偏移距离或[通过（T）/删除（E）/图层（L）]＜通过＞：4 Enter

选择要偏移的对象，或[退出（E）/放弃（U）]＜退出＞：（鼠标单击矩形上水平边上任意一点）

指定要偏移的那一侧上的点，或[退出（E）/多个（M）/放弃（U）]＜退出＞：（鼠标单击矩形上水平边下方任意一点）

选择要偏移的对象，或[退出（E）/放弃（U）]＜退出＞：Enter

使用同样的方法，将矩形下水平边向上偏移4mm，将矩形左竖直边分别以距离10mm、16mm向右偏移两次。结果如图11.22所示。

④ 修剪图形。使用"修剪"命令（TR）修剪如图11.22所示图形。

> 工具栏："修剪"按钮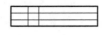
> 命令行：TRIM

结果如图11.23所示。

图11.21   图11.22   图11.23

⑤ 拉长直线。使用"拉长"命令（LEN），将如图11.24所示所选两条直线分别向外拉长5mm。结果如图11.25所示。

⑥ 复制图形。使用"复制"命令（CO），将如图11.25所示所选五条直线向右复制两次，间距为15mm。

> 工具栏："复制"按钮
> 命令行：COPY

选择对象：（框选如图11.25所示所选五条直线）
选择对象：Enter
当前设置：复制模式 = 多个
指定基点或[位移（D）/模式（O）]＜位移＞：（鼠标单击任意一点并向右移动鼠标）
指定第二个点或[阵列（A）]＜使用第一个点作为位移＞：15 Enter
指定第二个点或[阵列（A）/退出（E）/放弃（U）]＜退出＞：30 Enter
指定第二个点或[阵列（A）/退出（E）/放弃（U）]＜退出＞：Enter
结果如图11.26所示。

图11.24   图11.25   图11.26

（4）绘制"电感器"

① 绘制圆弧。使用"圆弧"命令（A），绘制一条上半圆弧。

> 工具栏："圆弧（圆心，起点，端点）"按钮
> 命令行：ARC

指定圆弧的起点或[圆心（C）]：C Enter
指定圆弧的圆心：（鼠标单击合适位置，并将鼠标向右移动）
指定圆弧的起点：3 Enter
指定圆弧的端点（按住 Ctrl 键以切换方向）或[角度（A）/弦长（L）]：（鼠标单击圆心左侧任意一点）
绘制结果如图11.27所示。

② 复制圆弧。使用"复制"命令（CO），将圆弧向右复制三次。

> 工具栏："复制"按钮
> 命令行：COPY

选择对象：（鼠标单击圆弧上任意一点）[Enter]

当前设置：复制模式 ＝ 多个

指定基点或［位移（D）/模式（O）］＜位移＞：（鼠标单击圆弧左端点）

指定第二个点或［阵列（A）］＜使用第一个点作为位移＞：（使用"捕捉"功能捕捉圆弧右端点）

指定第二个点或［阵列（A）/退出（E）/放弃（U）］＜退出＞：（使用"捕捉"功能捕捉新圆弧右端点）

指定第二个点或［阵列（A）/退出（E）/放弃（U）］＜退出＞：[Enter]

结果如图11.28所示。

图11.27　　　　　　　　图11.28

（5）绘制"动合（常开）触点""动断（常闭）触点"

① 绘制直线。使用"直线"命令（L），绘制一条长为10mm的竖直直线。

② 复制直线。使用"复制"命令（CO），将竖直直线向下复制，输入距离为23。结果如图11.29所示。

使用同样的方法，以任意一点为基点，将如图11.29所示图形复制到合适位置，结果如图11.32所示。

③ 绘制斜直线。打开"极轴追踪"⟳，鼠标右击"极轴追踪"，在"极轴角设置"中选择"30，60，90，120…"。使用"直线"命令（L），绘制一条长为16mm，与水平方向夹角为120°的斜直线。

> 工具栏："直线"按钮╱
> 命令行：LINE

指定第一个点：（使用"捕捉"功能捕捉竖直直线2的上端点，移动鼠标使极轴追踪到120°）

指定下一点或［放弃（U）］：16 [Enter]

指定下一点或［放弃（U）］：[Enter]

绘制过程如图11.30所示，绘制结果如图11.31所示。

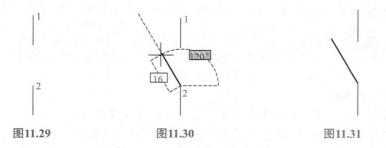

图11.29　　　　　　图11.30　　　　　　　　图11.31

使用同样的方法，绘制一条长为16mm，与水平方向夹角为60°的斜直线。绘制过程如图11.33所示，绘制结果如图11.34所示。

④ 绘制直线。打开"正交限制光标" ⌐。使用"直线"命令（L），绘制一条长为8mm的水平直线。绘制结果如图11.35所示。

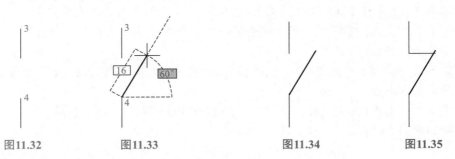

图11.32　　　　　　图11.33　　　　　　　　　图11.34　　　　　　　图11.35

（6）绘制"按钮开关"

"具有动合触点且自动复位的按钮开关"：

① 复制"动合触点"图形。使用"复制"命令（CO），以任意一点为基点，将如图11.31所示"动合触点"图形复制到合适位置。

② 将"虚线"设置为当前图层。

③ 绘制直线。使用"直线"命令（L），绘制一条长为9mm的水平直线。绘制结果如图11.36所示。

④ 将"元件符号"设置为当前图层。

⑤ 绘制多段线。使用"多段线"命令（PL），绘制一条L形的多段线。

工具栏："多段线"按钮 ⇒
命令行：PLINE

指定起点：(鼠标捕捉虚线的左端点，并将鼠标向下移动)

指定下一个点或[圆弧（A）/半宽（H）/长度（L）/放弃（U）/宽度（W）]：6 Enter（将鼠标向右移动）

指定下一点或[圆弧（A）/闭合（C）/半宽（H）/长度（L）/放弃（U）/宽度（W）]：3 Enter

指定下一点或[圆弧（A）/闭合（C）/半宽（H）/长度（L）/放弃（U）/宽度（W）]：Enter

绘制结果如图11.37所示。

⑥ 镜像图形。使用"镜像"命令（MI），镜像如图11.37所示图形中的多段线。

工具栏："镜像"按钮 ⚠
命令行：MIRROR

选择对象：(鼠标单击多段线上任意一点)

选择对象：Enter

指定镜像线的第一点：(使用"捕捉"功能捕捉虚线左端点)

指定镜像线的第二点：(使用"捕捉"功能捕捉虚线右端点)

要删除源对象吗？[是（Y）/否（N）]＜否＞：Enter

结果如图11.38所示。

图11.36   图11.37   图11.38

绘制"具有动断触点且自动复位的按钮开关":

① 复制"动断触点"图形。使用"复制"命令（CO），以任意一点为基点，将如图11.35所示"动断触点"图形复制到合适位置。

② 复制图形。使用"复制"命令（CO），以如图11.39所示虚线右端点为基点、如图11.40所示斜直线中点为目标点，将两条多段线和一条虚线复制到步骤①所得图形中。结果如图11.41所示。

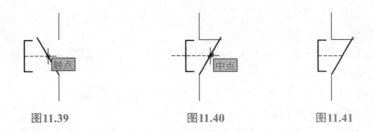

图11.39   图11.40   图11.41

（7）绘制"热继电器的动断触点"

① 复制"动断触点"图形。使用"复制"命令（CO），以任意一点为基点，将如图11.35所示"动断触点"图形复制到合适位置。

② 绘制多段线。使用"多段线"命令（PL），绘制一条如图11.42所示⌐形的多段线，其中直线1、2、3、4、5的长度分别为2.5mm、2.5mm、3 mm、2.5 mm、2.5 mm。

③ 将"虚线"设置为当前图层。

④ 绘制虚线。使用"直线"命令（L），捕捉"动断触点"图形斜直线中点为起点向左绘制一条长度为14.5mm的水平虚线。绘制结果如图11.43所示。

⑤ 移动多段线。关闭"正交限制光标"⌐。使用"移动"命令（M），将步骤②绘制的多段线移动到步骤③绘制的虚线的正左侧。

| 工具栏："移动"按钮✛ |
| 命令行：MOVE |

选择对象：（鼠标框选步骤②绘制的多段线）

选择对象：|Enter|

指定基点或[位移（D）]<位移>:（使用"捕捉"功能捕捉如图11.42所示直线3的中点）

指定第二个点或<使用第一个点作为位移>:（使用"捕捉"功能，捕捉虚线的左端点）

结果如图11.44所示。

图11.42   图11.43   图11.44

（8）绘制"接触器主触点"

绘制"接触器主动合触点"：

① 复制图形。使用"复制"命令（CO），以任意一点为基点，将如图11.31所示图形复制到合适位置。

② 将"元件符号"设置为当前图层。

③ 绘制圆弧。使用"圆弧"命令（A），绘制一条左半圆弧。

工具栏："圆弧（起点，圆心，端点）"按钮⌒
命令行：ARC

指定圆弧的起点或[圆心（C）]:（使用"捕捉"功能捕捉上面一条竖直直线的下端点，并将鼠标向上移动）

指定圆弧的第二个点或[圆心（C）/端点（E）]: C Enter

指定圆弧的圆心 : 1.5 Enter

指定圆弧的端点（按住Ctrl键以切换方向）或[角度（A）/弦长（L）]:（按住Ctrl 键，鼠标单击竖直直线上任意一点）

绘制结果如图11.45所示。

绘制"接触器主动断触点"：

① 复制图形。使用"复制"命令（CO），以任意一点为基点，将如图11.35所示图形复制到合适位置。

② 复制并镜像圆弧。使用"复制"命令（CO）和"镜像"命令（MI），将接触器主动合触点图形中的半圆弧添加到接触器主动断触点图形中，结果如图11.46所示。

（9）绘制"延时动断（常闭）触点"

① 复制图形。使用"复制"命令（CO），以任意一点为基点，将如图11.35所示图形复制到合适位置。

② 绘制圆弧。使用"圆弧"命令（A）绘制一条圆弧。

工具栏："圆弧（三点圆弧）"按钮⌒
命令行：ARC

指定圆弧的起点或[圆心（C）]:（鼠标单击合适位置）

指定圆弧的第二个点或[圆心（C）/端点（E）]:（鼠标单击合适位置）

指定圆弧的端点 :（鼠标单击合适位置）

绘制结果如图11.47所示。

③ 绘制直线。打开"正交限制光标"⌐。使用"直线"命令（L），绘制两条水平直线。绘制结果如图11.48所示。

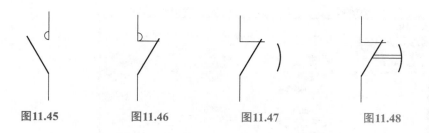

图11.45   图11.46   图11.47   图11.48

（10）绘制"接触器线圈"

① 绘制矩形。使用"矩形"命令（REC），绘制一个长为20mm、宽为12mm的矩形。绘制结果如图11.49所示。

② 绘制直线。分别捕捉矩形上/下水平边的中点作为起点，向上/下绘制两条长为5mm的竖直直线。绘制结果如图11.50所示。

（11）绘制"电动机"

① 绘制圆。使用"圆"命令（C），绘制一个半径为8mm的圆。

> 工具栏："圆"按钮⊙
> 命令行：CIRCLE

指定圆的圆心或［三点（3P）/两点（2P）/切点、切点、半径（T）］:（鼠标单击合适位置）

指定圆的半径或［直径（D）］: 8 Enter

绘制结果如图11.51所示。

② 绘制直线。分别捕捉圆的上/下象限点作为起点，向上/下绘制两条长为5mm的竖直直线。绘制结果如图11.52所示。

图11.49   图11.50   图11.51   图11.52

③ 设置文字样式。切换到"注释"功能区，单击"文字"面板右下角 ↘ 按钮，弹出"文字样式"对话框。将文字样式"Standard"置为当前并设置高度为6，单击［应用］→［关闭］，如图11.53所示。

> 菜单栏：[文字]→[文字样式（ST）]
> 命令行：STYLE

④ 添加文字。使用"多行文字"命令（MT）。在圆内部添加文字"M"。

> 工具栏："多行文字"按钮A
> 命令行：MTEXT

结果如图11.54所示。

图11.53

图11.54

11.1.3 创建图块

为了使各元器件能在本章其他实例中被引用，使用"写块"命令（WBLOCK）（"插入"功能区→"创建块"下拉菜单）创建各元器件的图块，并以图形文件的形式写入磁盘。

（1）创建"电阻器"图块

① 单击"写块"按钮，弹出如图11.55所示的对话框。

> 工具栏："写块"按钮
> 命令行：WBLOCK

② 设置文件名和路径。

③ 拾取点。使用"捕捉"功能捕捉电阻器的矩形短边中点作为基点，如图11.56所示。

图11.55

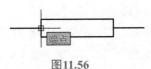

图11.56

④ 选择对象：框选如图11.17所示图形后按 Enter 键。

⑤ 单击"确定"，图块创建成功。

（2）创建其他图块

使用同样的方法分别框选如图11.20、图11.26、图11.28、图11.31、图11.35、图11.38、图11.41、图11.44、图11.45、图11.46、图11.48、图11.50、图11.54所示图形创建"熔断器""热继电器""电感器""动合触点""动断触点""具有动合触点且自动复位的按钮开关""具有动断触点且自动复位的按钮开关""热继电器的动断触点""接触器主动合触点""接触器主动断触点""延时动断触点""接触器线圈""电动机"图块。

11.2 视频精讲

11.2 实例2——并励直流电动机启动控制电路

图11.57所示为某种并励直流电动机启动控制电路图。合上电源开关QS后，励磁绕组WS获电励磁，欠电流继电器线圈KA和时间继电器线圈KT获电，主触点KA-1闭合，延时闭合触点KT-1瞬时断开。按下启动按钮SB2，动合触点KM1-1闭合，接触器KM1线圈获电；主触点KM1-2、KM1-3、KM1-4闭合，直流电动机串电阻器R低速启动运转；动断触点KM1-5断开，线圈KT断电，一段时间后延时闭合触点KT-1复位闭合，接触器线圈KM2获电，主触点KM2-1闭合将电阻器R短接，电动机在全压下运行。

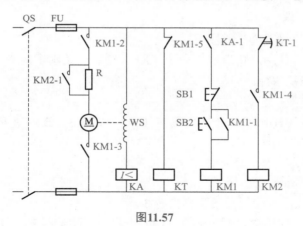

图11.57

11.2.1 设置环境

（1）新建文件

打开AutoCAD 2020软件，单击下拉菜单[文件]→[新建]或在快速访问工具栏单击"新建"按钮□，弹出"选择样板"对话框，选择样板后单击"打开"命令，新建一个图形文件。

（2）图层设置

单击"图层"面板中的"图层特性"按钮。弹出"图层特性管理器"对话框，单击"新建"按钮，新建"构造线""连接线""虚线""元件符号""注释文字"五个图层，线宽为默认，加载"虚线"线型为DASHED。为了更便于查看与区分，可以将不同图层设置为不同颜色。如图11.58所示。

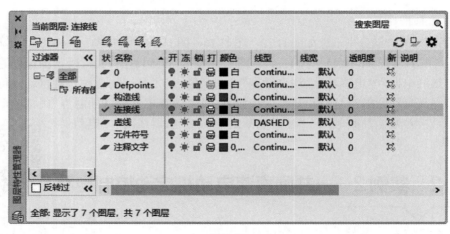

图11.58

（3）状态栏设置

打开"对象捕捉" 、"对象捕捉追踪" 和"正交限制光标" 。

11.2.2　绘图过程

（1）绘制电路图框架

① 将"构造线"设置为当前图层。

② 绘制构造线。使用"构造线"命令（XL）绘制一条水平构造线。

工具栏："构造线"按钮

命令行：XLINE

指定点或[水平（H）/垂直（V）/角度（A）/二等分（B）/偏移（O）]:（鼠标单击任意位置）

指定通过点:（向右移动鼠标并在合适位置单击）

指定通过点: Enter

使用同样的方法，再绘制一条竖直构造线。

③ 复制构造线。使用"复制"命令（CO），将竖直构造线向右复制。

工具栏："复制"按钮

命令行：COPY

选择对象:（鼠标单击竖直构造线上任意一点）Enter

当前设置：复制模式 = 多个

指定基点或[位移（D）/模式（O）]<位移>:（鼠标单击竖直构造线上任意一点，并向右移动鼠标）

指定第二个点或[阵列（A）]<使用第一个点作为位移>: 30 Enter

指定第二个点或[阵列（A）/退出（E）/放弃（U）]<退出>: Enter

使用同样的方法再复制出6条竖直构造线和6条水平构造线，其中6条竖直构造线从左到右间距依次为50mm、40mm、40mm、50mm、50mm、30mm，6条水平构造线的间距均为30mm。结果如图11.59所示。

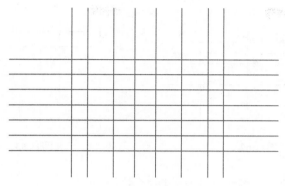

图11.59

（2）在插入元器件图块

将"元件符号"设置为当前图层。

插入"熔断器"图块：

① 加载"熔断器"图块。切换到"插入"功能区，单击[插入]→[其他图形中的块]，弹出"选择图形文件"对话框，选择11.1.3节中创建的"熔断器"图块后单击"打开"，弹出如图11.60所示对话框，"熔断器"图块被成功加载到块库中。

② 插入"熔断器"图块。勾选"重复放置"，鼠标右击如图11.61中"熔断器.dwg"图标，选择"插入"插入到合适位置，结果如图11.62所示。

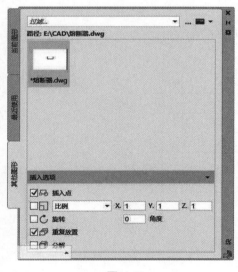

图11.60

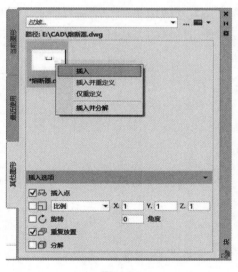

图11.61

插入"动合触点"图块：

① 加载"动合触点"图块。单击图11.61中"显示文件导航对话框"按钮 ，选择11.1.3节中创建的"动合触点"图块后单击"打开"。

② 插入"动合触点"图块。取消勾选"重复放置"，勾选"旋转"，鼠标右击"动合触点.dwg"图标，选择"插入"插入到如图11.63所示位置；指定旋转角度为90°，结果如图11.64所示。

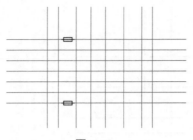

图11.62

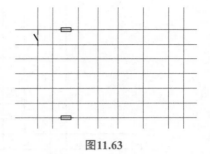

图11.63

③ 复制"动合触点"图块。结果如图11.65所示。

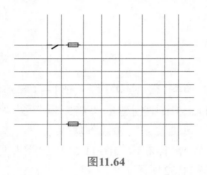

图11.64

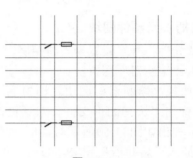

图11.65

插入其他图块：

使用同样的方法插入其他图块。结果如图11.66所示。

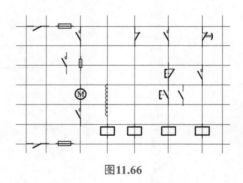

图11.66

（3）元器件图形完善

完善"电感器"的绘制：

① 分解"电感器"图块。使用"分解"命令（EXPLODE），将图11.66中的"电感器"图块分解成四个独立的半圆。

工具栏："分解"按钮
命令行：EXPLODE

选择对象：（鼠标单击下方电感器上任意一点）

选择对象：Enter

② 删除最下方的半圆。

③ 移动"电感器"图形。使用"移动"命令（M），将电感器图形移动到电动机的正右侧。

> 工具栏："移动"按钮❖
>
> 命令行：MOVE

选择对象：(鼠标框选"电感器"图块和3个半圆)

选择对象：$\boxed{\text{Enter}}$

指定基点或[位移（D）] <位移>：(使用"捕捉"功能捕捉如图11.67所示中间半圆的左象限点)

指定第二个点或<使用第一个点作为位移>：(使用"捕捉"功能，使移动基点与电动机圆的右象限点在同一条直线上，如图11.68所示)

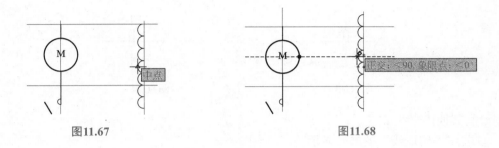

图11.67　　　　　　　　　　　　　　　图11.68

完善"并励直流电动机"的绘制：

① 绘制直线。使用"直线"命令（L），绘制电动机内部实线。绘制结果如图11.69所示。

② 将"虚线"设置为当前图层。

③ 绘制直线。使用"直线"命令（L），绘制电动机内部虚线。绘制结果如图11.70所示。

图11.69　　　　　　　　图11.70

（4）绘制连接线

连接"具有动合触点且自动复位的按钮开关"和"动合触点"：

① 将"连接线"设置为当前图层。

② 绘制直线。使用"直线"命令（L），将如图11.71所示"具有动合触点且自动复位的按钮开关"图块和"动合触点"图块连接起来。

> 工具栏："直线"按钮／
>
> 命令行：LINE

指定第一个点：(使用"捕捉"功能捕捉"按钮开关"图块的上端点)

指定下一点或[放弃（U）]：（使用"捕捉"功能捕捉"动合触点"图块的上端点）

指定下一点或[放弃（U）]：Enter

绘制结果如图11.72所示。

图11.71   图11.72

连接"接触器主动合触点"和"电阻器"：

绘制直线。使用"直线"命令（L），将如图11.73所示"接触器主动合触点"图块和"电阻器"图块连接起来。绘制结果如图11.74所示。

图11.73   图11.74

绘制其他连接线：

① 关闭"构造线"图层的显示。

② 绘制直线。使用"直线"命令（L），将各元器件连接起来。绘制结果如图11.75所示。

③ 将"虚线"设置为当前图层。

④ 绘制虚线。使用"直线"命令（LINE），在电动机和电感器两动合触点之间绘制虚线以连接。绘制结果如图11.76所示。

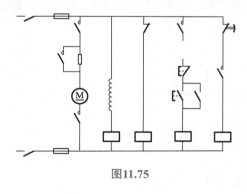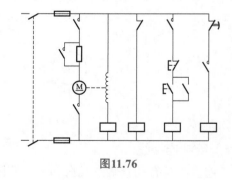

图11.75   图11.76

11.2.3 添加文字注释

（1）创建文字样式

切换到"注释"功能区，单击"文字"面板右下角 按钮，弹出"文字样式"对话框。

菜单栏：[文字]→[文字样式(ST)]

命令行：STYLE

新建文字样式"并励直流电动机启动电路"，设置"高度"为6并单击"置为当前"按钮 置为当前(C) （此时如图11.77所示窗口中"取消"按钮 取消 自动切换为"关闭"按钮 关闭(C) ），单击"关闭"按钮 关闭(C) ，如图11.77所示。

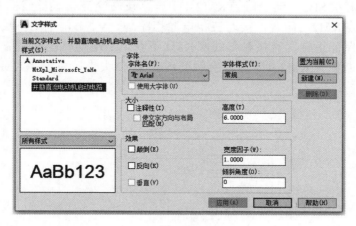

图11.77

（2）添加文字

① 将"注释文字"设置为当前图层。

② 使用"多行文字"命令（MT），为该并励直流电动机启动电路添加文字注释。结果如图11.78所示。

工具栏："多行文字"按钮A

命令行：MTEXT

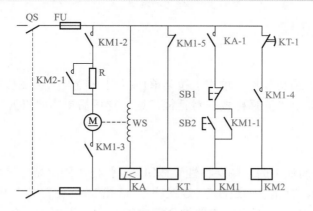

图11.78

11.3 实例3——三相交流电动机正/反转控制电路

11.3 视频精讲

图11.79所示为某种三相交流电动机正/反转限位点动控制电路图。合上电源开

关QS接通三相电源。按下按钮开关SB1，动合触点KM1-1闭合，正转交流接触器线圈KM1获电，接触器主动合触点KM1-2闭合，接通三相电源相序U、V、W，电动机正转；动断触点KM1-3断开，保证反转交流接触器线圈KM2不获电；电动机驱动对象达到一定条件后接触器主动断触点KM1-4断开，接触器线圈KM1失电，主触点KM1-2复位断开，电动机停止；动断触点KM1-3复位闭合，为电动机反转做准备。按下按钮开关SB2，动合触点KM2-1闭合，反转交流接触器线圈KM2获电，接触器主动合触点KM2-2闭合，接通三相电源相序W、V、U，电动机反转；动断触点KM2-3断开，保证正转交流接触器线圈KM1不获电；电动机驱动对象达到一定条件后接触器主动断触点KM2-4断开，接触器线圈KM2失电，主触点KM2-2复位断开，电动机停止。

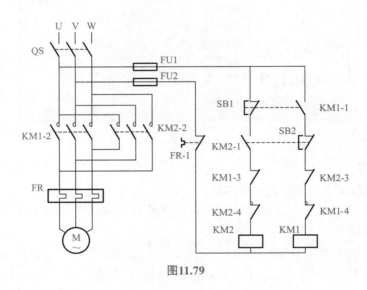

图11.79

11.3.1　设置环境

（1）新建文件

打开AutoCAD 2020软件，单击下拉菜单[文件]→[新建]或在快速访问工具栏单击"新建"按钮 ，弹出"选择样板"对话框，选择样板后单击"打开"命令，新建一个图形文件。

（2）图层设置

单击"图层"面板中的"图层特性"按钮 。弹出"图层特性管理器"对话框，单击"新建"按钮 ，新建"构造线""连接线""虚线""元件符号""注释文字"五个图层，线宽为默认，加载"虚线"线型为DASHED。为了更便于查看与区分，可以将不同图层设置为不同颜色。如图11.80所示。

（3）状态栏设置

打开"对象捕捉" 、"对象捕捉追踪" 和"正交限制光标" 。

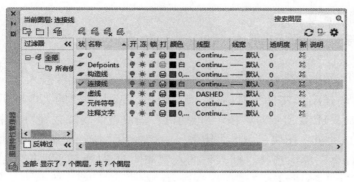

图11.80

11.3.2 绘图过程

（1）绘制电路图框架

①将"构造线"设置为当前图层。

②绘制构造线。使用"构造线"命令（XL），绘制一条竖直构造线。

> 工具栏："构造线"按钮 ⟋
>
> 命令行：XLINE

指定点或[水平（H）/垂直（V）/角度（A）/二等分（B）/偏移（O）]：（鼠标单击任意位置）

指定通过点：（向下移动鼠标并在合适位置单击）

指定通过点： Enter

③复制构造线。使用"复制"命令（CO），将竖直构造线向右复制。

> 工具栏："复制"按钮 ⌗
>
> 命令行：COPY

选择对象：（鼠标单击竖直构造线上任意一点） Enter

当前设置：复制模式 = 多个

指定基点或[位移（D）/模式（O）]＜位移＞：（鼠标单击竖直构造线上任意一点，并向右移动鼠标）

指定第二个点或[阵列（A）]＜使用第一个点作为位移＞：15 Enter

指定第二个点或[阵列（A）/退出（E）/放弃（U）]＜退出＞： Enter

使用同样的方法再复制出7条竖直构造线，从左到右间距依次为15mm、25mm、15mm、15mm、40mm、50mm、50mm。结果如图11.81所示。

图11.81

（2）插入元器件图块

将"元件符号"设置为当前图层。

插入"电动机"图块：

① 加载"电动机"图块。切换到"插入"功能区，单击[插入 ⊡]→[其他图形中的块]，弹出"选择图形文件"对话框，选择11.1.3节中创建的"电动机"图块后单击"打开"，弹出如图11.82所示对话框，"电动机"图块被成功加载到块库中。

② 插入"电动机"图块。勾选"比例"并切换为"统一比例"，鼠标右击如图11.83中"电动机.dwg"图标，选择"插入"插入到如图11.84所示合适位置；指定比例因子为1.5，结果如图11.85所示。

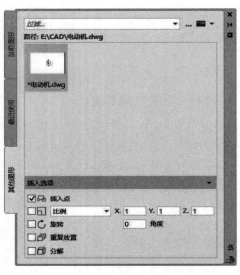

图11.82　　　　　　　　　　　　图11.83

图11.84

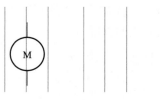

图11.85

插入其他图块：

使用同样的方法插入其他图块。结果如图11.86所示。

注意

　　"熔断器"图块插入后缩放为原来的0.5倍,其他元器件图块不缩放。

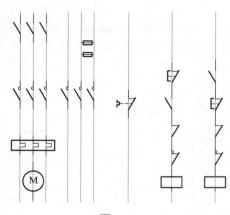

图11.86

（3）元器件图形完善

　　使用"分解"命令（EXPLODE）分解如图11.85中"电动机"图块。

| 工具栏："分解"按钮🗗 |
| 命令行：EXPLODE |

　　选择对象:（鼠标单击"电动机"图块上任意一点）

　　选择对象：Enter

　　使用同样的方法分解两个"具有动断触点且自动复位的按钮开关"图块。

　　完善"三相交流电动机"的绘制：

　　使用"删除"命令（E），将如图11.85所示"电动机"图形圆下方的竖直直线删除。结果如图11.87所示。

| 工具栏："删除"按钮🖉 |
| 命令行：ERASE |

（4）绘制连接线

　　连接"具有动断触点且自动复位的按钮开关"和"动合触点"：

　　延伸虚线。使用"延伸"命令（EX）延伸两个"具有动断触点且自动复位的按钮开关"图形中的虚线使其与各自对应的"动合触点"图形连接起来。结果如图11.88所示。

| 工具栏："延伸"按钮⊐ |
| 命令行：EXTEND |

图11.87

图11.88

　　绘制其他连接线：

　　① 将"连接线"设置为当前图层。

　　② 关闭"构造线"图层的显示。

　　③ 绘制直线。使用"直线"命令（L），将各元器件连接起来。绘制结果如图11.89所示。

④ 将"虚线"设置为当前图层。

⑤ 绘制虚线。使用"直线"命令（L），绘制虚线以连接各动合触点以及接触器主动合触点。绘制结果如图11.90所示。

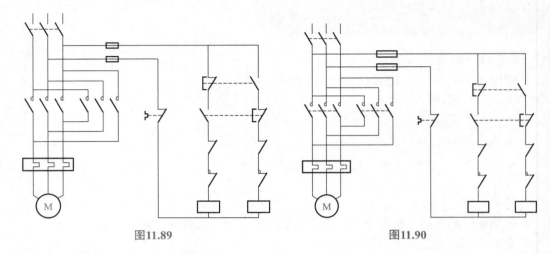

图11.89   图11.90

11.3.3　添加文字注释

（1）创建文字样式

① 切换到"注释"功能区，单击"文字"面板右下角 ↘ 按钮，弹出"文字样式"对话框。

菜单栏：[文字]→[文字样式(ST)]
命令行：STYLE

② 新建文字样式"三相交流电动机正反转控制电路"，设置"高度"为6并单击"置为当前"按钮 置为当前(C) ，单击"关闭"按钮 关闭(C) ，如图11.91所示。

图11.91

（2）添加文字

① 将"注释文字"设置为当前图层。

② 使用"多行文字"命令（MT），为该三相交流电动机正反转控制电路添加文字注释。结果如图11.92所示。

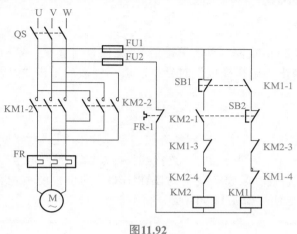

图11.92

11.4 视频精讲

11.4 实例4——三相交流电动机调速控制电路

如图11.93所示为某种三相交流电动机调速控制电路图。合上电源开关QS接通三相电源。按下低速运转控制动合按钮开关SB1-2，动断按钮开关SB1-1断开，接触器线圈KM1获电，动合触点KM1-2闭合自锁，接触器主动合触点KM1-1闭合，三相交流电动机定子绕组做△形连接，开始低速运转。按下高速运转控制动断按钮开关SB2-2，接触

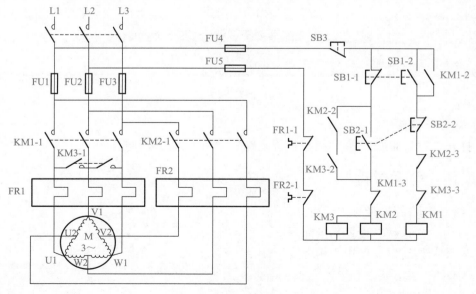

图11.93

器线圈KM1失电释放，主动合触点KM1-1断开；同时动合按钮开关SB2-1闭合，接触器线圈KM2和KM3获电，动合触点KM2-2和KM3-2闭合自锁，主动合触点KM2-1和KM3-1闭合，三相交流电动机定子绕组做双Y形连接，开始高速运转。

11.4.1　设置环境

（1）新建文件

　　打开AutoCAD 2020软件，单击下拉菜单［文件］→［新建］或在快速访问工具栏单击"新建"按钮，弹出"选择样板"对话框，选择样板后单击"打开"命令，新建一个图形文件。

（2）图层设置

　　单击"图层"面板中的"图层特性"按钮。弹出"图层特性管理器"对话框，单击"新建"按钮，新建"构造线""连接线""虚线""元件符号""注释文字"五个图层，线宽为默认，加载"虚线"线型为DASHED。为了更便于查看与区分，可以将不同图层设置为不同颜色。如图11.94所示。

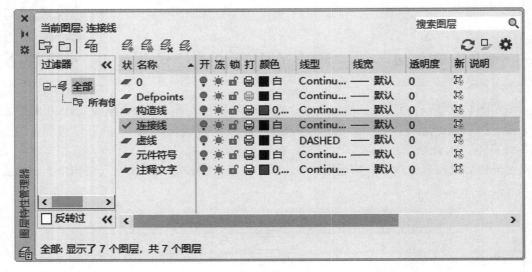

图11.94

（3）状态栏设置

　　打开"对象捕捉"、"对象捕捉追踪"和"正交限制光标"。

11.4.2　绘图过程

（1）绘制电路图框架

　　① 将"构造线"设置为当前图层。

　　② 绘制构造线。使用"构造线"命令（XL），绘制一条竖直构造线。

工具栏："构造线"按钮

命令行：XLINE

指定点或［水平（H）/垂直（V）/角度（A）/二等分（B）/偏移（O）］:（鼠标单击任意位置）

指定通过点:（向下移动鼠标并在合适位置单击）

指定通过点:Enter

③ 复制构造线。使用"复制"命令（CO），将竖直构造线向右复制。

工具栏:"复制"按钮⅗
命令行: COPY

选择对象:（鼠标单击竖直构造线上任意一点）Enter

当前设置:复制模式 = 多个

指定基点或［位移（D）/模式（O）］＜位移＞:（鼠标单击竖直构造线上任意一点，并向右移动鼠标）

指定第二个点或［阵列（A）］＜使用第一个点作为位移＞:30 Enter

指定第二个点或［阵列（A）/退出（E）/放弃（U）］＜退出＞:Enter

使用同样的方法再复制出9条竖直构造线，从左到右间距依次为30mm、50mm、30mm、30 mm、50 mm、30 mm、30 mm、40mm、15mm。结果如图11.95所示。

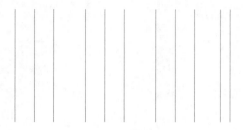

图11.95

（2）绘制"三相交流电动机定子绕组"图形

① 将"元件符号"设置为当前图层。

② 绘制圆。使用"圆"命令（C），绘制一个半径为24mm的圆。

工具栏:"圆"按钮⊙
命令行: CIRCLE

指定圆的圆心或［三点（3P）/两点（2P）/切点、切点、半径（T）］:（鼠标单击合适位置）

指定圆的半径或［直径（D）］: 24 Enter

③ 绘制正三角形。使用"多边形"命令（POL），绘制半径为24mm的圆的内接三角形。

工具栏:"多边形"按钮⌂
命令行: POLYGON

指定正多边形的中心点或［边（E）］: 3 Enter

输入选项［内接于圆（I）/外切于圆（C）］＜I＞: I

指定圆的半径:（使用"捕捉"功能捕捉圆的上象限点）

绘制结果如图11.96所示。

④ 加载"电感器"图块。切换到"插入"功能区，单击[插入

图11.96

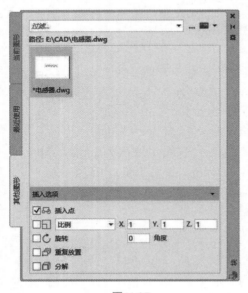] → [其他图形中的块]，弹出"选择图形文件"对话框，选择11.1.3节中创建的"电感器"图块后单击"打开"，弹出如图11.97所示对话框，"电感器"图块被成功加载到块库中。

⑤ 插入"电感器"图块。勾选"比例"并切换为"统一比例"，勾选"旋转"，鼠标右击图11.98中"电感器.dwg"图标，选择"插入"插入到合适位置，指定比例因子为0.6，旋转角度为180°，结果如图11.99所示。

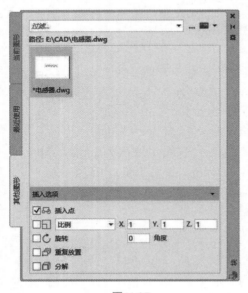
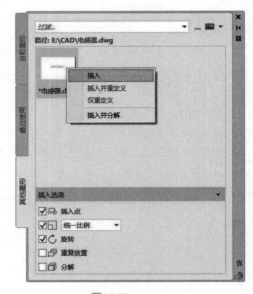

图11.97　　　　　　　　　　　　图11.98

⑥ 镜像"电感器"图块。使用"镜像"命令（MI），镜像"电感器"图块。

工具栏："镜像"按钮 ⚠
命令行：MIRROR

选择对象：（鼠标单击"电感器"图块上任意一点）
选择对象： Enter
指定镜像线的第一点：（使用"捕捉"功能捕捉圆心）
指定镜像线的第二点：（使用"捕捉"功能捕捉正三角形底边中点）
要删除源对象吗？［是（Y）/否（N）］＜否＞： Enter
结果如图11.100所示。

⑦ 阵列"电感器"图块。使用"环形阵列"命令（ARRAYPOLAR），将"电感器"图块添加到步骤②绘制的正三角的其他两条边上。

工具栏："阵列"按钮 ▒
命令行：ARRAYPOLAR

选择对象：（鼠标依次单击两个"电感器"上任意一点）
选择对象： Enter
指定阵列的中心点或［基点（B）/旋转轴（A）］：（使用"捕捉"功能捕捉圆心）
选择夹点以编辑阵列或［关联（AS）/基点（B）/项目（I）/项目间角度（A）/填

充角度（F）/行（ROW）/层（L）/旋转项目（ROT）/退出（X）]〈退出〉: I Enter

输入阵列中的项目数或 [表达式（E）]〈6〉: 3 Enter

极轴	项目数:	3	行数:	1	级别:	1	关联	基点	旋转项目	方向	关闭阵列
	介于:	120	介于:	4732.8448	介于:	1					
	填充:	360	总计:	4732.8448	总计:	1					
类型	项目		行 ▾		层级		特性				关闭

选择夹点以编辑阵列或 [关联（AS）/基点（B）/项目（I）/项目间角度（A）/填充角度（F）/行（ROW）/层（L）/旋转项目（ROT）/退出（X）]〈退出〉: Enter

结果如图 11.101 所示。

⑧ 修剪图形。使用"修剪"命令（TR）修剪如图 11.101 所示图形。结果如图 11.102 所示。

工具栏："修剪"按钮 ⌇
命令行: TRIM

图11.99

图11.100

图11.101

图11.102

⑨ 插入"三相交流电动机定子绕组图形"。使用"移动"命令（M），将如图 11.102 所示绘制的"三相交流电动机定子绕组图形"移动到电路图框架中合适位置。

工具栏："移动"按钮 ✛
命令行: MOVE

选择对象:（鼠标框选如所示图形）

选择对象: Enter

指定基点或 [位移（D）]〈位移〉:（使用"捕捉"功能捕捉圆心）

指定第二个点或〈使用第一个点作为位移〉:（使用"捕捉"功能，捕捉如图 11.94 中从左数第二条构造线上一点）

结果如图 11.103 所示。

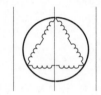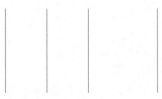

图11.103

（3）插入元器件图块

使用同样的方法插入其他图块，结果如图 11.104 所示。

"热继电器"图块插入后缩放为原来的2倍，其他元器件图块不缩放。

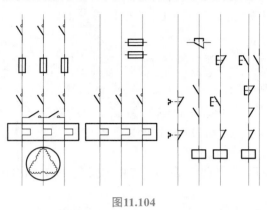

图11.104

（4）绘制连接线

①将"连接线"设置为当前图层。

②关闭"构造线"图层的显示。

③绘制直线。使用"直线"命令（L），将各元器件连接起来。绘制结果如图11.105所示。

④将"虚线"设置为当前图层。

⑤绘制虚线。使用"直线"命令（L），绘制虚线以连接各动合触点。绘制结果如图11.106所示。

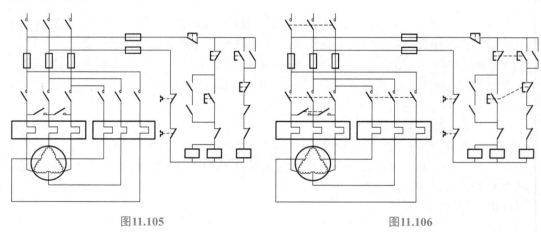

图11.105   图11.106

11.4.3 添加文字注释

（1）创建文字样式

①切换到"注释"功能区，单击"文字"面板右下角 ┗ 按钮，弹出"文字样式"对话框。

菜单栏：[文字]→[文字样式（ST）]
命令行：STYLE

② 新建文字样式"三相交流电动机调速控制电路",设置"高度"为6并单击"置为当前"按钮 置为当前(C),单击"关闭"按钮 关闭(C),如图11.107所示。

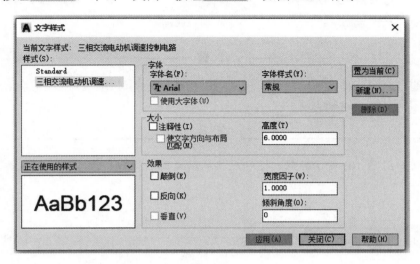

图11.107

（2）添加文字

① 将"注释文字"设置为当前图层。

② 使用"多行文字"命令（MT），为该三相交流电动机调速控制电路添加文字注释。结果如图11.108所示。

工具栏："多行文字"按钮A
命令行：MTEXT

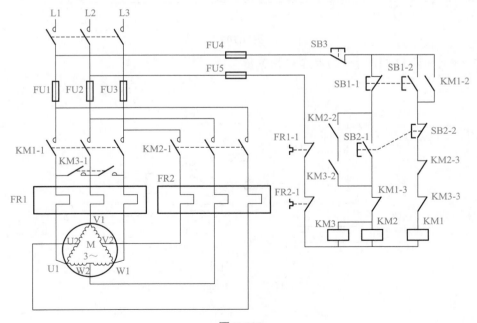

图11.108

11.5 小结与练习

小结

　　本章通过介绍三种典型的电动机控制电路的详细绘制过程，使用户了解常用电动机控制电路图并熟悉其绘制方法。

练习

　　1. 绘制如图11.109所示的双向运转反接制动电路。

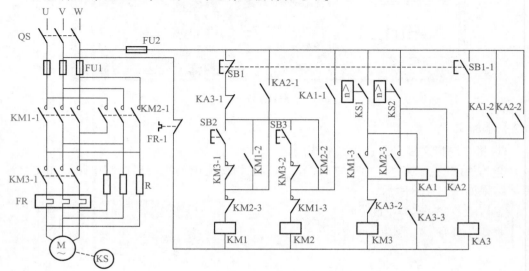

图11.109

　　2. 绘制如图11.110所示的电容断相保护电路。

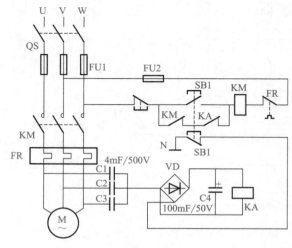

图11.110

12

第12章

其他实用电路图

本章介绍了以"Z35摇臂钻床电路"为代表的机床设备控制电路和以"阶梯波信号发生器电路"为代表的脉冲电路的详细绘制方法。

12.1　实例1——Z35摇臂钻床电路

图12.1所示为某种Z35摇臂钻床电路图。合上开关QS接通三相电源。交流接触器线圈KM1获电，接触器主动合触点KM1-1闭合，主轴电动机M1供电。达到一定条件后，常开限位开关SQ2-1闭合，常闭限位开关SQ2-2断开，接触器线圈KM2获电，相应的动合触点KM2-1闭合自锁，动断触点KM2-2断开，主触点KM2-3闭合，主轴电动机M2开始正向运转，摇臂上升。达到一定条件后，常开限位开关SQ3-1闭合，常闭限位开关SQ3-2断开，接触器线圈KM3获电，相应的动合触点KM3-1闭合自锁，动断触点KM3-2断开，接触器主动合触点KM3-3闭合，主轴电动机M2开始反向运转，摇臂下降。按下按钮开关SB1，其动断触点KM4-1断开，同时线圈KM4获电，相应的动断触点KM4-2断开，主触点KM4-3闭合，电动机M3开始正向运转，立柱夹紧。按下按钮开关SB2，其动合触点KM5-1闭合，同时线圈KM5获电，相应的动断触点KM5-2断开，主触点KM5-3闭合，电动机M3开始反向运转，立柱松开。

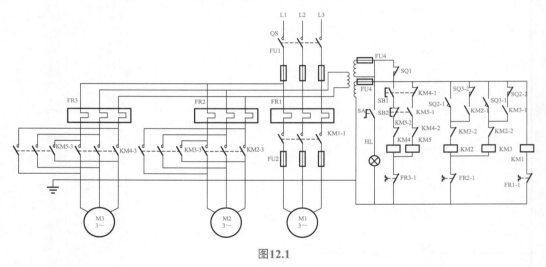

图12.1

12.1.1　设置环境

（1）新建文件

打开AutoCAD 2020软件，单击下拉菜单[文件]→[新建]或在快速访问工具栏单击"新建"按钮，弹出"选择样板"对话框，选择样板后单击"打开"命令，新建一个图形文件。

（2）图层设置

单击"图层"面板中的"图层特性"按钮。弹出"图层特性管理器"对话框，单击"新建"按钮，新建"辅助线""连接线""虚线""元件符号""注释文字"五个图层，线宽为默认，加载"辅助线"和"虚线"线型为DASHED。了更便于查看与区分，可以将不同图层设置为不同颜色。如图12.2所示。

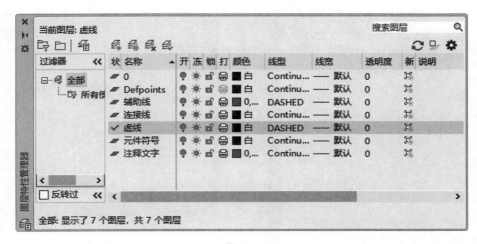

图12.2

（3）状态栏设置

打开"对象捕捉"、"对象捕捉追踪"和"正交限制光标"。

12.1.2　绘图过程

（1）绘制主轴电机电路

① 将"元件符号"设置为当前图层。

② 绘制圆。使用"圆"命令（C），绘制一个半径为24mm的圆。

工具栏："圆"按钮⊙

命令行：CIRCLE

指定圆的圆心或[三点（3P）/两点（2P）/切点、切点、半径（T）]：（鼠标单击合适位置）

指定圆的半径或[直径（D）]：24 Enter

插入元器件图块：

① 加载"熔断器"图块。切换到"插入"功能区，单击[插入] → [库中的块]，弹出"为块库选择文件夹或文件"对话框，选择11.1.3节中创建的"熔断器"图块后单击"打开"，弹出如图12.3所示对话框，"熔断器"图块被成功加载到块库中。

② 插入"熔断器"图块。勾选"旋转"，鼠标右击图12.4所示"熔断器.dwg"图标，选择"插入"插入到圆心上方60mm处，指定旋转角度为90°。

指定插入点或[基点（B）/比例（S）/X/Y/Z/旋转（R）]：（使用"捕捉"功能捕捉圆心后竖直向上移动鼠标并输入距离）60 Enter

指定旋转角度<0>：90 Enter

结果如图12.5所示。

使用同样的方法插入"接触器主动合触点"图块和"热继电器"图块。结果如图12.6所示。

指定"热继电器"图块的比例因子为2。

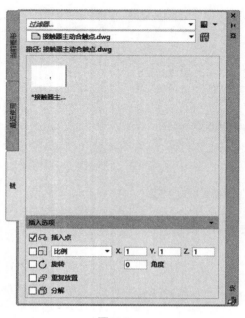

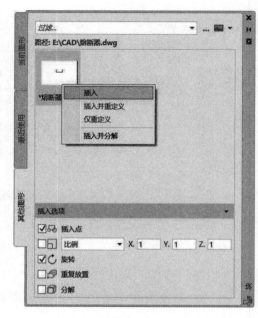

图12.3　　　　　　　　　　　　　图12.4

③ 复制图块。使用"复制"命令（CO），将"熔断器"和"接触器主动合触点"图块向上复制，距离为140mm。

工具栏："复制"按钮
命令行：COPY

选择对象：（鼠标依次单击"熔断器"和"接触器主动合触点"图块上任意一点）
选择对象：Enter
当前设置：复制模式=多个
指定基点或［位移（D）/模式（O）］〈位移〉：（鼠标单击任意一点并向上移动鼠标）
指定第二个点或［阵列（A）］〈使用第一个点作为位移〉：140 Enter
指定第二个点或［阵列（A）/退出（E）/放弃（U）］〈退出〉：Enter
结果如图12.7所示。
绘制主轴电机电路连接线：
① 将"连接线"设置为当前图层。
② 绘制直线。使用"直线"命令（L），绘制"熔断器"图块和"热继电器"图块之间的连接线。

工具栏："直线"按钮
命令行：LINE

指定第一个点：（使用"捕捉"功能捕捉"熔断器"图块的下端点）
指定下一点或［放弃（U）］：（使用"捕捉"功能捕捉"热继电器"图块的上端点）
指定下一点或［放弃（U）］：Enter
使用同样的方法绘制连接"熔断器"和圆之间的连接线。绘制结果如图12.8所示。
③ 复制图形。使用"复制"命令（CO），将"熔断器"和"接触器主动合触点"图块以及绘制的两条直线分别向左、向右复制。结果如图12.9所示。

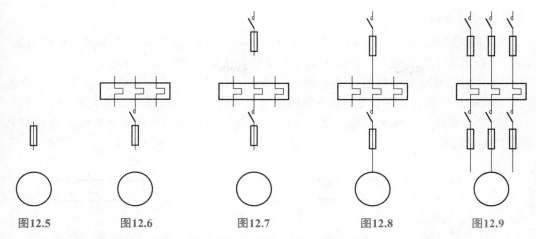

图12.5   图12.6   图12.7   图12.8   图12.9

④ 绘制斜直线。打开"极轴追踪" ，在"极轴角设置"中选择"30，60，90，120…"。使用"直线"命令（L），绘制一条与水平方向夹角为150°的斜直线。绘制过程如图12.10所示，绘制结果如图12.11所示。

指定第一个点：（使用"捕捉"功能捕捉如所示直线1的下端点）

指定下一点或［放弃（U）］：（使用"捕捉"功能捕捉如所示150°极轴方向圆的"最近点"）

指定下一点或［放弃（U）］：Enter

⑤ 镜像斜直线。使用"镜像"命令（MI），镜像绘制的斜直线。

工具栏："镜像"按钮 ⚒
命令行：MIRROR

选择对象：（鼠标单击斜直线上任意一点）

选择对象：Enter

指定镜像线的第一点：（使用"捕捉"功能捕捉圆的上象限点）

指定镜像线的第二点：（使用"捕捉"功能捕捉圆心或圆的下象限点）

要删除源对象吗？［是（Y）/否（N）］＜否＞：Enter

结果如图12.12所示。

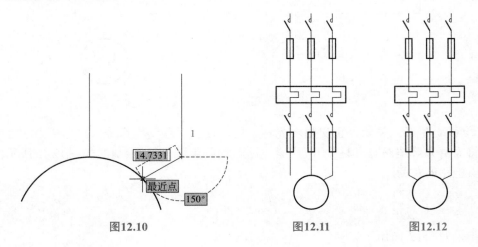

图12.10   图12.11   图12.12

（2）制摇臂升降电路

① 复制图形。使用"复制"命令（CO），将如图12.12所示图形中的"热继电器"图块、"接触器主动合触点"图块、圆和两条斜直线复制到合适位置。

② 移动并复制"接触器主动合触点"图块。打开"正交限制光标" └，将"接触器主动合触点"图块向下移动20mm并向左复制，距离为100mm。结果如图12.13所示。

③ 绘制直线。使用"直线"命令（L），绘制圆与各图块之间的连接线。绘制结果如图12.14所示。

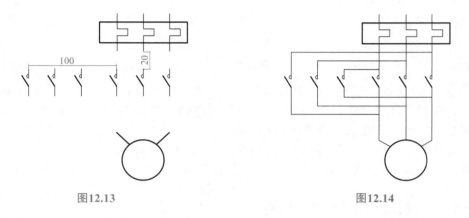

图12.13   图12.14

（3）绘制立柱松开/夹紧电路

① 复制图形。使用"复制"命令（CO），将如图12.14所示电路向左复制，距离为200mm。结果如图12.15所示。

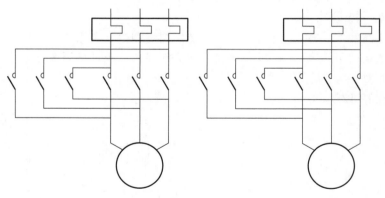

图12.15

② 移动图形。关闭"正交限制光标" └，使用"移动"命令（M）和"捕捉"功能，将摇臂升降电路与立柱松开/夹紧电路移动到步骤（1）绘制的如图12.12所示的主轴电机电路的左侧。

工具栏："移动"按钮✛

命令行：MOVE

结果如图12.16所示。

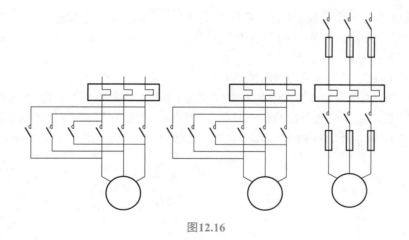

图12.16

（4）绘制控制电路

将"辅助线"设置为当前图层。

绘制控制电路框架：

① 绘制矩形。使用"矩形"命令（REC），绘制一个长为270mm、宽为232mm的矩形。

> 工具栏："矩形"按钮▢
>
> 命令行：RECTANG

指定第一个角点或[倒角（C）/标高（E）/圆角（F）/厚度（T）/宽度（W）]：（鼠标单击合适位置）

指定另一个角点或[面积（A）/尺寸（D）/旋转（R）]：D Enter

指定矩形的长度：270 Enter

指定矩形的宽度：232 Enter

指定另一个角点或[面积（A）/尺寸（D）/旋转（R）]：（鼠标单击右下方任意一点）

② 分解矩形。使用"分解"命令（EXPLODE），将矩形分解成四条独立的直线。

> 工具栏："分解"按钮▱
>
> 命令行：EXPLODE

选择对象：（鼠标单击矩形上任意一点）

选择对象：Enter

③ 偏移直线。打开"正交限制光标"∟。使用"偏移"命令（O），将矩形左竖直边向矩形内部偏移3次，右竖直边向矩形内部偏移4次，偏移距离均为30mm。

> 工具栏："偏移"按钮⬚
>
> 命令行：OFFSET

指定偏移距离或[通过（T）/删除（E）/图层（L）]<通过>：30 Enter

选择要偏移的对象，或[退出（E）/放弃（U）]<退出>：（鼠标依次单击如图12.17所示竖直直线1、2、3、4、5、6、7上任意一点）

指定要偏移的那一侧上的点，或[退出（E）/多个（M）/放弃（U）]<退出>：（鼠标依次单击如图12.17所示竖直直线2、3的右侧，竖直直线4、5、6、7的左侧）

选择要偏移的对象，或［退出（E）/放弃（U）］＜退出＞：Enter

使用同样的方法，将矩形的上水平边向下偏移 32mm。结果如图 12.17 所示。

插入元器件图块：

① 将"元件符号"设置为当前图层。

② 插入图块。将 11.1.3 节中创建的"电感器""熔断器""动合触点""动断触点""具有动断触点且自动复位的按钮开关""具有动合触点且自动复位的按钮开关""接触器线圈""热继电器动断触点"图块插入到合适位置。结果如图 12.18 所示。

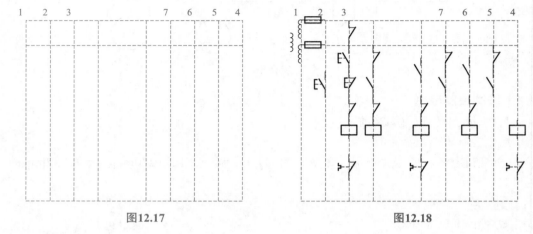

图12.17   图12.18

完善"控制开关"：

① 分解图块。两次使用"分解"命令（EXPLODE），依次将如图 12.19 所示图形中所选"具有动合触点且自动复位的按钮开关"图块和如图 12.20 所示图形中所选的多段线分解。

② 移动直线。使用"移动"命令（M），将图 12.20 所示图形中所选水平直线向左平移。结果如图 12.21 所示。

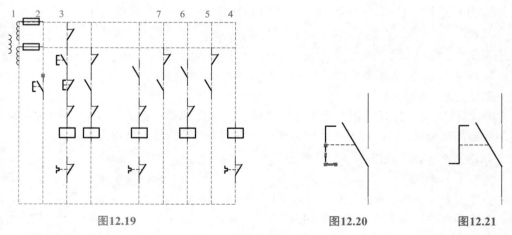

图12.19   图12.20   图12.21

完善"限位开关"：

① 绘制多段线。使用"多段线"命令（PL），在"动断触点"图块上绘制一条多段线。

工具栏："多段线"按钮╌┐

命令行：PLINE

指定起点：（鼠标捕捉"动断触点"图块中斜直线的下端点，并将鼠标向上移动）

指定下一个点或[圆弧（A）/半宽（H）/长度（L）/放弃（U）/宽度（W）]：6 Enter（将鼠标向右移动）

指定下一点或[圆弧（A）/闭合（C）/半宽（H）/长度（L）/放弃（U）/宽度（W）]：（捕捉斜直线上的最近点）Enter

绘制结果如图12.22箭头所指位置。

② 复制多段线。使用"复制"命令（CO），将绘制的多段线复制到如图12.22所示其他两个"动断触点"图块和一个"动合触点"图块上。结果如图12.23所示。

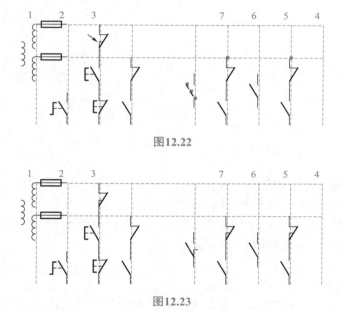

图12.22

图12.23

③ 旋转多段线。使用"旋转"命令（RO），将"动合触点"图块上的多段线逆时针旋转60°。

工具栏："旋转"按钮↺

命令行：ROTATE

选择对象：（鼠标单击"动合触点"图块上的多段线上任意一点）

选择对象：Enter

指定基点：（使用"捕捉"功能捕捉"动合触点"图块上斜直线的下端点）

指定旋转角度，或[复制（C）/参照（R）]<90>：60 Enter

结果如图12.24所示。

④ 复制多段线。使用"复制"命令（CO），将"动合触点"图块上旋转后的多段线复制到如图12.25所示所选另一个"动合触点"图块上。结果如图12.26所示。

AutoCAD 2020从入门到精通 实战案例视频版

第二部分 专业实例篇

Part two

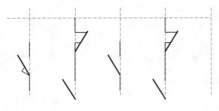

图12.24

图12.25

绘制"信号灯"：

① 绘制圆。使用"圆"命令（C），在如图12.17所示控制电路框架上的第二条竖直直线上绘制一个半径为8mm的圆。绘制结果如图12.27所示。

图12.26

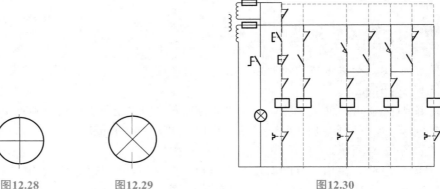

图12.27

② 绘制直线。使用"直线"命令（L），分别捕捉圆的四个象限点为端点在圆的内部绘制一条竖直直线和一条水平直线。绘制结果如图12.28所示。

③ 旋转直线。使用"旋转"命令（RO），将绘制的两条直线以圆心为基点逆时针或顺时针旋转45°。结果如图12.29所示。

绘制控制电路连接线：

① 将"连接线"设置为当前图层。

② 绘制直线。使用"直线"命令（L），绘制控制电路各图块之间的连接线。绘制结果如图12.30所示。

图12.28   图12.29   图12.30

（5）连接各电路以及接地线

① 关闭"辅助线"图层的显示。

② 将"元件符号"设置为当前图层。

③ 绘制直线。使用"直线"命令（L），在立柱松开/夹紧电路左侧绘制接地符号。绘制结果如图12.31所示。

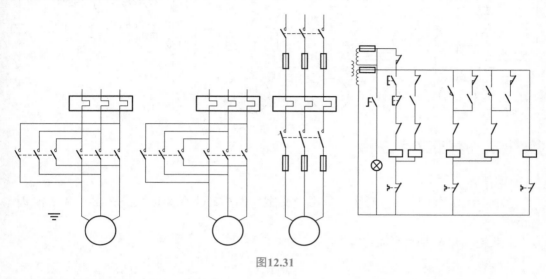

图12.31

④ 将"连接线"设置为当前图层。

⑤ 绘制直线。使用"直线"命令（L），绘制各分支电路之间的连接线。绘制结果如图12.32所示。

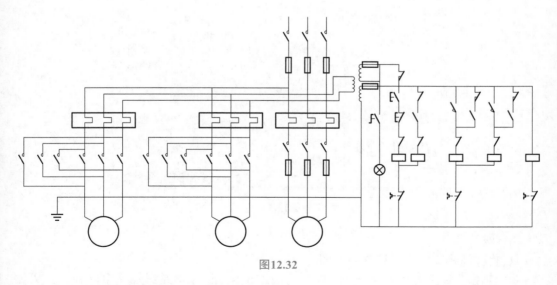

图12.32

⑥ 将"虚线"设置为当前图层。

⑦ 绘制直线。使用"直线"命令（L），绘制虚线连接线。绘制结果如图12.33所示。

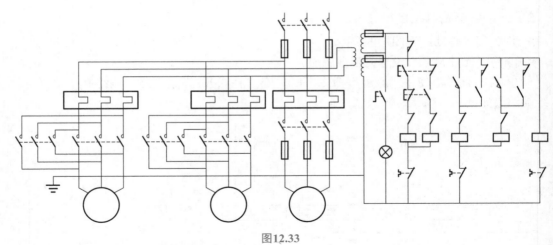

图12.33

12.1.3　添加文字注释

（1）创建文字样式

　　① 切换到"注释"功能区，单击"文字"面板右下角 按钮，弹出"文字样式"对话框。

> 菜单栏：[文字]→[文字样式(ST)]
>
> 命令行：STYLE

　　② 新建文字样式"Z35摇臂钻床电路"，设置"高度"为6并单击"置为当前"按钮 置为当前(C)，单击"关闭"按钮 关闭(C)，如图12.34所示。

图12.34

（2）添加文字在

　　① 将"注释文字"设置为当前图层。

　　② 使用"多行文字"命令（MT），为该Z35摇臂钻床电路添加文字注释。结果如图12.35所示。

> 工具栏："多行文字"按钮A
>
> 命令行：MTEXT

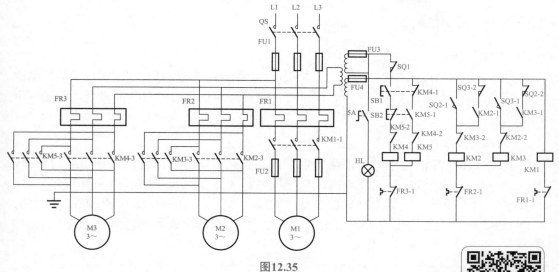

图12.35

12.2 视频精讲

12.2 实例2——阶梯波信号发生器电路

图12.36所示是某种阶梯波信号发生器电路。电源给电路供电后，二进制计数器IC1：CD4060内的多谐振荡启振，对振荡频率计数，并按顺序由IC1的7脚、5脚、4脚、6脚、14脚、13脚、15脚、1脚、2脚、3脚输出不同时序的脉冲，三极管V1~V10依次饱和导通，依次将并在V1~V10集电极、发射极之间的二极管VD1~VD11短接；同时三极管V11的基电压被改变，其发射极输出阶梯波信号。

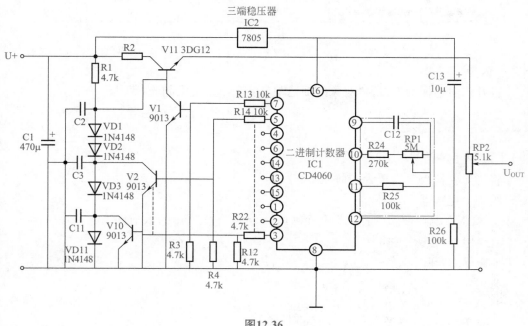

图12.36

12.2.1 设置环境

（1）新建文件

打开 AutoCAD 2020 软件，单击下拉菜单[文件]→[新建]或在快速访问工具栏单击"新建"按钮，弹出"选择样板"对话框，选择样板后单击"打开"命令，新建一个图形文件。

（2）图层设置

单击"图层"面板中的"图层特性"按钮。弹出"图层特性管理器"对话框，单击"新建"按钮，新建"点画线""辅助线""连接线""虚线""元件符号""注释文字"六个图层，线宽为默认，加载"虚线"线型为DASHED，"点画线"线型为CENTER2。为了更便于查看与区分，可以将不同图层设置为不同颜色。如图12.37所示。

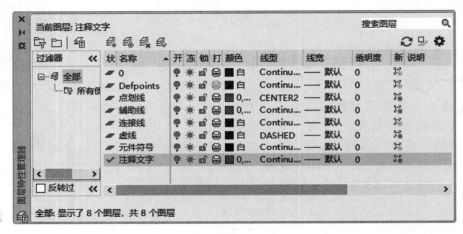

图12.37

（3）状态栏设置

打开"对象捕捉"、"对象捕捉追踪"和"正交限制光标"。

12.2.2 绘图过程

（1）绘制元件符号

将"元件符号"设置为当前图层。

绘制"电容器"：

① 绘制直线。使用"直线"命令（L），绘制一条5mm的水平直线。

工具栏："直线"按钮／
命令行：LINE

指定第一个点：（鼠标单击合适位置）
指定下一点或[放弃（U）]：5 Enter
指定下一点或[放弃（U）]：Enter

使用同样的方法以水平直线中点为起点向下绘制一条4mm的竖直直线。绘制结果如图12.38所示。

② 复制直线。使用"复制"命令（CO），将水平直线向上复制，距离为3mm。

工具栏："复制"按钮⅏
命令行：COPY

选择对象：（鼠标单击水平直线上任意一点）

选择对象： Enter

当前设置：复制模式 = 多个

指定基点或［位移（D）/模式（O）］＜位移＞：（鼠标单击水平直线上任意一点，并向上移动鼠标）

指定第二个点或［阵列（A）］＜使用第一个点作为位移＞：3 Enter

指定第二个点或［阵列（A）/退出（E）/放弃（U）］＜退出＞： Enter

使用同样的方法将竖直直线向上复制。结果如图12.39所示。

图12.38　　　　　　　图12.39

绘制"二极管"：

① 绘制直线。使用"直线"命令（L），绘制一条4.5mm的水平直线。

② 旋转并复制直线。使用"旋转"命令（RO），将步骤①绘制的水平直线以其右端点为基点逆时针旋转60°。

工具栏："旋转"按钮↻
命令行：ROTATE

选择对象：（鼠标单击水平直线上任意一点）

选择对象： Enter

指定基点：（使用"捕捉"功能捕捉水平直线的右端点）

指定旋转角度，或［复制（C）/参照（R）］＜270＞：C Enter

指定旋转角度，或［复制（C）/参照（R）］＜270＞：60 Enter

使用同样的方法将水平直线以其左端点为基点顺时针旋转60°（输入-60）。结果如图12.40所示。

③ 复制直线。使用"复制"命令（CO），将步骤①绘制的水平直线向下复制。结果如图12.41所示。

选择对象：（鼠标单击水平直线上任意一点）

选择对象： Enter

指定基点或［位移（D）/模式（O）］＜位移＞：（使用"捕捉"功能捕捉水平直线的中点）

指定第二个点或［阵列（A）］＜使用第一个点作为位移＞：（使用"捕捉"功能捕捉

步骤②绘制的斜直线的下端点）

指定第二个点或［阵列（A）/退出（E）/放弃（U）］＜退出＞：Enter

④ 绘制直线。使用"直线"命令（L），使用鼠标分别捕捉步骤①绘制的水平直线的中点和步骤②绘制的斜直线的下端点作为直线的两端点绘制一条竖直直线。绘制结果如图12.42所示。

⑤ 拉长直线。使用"拉长"命令（LEN），将绘制的竖直直线分别向两端拉长3mm。

> 工具栏："拉长"按钮／
> 命令行：LENGTHEN

选择要测量的对象或［增量（DE）/百分比（P）/总计（T）/动态（DY）］＜总计（T）＞：DE Enter

输入长度增量或［角度（A）］＜0.0000＞：3 Enter

选择要修改的对象或［放弃（U）］：（鼠标单击竖直直线上半部分任意一点）

选择要修改的对象或［放弃（U）］：（鼠标单击竖直直线下半部分任意一点）

选择要修改的对象或［放弃（U）］：Enter

结果如图12.43所示。

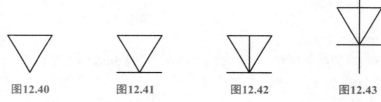

图12.40　　　　图12.41　　　　图12.42　　　　图12.43

绘制"三极管"：

① 绘制直线。使用"直线"命令（L），绘制两条8mm的竖直直线和一条5mm的水平直线，其中两条竖直直线的间距为7mm，水平直线的左端点和竖直直线2的中点重合。绘制结果如图12.44所示。

② 定数等分直线。使用"定数等分"命令（DIV），将绘制的竖直直线2三等分。

> 工具栏："定数等分"按钮
> 命令行：DIVIDE

选择要定数等分的对象：（鼠标单击竖直直线上任意一点）

输入线段数目或［块（B）］：3 Enter

③ 绘制斜直线。打开"极轴追踪" ，设置追踪角为"45，90，135，180…"。使用"直线"命令（L），绘制一条与水平方向夹角为135°的斜直线。

指定第一个点：［使用"捕捉"功能捕捉竖直直线2的第一个三等分点（节点）］

指定下一点或［放弃（U）］：（使用"捕捉"功能捕捉竖直直线1的延长线与135°极轴的交点）

指定下一点或［放弃（U）］：Enter

绘制过程如图12.45所示，绘制结果如图12.46所示。

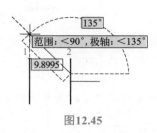

图12.44   图12.45   图12.46

④ 镜像直线。使用"镜像"命令（MI），分别以竖直直线1和竖直直线2的中点为镜像线的两个点，镜像绘制的斜直线。结果如图12.47所示。

⑤ 删除竖直直线1。

⑥ 绘制斜直线。使用"直线"命令（L），在步骤④绘制的斜直线上绘制两条斜直线以表示三极管的发射极。绘制结果如图12.48所示。

图12.47   图12.48

绘制"二进制计数器CD4060"：

① 绘制矩形。使用"矩形"命令（REC），绘制一个长为40mm、宽为82.5mm的矩形。

工具栏："矩形"按钮▢
命令行：RECTANG

指定第一个角点或［倒角（C）/标高（E）/圆角（F）/厚度（T）/宽度（W）］：（鼠标单击合适位置）

指定另一个角点或［面积（A）/尺寸（D）/旋转（R）］：D Enter

指定矩形的长度＜12.0000＞：40 Enter

指定矩形的宽度＜8.0000＞：82.5 Enter

指定另一个角点或［面积（A）/尺寸（D）/旋转（R）］：（鼠标单击右下方任意一点）

② 使用"分解"命令（EXPLODE），将矩形分解成四条独立的直线。

工具栏："分解"按钮🗗
命令行：EXPLODE

选择对象：（鼠标单击矩形上任意一点）

选择对象：Enter

③ 定数等分直线。使用"定数等分"命令（DIV），分别将矩形的左竖直边和右竖直边11等分和5等分。

④ 绘制圆。使用"圆"命令（C），以矩形两竖直边的每一个等分点和两水平边的中点为圆心绘制半径为2.5mm的圆。

工具栏："圆"按钮⊙
命令行：CIRCLE

指定圆的圆心或［三点（3P）/两点（2P）/切点、切点、半径（T）］：（使用"捕捉"功能捕捉矩形竖直边的11等分点（节点））

指定圆的半径或［直径（D）］：2.5 Enter

绘制结果如图12.49所示。

⑤ 修剪图形。使用"修剪"命令（TR）修剪如图12.49所示图形。结果如图12.50所示。

工具栏："修剪"按钮
命令行：TRIM

⑥ 绘制直线和圆。打开"正交限制光标"，使用"直线"命令（L）和"圆"命令（C）绘制如图12.51所示的图形，其中每条直线的长度均为3.5mm，每个圆的半径均为1mm。

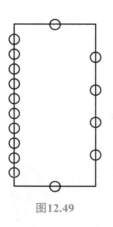

图12.49

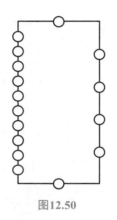

图12.50

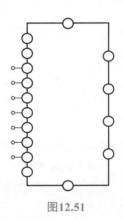

图12.51

绘制"三端稳压器7805"：

绘制矩形。使用"矩形"命令（REC），在合适位置绘制一个长为15mm，宽为10mm的矩形。

（2）绘制电路框架

① 将"辅助线"设置为当前图层。

② 绘制矩形。使用"矩形"命令（REC），在合适位置绘制一个长为108mm，宽为110mm的矩形。

③ 使用"分解"命令（EXPLODE），将矩形分解成四条独立的直线。

④ 偏移直线。使用"偏移"命令（O），将矩形左竖直边向右偏移8次，偏移距离均为12mm。

工具栏："偏移"按钮
命令行：OFFSET

指定偏移距离或［通过（T）/删除（E）/图层（L）］＜通过＞：12 Enter

选择要偏移的对象，或［退出（E）/放弃（U）］＜退出＞：（鼠标依次单击矩形左竖直边和每次偏移得到的新直线）

指定要偏移的那一侧上的点，或［退出（E）/多个（M）/放弃（U）］＜退出＞：（鼠

标依次向矩形左竖直边和每次偏移得到的新直线的右侧移动）

选择要偏移的对象，或［退出（E）/放弃（U）］＜退出＞：Enter

使用同样的方法，将矩形的上水平边以10mm的距离向上偏移1次。

再次使用"偏移"命令（O），将矩形的上水平边向下偏移3次，偏移距离均为27.5mm。

结果如图12.52所示。

⑤ 复制直线。使用"复制"命令（CO），将如所示竖直直线1、2、3水平向右复制，距离为134mm。结果如图12.53所示。

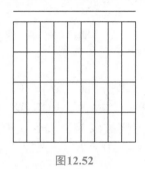

图12.52

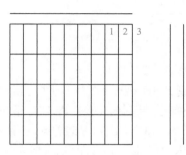

图12.53

（3）插入元件符号

将"元件符号"设置为当前图层。

插入"电容器""二极管""三极管""二进制计数器"和"三端稳压器"图形符号：

关闭"正交限制光标" ⌐，使用"复制"命令（CO）、"移动"命令（M）和"旋转"命令（RO），将绘制的"电容器""二极管""三极管""二进制计数器"和"三端稳压器"图形符号插入到如图12.53所示电路框架中的合适位置。结果如图12.54所示。

使用同样的方法，将绘制的"电容器"的图形符号插入到二进制计数器CD4060的右侧。过程如图12.55所示（电容器旋转后的水平直线与圆心共线），结果如图12.56所示。

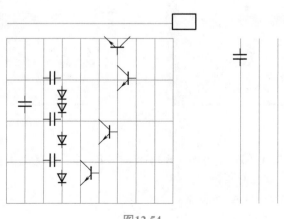

图12.54

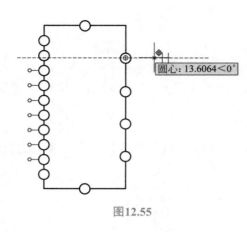
图12.55

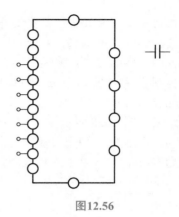
图12.56

插入"电阻器"图块：

① 加载"电阻器"图块。切换到"插入"功能区，单击[插入] → [其他图形中的块]，弹出"选择图形文件"对话框，选择11.1.3节中创建的"电阻器"图块后单击"打开"，弹出如图12.57所示对话框，"电阻器"图块被成功加载到块库中。

② 插入"电阻器"图块。将如图12.57所示对话框中"插入选项"的"比例" □□ 比例 ▼ 切换为"统一比例" ☑□ 统一比例 ▼，勾选"旋转"，如图12.58所示。然后用鼠标右击"电阻器.dwg"图标，选择"插入"插入到如图12.53所示电路框架中的合适位置和二进制计数器CD4060的左侧。

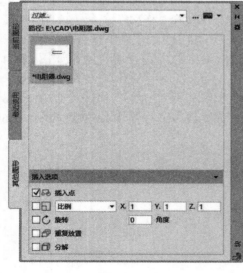
图12.57

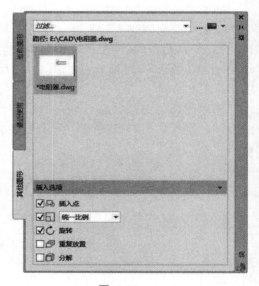
图12.58

指定插入点或[基点（B）/比例（S）/旋转（R）]：指定比例因子<1>：（鼠标单击合适位置后输入数字）0.8 Enter

指定旋转角度<0>：90或0 Enter

结果如图12.59和图12.60所示。

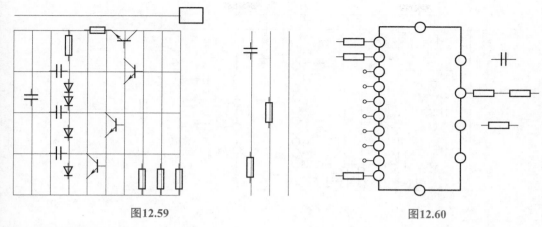

图12.59   图12.60

（4）组合电路

移动图形。使用"移动"命令（M），将如图12.59所示图形和如图12.60所示图形组合。

工具栏："移动"按钮✛
命令行：MOVE

选择对象：（鼠标框选如图12.60所示电路）

选择对象：Enter

指定基点或[位移（D）]＜位移＞：（使用"捕捉"功能捕捉如图12.61所示1号电阻器的左端点）

指定第二个点或＜使用第一个点作为位移＞：（使用"捕捉"功能，捕捉如图12.61所示2号电阻器的上端点）

结果如图12.61所示。

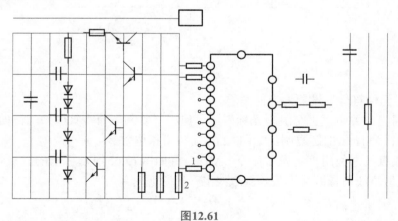

图12.61

（5）绘制电路连接线

① 将"连接线"设置为当前图层。

② 关闭"辅助线"图层的显示。

③ 绘制直线。打开"正交限制光标"⌐，使用"直线"命令（L），绘制电路之间的连接线。绘制结果如图12.62所示。

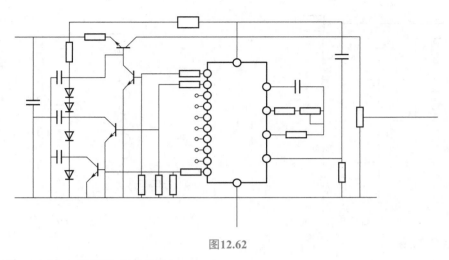

图12.62

④ 将"虚线"设置为当前图层。

⑤ 绘制直线。使用"直线"命令（L），绘制如图12.63所示的虚线。

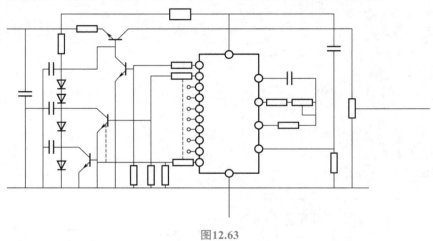

图12.63

（6）完善图形

① 将"元件符号"设置为当前图层。

② 复制圆。关闭"正交限制光标" ，使用"复制"命令（CO），将如图12.51所示图形中半径为1mm的圆复制到如图12.64箭头所指位置。

③ 镜像直线。使用"镜像"命令（MI），将如图12.65所示标出的三极管长斜直线上的两条短斜直线镜像到另一条长斜直线上（删除源对象）。

工具栏："镜像"按钮 ⚎
命令行：MIRROR

选择对象 :（鼠标框选两条短斜直线）

选择对象 : Enter

指定镜像线的第一点 :（使用"捕捉"功能捕捉三极管竖直直线的上端点）

指定镜像线的第二点 :（使用"捕捉"功能捕捉三极管竖直直线的下端点）

要删除源对象吗？［是（Y）/否（N）］＜否＞: Y Enter

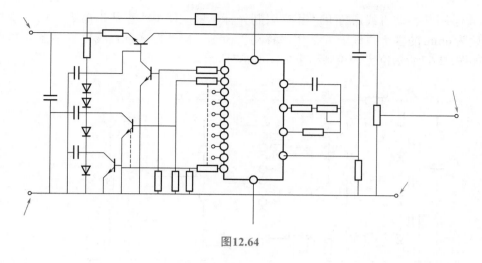

图12.64

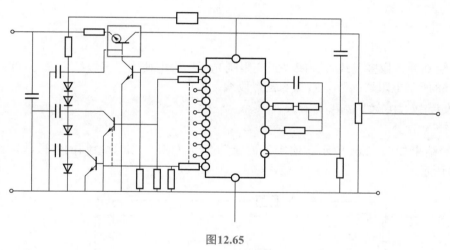

图12.65

结果如图12.66所示。

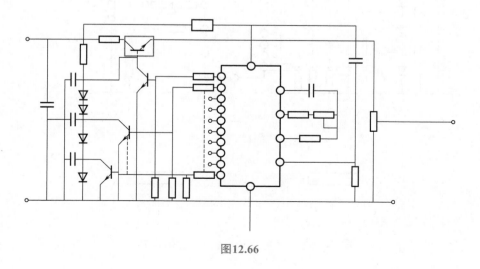

图12.66

④ 绘制并移动直线。打开"正交限制光标" ⌐，使用"直线"命令（L），绘制一条长度为6mm的水平直线；并使用"移动"命令（M）将这条直线以其中点为基点移动到如图12.67所示位置。绘制结果如图12.67所示。

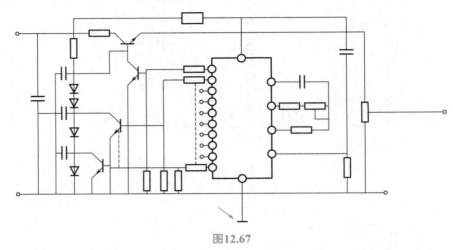

图12.67

⑤ 绘制并镜像多段线。关闭"正交限制光标" ⌐，使用"多段线"命令（PL），在如图12.68所示电阻器的下方绘制一条多段线。

工具栏：	"多段线"按钮⌐
命令行：	PLINE

绘制结果如图12.69所示。使用"镜像"命令（MI），镜像绘制的多段线，结果如图12.70所示。

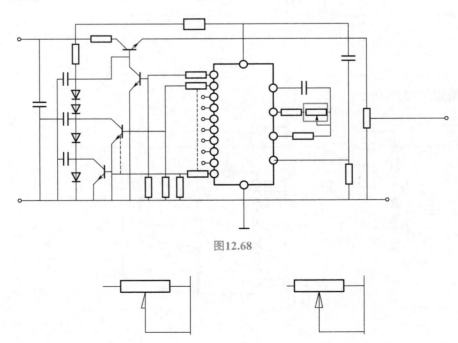

图12.68

图12.69　　　　　　　　图12.70

⑥ 填充图形。使用"图案填充"命令（H），在如图12.70所示多段线构成的三角形内部进行"SOLID"填充（如图12.71所示）。绘制结果如图12.72所示。

工具栏："图案填充"按钮▨
命令行：HATCH

拾取内部点或[选择对象（S）/放弃（U）/设置（T）]：（鼠标选择需要填充的区域）Enter

图12.71

图12.72

⑦ 复制并旋转图形。使用"复制"命令（CO）和"旋转"命令（RO）将如图12.72所示实心三角形向右复制旋转。结果如图12.73所示。

⑧ 将"连接线"设置为当前图层。

⑨ 绘制"+"形连接点。使用"圆"命令（C），在如图12.74所示"+"形连接点处绘制一个半径为0.8mm的圆。并使用"图案填充"命令（H），在圆的内部进行"SOLID"填充。绘制结果如图12.75所示。

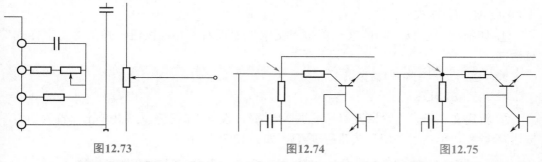

图12.73   图12.74   图12.75

⑩ 复制"+"形连接点。使用"复制"命令（CO），将绘制的0.8mm的实心圆复制到电路图中其他"+"形连接点处。结果如图12.76所示。

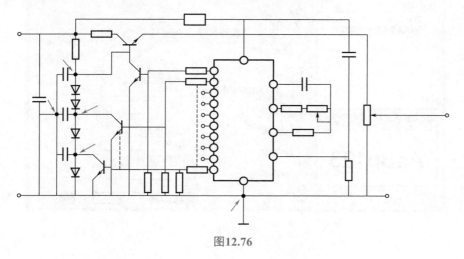

图12.76

⑪ 将"点画线"设置为当前图层。

⑫ 绘制矩形。使用"矩形"命令（REC），在电路图中的合适位置绘制一个合适大小的矩形。绘制结果如图12.77所示。

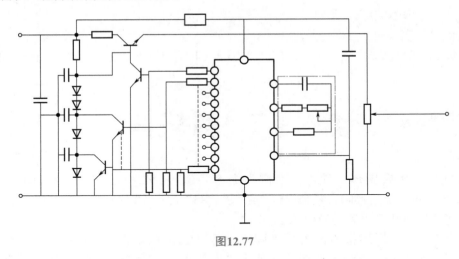

图12.77

12.2.3 添加文字注释

（1）创建文字样式

① 切换到"注释"功能区，单击"文字"面板右下角 按钮，弹出"文字样式"对话框。

> 菜单栏：[文字]→[文字样式(ST)]
> 命令行：STYLE

② 新建文字样式"阶梯波信号发生器电路"，设置"高度"为3并单击"置为当前"按钮 置为当前(C)，单击"关闭"按钮 关闭(C)，如图12.78所示。

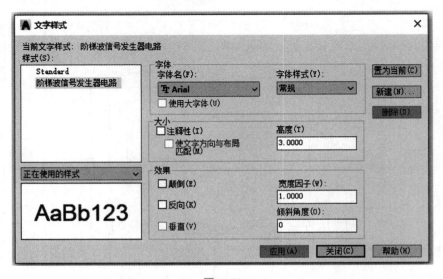

图12.78

（2）添加文字

① 将"注释文字"设置为当前图层。

② 使用"多行文字"命令（MT），为该阶梯波信号发生器电路添加文字注释。结果如图12.79所示。

工具栏："多行文字"按钮 A
命令行：MTEXT

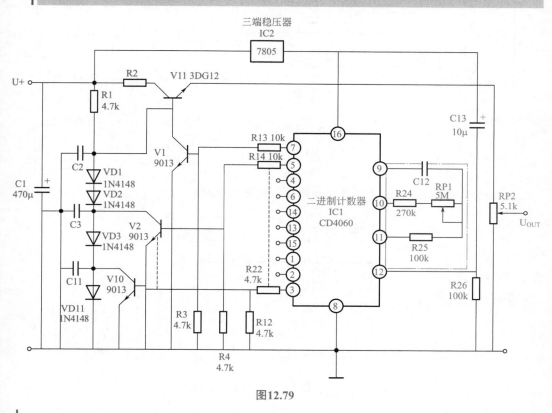

图12.79

12.3 小结与练习

———— 小结 ————

电路图在很多领域中都有应用，除上一章介绍的电动机控制电路以及本章介绍的机电控制电路和脉冲电路以外，还可用于绘制建筑中的供配电、照明控制电路、通信工程信号处理、操作显示、遥控、微处理器电路等。用户在了解本书介绍的几种常用电路图的原理及绘制方法后，应多加练习，做到举一反三，熟练掌握各类电路图的绘制。

———— 练习 ————

1.绘制如图12.80所示的液晶显示器操作显示电路。

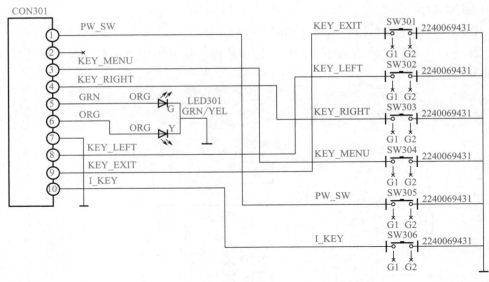

图12.80

2.绘制如图12.81所示的双声道音频功率放大器电路。

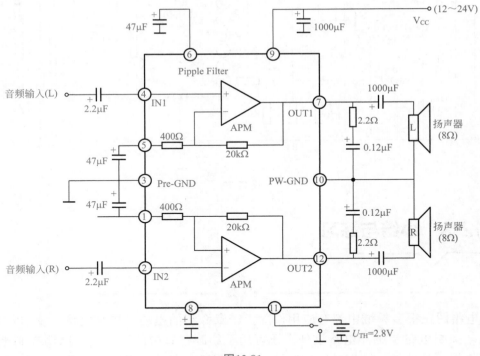

图12.81

13

第13章

建筑平面图的实例

建筑平面图属于建筑图的一种，是将新建建筑物或构筑物的墙、门窗、楼梯、地面及内部功能布局等建筑情况，以水平投影方法和相应的图例所组成的图纸。本章首先讲解门、窗、楼梯、阳台等建筑细部构件的绘制过程，然后讲解轴线、墙体的绘制，最后通过实例来系统地掌握建筑平面图的画法。

13.1-1 视频精讲

13.1-2 视频精讲

13.1 实例 1——门、窗

本例将绘制如图 13.1 和图 13.2 所示的平面门和平面窗，门、窗是建筑设计中不可缺少的一部分，门、窗的设计主要考虑的问题是人员的进出方便和房间的通风采光。门、窗在绘制过程中用到了"直线""圆弧"等绘图工具以及"旋转""偏移""修剪""圆角""复制"等修改工具。

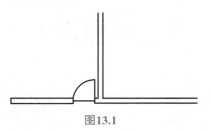

图13.1

图13.2

13.1.1 设置环境

（1）新建文件

打开 AutoCAD 2020 软件，单击下拉菜单 [文件] → [新建] 命令或快速访问工具栏中单击"新建"按钮 ，弹出"选择样板"对话框，选择样板后单击"打开"命令，新建一个图形文件。

（2）图层设置

绘图之前，根据需要设置相应的图层，还可以进行名称、线型、线宽、颜色等图层特性的设置。图层设置可选下列三种方法：

> 下拉菜单：[格式]→[图层]
> 工具栏："图层特性"按钮
> 命令行：LAYER

弹出"图形特性管理器"对话框，单击新建按钮 ，新建"门""窗"两个图层，设置线宽、线型均为默认。为了更便于查看与区分，可以将不同图层设置为不同颜色。如图 13.3 所示。

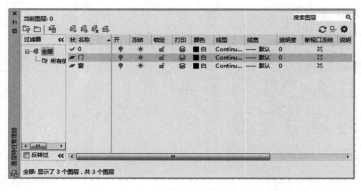

图13.3

13.1.2 绘图过程

（1）绘制门

① 绘制水平线。

将"门"设置为当前图层，按键盘F8键或单击"正交限制光标" 开启正交模式，使用"直线"命令（L）绘制水平直线，直线长度为3000，操作命令如下：

指定第一个点 :（在合适位置单击左键）

指定下一点或［放弃（U）］: 3000 Enter

指定下一点或［退出（E）/放弃（U）］: E Enter

单击工具栏"偏移"按钮 或在命令行输入OFFSET，使用"偏移"命令，将上一步绘制的直线向下偏移80，操作命令如下（图13.4）：

指定偏移距离或［通过（T）/删除（E）/图层（L）］: 80 Enter

选择要偏移的对象，或［退出（E）/放弃（U）］:（选择水平直线）

指定要偏移的那一侧上的点,或［退出（E）多个（M）放弃（U）］:（在水平直线下侧任意位置单击，完成偏移）

按键盘F8键或单击"正交限制光标" 关闭正交模式，绘图结果如图13.5所示。

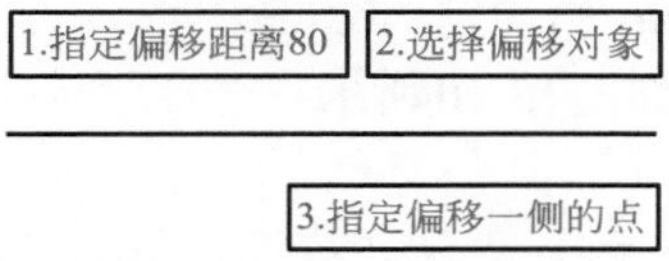

图13.4 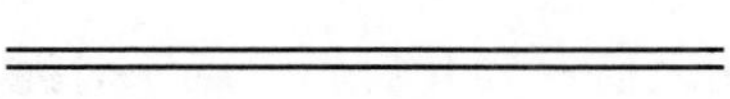　　　　　　　　　　　　　　　图13.5

② 绘制竖直线。

使用"直线"命令（L），将下面那条水平直线的左端点作为起点位置，绘制一条长度为1500的竖直直线，操作命令如下：

指定第一个点 :（选中下方水平直线的左端点）

指定下一点或［放弃（U）］: @1500<90 Enter

指定下一点或［退出（E）/放弃（U）］: E Enter

绘制结果如图13.6所示。

图13.6 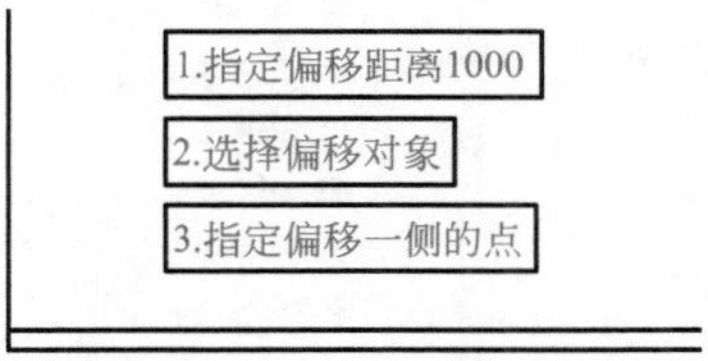　　　　　　　　　　　　　　　图13.7

使用"偏移"命令（O），绘制与上条竖直直线距离为1000的另一条竖直直线，偏移过程如图13.7所示，偏移结果如图13.8所示。

指定偏移距离或［通过（T）/删除（E）/图层（L）］: 1000 Enter

选择要偏移的对象，或［退出（E）/放弃（U）］:（选择竖直直线）

指定要偏移的那一侧上的点，或［退出（E）/多个（M）/放弃（U）］:（选择直线

右侧任意点）

重复使用"偏移"命令（O），分别绘制与第一条竖直直线距离为1350、1400和1480的竖直直线。绘制结果如图13.9所示。

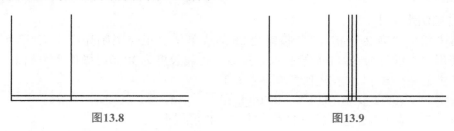

图13.8　　　　　　　　　　　　　　　　图13.9

③ 修剪多余直线。

单击工具栏"修剪"按钮 或在命令行输入TRIM，使用"修剪"命令修剪多余直线段，操作命令如下：

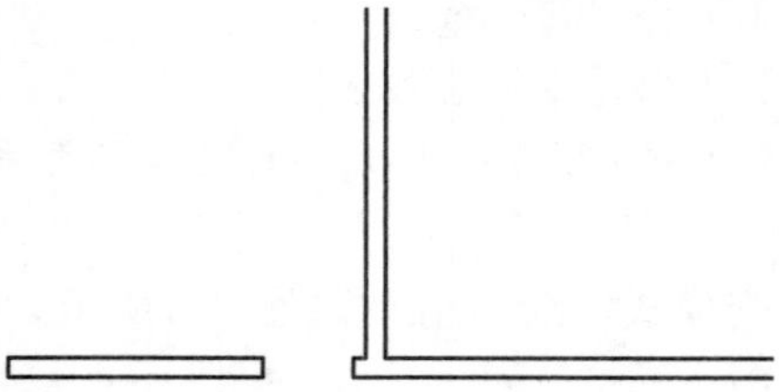

选择对象或〈全部选择〉：Enter

［栏选（F）/窗交（C）/投影（P）/边（E）/删除（R）/放弃（U）］：（选取要修剪的多余线段）

［栏选（F）/窗交（C）/投影（P）/边（E）/删除（R）/放弃（U）］：Enter

绘制结果如图13.10所示。

图13.10

④ 绘制门及开启线。

绘图之前需要开启"中点"捕捉。根据下面三种方法打开草图设置对话框，单击"对象捕捉"选项卡，勾选"对象捕捉模式"下的"中点"选项，如图13.11所示。

下拉菜单：[工具]→[绘图设置]
工具栏："对象捕捉设置"按钮
命令行：DSETTINGS

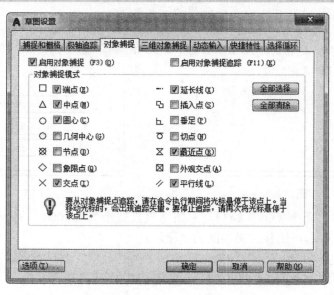

图13.11

使用"直线"命令（L），以线段a的中点为端点，画两条互相垂直且长度为350的直线段，如图13.12所示。

使用"圆"命令（C），以线段a的中点为圆心，画一个半径为350的圆，操作命令如下：

指定圆的圆心或［三点（3P）/两点（2P）/切点、切点、半径（T）］：（选择线段a中点）

指定圆的半径或［直径（D）］：350 `Enter`

绘制结果如图13.13所示。

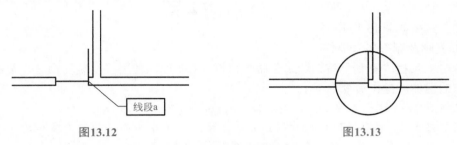

图13.12　　　　　　　　　　　　　　　图13.13

使用"修剪"命令（TR）修剪多余圆弧，操作命令如下：

选择对象或＜全部选择＞：（选择那两条垂直线段）`Enter`

［栏选（F）/窗交（C）/投影（P）/边（E）/删除（R）/放弃（U）］：（选取要修剪的多余圆弧）

［栏选（F）/窗交（C）/投影（P）/边（E）/删除（R）/放弃（U）］：`Enter`

修剪过程如图13.14所示，绘制结果如图13.15所示。

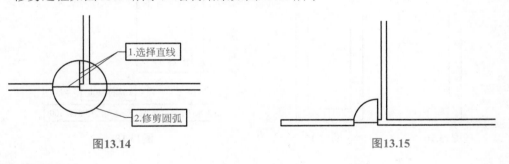

图13.14　　　　　　　　　　　　　　　图13.15

（2）绘制窗

① 绘制墙体。

开启正交模式，使用"直线"命令（L）绘制墙体，操作命令如下：

指定第一个点：（在合适位置单击鼠标左键）

指定下一点或［放弃（U）］：（竖直向上拖动鼠标）1500 `Enter`

指定下一点或［退出（E）/放弃（U）］：（水平向右拖动鼠标）160 `Enter`

指定下一点或［关闭（C）/退出（E）/放弃（U）］：（竖直向下拖动鼠标）1340 `Enter`

指定下一点或［关闭（C）/退出（E）/放弃（U）］：（水平向右拖动鼠标）300 `Enter`

指定下一点或［关闭（C）/退出（E）/放弃（U）］：（竖直向下拖动鼠标）160 `Enter`

指定下一点或［关闭（C）/退出（E）/放弃（U）］：（水平向左拖动鼠标）460 `Enter`

指定下一点或［关闭（C）/退出（E）/放弃（U）］：C Enter

绘制结果如图13.16所示。

② 镜像墙体。

单击工具栏"镜像"按钮⚠️或在命令行输入MIRROR，使用"镜像"命令，将上一步绘制的墙体进行镜像处理，操作命令如下：

选择对象：（选择步骤①绘制的墙体）

指定镜像线的第一点：（选择墙体右下角竖线的下端点）

指定镜像线的第二点：（选择墙体右下角竖线的上端点）

要删除源对象吗？［是（Y）/否（N）］：N Enter

绘制结果如图13.17所示。

③ 复制及删除多余墙体。

单击工具栏"复制"按钮⚙️或在命令行输入COPY，使用"复制"命令，复制上一步镜像的墙体，操作命令如下：

选择对象：（选择步骤②绘制的墙体）Enter

指定基点或［位移（D）/模式（O）]〈位移〉：（单击步骤②绘制对象的右下角点为基点，水平向右拖动鼠标输入位移距离800）Enter

绘制过程如图13.18所示，绘制结果如图13.19所示。

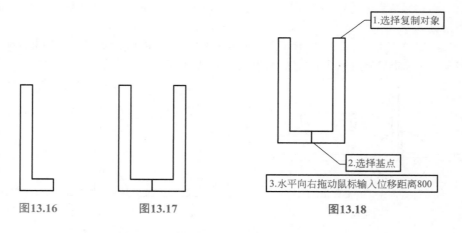

图13.16   图13.17   图13.18

单击工具栏"删除"按钮🖊️或在命令行输入ERASE，使用"删除"命令（E）删除多余墙体，绘制结果如图13.20所示。

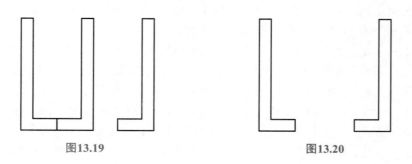

图13.19   图13.20

④ 绘制窗。

绘制窗有两种绘制方法。第一种是使用"偏移"命令（O）绘制，首先绘制一条水平直线，然后使用"偏移"命令（O），偏移3条间距为53.33的直线。绘制过程如图13.21所示，绘制结果如图13.22所示。

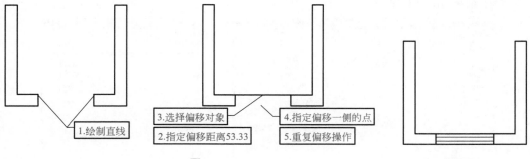

图13.21　　　　　　　　　　　　　图13.22

第二种方法是通过"多线"命令绘制。可根据下面两种方式打开"多线样式"对话框，如图13.23所示。

> 下拉菜单：[格式]→[多线样式]
> 命令行：MLSTYLE

单击"新建"按钮，打开"创建新的多线样式"对话框，给新的"多线样式"命名，如图13.24所示。单击"继续"，在新弹出的"新建多线样式：窗"对话框中进行设置，勾选"直线"后面的"起点"和"端点"项目，单击"添加"分别创建偏移为0.166和-0.166的线型。参数设置结果如图13.25所示。

图13.23

图13.24

单击"确定"退回"多线样式"样式对话框，可以在对话框中看见创建的新样式，单击"置为当前"。如图13.26所示（用户可以根据不同要求创建不同的多线样式用于绘制）。

使用"多线"命令绘制窗体，比例为160。其中a点、b点分别为墙体竖直线的中点，如图13.27所示。单击下拉菜单栏[绘图]→[多线]按钮，或在命令行输入MILINE使用"多线"命令，操作命令如下：

指定起点或[对正（J）/比例（S）/样式（ST）]：J Enter
输入对正类型[上（T）/无（Z）/下（B）]<无>：Z Enter

指定起点或［对正（J）/比例（S）/样式（ST）］：S `Enter`
指定起点或［对正（J）/比例（S）/样式（ST）］：60 `Enter`
指定起点或［对正（J）/比例（S）/样式（ST）］：（捕捉a点为起点）`Enter`
指定下一点：（捕捉b点为终点）`Enter`
绘图结果如图13.28所示。

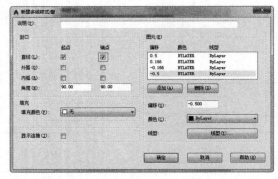

图13.25　　　　　　　　　　　　　　图13.26

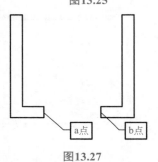

图13.27

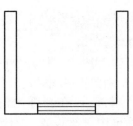

图13.28

13.2　实例 2——楼梯、阳台

13.2-1　视频精讲

13.2-2　视频精讲

　　楼梯作为建筑中经常使用的楼层间垂直交通用的构件，常用于楼层之间和高差较大时的交通联系。阳台是建筑物室内的延伸，是居住者呼吸新鲜空气、晾晒衣物、摆放盆栽的场所，其设计需要兼顾实用与美观的原则。本例将绘制如图13.29和图13.30所示的楼梯和阳台。

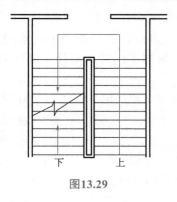

图13.29

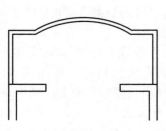

图13.30

13.2.1 设置环境

打开AutoCAD 2020软件，单击下拉菜单[文件]→[新建]命令或快速访问工具栏中单击"新建"按钮 ⬜，弹出"选择样板"对话框，选择样板后单击"打开"命令，新建一个图形文件。

根据创建零件的尺寸选择合适的作图区域，并按照13.1.1小节所述方式设置图层，新建"楼梯""阳台"图层，线型线宽均为默认。

13.2.2 绘图过程

（1）绘制楼梯

① 绘制墙体。将"楼梯"设置为当前图层，按键盘F8键或单击"正交限制光标" ⌐ 开启"正交模式"，使用"直线"命令（L）绘制墙体，操作命令如下：

指定第一个点：（在合适位置单击鼠标左键）

指定下一点或[放弃（U）]：（水平向右拖动鼠标）1600 Enter

指定下一点或[退出（E）/放弃（U）]：（竖直向下拖动鼠标）100 Enter

指定下一点或[关闭（C）/退出（E）/放弃（U）]：（水平向左拖动鼠标）1000 Enter

指定下一点或[关闭（C）/退出（E）/放弃（U）]：（竖直向下拖动鼠标）：4000 Enter

指定下一点或[关闭（C）/退出（E）/放弃（U）]：E Enter

关闭"正交模式"，绘制结果如图13.31所示。

使用"偏移"命令（O）。以竖直方向上长直线为偏移对象，将其向左偏移100。

使用"直线"命令（L）。以上一步绘制的直线上端点为起点，绘制长500的水平直线，绘制结果如图13.32所示。

图13.31　　　　　　　　图13.32　　　　　　　　图13.33

使用"镜像"命令（MI）绘制右边的墙体。使用"偏移"命令（O）绘制镜像中心线，即把左墙体上端竖直线向右偏移600，绘制结果如图13.33所示，操作命令如下：

指定偏移距离或[通过（T）/删除（E）/图层（L）]：600 Enter

选择要偏移的对象，或[退出（E）/放弃（U）]：（选择竖直线）

指定要偏移的那一侧上的点，或[退出（E）/多个（M）/放弃（U）]：（单击左墙体右侧任意位置，完成偏移）

通过使用"镜像"命令（MI）完成右墙体的绘制，绘制过程如图13.34所示，最后删除镜像中心线，操作命令如下：

选择对象：（选择左墙体）

指定镜像线的第一点：（镜像中心线的下端点）

指定镜像线的第二点：（镜像中心线的上端点）

要删除源对象吗？［是（Y）/否（N）］：N Enter

关闭"正交模式"，绘制结果如图13.35所示。

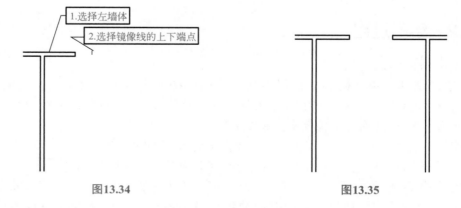

图13.34   图13.35

② 绘制楼梯井。使用"直线"命令（L）绘制一条水平直线连接左右墙体。

使用"矩形"命令（REC），在适当的位置，绘制一个长260、宽2860的矩形，绘制结果如图13.36所示。

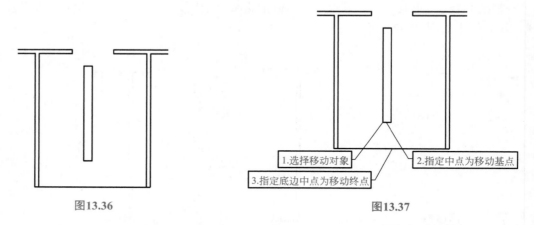

图13.36   图13.37

单击工具栏"移动"按钮 ✛ 或在命令行输入MOVE，使用"移动"命令移动矩形移动至合适位置。

选择对象：（选择矩形）Enter

指定基点或［位移（D）］：（选择矩形底边中心点）

指定第二个点或〈使用第一个点作为位移〉：（选择水平直线中点为中心点）

绘制过程如图13.37所示，绘制结果如图13.38所示。

使用"偏移"命令（O），将上一步创建的矩形向内偏移60，并将水平直线删除，如图13.39所示。

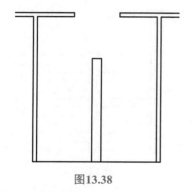

图13.38

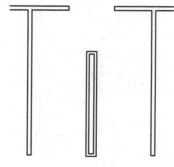

图13.39

③ 绘制楼梯台阶。开启"正交模式",使用"直线"命令(L),以楼梯井右上角端点为起点绘制一条水平直线连接至右墙体,如图13.40所示。

关闭"正交模式",使用"偏移"命令(O)将上一步绘制的直线向下偏移50,并将原直线删除,绘制结果如图13.41所示。

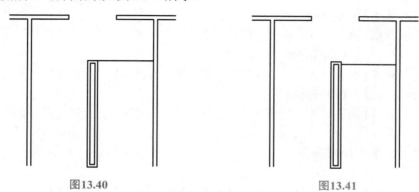

图13.40   图13.41

单击工具栏"矩形阵列"按键🔳创建楼梯台阶,操作命令如下:

选择对象:(上一步绘制的直线)

选择夹点以编辑阵列或[关联(AS)/基点(B)/计数(COU)/间距(S)/列数(COL)/行数(R)/层数(L)/退出(X)]: R Enter

输入行数或[表达式(E)]: 12 Enter

指定行数之间的距高或[总计(T)/表达式(E)]: −250 Enter

指定行数之间的标高增量或[表达式(E)]: 0 Enter

选择夹点以编辑阵列或[关联(AS)/基点(B)/计数(COU)/间距(S)/列数(COL)/行数(R)/层数(L)/退出(X)]: COL Enter

输入列数或[表达式(E)]: 2 Enter

指定列数之间的距高或[总计(T)/表达式(E)]: −1730 Enter

指定列数之间的标高增量或[表达式(E)]: 0 Enter

选择夹点以编辑阵列或[关联(AS)/基点(B)/计数(COU)/间距(S)/列数(COL)/行数(R)/层数(L)/退出(X)]: X Enter

楼梯台阶的绘制结果如图13.42所示。最后,使用"直线"命令(L)绘制如图13.43所示的折断线(打断线仅有外形要求)。

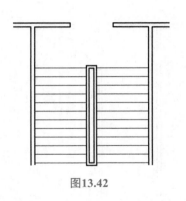
图13.42

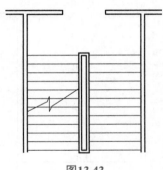
图13.43

④ 绘制指引箭头。开启"正交模式"，单击工具栏"多段线"按钮 ⤵ 或在命令行输入PLINE，使用"多段线"命令绘制指引箭头，操作命令如下：

指定起点：（以右边最底部楼梯台阶的直线中点为多段线起点）

指定下一个点或［圆弧（A）/半宽（H）/长度（L）/放弃（U）/宽度（W）］：（竖直向上拖动鼠标）3500 Enter

指定下一点或［圆弧（A）/闭合（C）/半宽（H）/长度（L）/放弃（U）/宽度（W）］：（水平向左拖动鼠标）1730 Enter

指定下一点或［圆弧（A）/闭合（C）/半宽（H）/长度（L）/放弃（U）/宽度（W）］：（竖直向下拖动鼠标）1400 Enter

指定下一点或［圆弧（A）/闭合（C）/半宽（H）/长度（L）/放弃（U）/宽度（W）］：W Enter

指定起点宽度：100 Enter

指定端点宽度：0 Enter

指定下一点或［圆弧（A）/闭合（C）/半宽（H）/长度（L）/放弃（U）/宽度（W）］：（竖直向下拖动鼠标）300 Enter

指定下一点或［圆弧（A）/闭合（C）/半宽（H）/长度（L）/放弃（U）/宽度（W）］：Enter

关闭"正交模式"，绘制结果如图13.44所示。

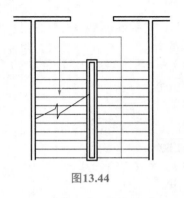
图13.44

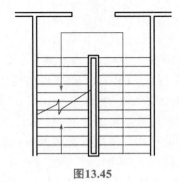
图13.45

用同样的方法绘制左边的箭头，操作命令如下：

指定起点：（以左边最底部楼梯台阶的直线中点为多段线起点）

指定下一个点或［圆弧（A）/半宽（H）/长度（L）/放弃（U）/宽度（W）］:（竖直向上）600 Enter

指定下一点或［圆弧（A）/闭合（C）/半宽（H）/长度（L）/放弃（U）/宽度（W）］: W Enter

指定起点宽度<0.0000>: 100 Enter

指定端点宽度: 0 Enter

指定下一点或［圆弧（A）/闭合（C）/半宽（H）/长度（L）/放弃（U）/宽度（W）］:（竖直向上）300 Enter

指定下一点或［圆弧（A）/闭合（C）/半宽（H）/长度（L）/放弃（U）/宽度（W）］: Enter

绘制结果如图13.45所示。

单击工具栏"多行文字"按钮 A 或在命令行输入 MTEXT，使用"多行文字"命令，操作命令如下：

指定第一角点:（单击右边最底部楼梯台阶的直线中点为第一角点）

指定对角点或［高度（H）/对正（J）/行距（L）/旋转（R）/样式（S）/宽度（W）/栏（C）］: H Enter

指定高度: 200 Enter

指定对角点或［高度（H）/对正（J）/行距（L）/旋转（R）/样式（S）/宽度（W）/栏（C）］: W Enter

指定宽度: Enter

MTEXT:（输入文字"上"，单击弹出的文字格式栏中的"确定"按钮，或按键盘 Ctrl+Enter 完成文字的输入）

绘制过程如图13.46所示，绘制结果如图13.47所示。

用同样的方法插入文字"下"，最终绘制结果如图13.48所示。

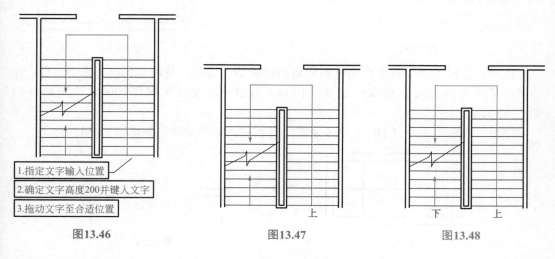

| 1.指定文字输入位置 |
| 2.确定文字高度200并键入文字 |
| 3.拖动文字至合适位置 |

图13.46　　　　　　　　　图13.47　　　　　　　　　图13.48

（2）绘制阳台

① 绘制墙体。将"阳台"设置为当前图层，使用"矩形"命令（REC），在合适位

置绘制一个长4000、宽2000的矩形。操作命令如下：

指定第一个角点或[倒角（C）/标高（E）/角（F）/厚度（T）/宽度（W）]：（在合适位置单击鼠标左键）

指定另一个角点或[面积（A）/尺寸（D）旋转（R）]：4000,2000 Enter

绘制结果如图13.49所示。

使用"直线"命令（L），以矩形的宽中点为端点，绘制一条直线，如图13.50所示。

图13.49   图13.50

使用"偏移"命令（O），将上一步创建的矩形向内偏移200，绘制过程如图13.51所示，绘图结果如图13.52所示，操作命令如下：

指定偏移距离或[通过（T）/删除（E）/图层（L）]：200 Enter

选择要偏移的对象，或[退出（E）/放弃（U）]：（选择矩形）

指定要偏移的那一侧上的点，或[退出（E）/多个（M）/放弃（U）]：（在矩形内部任意位置单击，完成偏移）

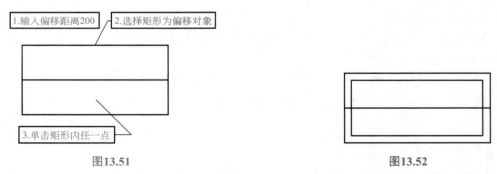

图13.51   图13.52

使用"打断于点"命令打断外侧矩形的四条边，然后，使用"偏移"命令（O）分别将外侧矩形的左边竖直线向右偏移1000，右边竖直线向左偏移1000，绘制结果如图13.53所示。

使用"修剪"命令（TR），将多余的线段删除，最终绘制结果如图13.54所示。

图13.53   图13.54

② 绘制露台。开启"正交模式"，使用"多段线"命令（PL），操作命令如下：

指定起点：（以左墙体左上方端点为起点）

指定下一个点或[圆弧（A）/半宽（H）/长度（L）/放弃（U）/宽度（W）]：（竖

直向上）1500 Enter

    指定下一点或[圆弧（A）/闭合（C）/半宽（H）/长度（L）/放弃（U）/宽度（W）]：（水平向右）700 Enter

    指定下一点或[圆弧（A）/闭合（C）/半宽（H）/长度（L）/放弃（U）/宽度（W）]：Enter

关闭"正交模式"，绘制结果如图13.55所示。

以同样的方法绘制右边的多段线，绘制结果如图13.56所示。

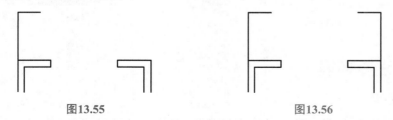

图13.55   图13.56

单击工具栏"圆弧"按钮🖉或在命令行输入ARC，使用"圆弧"命令。定义圆弧起点为a点，终点为b点，角度为30°，a点、b点位置如图13.56所示，操作命令如下：

    指定圆弧的起点或[圆心（C）]：（单击a点位置）

    指定弧的第二个点或[圆心（C）/端点（E）]：E Enter

    指定圆弧的端点：（单击b点位置）

    指定圆弧的中心点（按住Ctrl键以切换方向）或[角度（A）/方向（D）/半径（R）]：D Enter

    指定圆弧起点的相切方向（按住Ctrl键以切换方向）：（将鼠标移动到b点上方）30 Enter

绘制结果如图13.57所示。

使用"合并"命令（J），合并直线与圆弧。绘制结果如图13.58所示。

使用"偏移"命令（O）将合并起来的混合线段向内偏移60。绘制结果如图13.59所示。

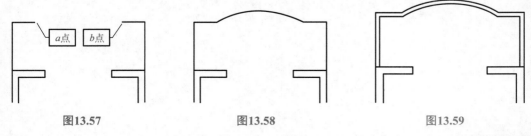

图13.57   图13.58   图13.59

13.3   实例 3——轴线和墙体

13.3   视频精讲

    建筑轴网是建筑平面图的基本框架，是图中所有构件的平面位置的参照基准，实际上就是一个相对坐标系。在绘制建筑平面图时，一般从建立轴网开始，由轴线确定墙体和柱子的具体位置，进而确定门、窗和楼梯等建筑构件的位置，做到画而不乱。本例将绘制如图13.60所示的轴网和图13.61所示的墙体，学习轴线和墙体的具体绘制方法。

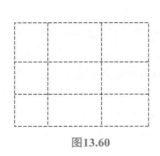

图13.60

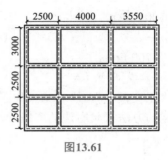

图13.61

13.3.1　设置环境

（1）新建文件

打开 AutoCAD 2020 软件，单击下拉菜单 [文件] → [新建] 命令或快速访问工具栏中单击"新建"按钮 ⬚，弹出"选择样板"对话框，选择样板后单击"打开"命令，新建一个图形文件。

（2）图层设置

绘图之前，根据需要设置相应的图层，还可以进行名称、线型、线宽、颜色等图层特性的设置。新建"轴线""墙体""标注"三个图层。其中，"轴线"线型为 ACAD_ISO04W100，线宽为默认，"墙体"和"标注"线宽、线型均为默认。为了更便于查看与区分，可以将不同图层设置为不同颜色。如图 13.62 所示。

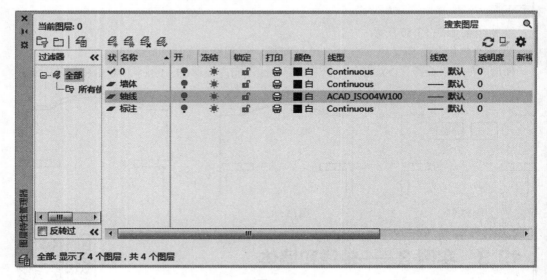

图13.62

13.3.2　绘制过程

（1）绘制轴线

将"轴线"设置为当前图层，使用"矩形"命令（REC）绘制矩形，绘制长度为10050、宽度为8000的矩形为基准轴线，如图13.63所示。

使用"分解"命令（X），将刚绘制的矩形分解为四条独立直线。

使用"偏移"命令（O），将左侧垂直边向右分别偏移2500和6500。操作命令如下：

指定偏移距离或[通过（T）/删除（E）/图层（L）]<5500.0000>：2500 Enter

选择要偏移的对象，或[退出（E）/放弃（U）]<退出>：（选择矩形左侧垂直边）

指定要偏移的那一侧上的点，或[退出（E）/多个（M）/放弃（U）]<退出>：（单击所选边右侧任意点）

选择要偏移的对象，或[退出（E）/放弃（U）]<退出>：E Enter

指定偏移距离或[通过（T）/删除（E）/图层（L）]<2500.0000>：6500 Enter

选择要偏移的对象，或[退出（E）/放弃（U）]<退出>：（选择矩形左侧垂直边）

指定要偏移的那一侧上的点，或[退出（E）/多个（M）/放弃（U）]<退出>：（单击所选边右侧任意点）

选择要偏移的对象，或[退出（E）/放弃（U）]<退出>：E Enter

绘制结果如图13.64所示

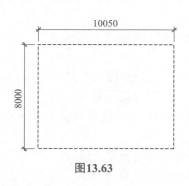

图13.63

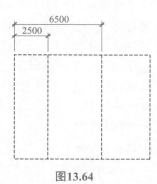

图13.64

重复执行"偏移"命令（O），分别将矩形上侧的水平边向下分别偏移3000和5500，绘制结果如图13.65所示。

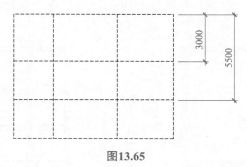

图13.65

（2）绘制墙体

将"墙体"设置为当前图层，单击下拉菜单栏[格式]→[多线样式]按钮 ，新建样式名为"墙体"，参数如图13.66所示的多线样式，并将其设置为当前多线样式。

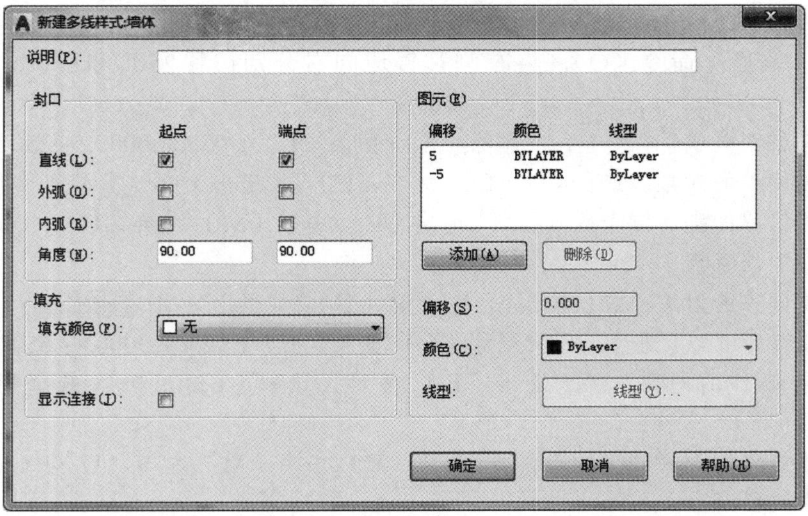

图13.66

单击下拉菜单栏[绘图]→[多线]按钮，设置多线"比例"为30，"对正"为无，配合端点捕捉功能绘制墙线。操作命令如下：

指定起点或[对正（J）/比例（S）/样式（ST）]：S Enter

输入多线比例：30 Enter

指定起点或[对正（J）/比例（S）/样式（ST）]：J Enter

输入对正类型[上（T）/无（Z）/下（B）]＜无＞：Z Enter

指定起点或[对正（J）/比例（S）/样式（ST）]：（单击轴线网格左上端点为起点）

指定下一点：（单击轴线网格右上端点为第二点）

指定下一点或[放弃（U）]：（单击轴线网格右下端点为第三点）

指定下一点或[闭合（C）/放弃（U）]：（单击轴线网格右下端点为第四点）

指定下一点或[闭合（C）/放弃（U）]：C Enter

绘制结果如图13.67所示。

重复上一步的操作，设置多线比例和对正方式不变，绘制其他墙体，绘制结果如图13.68所示。

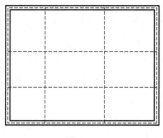

图13.67

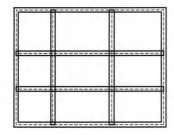

图13.68

单击下拉菜单栏[修改]→[对象]→[多线]按钮，或双击上一步创建的多线，弹出"多线编辑工具"对话框，单击如图13.69所示的"T形合并"工具按钮。

图13.69

根据命令提示，分别选择如图13.70和图13.71所示的墙线，将这两条T形相交的多线合并，绘制结果如图13.72所示。

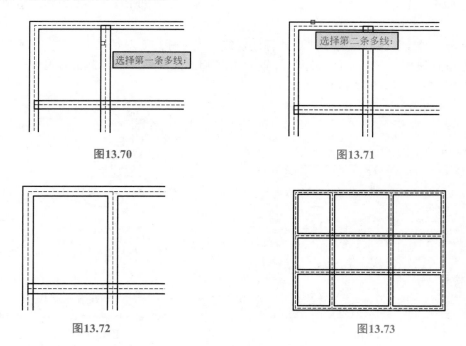

图13.70

图13.71

图13.72

图13.73

使用上一步的方法合并其他T形墙线，绘制结果如图13.73所示。

单击下拉菜单栏[修改]→[对象]→[多线]按钮 ⚒，或双击创建的多线，弹出"多线编辑工具"对话框，单击如图13.74所示的"十字合并"工具按钮，使用上一步的方法，将剩余十字相交的多线进行合并，绘制结果如图13.75所示。

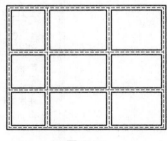

图13.74   图13.75

（3）尺寸标注

　　将"标注"设置为当前图层，单击下拉菜单 [格式] → [标注样式] 按钮 ，弹出"标注样式管理器"对话框，单击"新建"按钮，弹出"创建新标注样式"对话框，在"新样式名"一栏输入"尺寸标注"，"基础样式"设置为"ISO-25"，如图 13.76 所示。

　　单击"继续"按钮，弹出"新建标注样式：尺寸标注"对话框，单击"线"选项卡对线型进行设置。将"基线间距"设置为 0，"超出尺寸线"和"起点偏移量"分别设置为 250 和 300，如图 13.77 所示。

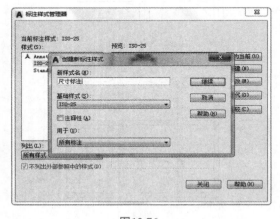

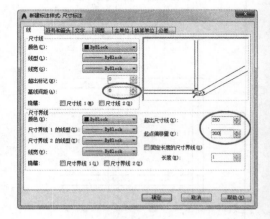

图13.76   图13.77

　　单击"符号和箭头"选项卡，将"箭头"设置为"建筑"，并将箭头大小设置为 80。单击"文字"选项卡，将"文字高度"设置为 300，如图 13.78 和图 13.79 所示。

图13.78

图13.79

单击"调整"选项卡,分别选定"文字始终保持在尺寸界限之间"和"尺寸线上方,不带引线",如图13.80所示。单击"主单位"选项卡,将"精度"设置为0,将"小数分隔符"设置为"句点",如图13.81所示。设置完成后单击"确定",保存设置。

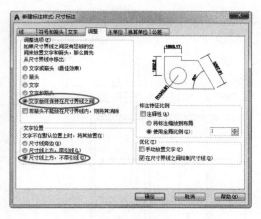

图13.80

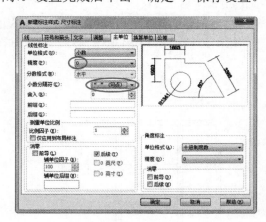

图13.81

返回"标注样式管理器"对话框,选中"尺寸标注"样式,单击"置为当前"按钮,然后关闭对话框,如图13.82所示。

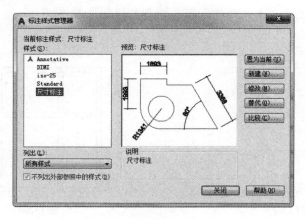

图13.82

单击下拉菜单栏[标注]→[线性]按钮 ⊢┤，配合捕捉和追踪功能对轴线进行尺寸标注。操作命令如下：

指定第一个尺寸界线原点或〈选择对象〉：（单击从左往右第一条垂直轴线的上端点）

指定第二条尺寸界线原点：（单击从左往右第二条竖直轴线的上端点）

指定尺寸线位置或[多行文字（M）/文字（T）/角度（A）/水平（H）/垂直（V）/旋转（R）]：@0，1200 Enter

绘制结果如图13.83所示。

单击下拉菜单栏[标注]→[连续]按钮 ⊢┼┤，配合捕捉和追踪功能对剩下的轴线进行连续标注。操作命令如下：

选择连续标注：（单击上一步标注的尺寸）

指定第二个尺寸界线原点或[选择（S）/放弃（U）]：（单击从左往右第三条竖直轴线上端点）

指定第二个尺寸界线原点或[选择（S）/放弃（U）]：（单击最右侧竖直轴线上端点）

指定第二个尺寸界线原点或[选择（S）/放弃（U）]：Enter

绘制过程如图13.84所示，绘制结果如图13.85所示。

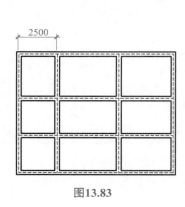

图13.83

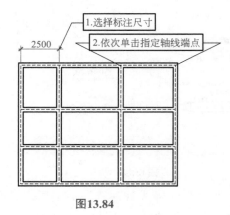

图13.84

使用同样的方法标注水平轴线间距，绘制结果如图13.86所示。

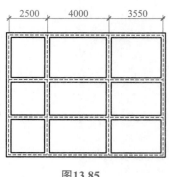

图13.85

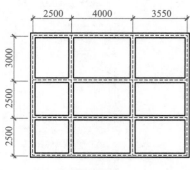

图13.86

13.4 实例4——某居民楼平面图

13.4 视频精讲

本例将详细讲解居民楼平面图的画法。

13.4.1 设置环境

（1）新建文件

打开AutoCAD 2020软件，单击下拉菜单[文件]→[新建]命令或快速访问工具栏中单击"新建"按钮 ，弹出"选择样板"对话框，选择如图13.87所示的样板后单击"打开"命令，新建一个图形文件。

图13.87

（2）图层设置

绘图之前，根据需要设置相应的图层，还可以进行名称、线型、线宽、颜色等图层特性的设置。弹出"图形特性管理器"对话框，新建如图13.88所示的图层，其中"轴线"的线型为ACAD_ISO04W100。为了更便于查看与区分，可以将不同图层设置为不同颜色。

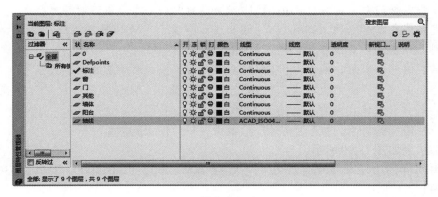

图13.88

第 13 章 建筑平面图的实例

13.4.2 绘图过程

（1）绘制轴线

将"轴线"设置为当前图层，使用"矩形"命令（REC）绘制矩形，绘制长度为8100、宽度为11700的矩形为基准轴线，如图13.89所示。

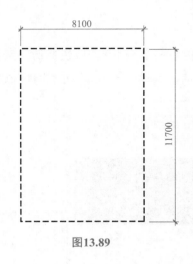

图13.89

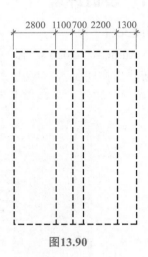

图13.90

使用"分解"命令（X），将刚绘制的矩形分解为四条独立直线。

使用"偏移"命令（O），将左侧垂直边向右连续偏移2800、1100、700和2200，操作命令如下：

指定偏移距离或［通过（T）/删除（E）/图层（L）］：2800 Enter

选择要偏移的对象，或［退出（E）/放弃（U）］：（选择矩形左边竖直边）

指定要偏移的那一侧上的点，或［退出（E）/多个（M）/放弃（U）］：（单击选择对象右侧任意点）

选择要偏移的对象，或［退出（E）/放弃（U）］：（选择上一步偏移直线）

指定要偏移的那一侧上的点，或［退出（E）/多个（M）/放弃（U）］＜退出＞：（鼠标移动到上一步偏移直线右侧，输入1100 Enter）

选择要偏移的对象，或［退出（E）/放弃（U）］：（选择新的偏移直线）

指定要偏移的那一侧上的点，或［退出（E）/多个（M）/放弃（U）］＜退出＞：（鼠标移动到上一步偏移直线右侧，输入700 Enter）

选择要偏移的对象，或［退出（E）/放弃（U）］：（选择新的偏移直线）

指定要偏移的那一侧上的点，或［退出（E）/多个（M）/放弃（U）］＜退出＞：（鼠标移动到上一步偏移直线右侧，输入2200 Enter）

选择要偏移的对象，或［退出（E）/放弃（U）］：E Enter

绘制结果如图13.90所示。

使用同样的方法将上侧水平边向下连续偏移3000、1200、900、1770、630，绘制结果如图13.91所示。

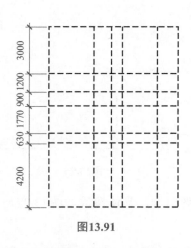

图13.91

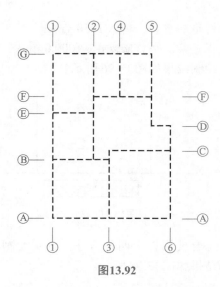

图13.92

使用"修剪"命令（TR）和"删除"命令（E）删除多余线段，为了便于辨认，故设置轴线编号，绘制结果如图13.92所示。

单击工具栏"打断"按钮，使用"打断"命令（BR）在轴线G上绘制宽度为1400的窗洞，操作命令如下：

选择对象：（单击选择轴线G为打断对象）

指定第二个打断点 或[第一点（F）]：F Enter（重新指定第一打断点）

指定第一个打断点：from Enter

基点：（单击选择G轴线左端点为基点，基点位置如图13.93所示）

基点：〈偏移〉：@700,0 Enter

指定第二个打断点：@1400,0 Enter

绘制过程如图13.93所示，绘制结果如图13.94所示。

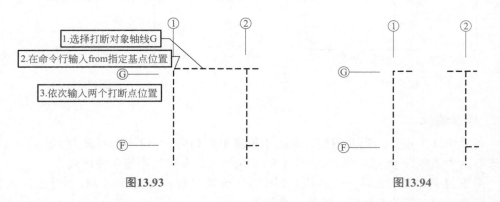

图13.93   图13.94

重复使用"打断"命令（BR），配合对象捕捉、对象追踪功能在轴线A上绘制宽度为1800的窗洞，操作命令如下：

选择对象：（单击选择轴线A为打断对象）

指定第二个打断点 或[第一点（F）]：F Enter（重新指定第一打断点）

指定第一个打断点：（鼠标指针先放在A轴线左端点处，缓慢向右移动引出图13.95

所示的追踪虚线，输入1050 Enter ）

指定第二个打断点：@1000,0 Enter

绘制结果如图13.96所示。

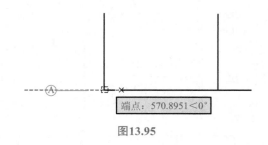

图13.95

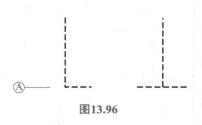

图13.96

综合使用以上两种方法，分别绘制其他窗洞或者门洞，具体参数如图13.97所示，绘制结果如图13.98所示。

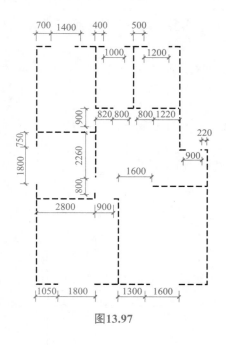

图13.97

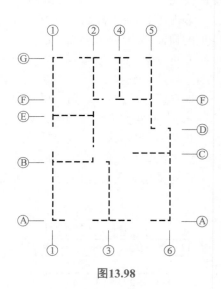

图13.98

（2）绘制墙体

将"墙体"设置为当前图层，单击下拉菜单栏[格式]→[多线样式]按钮 ，新建样式名为"墙体"，参数如图13.99所示的多线样式，并置为当前多线样式。

击下拉菜单栏[绘图]→[多线]按钮 ，设置多线"比例"为24，"对正"为无，配合端点捕捉功能绘制墙线，操作命令如下：

指定起点或[对正（J）/比例（S）/样式（ST）]：S Enter

输入多线比例：24 Enter

指定起点或[对正（J）/比例（S）/样式（ST）]：J Enter

输入对正类型[上（T）/无（Z）/下（B）]〈无〉：Z Enter

指定起点或[对正（J）/比例（S）/样式（ST）]:（单击点1为起点）
指定下一点：（单击点2为第二点）
指定下一点或[放弃（U）]:（单击点3为第三点）
指定下一点或[闭合（C）/放弃（U）]:Enter

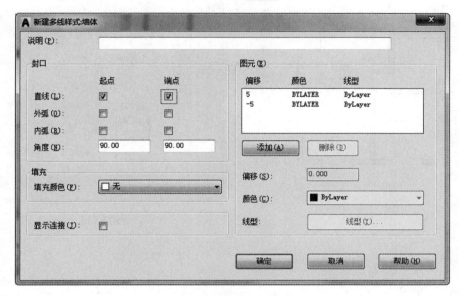

图13.99

绘制过程如图13.100所示，绘制结果如图13.101所示。

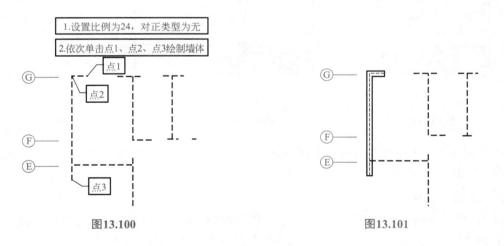

图13.100　　　　　　　　　　　　　图13.101

重复使用"多线"命令（ML），绘制其他剩余墙体，比例和对正方式不变，绘制结果如图13.102所示。

单击下拉菜单栏[修改]→[对象]→[多线]按钮 ⚒，或双击上一步创建的墙体，弹出"多线编辑工具"对话框，单击如图13.103所示的"T形合并"工具按钮。

根据命令提示，分别选择如图13.104和图13.105所示的墙线，结果这两条T形相交的多线被合并，如图13.106所示。

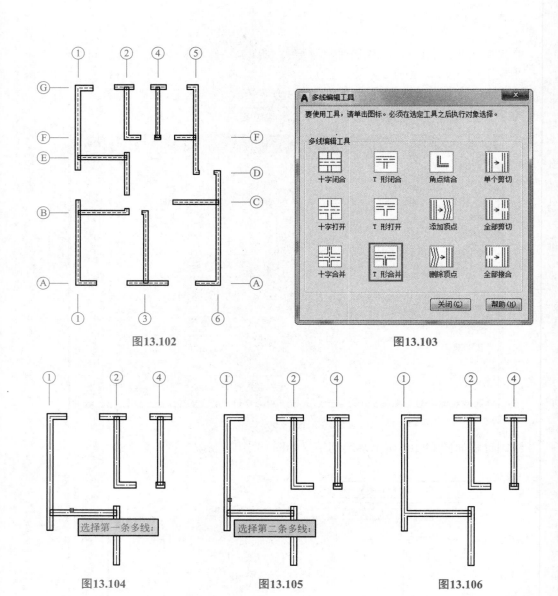

图13.102　　　　　　　　　　　　　　　图13.103

图13.104　　　　　　　图13.105　　　　　　　图13.106

重复使用"T形合并"或"十字合并"命令，将其他剩余墙体进行合并，绘制结果如图13.107所示。

（3）绘制各类构件

将"窗"设置为当前图层，单击下拉菜单栏[格式]→[多线样式]按钮📝，新建样式名为"窗"，参数如图13.108所示的多线样式，并置为当前多线样式。

单击下拉菜单栏[绘图]→[多线]按钮📝，设置多线"比例"为24，"对正"为无，配合端点捕捉功能绘制窗线。操作命令如下：

指定起点或[对正（J）/比例（S）/样式（ST）]：S Enter

输入多线比例：24 Enter

指定起点或[对正（J）/比例（S）/样式（ST）]：J Enter

输入对正类型[上（T）/无（Z）/下（B）]＜无＞：Z Enter

指定起点或［对正（J）/比例（S）/样式（ST）］：（单击点1为起点）
指定下一点：（单击点2为第二点）
指定下一点或［放弃（U）］：$\boxed{\text{Enter}}$

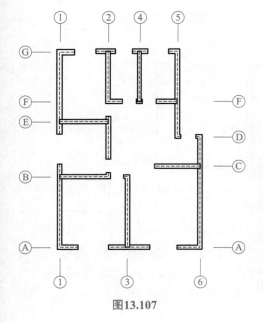

图13.107

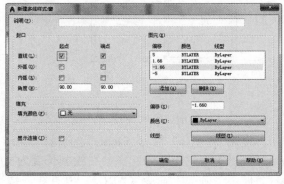

图13.108

绘制过程如图13.109所示，绘制结果如图13.110所示。

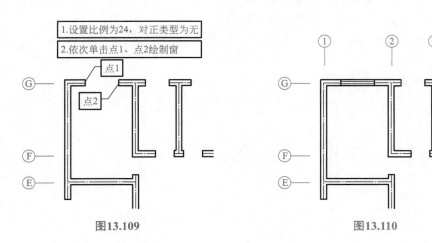

图13.109　　　　　　　　　　　　　　图13.110

　　重复使用"多线"命令（ML），绘制其他剩余窗线，比例和对正方式不变，绘制结果如图13.111所示。

　　将"门"设置为当前图层，重复使用"矩形"命令（REC）和"移动"命令（MOVE），绘制右下侧的推拉门，门宽度为50，长度为600，绘制结果如图13.112所示。

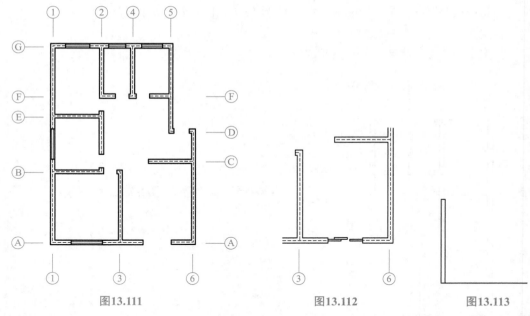

图13.111　　　　　　　　　图13.112　　　　　图13.113

使用"矩形"命令（REC），绘制长40、宽800的矩形，然后使用"直线"命令（L），以矩形左下角为起点向右绘制长度为800的直线，绘制结果如图13.113所示。

使用"圆弧"命令（ARC），以直线左端点为圆心，以直线右端点和矩形左上端点为起点和终点画圆弧，完成门的绘制，操作命令如下：

指定圆弧的起点或[圆心（C）]：C Enter

指定圆弧的圆心：(单击直线左端点为圆心)

指定圆弧的起点：(单击直线右端点为起点)

指定圆弧的端点（按住 Ctrl 键以切换方向）或[角度（A）/弦长（L）]：(单击矩形左上端点为终点)

绘制结果如图13.114所示。

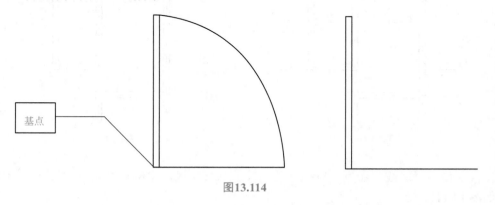

图13.114

单击下拉菜单栏[绘图]→[块K]→[创建]按钮 ▢ ，或者单击工具栏"创建块"命令 ▢ ，弹出"块定义"对话框，设置名称为"门（宽800）"，单击"选择对象"按钮，选择上一步绘制的门，取消"在屏幕上指定"前面的钩，单击"拾取点"拾取门对象的左下角点为基点，如图13.115所示。

图13.115

单击工具栏"插入块"按钮🖫，窗口右下角弹出插入块对话框，插入选项保持不变，然后单击选中上一步创建的块"门（宽800）"，如图13.116所示，拖动鼠标，在合适的位置单击鼠标即可插入块，绘制结果如图13.117所示。

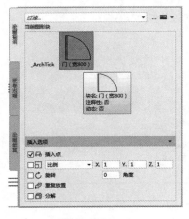

图13.116

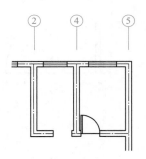

图13.117

重复使用"插入块"命令，插入位置如图13.118所示，使用"镜像"命令，镜像刚插入的块，对称轴为插入点所在的竖直直线，然后删除源对象，绘制结果如图13.119所示。

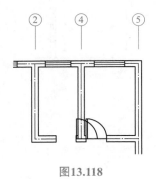

图13.118

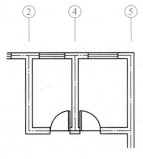

图13.119

继续使用"插入块"命令，插入位置如图13.120所示，然后使用"旋转"命令（RO），旋转刚插入的块，旋转中心点为插入点，逆时针旋转90°，绘制结果如图13.121所示。

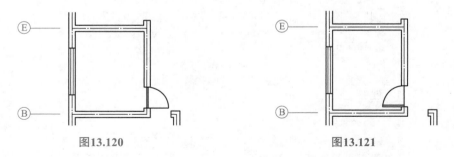

图13.120　　　　　　　　　　　图13.121

使用前面的方法，创建宽780的门并创建为块，如图13.122所示。

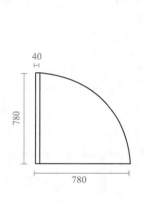

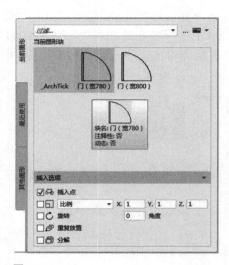

图13.122

综合使用"插入块"命令和"旋转"命令，在图13.123所示的位置分别插入宽780的门，绘制结果如图13.124所示。

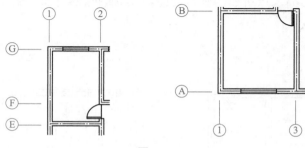

图13.123

使用"矩形""直线"和"圆弧"命令，在右侧绘制宽900的门，绘制结果如图13.125所示。

将"阳台"设置为当前图层，使用"矩形"命令（REC）绘制长4200，宽1500的矩形，并使用"移动"命令将矩形移动到右下角，与轴线对齐，绘制结果如图13.126所示。

单击工具栏"分解"按钮🗗，或在命令行输入EXPLODE，使用"分解"命令。将矩形分解为四条直线，并删除上侧的直线，绘制过程如图13.127所示，绘制结果如图13.128所示。

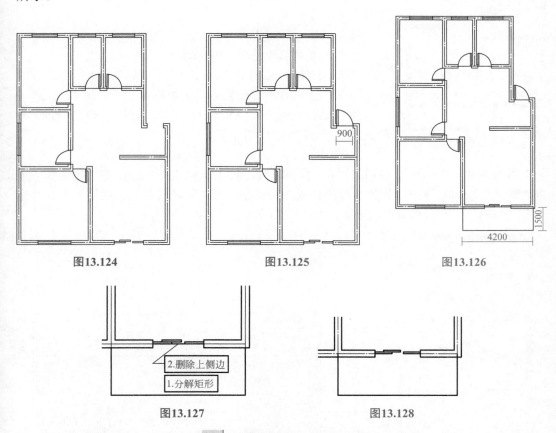

| 图13.124 | 图13.125 | 图13.126 |

图13.127   图13.128

单击工具栏"合并"按钮━━，将矩形剩下三条边合并。使用"偏移"命令（O），将合并后的图形向内偏移90，绘制过程如图13.129所示，绘制结果如图13.130所示。

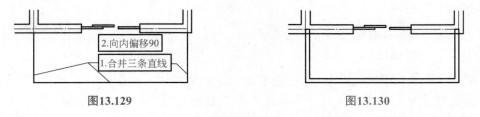

图13.129   图13.130

各类构建已绘制完成，整体效果如图13.131所示，下面开始进行标注。

（4）文字标注和尺寸标注

① 文字标注。

文字标注主要是对平面图形进行说明，在本例中主要是添加房间功能的说明文字，通常采用"单行文字"命令进行绘制。

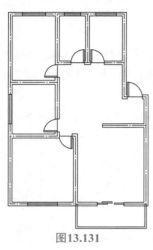

图13.131

将"标注"设置为当前图层，单击下拉菜单栏［绘图］→［文字］→［单行文字**A**］按钮，或输入TEXT启动"单行文字"命令，"文字高度"设置为300，"旋转角度"设置为0，操作命令如下：

指定文字的起点 或［对正（J）/样式（S）］:（在合适位置单击鼠标左键）

指定高度：300 Enter

指定文字的旋转角度：0 Enter

TEXT:（输入文字）

TEXT:（单击别的位置完成文字输入）

绘制结果如图13.132所示（可以通过"移动"命令将输入的文字移动到合适位置）。

②尺寸标注。

单击下拉菜单［格式］→［标注样式］按钮，弹出"标注样式管理器"对话框，单击"新建"按钮，弹出"创建新标注样式"对话框，在"新样式名"一栏输入"尺寸标注"，"基础样式"设置为ISO-25，如图13.133所示。

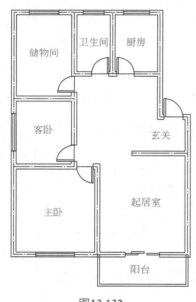

图13.132

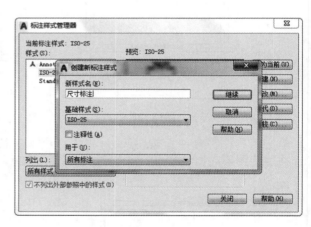

图13.133

单击"继续"按钮，弹出"新建标注样式：尺寸标注"对话框，单击"线"选项卡对线型进行设置。将"基线间距"设置为0，"超出尺寸线"和"起点偏移量"分别设置为250和300，如图13.134所示。

单击"符号和箭头"选项卡，将"箭头"设置为"建筑标记"，并将"箭头大小"设置为160。单击"文字"选项卡，将"文字高度"设置为300，如图13.135和图13.136所示。

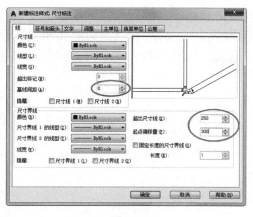

图13.134

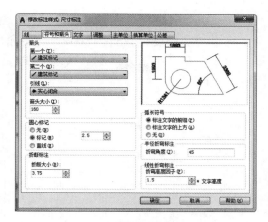

图13.135

单击"调整"选项卡，分别选定"文字始终保持在尺寸界限之间"和"尺寸线上方，不带引线"如图13.137所示。单击"主单位"选项卡，将"精度"设置为0，将"小数分隔符"设置为"句点"，如图13.138所示。设置完成后单击"确定"，保存设置。

返回"标注样式管理器"对话框，选中"尺寸标注"样式，单击"置为当前"按钮，然后关闭对话框，如图13.139所示。

图13.136

图13.137

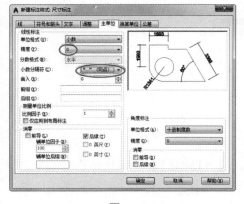

图13.138

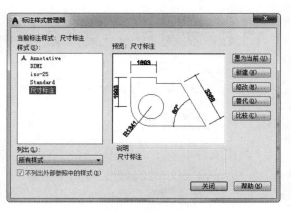

图13.139

先使用"线性标注"和"连续标注"对尺寸进行标注，然后使用"单行文字"命令，将"文字高度"设置为800，"旋转角度"设置为0，输入文字，最后使用"多段线"命令，在文字下方绘制一条水平线，将"线宽"设置为80，绘制结果如图13.140所示。

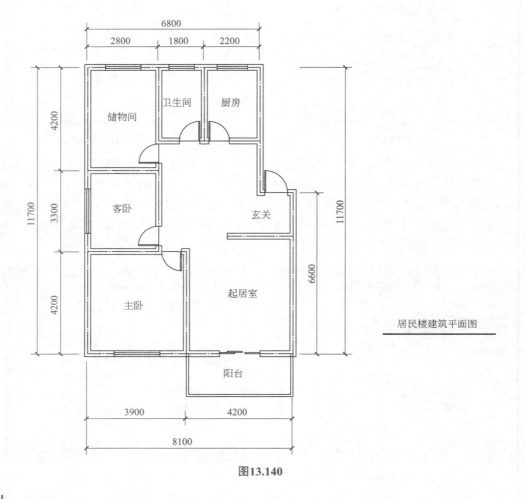

居民楼建筑平面图

图13.140

13.5 实例5——某办公楼平面图

本例将详细讲解办公楼平面图的画法。

13.5.1 设置环境

（1）新建文件

打开AutoCAD 2020软件，单击下拉菜单[文件]→[新建]命令或快速访问工具栏中单击"新建"按钮 ▭，弹出"选择样板"对话框，选择如图13.141所示的样板后单击"打开"命令，新建一个图形文件。

图13.141

（2）图层设置

　　绘图之前，根据需要设置相应的图层，还可以进行名称、线型、线宽、颜色等图层特性的设置。弹出"图层特性管理器"对话框，新建如图13.142所示的图层，其中"轴线"的线型为ACAD_ISO02W100。为了更便于查看与区分，可以将不同图层设置为不同颜色。

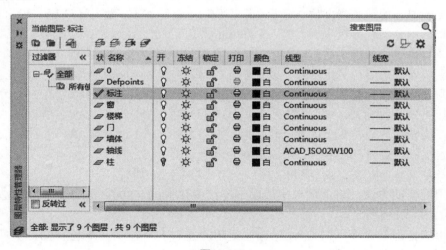

图13.142

13.5.2　绘图过程

（1）绘制轴线

　　将"轴线"设置为当前图层，使用"矩形"命令（REC）绘制矩形，绘制长度为11400、宽度为14000的矩形为基准轴线，如图13.143所示。

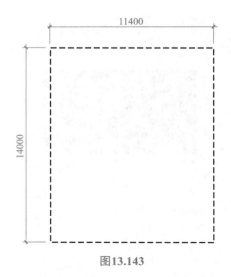

图13.143

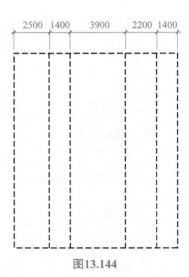

图13.144

使用"分解"命令（X），将刚绘制的矩形分解为四条独立直线。

使用"偏移"命令（O），将左侧垂直边向右连续偏移2500、1400、3900、2200，绘制结果如图13.144所示。操作命令如下：

指定偏移距离或［通过（T）/删除（E）/图层（L）］：2500 Enter

选择要偏移的对象，或［退出（E）/放弃（U）］：（选择矩形左边竖直边）

指定要偏移的那一侧上的点，或［退出（E）/多个（M）/放弃（U）］：（单击选择对象右侧任意点）

选择要偏移的对象，或［退出（E）/放弃（U）］：（选择上一步偏移直线）

指定要偏移的那一侧上的点，或［退出（E）/多个（M）/放弃（U）］＜退出＞：（鼠标移动到上一步偏移直线右侧，输入1400 Enter ）

选择要偏移的对象，或［退出（E）/放弃（U）］：（选择上一步偏移直线）

指定要偏移的那一侧上的点，或［退出（E）/多个（M）/放弃（U）］＜退出＞：（鼠标移动到上一步偏移直线右侧，输入3900 Enter ）

选择要偏移的对象，或［退出（E）/放弃（U）］：（选择上一步偏移直线）

指定要偏移的那一侧上的点，或［退出（E）/多个（M）/放弃（U）］＜退出＞：（鼠标移动到上一步偏移直线右侧，输入2200 Enter ）

选择要偏移的对象，或［退出（E）/放弃（U）］：E Enter

使用同样的方法，将上侧水平边向下连续偏移3600、800、1300、2600、4200，绘制结果如图13.145所示。

使用"矩形"命令（REC），配合捕捉功能在右上角绘制一个长1400、宽800的矩形，绘制结果如图13.146所示。

使用"修剪"命令（TR）和"删除"命令（E）删除多余线段，绘制结果如图13.147所示。为了便于辨认，故设置轴线编号如图13.148所示。

单击工具栏"打断"按钮，在轴线F上绘制宽度为800的门洞，操作命令如下：

选择对象：（单击选择轴线F为打断对象）

指定第二个打断点或［第一点（F）］：F Enter （重新指定第一打断点）

指定第一个打断点：from Enter

基点：（单击选择F轴线左端点为基点，基点位置如图13.149所示）

基点：<偏移>：@240,0 Enter

指定第二个打断点：@800,0 Enter

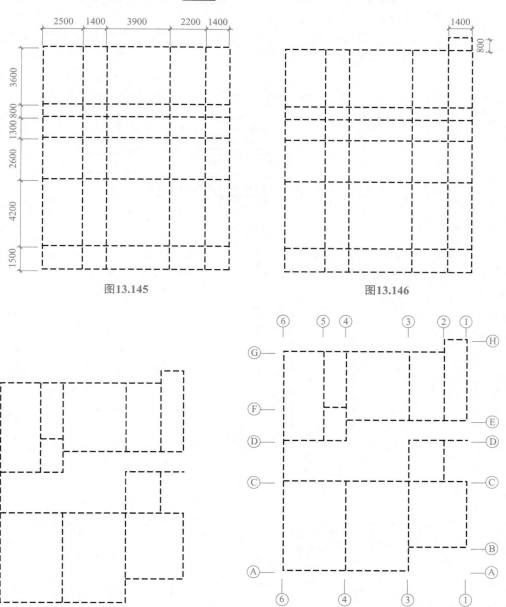

图13.145

图13.146

图13.147

图13.148

绘制过程如图13.149所示，绘制结果如图13.150所示。

重复使用"打断"命令（BR），配合对象捕捉、对象追踪功能在轴线G上绘制宽度为1900的窗洞，操作如下：

选择对象：（单击选择轴线G为打断对象）

指定第二个打断点或[第一点（F）]：F Enter（重新指定第一打断点）

指定第一个打断点：（鼠标指针先放在 G 轴线左端点处，缓慢向右移动引出图 13.151 所示的追踪虚线，输入 1000 Enter ）

指定第二个打断点：@1900,0 Enter

绘制结果如图 13.152 所示。

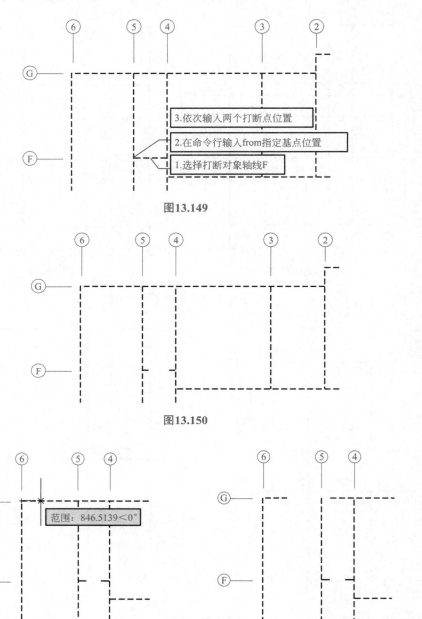

图13.149

图13.150

图13.151   图13.152

综合使用以上方法，使用"打断"命令（BR），分别绘制其他窗洞或者门洞，具体参数如图 13.153 所示，绘制结果如图 13.154 所示。

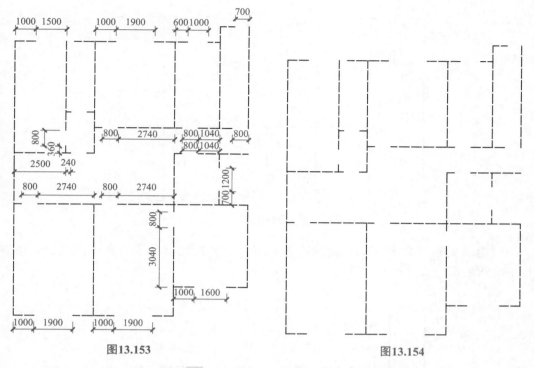

图13.153

图13.154

单击工具栏"镜像"按钮⚠，或输入"MIRROR"使用"镜像"命令，镜像上一步的轴线，操作命令如下：

选择对象：（单击鼠标左键并拖动鼠标框选上一步绘制的所有轴线，如图13.155所示）

指定镜像线的第一点：（单击如图13.156所示的端点）

指定镜像线的第二点：@0,1 Enter

要删除源对象吗？［是（Y）/否（N）］：N Enter

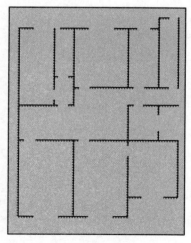

图13.155

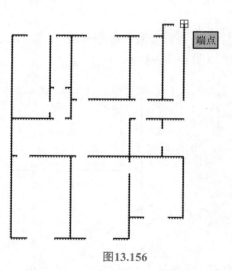

图13.156

绘制结果如图13.157所示。

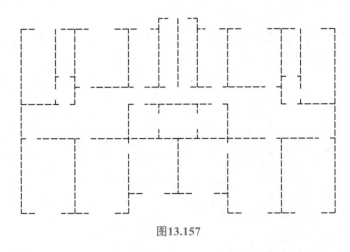

图13.157

使用"删除"命令（E），删除镜像后重合的竖直线以及多余直线，绘制结果如图 13.158 所示。

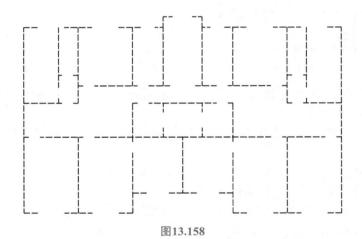

图13.158

继续使用"镜像"命令（MI），镜像上一步的轴线，删除镜像后重合的竖直线，绘制结果如图 13.159 所示。

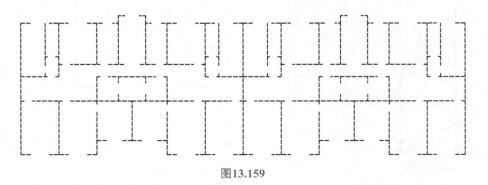

图13.159

使用"打断"命令（BR），对中心的竖直轴线绘制如图 13.160 所示的门洞。

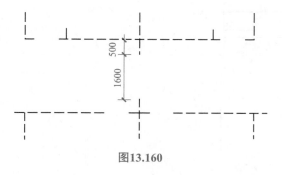

图13.160

（2）绘制墙体

将"墙体"设置为当前图层，单击下拉菜单栏[格式]→[多线样式]按钮✎，新建样式名为"墙体"，参数如图13.161所示的多线样式，并置为当前多线样式。

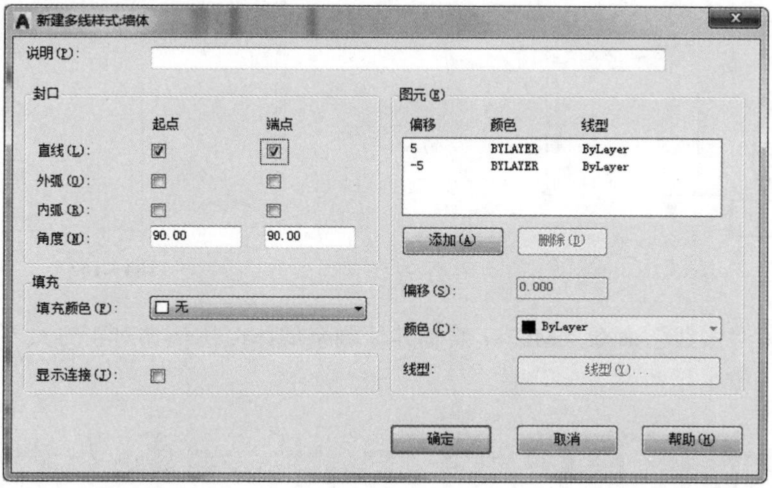

图13.161

单击下拉菜单栏[绘图]→[多线]按钮✎，设置多线"比例"为24，"对正"为无，配合端点捕捉功能绘制墙线，操作命令如下：

指定起点或[对正（J）/比例（S）/样式（ST）]：S Enter

输入多线比例：24 Enter

指定起点或[对正（J）/比例（S）/样式（ST）]：J Enter

输入对正类型［上（T）/无（Z）/下（B）]＜无＞：Z Enter

指定起点或[对正（J）/比例（S）/样式（ST）]：（单击点1为起点）

指定下一点：（单击点2为下一点）

指定下一点或[放弃（U）]：（单击点3为下一点）

指定下一点或[闭合（C）/放弃（U）]：（单击点4为下一点）

指定下一点或[闭合（C）/放弃（U）]：（单击点5为下一点）

指定下一点或[闭合（C）/放弃（U）]：（单击点6为下一点）

指定下一点或[闭合（C）/放弃（U）]：Enter

绘制过程如图13.162所示，绘制结果如图13.163所示。

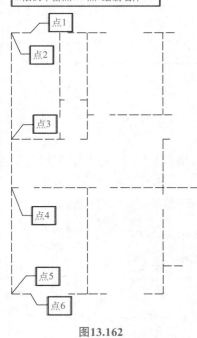

図13.162

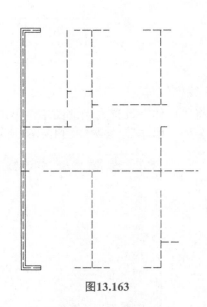

図13.163

重复使用"多线"命令（ML），绘制其他剩余墙体，比例和对正方式不变，绘制结果如图13.164所示。

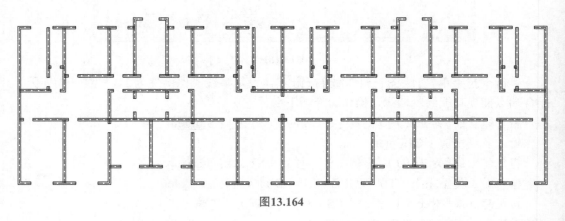

図13.164

单击下拉菜单栏[修改]→[对象]→[多线]按钮 ✕，或双击上一步创建的墙体，弹出"多线编辑工具"对话框，单击如图13.165所示的"T形合并"工具按钮。

根据命令提示，分别选择如图13.166和图13.167所示的墙线，将这两条T形相交的多线合并，绘制结果如图13.168所示。

重复使用"T形合并"和"十字合并"命令，将其他剩余墙体进行合并，关闭"轴线"层，绘制结果如图13.169所示。

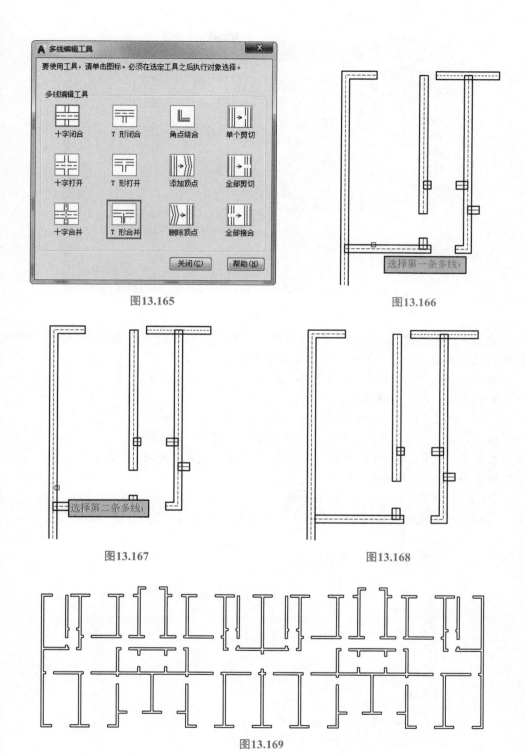

图13.165

图13.166

图13.167

图13.168

图13.169

（3）绘制各类构件

将"窗"设置为当前图层，单击下拉菜单栏[格式]→[多线样式]按钮✎，新建样式名为窗，参数设置如图13.170所示的多线样式，并将其置为当前多线样式。

图13.170

单击下拉菜单栏[绘图]→[多线]按钮 ，设置多线"比例"为24，"对正"为无，配合端点捕捉功能绘制左下角的窗，操作命令如下：

指定起点或[对正（J）/比例（S）/样式（ST）]：S Enter

输入多线比例：24 Enter

指定起点或[对正（J）/比例（S）/样式（ST）]：J Enter

输入对正类型[上（T）/无（Z）/下（B）]＜无＞：Z Enter

指定起点或[对正（J）/比例（S）/样式（ST）]：（单击点1为起点）

指定下一点：（单击点2为下一点）

指定下一点或[放弃（U）]：Enter

绘制过程如图13.171所示，绘制结果如图13.172所示。

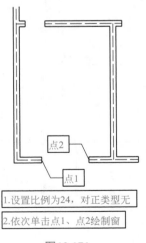

图13.171

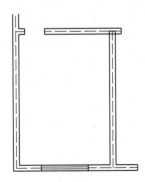

图13.172

重复使用"多线"命令（ML），绘制其他剩余窗线，比例和对正方式不变，绘制结果如图13.173所示。

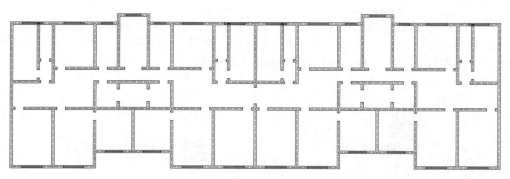

图13.173

将"柱"设置为当前图层，使用"矩形"命令（REC），绘制长500、宽500的矩形，绘制结果如图13.174所示。

单击工具栏"图案填充"按钮▨，弹出"图案填充和渐变色"对话框，单击"图案填充"选项卡中的"图案"选项右侧的"…"按钮，将"图案"设置为SOLID，界面设置如图13.175所示，单击"添加：选择对象"按钮▩，选中绘制的矩形，然后单击"确定"按钮进行填充，填充结果如图13.176所示。

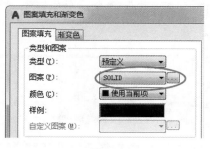

图13.174   图13.175   图13.176

单击下拉菜单栏[绘图]→[块K]→[创建]按钮，或者单击工具栏"创建块"命令，弹出"块定义"对话框，设置名称为"柱（500）"，单击"选择对象"按钮，选择上一步绘制的柱，取消"在屏幕上指定"前面的钩，单击"拾取点"拾取柱对象的左上角点为基点，如图13.177所示。

图13.177

单击工具栏"插入块"按钮，窗口右下角弹出插入块对话框，插入选项保持不变，然后单击选中上一步创建的块"柱（500）"，如图13.178所示，拖动鼠标，在合适的位置单击鼠标即可插入块，绘制结果如图13.179所示。

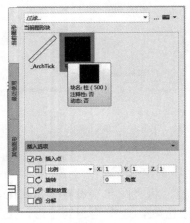

图13.178

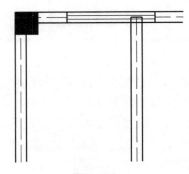

图13.179

综合利用端点捕捉功能和"移动"命令，分别在其他位置插入柱，绘制结果如图13.180所示。

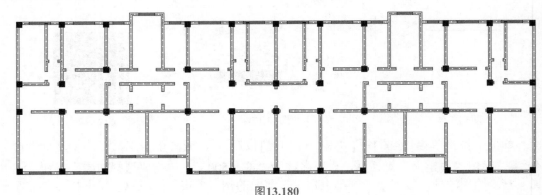

图13.180

将"门"设置为当前图层，使用"矩形"命令（REC），绘制长40、宽800的矩形，然后使用"直线"命令（L），以矩形左下角为起点向右绘制长度为800的直线，使用"圆弧"命令（ARC），以直线左端点为圆心，以矩形左上端点和直线右端点为起始点和终止点画圆弧，绘制如图13.181所示的门。

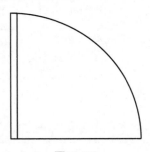

图13.181

将上一步绘制的门创建为块，命名为"门（宽800）"，以门左下角端点为基点，如图13.182所示。

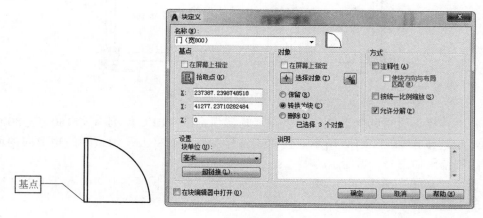

图13.182

根据上一节讲解的绘制"门"的方法，灵活使用"插入块""旋转""移动"等命令，将门插入合适的门洞里，绘制结果如图13.183所示。

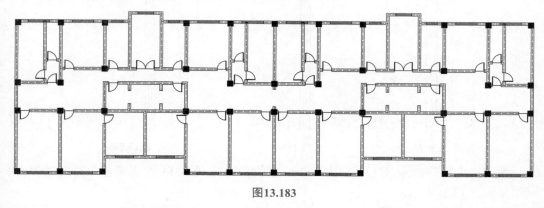

图13.183

使用"矩形"命令（REC），绘制如图13.184所示的推拉门，门宽度为40，长度为650，并将推拉门创建为块，设置基点为图13.185所示点。

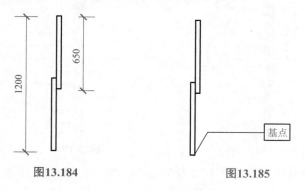

图13.184　　　　　　　　图13.185

将上一步绘制的推拉门插入剩余的门洞，绘制结果如图13.186所示。

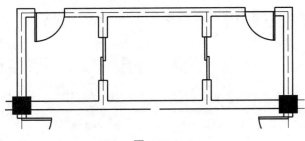

图13.186

　　将"楼梯"设置为当前图层，使用"矩形"命令（REC），绘制长180、宽3000的矩形，绘制结果如图13.187所示。使用"偏移"命令，将上一步绘制的矩形向内偏移60，绘制结果如图13.188所示。

　　使用"直线"命令（L），配合端点捕捉功能，绘制长度为1040，位置如图13.189所示的直线。

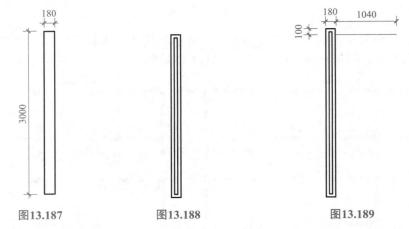

图13.187　　　　　　图13.188　　　　　　图13.189

　　使用"偏移"命令（O），将上一步绘制的直线向下偏移9次，偏移距离为300，绘制结果如图13.190所示。

　　使用"镜像"命令（MI），配合中点捕捉功能，依次捕捉两个矩形上侧水平边中点，对上一步偏移的直线进行镜像，绘制结果如图13.191所示。

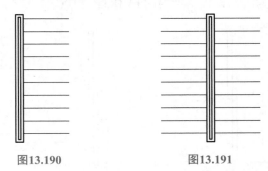

图13.190　　　　　　图13.191

　　开启"正交模式"，使用"多段线"命令（PL），绘制楼梯指引箭头，操作命令如下：

　　指定起点：（捕捉右侧最底部直线中点，向下引出如图13.192所示的追踪虚线，输

入 100 Enter ）

指定下一个点或 [圆弧 （ A ） / 半宽 （ H ） / 长度 （ L ） / 放弃 （ U ） / 宽度 （ W ）] : （ 竖直向上 ） 3500 Enter

指定下一点或 [圆弧 （ A ） / 闭合 （ C ） / 半宽 （ H ） / 长度 （ L ） / 放弃 （ U ） / 宽度 （ W ）] : （ 水平向左 ） 1220 Enter

指定下一点或 [圆弧 （ A ） / 闭合 （ C ） / 半宽 （ H ） / 长度 （ L ） / 放弃 （ U ） / 宽度 （ W ）] : （ 竖直向下 ） 1350 Enter

指定下一点或 [圆弧 （ A ） / 闭合 （ C ） / 半宽 （ H ） / 长度 （ L ） / 放弃 （ U ） / 宽度 （ W ）] : W Enter

指定起点宽度 : 100 Enter

指定端点宽度 : 0 Enter

指定下一点或 [圆弧 （ A ） / 闭合 （ C ） / 半宽 （ H ） / 长度 （ L ） / 放弃 （ U ） / 宽度 （ W ）] : （ 竖直向下 ） 300 Enter

指定下一点或 [圆弧 （ A ） / 闭合 （ C ） / 半宽 （ H ） / 长度 （ L ） / 放弃 （ U ） / 宽度 （ W ）] : Enter

关闭 "正交模式"，绘制结果如图 13.193 所示。

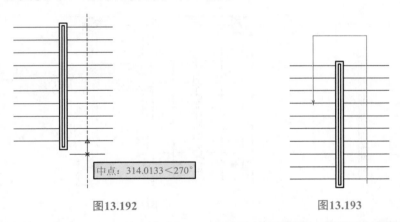

中点: 314.0133 < 270°

图13.192   图13.193

使用 "直线" 命令 （ L ），绘制如图 13.194 所示的折断线，继续完成剩下指引箭头的绘制，操作命令如下 :

指定起点 : （ 捕捉左侧最底部直线中点，向下引出追踪虚线，输入 100 Enter ）

指定下一个点或 [圆弧 （ A ） / 半宽 （ H ） / 长度 （ L ） / 放弃 （ U ） / 宽度 （ W ）] : （ 竖直向上 ） 800 Enter

指定下一点或 [圆弧 （ A ） / 闭合 （ C ） / 半宽 （ H ） / 长度 （ L ） / 放弃 （ U ） / 宽度 （ W ）] : W Enter

指定起点宽度 <0.0000> : 100 Enter

指定端点宽度 : 0 Enter

指定下一点或 [圆弧 （ A ） / 闭合 （ C ） / 半宽 （ H ） / 长度 （ L ） / 放弃 （ U ） / 宽度 （ W ）] : （ 竖直向上 ） 300 Enter

指定下一点或 [圆弧 （ A ） / 闭合 （ C ） / 半宽 （ H ） / 长度 （ L ） / 放弃 （ U ） / 宽度 （ W ）] : Enter

绘制结果如图13.195所示。

使用"多行文字"命令（MT），在楼梯台阶下方适当位置输入"上""下"两个字，绘制结果如图13.196所示。

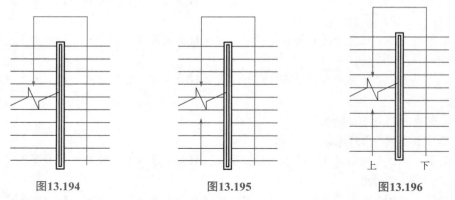

图13.194   图13.195   图13.196

使用"移动"命令（MOVE），设定图13.197所示的点为基点，捕捉图13.198所示的端点向下引出追踪虚线，输入1000按下Enter键。

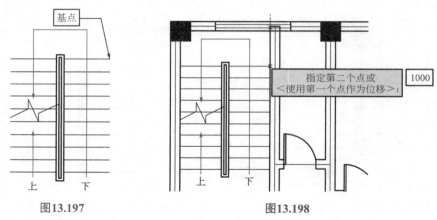

图13.197   图13.198

绘制结果如图13.199所示。

继续绘制如图13.200所示的楼梯（此楼梯除了折线形状和箭头方向以外的参数与上一步绘制楼梯完全一致），并把楼梯移动到合适位置，绘制结果如图13.201所示。

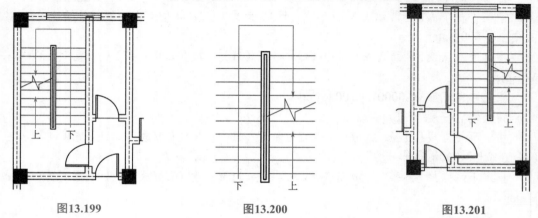

图13.199   图13.200   图13.201

使用上一步的方法，分别绘制参数如图13.202和图13.203所示的楼梯。

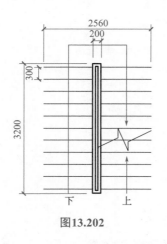

图13.202

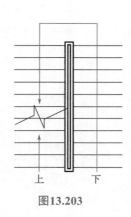

图13.203

使用"移动"命令（MOVE），分别移动楼梯到合适的位置，最终绘制结果如图13.204所示。

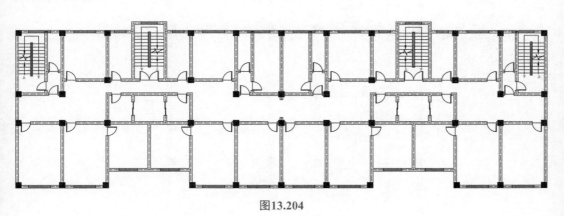

图13.204

（4）文字标注和尺寸标注

① 文字标注。

将"标注"设置为当前图层，单击下拉菜单栏［绘图］→［文字］→［单行文字▲］按钮，或输入TEXT启动"单行文字"命令，"文字高度"设置为300，"旋转角度"设置为0，操作命令如下：

指定文字的起点 或［对正（J）/样式（S）］:（在合适位置单击鼠标左键）

指定高度：300 Enter

指定文字的旋转角度：0 Enter

TEXT:（输入文字）

TEXT:（单击别的位置完成文字输入）

绘制结果如图13.205所示（可以通过"移动"命令将输入的文字移动到合适位置）。

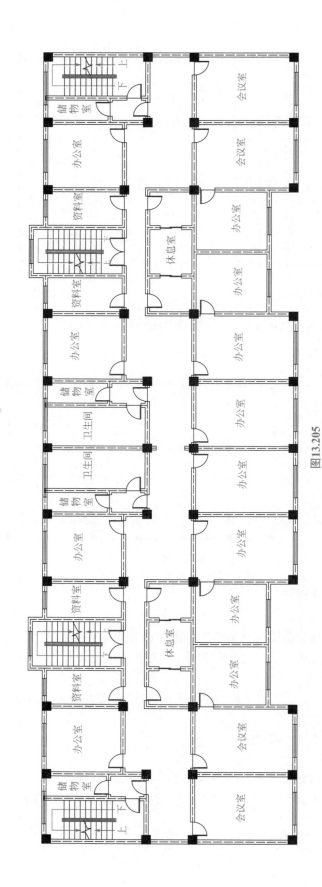

图13.205

② 尺寸标注。

单击下拉菜单[格式]→[标注样式]按钮 ，弹出"标注样式管理器"对话框，单击"新建"按钮，弹出"创建新标注样式"对话框，在"新样式名"一栏输入"尺寸标注","基础样式"设置为ISO-25，如图13.206所示。

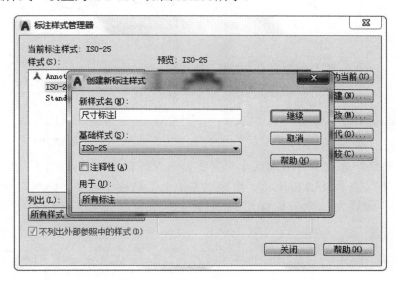

图13.206

单击"继续"按钮，弹出"新建标注样式：尺寸标注"对话框，单击"线"选项卡对线型进行设置。将"基线间距"设置为0,"超出尺寸线"和"起点偏移量"分别设置为250和300，如图13.207所示。

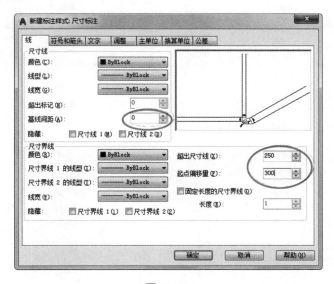

图13.207

单击"符号和箭头"选项卡，将"箭头"设置为"建筑标记"，并将"箭头大小"设置为160。单击"文字"选项卡，将"文字高度"设置为300，如图13.208和图13.209所示。

图13.208

图13.209

　　单击"调整"选项卡，分别选定"文字始终保持在尺寸界限之间"和"尺寸线上方，不带引线"，如图13.210所示。单击"主单位"选项卡，将"精度"设置为0，将"小数分隔符"设置为"句点"，如图13.211所示。设置完成后单击"确定"，保存设置。

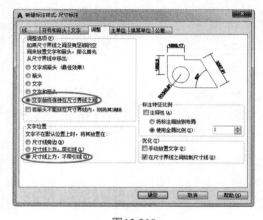

图13.210　　　　　　　　　　　　　　　　图13.211

　　返回"标注样式管理器"对话框，选中"尺寸标注"样式，单击"置为当前"按钮，然后关闭对话框，如图13.212所示。

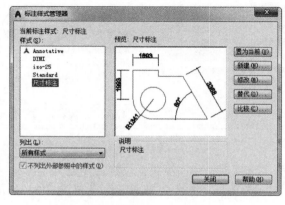

图13.212

使用"线型标注"和"连续标注"对尺寸进行标注（可以在图层管理器中关闭"柱"图层以防干扰），标注完成后的效果如图13.213所示。

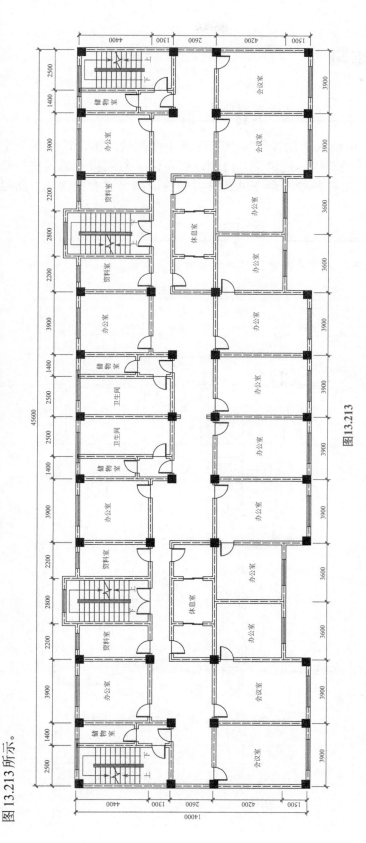

图13.213

使用"单行文字"命令，将"文字高度"设置为800，"旋转角度"设置为0，输入文字，最后使用"多段线"工具，在文字下方绘制一条水平线，将"线宽"设置为80，绘制结果如图13.214所示，并将文字移动到办公楼建筑平面图右下方。

办公楼建筑平面图

图13.214

13.6 小结与练习

　　本章通过5个实例，由浅入深地详细讲解了建筑平面图的画法。绘制建筑平面图，主要难点在于建筑轴线和墙体的定位与绘制，以及部分建筑构件的画法。希望读者可以通过练习熟练使用各种绘图命令以及对应的快捷图标或者按键，提高绘图效率。

　　1.绘制如图13.215所示的建筑平面图，其中家具可省去不画。

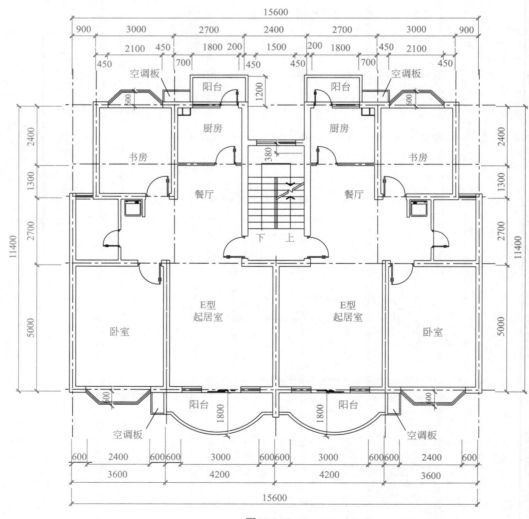

图13.215

2. 绘制如图 13.216 所示的办公楼平面图，其中总长为 61200，总宽 13900，其中建筑右侧部分详细数据如图 13.217 所示，其他详细数据请自行决定。

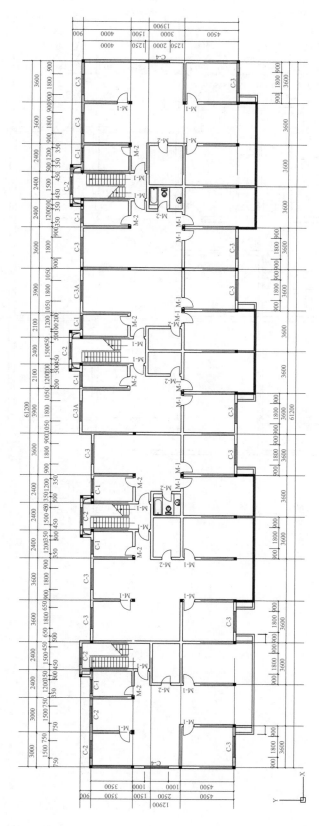

图13.216

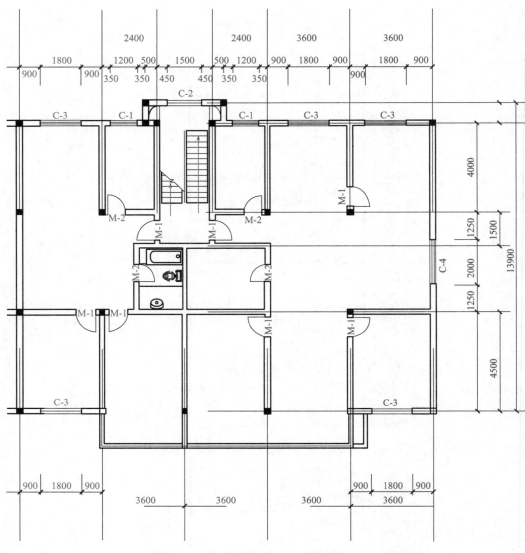

图13.217

14

第14章

建筑三维图的实例

建筑三维图是将原本的二维平面图扩展为直观的三维立体图，具有更为符合人们的视觉习惯、更强的真实感、包含更多更完整的视觉信息等特点，在建筑领域应用广泛。本章将通过实例来具体讲解建筑三维图的绘制方法。

14.1　实例1——三维建筑墙体

先绘制建筑墙体可以对三维建筑图有更好的整体规划，后面通过添加各种建筑部件完成建筑三维图的绘制。本例将综合使用"ELEV""多段线""移动""复制"等绘图和修改工具以及"俯视""西南等轴测""二维线框""着色"等视图工具，本例的最终绘制结果如图14.1所示。

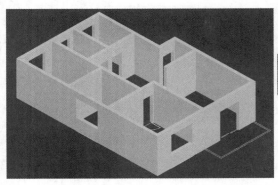
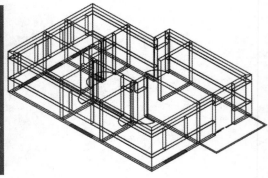

图14.1

14.1.1　设置环境

（1）打开文件

打开AutoCAD 2020软件，单击下拉菜单[文件]→[打开]命令或快速访问工具栏中单击"打开"按钮，打开随书素材"章节实例一"文件（扫描封面二维码下载素材文件），打开结果如图14.2所示。

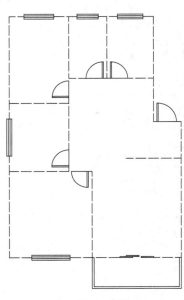

图14.2

（2）图层设置

绘图之前，根据需要设置相应的图层，还可以进行名称、线型、线宽、颜色等图层特性的设置。

> 下拉菜单：[格式]→[图层]
> 工具栏："图层特性"按钮
> 命令行：LAYER

弹出"图层特性管理器"对话框，单击"新建"按钮 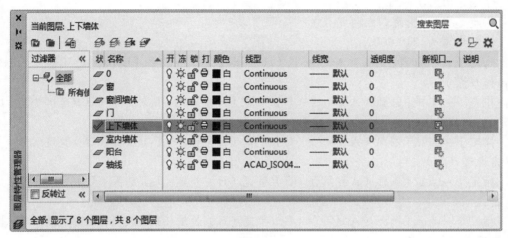，新建"窗间墙体""上下墙体""室内墙体"三个图层，线型线宽均为默认，为了更便于查看与区分，可以将不同图层设置为不同颜色。如图14.3所示。

图14.3

14.1.2 绘制过程

① 绘制窗下墙体。将图层切换至"上下墙体"图层，关闭"门""窗"图层。在命令行输入ELEV，使用"ELEV"命令（即设置新对象的标高和拉伸厚度命令），ELEV命令可在当前UCS的XY平面以上或以下为新对象设置默认Z值。该值存储在ELEVATION系统变量中。[注：一般情况下，建议将标高设置保留为零，并使用UCS命令控制当前UCS的XY平面。ELEV只控制新对象，而不影响现有对象。每次将坐标系更改为世界坐标系（WCS）时，标高都将重置为0.0。] 操作命令如下：

指定新的默认标高 〈0.0000〉：0 Enter
指定新的默认厚度 〈0.0000〉：1000 Enter

按F8键或单击"正交限制光标" ⌐ ，开启"正交模式"，单击工具栏"多段线"按钮 ⌐⋅⋅⊃ 或在命令行输入PLINE，重复使用"多段线"命令，配合端点捕捉功能绘制窗下墙体，操作命令如下：

命令：PLINE Enter
指定起点：（捕捉D点左侧端点，指定为起点。D点位置如图14.4左图所示）
指定下一个点或[圆弧（A）/半宽（H）/长度（L）/放弃（U）/宽度（W）]：W Enter
指定起点宽度 〈0.0000〉：240 Enter

指定端点宽度〈0.0000〉：240 Enter

指定下一个点或[圆弧（A）/半宽（H）/长度（L）/放弃（U）/宽度（W）]：（单击选择D点）

指定下一点或[圆弧（A）/闭合（C）/半宽（H）/长度（L）/放弃（U）/宽度（W）]：（单击选择E点）

指定下一点或[圆弧（A）/闭合（C）/半宽（H）/长度（L）/放弃（U）/宽度（W）]：（单击选择F点）

指定下一点或[圆弧（A）/闭合（C）/半宽（H）/长度（L）/放弃（U）/宽度（W）]：U Enter

命令：PLINE Enter

指定起点：（指定G点为起点）

当前线宽为 240.0000

指定下一个点或[圆弧（A）/半宽（H）/长度（L）/放弃（U）/宽度（W）]：（单击选择H点）

指定下一点或[圆弧（A）/闭合（C）/半宽（H）/长度（L）/放弃（U）/宽度（W）]：（单击选择A点）

指定下一点或[圆弧（A）/闭合（C）/半宽（H）/长度（L）/放弃（U）/宽度（W）]：（单击选择B点）

指定下一点或[圆弧（A）/闭合（C）/半宽（H）/长度（L）/放弃（U）/宽度（W）]：（单击选择C点）

指定下一点或[圆弧（A）/闭合（C）/半宽（H）/长度（L）/放弃（U）/宽度（W）]：（捕捉C点右侧端点，指定为起终点）

指定下一点或[圆弧（A）/闭合（C）/半宽（H）/长度（L）/放弃（U）/宽度（W）]：U Enter

关闭正交限制功能，绘制结果如图14.4右图所示。

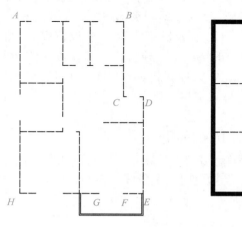

图14.4

单击下拉菜单[视图]→[三维视图]→[西南等轴侧]按钮，或单击下拉菜单[工具]→[工具栏]→[AutoCAD]→[视图]前面打钩，开启"视图"工具栏，单击视图工具栏中"西南等轴侧" 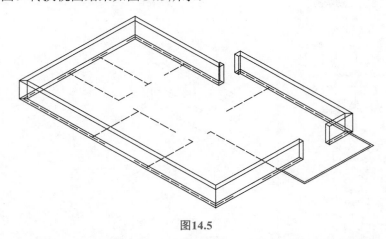 按钮，将当前视图转变为西南视图。转换视图结果如图14.5所示。

图14.5

② 绘制窗上墙体。单击工具栏"复制"按钮 或在命令行输入"COPY"，使用"复制"命令（CO）。将上一步绘制的窗下墙体竖直向上复制一份，位移距离为2500。操作命令如下：

选择对象：（单击选择上一步绘制的所有窗下墙体） Enter
指定基点或[位移（D）/模式（O）]〈位移〉：（拾取窗下墙体任意一点）
指定第二个点或[阵列（A）]〈使用第一个点作为位移〉：@0,0,2500 Enter
指定第二个点或[阵列（A）/退出（E）/放弃（U）]〈退出〉：Enter
绘制结果如图14.6所示。

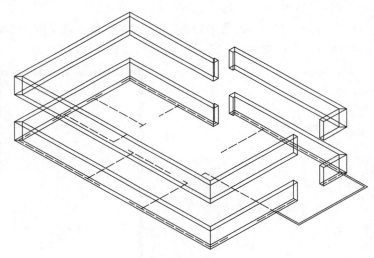

图14.6

单击鼠标左键选中窗上墙体，然后鼠标单击右键在弹出的界面中选择"特性"命令，或按键盘Ctrl+1键，弹出"特性"界面。修改窗上墙体厚度为500，为了便于区分可将墙体颜色修改为其他颜色，特性栏修改结果如图14.7所示，修改后的墙体效果如图14.8所示。

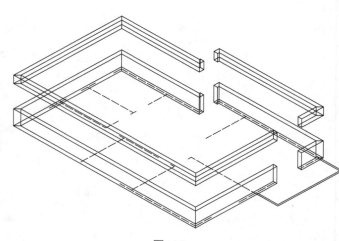

图14.7　　　　　　　　　　图14.8

③ 绘制窗间墙体。将图层切换至"窗间墙体"图层，并关闭"上下墙体"图层，打开"窗"图层，单击下拉菜单栏 [视图] → [三维视图] → [俯视] 按钮，或单击视图工具栏中的"俯视" 按钮，将视图转换为俯视图，如图14.9所示。

使用"ELEV"命令，拉伸厚度为1500。操作命令如下：

指定新的默认标高 〈0.0000〉：0 Enter

指定新的默认厚度 〈0.0000〉：1500 Enter

使用"多段线"命令（PL），设置多段线的起点宽度和端点宽度为240，分别捕捉各个窗、门两侧的墙面端点，绘制窗间墙体，绘制结果如图14.10所示。

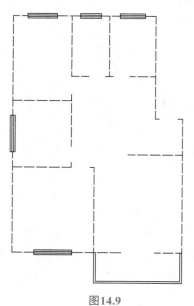

图14.9

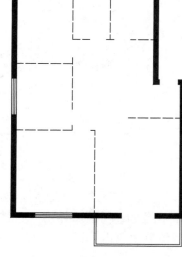

图14.10

单击下拉菜单[视图]→[三维视图]→[西南等轴测]◆按钮，或单击视图工具栏中的"西南等轴测"◆按钮，将当前视图转换为西南等轴测视图，结果如图14.11所示。

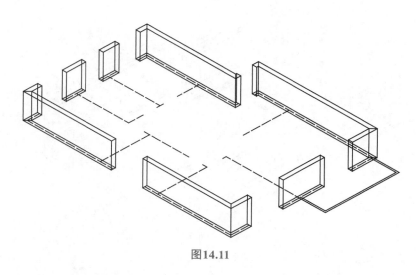

图14.11

使用"移动"命令（M），将上一步绘制窗间墙体水平向上移动1000个单位，到合适位置，操作命令如下：

选择对象：（依次单击选择上一步绘制窗间墙体，共7个）Enter
指定基点或[位移（D）]〈位移〉：（单击墙体上任一点）
指定第二个点或〈使用第一个点作为位移〉：@0,0,1000 Enter
绘制结果如图14.12所示。

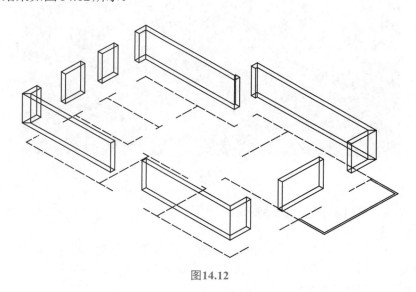

图14.12

将所有图层打开，所显示的结果如图14.13所示，单击下拉菜单栏[视图]→[视觉样式]→[着色]◉按钮，将显示模型着色后的效果，如图14.14所示。

④ 绘制室内墙体。单击下拉菜单栏[视图]→[视觉样式]→[二维线框] 按钮，将图层切换至"室内墙体"图层，关闭"上下墙体""窗间墙体"图层。

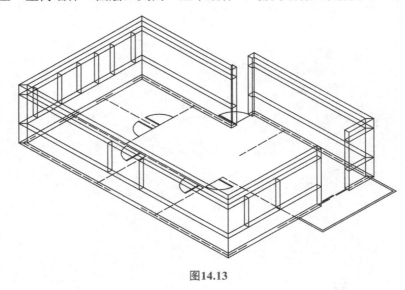

图14.13

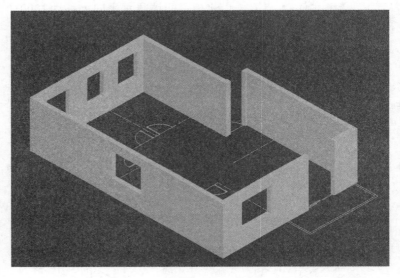

图14.14

单击下拉菜单栏[视图]→[三维视图]→[俯视] 按钮，将视图转换为俯视图，显示结果如图14.15所示。

使用"ELEV"命令，厚度为3000。使用"多段线"命令（PL），捕捉室内轴线各端点绘制墙体，多段线的起点宽度和端点宽度均为240（部分多段线重复）。绘制结果如图14.16所示。西南等轴测显示结果如图14.17所示。

使用"多段线"命令（PL）绘制门上墙体。将视图切换为俯视图，先使用"ELEV"命令，拉伸厚度为800，操作命令如下：

指定新的默认标高 <0.0000>: 0 Enter
指定新的默认厚度 <0.0000>: 800 Enter

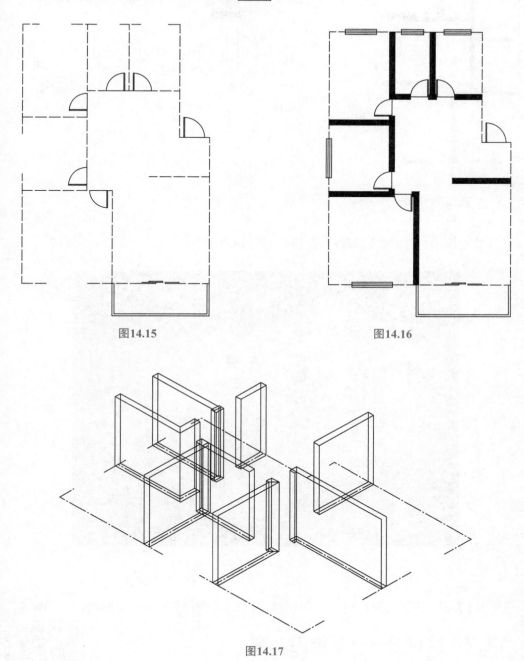

图14.15　　　　　　　　　　　　　　　　图14.16

图14.17

通过"多段线"命令（PL）连接门两侧轴线端点，绘制门上墙体（多段线宽为
240，连接图14.16未连接的门轴线端点，共7个），绘制结果如图14.18所示。然后，将
视图切为轴测图，选中刚绘制的墙体，使用"移动"命令（M）将门上墙体向上移动
2200，绘制结果如图14.19所示（需移动的墙体已被选中标记出）。

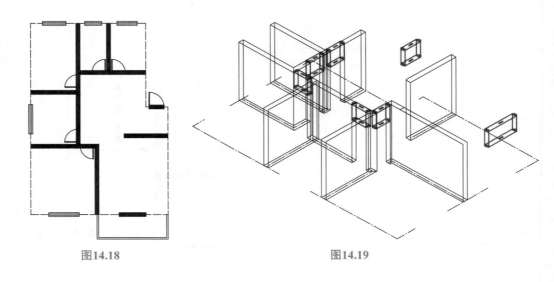

图14.18   图14.19

打开其他图层，并着色。最终绘制结果如图14.20所示。

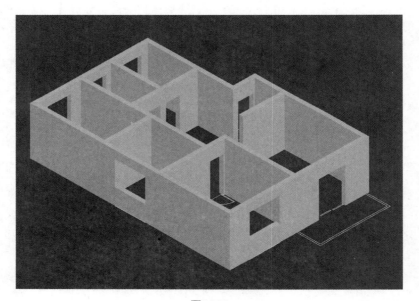

图14.20

单击下拉菜单栏 [文件] → [另存为] 💾 命令，将图形另存为"章节实例二.DWG"。

14.2　实例2——三维门、窗

14.2　视频精讲

本例将学习三维建筑的门、窗绘制方法和技巧，并将其添加到实例1绘制的墙体上，继续完善三维居民小屋的绘制。本例将综合使用"创建块""插入块""拉伸""移动""圆柱体"等绘图和修改工具以及"西南等轴测""二维线框""着色"等视图工具，本例的最终绘制结果如图14.21所示。

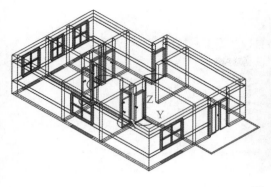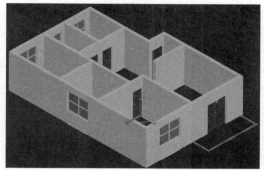

图14.21

14.2.1 设置环境

（1）打开文件

　　打开 AutoCAD 2020 软件，单击下拉菜单 [文件] → [打开] 命令或快速访问工具栏中单击"打开"按钮🗁，打开随书素材"章节实例二"文件（扫描封面二维码，下载素材文件），或打开上例保存的文件，继续上例操作。打开结果如图14.22所示。

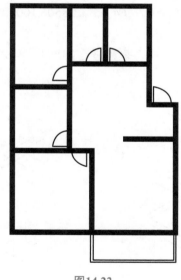

图14.22

（2）图层设置

　　绘图之前，根据需要设置相应的图层，还可以进行名称、线型、线宽、颜色等图层特性的设置。

下拉菜单：[格式] → [图层]
工具栏："图层特性"按钮
命令行：LAYER

　　弹出"图形特性管理器"对话框，单击"新建"按钮🐾，新建"三维门""三维窗"两个图层，线型线宽均为默认。如图14.23所示。

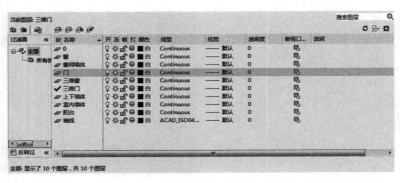

图14.23

14.2.2 绘制过程

（1）绘制三维窗（以西南等轴测视角中左下角窗洞为例）

① 建立新坐标系。将图层设置为"三维窗"图层，打开"端点捕捉"功能中的"中点"捕捉，单击下拉菜单栏[工具]→[新建UCS]→[三点] 按钮，配合"端点捕捉"功能创建新的坐标系。操作命令如下：

指定新原点 〈0,0,0〉：（捕捉如图14.24所示的端点）

在正X轴范围上指定点 〈51992.7664,-5773.8506,1000.0000〉：（捕捉如图14.25所示的端点）

在UCS XY平面的正Y轴范围上指定点 〈51991.7664,-5772.8506,1000.0000〉：（捕捉如图14.26所示的端点）

绘制结果如图14.27所示。

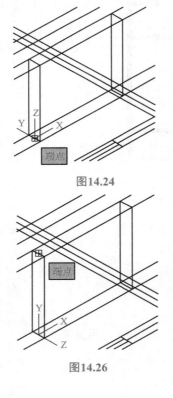

图14.24

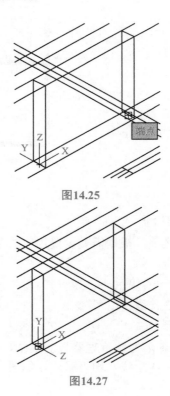

图14.25

图14.26

图14.27

保存坐标系。单击鼠标左键选中新建立的坐标系，单击鼠标右键弹出如图14.28所示的对话框，在新弹出的对话框里选择[命名UCS]→[保存]功能，在新弹出的命令行中输入"窗框"并按Enter键保存坐标系，该坐标系可以使用UCS命令进行调用。

调用坐标系。单击下拉菜单栏[工具]→[命名UCS] 按钮，弹出"UCS"对话框，可以对保存的坐标系进行调用，选中"窗框"坐标系，将其置为当前坐标系，设置结果如图14.29所示。

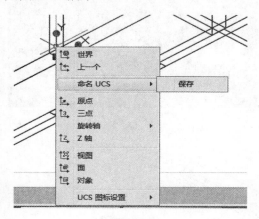

图14.28

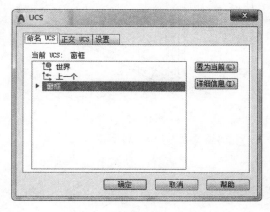

图14.29

② 绘制窗。使用"ELEV"命令，设置厚度为60，使用"多段线"命令（PL）绘制窗框。其中，设置多段线的起点宽度和端点宽度为80，设置起点为点1，途经点2、点3，终点为点4。途经点的位置如图14.30所示，操作命令如下：

指定起点：（捕捉点1为起点）Enter

指定下一个点或[圆弧（A）/半宽（H）/长度（L）/放弃（U）/宽度（W）]：W Enter

指定起点宽度 <0.0000>：80 Enter

指定端点宽度 <0.0000>：80 Enter

指定下一个点或[圆弧（A）/半宽（H）/长度（L）/放弃（U）/宽度（W）]：（单击点2）

指定下一点或[圆弧（A）/闭合（C）/半宽（H）/长度（L）/放弃（U）/宽度（W）]：（单击点3）

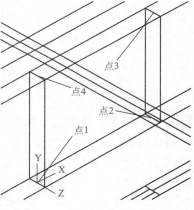

图14.30

指定下一点或[圆弧（A）/闭合（C）/半宽（H）/长度（L）/放弃（U）/宽度（W）]：（单击点4）

指定下一点或[圆弧（A）/闭合（C）/半宽（H）/长度（L）/放弃（U）/宽度（W）]：C Enter

绘制结果如图14.31所示，着色效果如图14.32所示。

使用"移动"命令（M），移动上一步绘制的窗框，移动距离为40。操作命令如下：

选择对象：（选择窗框为移动对象）

指定基点或[位移（D）] <位移>：（拾取窗框上任一点为基点）

指定第二个点或 <使用第一个点作为位移>：@0,0,-40 Enter

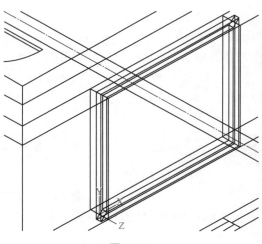

图14.31

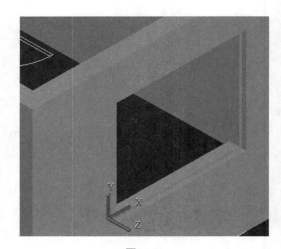

图14.32

绘制结果如图14.33所示。

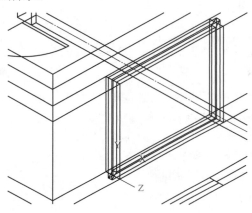

图14.33

重复使用"多段线"命令（PL），多段线起点宽度和端点宽度均为80，分别捕捉窗框的长和宽的中点，绘制窗框中间的框架模型。绘制结果如图14.34所示，着色效果如图14.35所示。

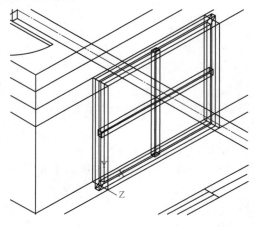

图14.34

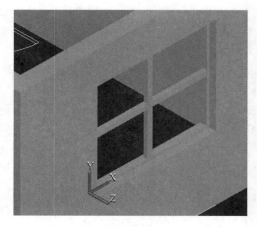

图14.35

单击左键选中前面建立的"窗框"坐标系，单击右键弹出如图14.36所示的对话框，在新弹出的对话框里选择[旋转轴]→[X]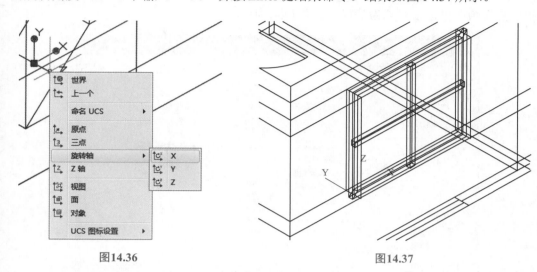命令，并在新弹出的命令行"指定绕 X 轴的旋转角度 <90>"中输入"-90"并按Enter键结束命令。结果如图14.37所示。

图14.36

图14.37

使用"ELEV"命令，设置厚度为1500。

使用"多段线"命令（PL），配合"坐标输入"功能绘制高为1500的多段线作为玻璃，操作命令如下：

指定起点：0,0 Enter

当前线宽为 0.0000

指定下一个点或[圆弧（A）/半宽（H）/长度（L）/放弃（U）/宽度（W）]：W Enter

指定起点宽度 <0.0000>：0 Enter

指定端点宽度 <0.0000>：0 Enter

指定下一个点或[圆弧（A）/半宽（H）/长度（L）/放弃（U）/宽度（W）]：@1800,0 Enter

指定下一点或[圆弧（A）/闭合（C）/半宽（H）/长度（L）/放弃（U）/宽度（W）]：Enter

绘制结果如图14.38所示，着色效果如图14.39所示。

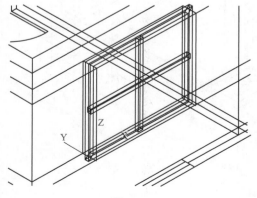

图14.38

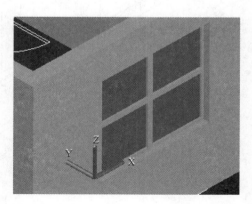

图14.39

单击下拉菜单栏[绘图]→[块K]→[创建]按钮，或者单击工具栏"创建块"命令，弹出"块定义"对话框，设置名称为"三维窗（长1800，高1500）"，取消"在屏幕上指定"前面的钩，单击"选择对象"按钮，选择窗框、玻璃和窗框内支架，单击"拾取点"拾取坐标系原点为基点，如图14.40所示。

图14.40

③ 插入窗。在需要插入窗的窗洞建立新的坐标系（与创建块时的坐标系一致，X轴为窗洞的长，Z轴为窗洞的高），新建的坐标系如图14.41所示。

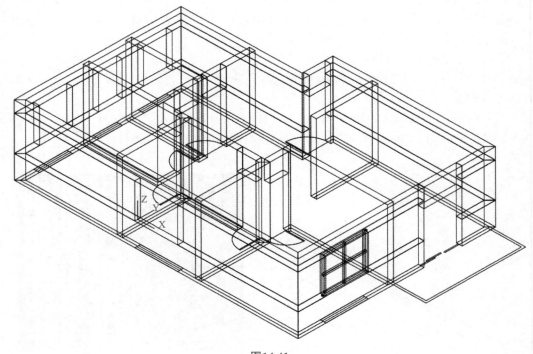

图14.41

单击工具栏"插入块" 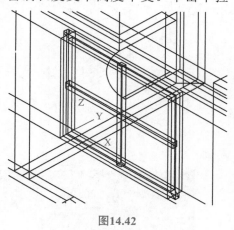按钮，或在命令行输入"INSERT"，窗口右下角弹出"插入块"对话框，插入选项保持不变，然后单击选中上一步创建的块"三维窗（长1800，高1500）"，拖动块将"三维窗"块的基点拖动至上一步创建的坐标系原点，与其重合后单击鼠标左键完成绘制，绘制结果如图14.42所示。

将视角转为西北等轴测，可以看出背后两个窗洞长度变窄高度不变。单击下拉菜单栏[工具]→[查询]→[距离] 按钮，选择窗洞的长边的两点即可测出其距离为1400，如图14.43所示。由此可知将图块长边比例缩短至1400∶1800，高度不变，即可插入后面的窗洞。

在后面的窗洞建立如图14.44所示的坐标系，使用"插入块"命令（I），单击选中块"三维窗（长1800，高1500）"，并在弹出的命令行中输入"X"以及比例"1400/1800"。操作命令如下：

命令：[单击选择块"三维窗"（长1800，高1500）]

图14.42

指定插入点或[基点（B）/比例（S）/X/Y/Z/旋转（R）]：X Enter
指定 X 比例因子 <1>：1400/1800 Enter
指定插入点或[基点（B）/比例（S）/X/Y/Z/旋转（R）]：（将块移动到合适位置后单击左键完成绘制）

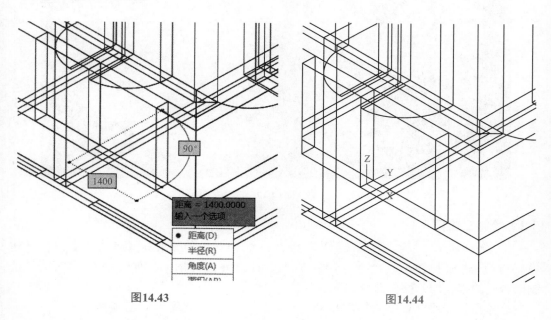

图14.43   图14.44

绘制结果如图14.45所示，着色后效果如图14.46所示。

重复使用"插入块"命令（I），完成所有窗洞的绘制，绘制结果如图14.47所示。

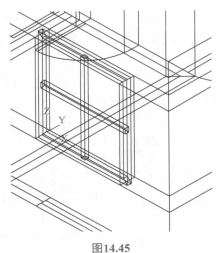

图14.45

图14.46

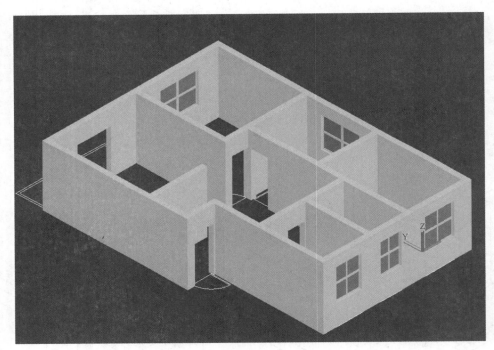

图14.47

（2）绘制三维门

① 绘制推拉门板。将图层切换至"三维门"，单击下拉菜单栏[绘图]→[建模]→[拉伸] 按钮，或在命令行输入"EXTRUDE"使用"拉伸"命令（EXT），绘制阳台侧的推拉门，操作命令如下：

选择要拉伸的对象或[模式（MO）]：（选择如图14.48所示的左侧拉伸块）

指定拉伸的高度或[方向（D）/路径（P）/倾斜角（T）/表达式（E）]〈90.0000〉：2200 Enter

绘制结果如图14.49所示。

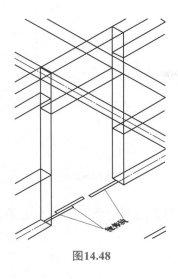

图14.48

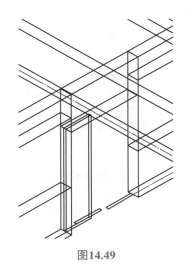

图14.49

重复使用"拉伸"命令（EXT），将图14.48中所有的拉伸块都进行拉伸，拉伸高度为2200，绘制结果如图14.50所示。为使门更加醒目可通过"特性"功能将门改为别的颜色，着色显示后效果如图14.51所示。

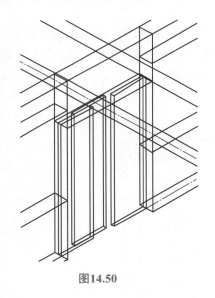

图14.50

图14.51

关闭除"三维门"以外的所有图层，单击下拉菜单栏[工具]→[新建UCS]→[三点]↳按钮，配合"端点捕捉"功能创建新的坐标系。操作命令如下：

指定新原点 <0,0,0>：（指定中间门板的右下角顶点为原点）

在正X轴范围上指定点 <380439.6234,−5723.8506,0.0000>：（单击选择门板长边为X轴）

在UCS XY平面的正Y轴范围上指定点 <380437.9163,−5723.1435,0.0000>：（单击选择门板短边为Y轴）

创建的坐标系如图14.52所示。

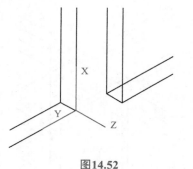

图14.52

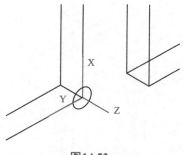

图14.53

绘制门把手。使用"圆"命令（C）在坐标系原点绘制一个半径为20的圆，操作命令如下：

指定圆的圆心或［三点（3P）/两点（2P）/切点、切点、半径（T）］:（指定坐标系原点为圆心）

指定圆的半径或［直径（D）］<30.0000>: 20 Enter

绘制结果如图14.53所示。

使用"拉伸"命令（EXT）将圆沿Z轴方向进行拉伸，长度为20，绘制结果如图14.54所示。

单击下拉菜单［绘图］→［建模］→［圆柱体］○按钮，或在命令行输入"CYLINDER"，以上一步绘制的圆柱底面为基础绘制新的圆柱，新圆柱半径为30，高为20。操作命令如下：

指定底面的中心点或［三点（3P）/两点（2P）/切点、切点、半径（T）/椭圆（E）］:（选择上一步绘制的靠外侧的圆柱底面圆心）

指定底面半径或［直径（D）］<40.0000>: 30 Enter

指定高度或［两点（2P）/轴端点（A）］<20.0000>: 20 Enter

绘制结果如图14.55所示。

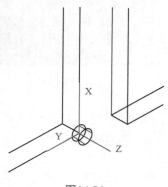

图14.54

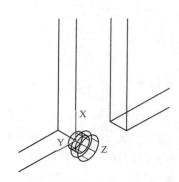

图14.55

单击下拉菜单［修改］→［实体编辑］→［并集］■按钮，或在命令行输入"UNION"，使用"并集"命令（UNI）将两个圆柱合为一个整体，操作命令如下：

选择对象:（选择其中一个圆柱）

选择对象：（选择另一个圆柱）

合并后的圆柱外形并无变化，单击选中任意一个圆柱会将另一个圆柱一起选中，如图14.56所示。

使用"移动"命令（M），将门把手移动到门板上合适的位置，操作命令如下：

选择对象：（上一步绘制的门把手）Enter

指定基点或［位移（D）］〈位移〉：（指定坐标系原点为基点）

指定第二个点或〈使用第一个点作为位移〉：@1200,100,0 Enter

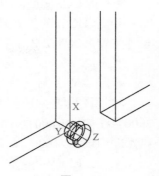

图14.56

绘制结果如图14.57所示，着色后的效果如图14.58所示。

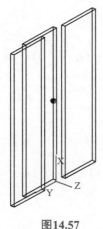

图14.57

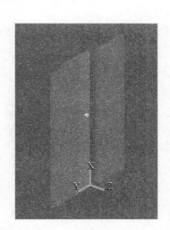

图14.58

② 绘制标准门。

打开"轴线"图层，使用"UCS"命令建立新的坐标系，如图14.59所示新的坐标系，其中左下角轴线分别新坐标系的X轴和Y轴。操作命令如下：

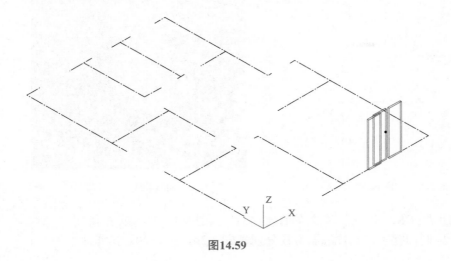

图14.59

命令：UCS Enter（启动命令）

指定 UCS 的原点或[面（F）/命名（NA）/对象（OB）/上一个（P）/视图（V）/世界（W）/X/Y/Z/Z 轴（ZA）]<世界>：（指定轴线左下角端点为坐标原点）

指定 X 轴上的点或<接受>：（单击选择较短轴线端点，指定其为X轴）

指定 XY 平面上的点或<接受>：（单击选择较长轴线端点，指定其为Y轴）

将视图设置为俯视图，打开"门洞"图层使用"ELEV"命令，设置拉伸厚度为2200。在如图14.60所示洞位置使用"多段线"命令（PL）绘制一条多段线，起点和端点宽度均设置为80，操作命令如下：

命令：ELEV Enter

指定新的默认标高 <0.0000>：0 Enter

指定新的默认厚度 <0.0000>：2200 Enter

命令：PL Enter

指定起点：（单击选择门洞的任一端点为多段线起点）

当前线宽为 20.0000

指定下一个点或[圆弧（A）/半宽（H）/长度（L）/放弃（U）/宽度（W）]：W Enter

指定起点宽度 <20.0000>：80 Enter

指定端点宽度 <80.0000>：80 Enter

指定下一个点或[圆弧（A）/半宽（H）/长度（L）/放弃（U）/宽度（W）]：（单击选择该门洞的另一个端点为多段线终点）

指定下一点或[圆弧（A）/闭合（C）/半宽（H）/长度（L）/放弃（U）/宽度（W）]：Enter

绘制结果如图14.60所示。着色效果如图14.61所示。

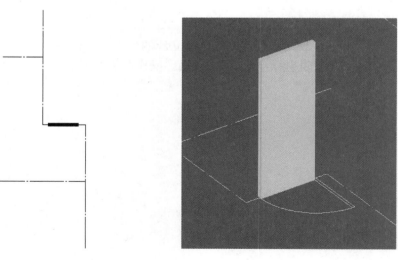

图14.60　　　　　　　　　　　图14.61

使用"UCS"命令，建立如图14.62所示的坐标系。重复使用"圆柱体"命令（CYL）绘制门把手，圆柱底面半径分别为20、30，高为20。操作命令如下：

命令：CYL Enter

指定底面的中心点或[三点（3P）/两点（2P）/切点、切点、半径（T）/椭圆（E）]：（单击选择坐标系原点）

指定底面半径或[直径（D）]<30.0000>：20 Enter

指定高度或[两点（2P）/轴端点（A）]<-20.0000>：（向外拖动鼠标，输入20）Enter

命令：CYL Enter

指定底面的中心点或[三点（3P）/两点（2P）/切点、切点、半径（T）/椭圆（E）]：（单击选择圆柱外侧底面中心点）

指定底面半径或[直径（D）]<20.0000>：30 Enter

指定高度或[两点（2P）/轴端点（A）]<20.0000>：（向外拖动鼠标，输入20）Enter

绘制结果如图14.63所示。

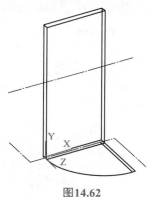

图14.62

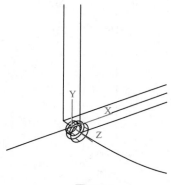

图14.63

使用"并集"命令（UNI）将两个圆柱合成为一个整体，并使用"移动"命令（M），使门把手移动到合适位置。操作命令如下：

命令：UNI Enter

选择对象：（单击选择其中一个圆柱体）

选择对象：（单击选择另一个圆柱体）

命令：M Enter

选择对象：（单击选择门把手）

指定基点或[位移（D）]<位移>：（指定坐标系原点为基点）

指定第二个点或 <使用第一个点作为位移>：@100,1200,40 Enter

绘制结果如图14.64所示，使用"特性"命令改变门颜色后着色效果如图14.65所示。

使用"UCS"命令新建如图14.66所示的坐标系，使用"镜像"功能（MI）以X轴为对称轴绘制另一侧门把手。操作命令如下：

选择对象：（单击选择门把手）

指定镜像线的第一点：（指定坐标系原点为镜像线第一点）

指定镜像线的第二点：（指定X轴上任一点为镜像线第二点）

要删除源对象吗？［是（Y）/否（N）］＜否＞：N Enter

绘制结果如图 14.67 所示。

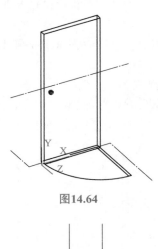

图14.64

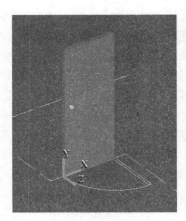

图14.65

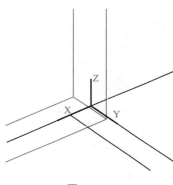

图14.66

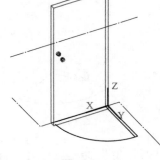

图14.67

使用相同的方法在另一门洞绘制宽 800、高 2200 的门，绘制结果如图 14.68 所示，使用"特性"命令改变门颜色，着色效果如图 14.69 所示。

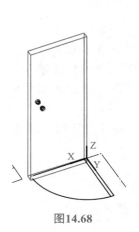

图14.68

图14.69

使用"创建块"命令（BLOCK），弹出"块定义"对话框，设置名称为"三维门（宽800，高2200）"，取消"在屏幕上指定"前面的钩，单击"选择对象" ⊡ 按钮，选择门板和两个门把手，单击"拾取点" 🖳 按钮，拾取坐标系原点为基点，设置结果如图14.70所示。

重复使用"插入块"命令（INSERT），将绘制的三维门插入至合适的位置（插入块时在命令行输入R可使图块旋转）。绘制结果如图14.71所示。

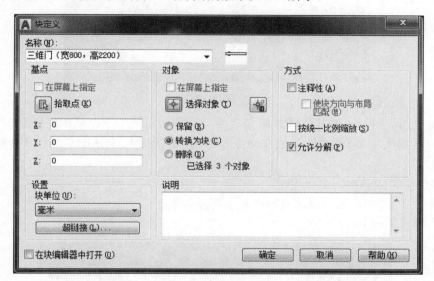

图14.70

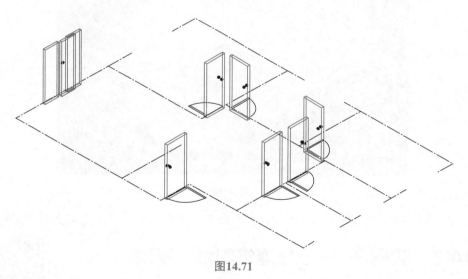

图14.71

打开所有图层并着色，显示结果如图14.72所示。

③ 将所有图形转化为实体。由于门面和墙面是由具有厚度的多段线绘制的，不具有实体性质，为方便后面绘制房顶使用墙体参照，故使用AutoCAD中的"转化为实体"命令将其转化为实体。

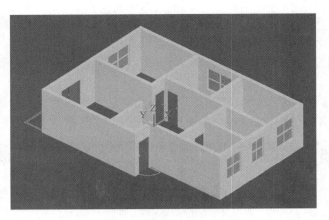

图14.72

关闭"门""窗""轴线"和"阳台"等二维图层。单击下拉菜单栏[修改]→[三维操作]→[转换为实体]⚏按钮，或在命令行输入"CONVTOSOLID"进行实体转换。操作命令如下：

命令：CONVTOSOLID Enter

选择对象：（单击左键框选所有图形）Enter

转换结果如图14.73所示。

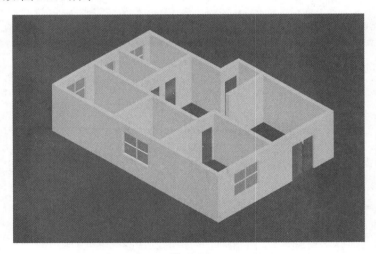

图14.73

单击下拉菜单栏[文件]→[另存为] ⚏ 命令，将图形另存为"章节实例三.DWG"。

14.3 实例3——三维建筑阳台、屋顶

14.3 视频精讲

本例将学习三维建筑的阳台和屋顶的绘制方法和技巧，最终完成三维居民小屋的绘制。本例将综合使用"直线""修剪""矩形""拉伸""偏移""多段线""抽壳""倾斜面"等绘图和修改工具以及"西南等轴测""西北等轴测""主视图""着色"等视图工具，本例的最终绘制结果如图14.74所示。

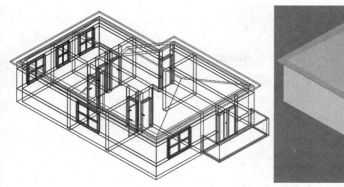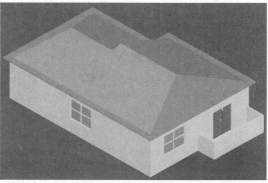

图14.74

14.3.1 设置环境

（1）打开文件

打开AutoCAD 2020软件，单击下拉菜单[文件]→[打开]命令或快速访问工具栏中单击"打开"按钮 ，打开随书素材"章节实例三.DWG"文件（扫描封面二维码，下载素材文件），或打开上例保存的文件，继续上例操作，打开结果如图14.75所示。

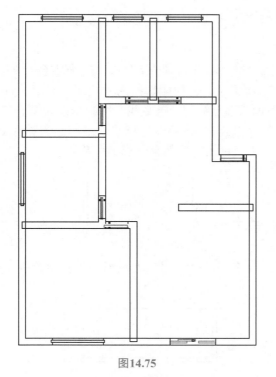

图14.75

（2）图层设置

绘图之前，根据需要设置相应的图层，还可以进行名称、线型、线宽、颜色等图层特性的设置。

下拉菜单: [格式] → [图层]

工具栏: "图层特性"

命令行: LAYER

弹出"图形特性管理器"对话框，单击"新建"按钮 ⏍，新建"三维屋顶""三维屋檐""三维阳台"三个图层，线型线宽均为默认，如图14.76所示。

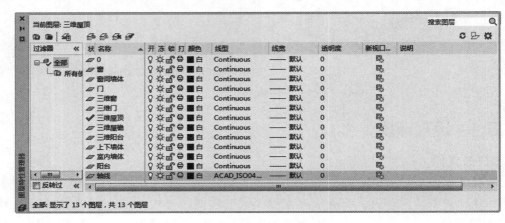

图14.76

14.3.2 绘制过程

（1）绘制阳台

① 绘制阳台外侧墙壁。关闭除"阳台"和"三维阳台"外的其他所有图层，将"三维阳台"图层置为当前图层。将视图切换为俯视图，使用"直线"命令（L），以阳台外墙线的两个端点为直线端点绘制一条直线，绘制结果如图14.77所示。

使用"修剪"命令（TR），修剪掉多余直线，绘制结果如图14.78所示。然后使用"合并"命令（J），框选所有直线，将其合并成一个整体。

图14.77   图14.78

使用"矩形"命令（REC），以内墙线为矩形的长和宽绘制一个矩形，绘制结果如图14.79所示。

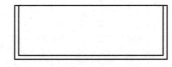

图14.79

将视图切换为西南等轴测，使用"UCS"命令建立如图14.80所示的坐标系。操作命令如下：

指定 UCS 的原点或[面（F）/命名（NA）/对象（OB）/上一个（P）/视图（V）/世界（W）/X/Y/Z/Z 轴（ZA）]＜世界＞:（指定外侧矩形左下角端点为坐标系原点）

指定 X 轴上的点或＜接受＞:（捕捉外侧矩形长边上任一点为X轴）

指定 XY 平面上的点或＜接受＞:（捕捉外侧矩形短边上任一点为Y轴）

使用"拉伸"命令（EXT），拉伸阳台外侧墙壁，高度为1300。操作命令如下：

选择要拉伸的对象或[模式（MO）]:（选择阳台外侧墙壁为拉伸对象）

指定拉伸的高度或[方向（D）/路径（P）/倾斜角（T）/表达式（E）]＜1300.0000＞:（向上拖动鼠标输入1300） Enter

绘制结果如图14.81所示。

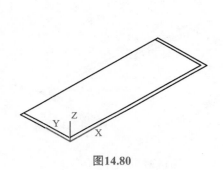

图14.80　　　　　　　　　　　　　　　图14.81

② 绘制阳台底面。使用"拉伸"命令（EXT），拉伸内侧长方形绘制阳台地面，拉伸高度为100，绘制结果如图14.82所示。着色效果如图14.83所示。

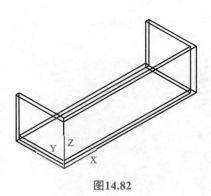 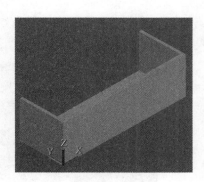

图14.82　　　　　　　　　　　　　　　图14.83

（2）绘制屋檐和屋顶

① 绘制屋檐。将视图切为俯视图，关闭除"轴线"和"三维屋檐"外的其他所有图层，将"三维屋檐"图层置为当前图层。图形的显示如图14.84所示。

使用"多段线"命令（PL），沿着轴线最外侧轮廓线绘制一条闭合的多段线，并关闭"轴线"层。绘制结果如图14.85所示。

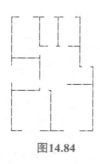

图14.84

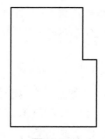

图14.85

使用"偏移"命令（O），将闭合多段线向外偏移400。绘制结果如图14.86所示。

将视图切换为西南等轴测，使用"拉伸"命令（EXT），分别拉伸两个闭合多段线组成的图形，拉伸高度为100。绘制结果如图14.87所示。

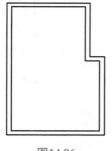

图14.86

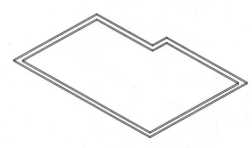

图14.87

单击下拉菜单[修改]→[实体编辑]→[差集] 按钮，或在命令行输入"SUBTRACT"，使用"差集"命令（SU），对拉伸后的两个图形求差集，操作命令如下：

选择对象：（单击选择较大的图形作为基础图形）Enter

选择对象：（单击选择较小的图形作为要减去的图形）Enter

着色效果如图14.88所示。

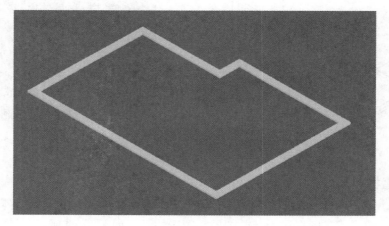

图14.88

通过"特性"功能将屋檐改为其他颜色，使用"移动"命令（M），使屋檐向上移动，移动距离为3000。打开其他图层后的显示结果如图14.89所示。

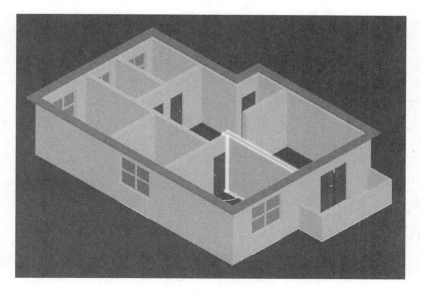

图14.89

② 绘制屋顶。关闭除"轴线"和"三维屋顶"外的其他所有图层，将"三维屋顶"图层置为当前图层。使用"UCS"命令，建立如图14.90所示的坐标系，并将坐标系保存为"屋顶"。

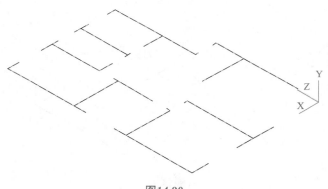

图14.90

将视图切换为主视图，单击下拉菜单栏[工具]→[命名UCS] 按钮，弹出"UCS"对话框，选择"屋顶"坐标系，将其置为当前坐标系，单击"确定"关闭对话框（注：每次切换视图都会将坐标系自动切换为世界坐标系，为了能在竖直面上绘制图形，必须重新调用"屋顶"坐标系）。

图形显示如图14.91所示。

图14.91

使用"多段线"命令（PL）绘制等腰三角形，三角形底边长8100，高1600。操作命令如下：

　　指定起点：（指定坐标系原点为多段线起点）

　　指定下一个点或［圆弧（A）/半宽（H）/长度（L）/放弃（U）/宽度（W）］：W Enter

　　指定起点宽度 <0.0000>：0 Enter

　　指定端点宽度 <0.0000>：0 Enter

　　指定下一个点或［圆弧（A）/半宽（H）/长度（L）/放弃（U）/宽度（W）］：（单击选择轴线左端点）

　　指定下一点或［圆弧（A）/闭合（C）/半宽（H）/长度（L）/放弃（U）/宽度（W）］：@-4050,1600 Enter

　　指定下一点或［圆弧（A）/闭合（C）/半宽（H）/长度（L）/放弃（U）/宽度（W）］：C Enter

绘制结果如图14.92所示。

图14.92

将视图切换为西南等轴测，使用"拉伸"命令（EXT），将上一步绘制的等腰三角形沿Z轴正方向拉伸6600，绘制结果如图14.93所示。

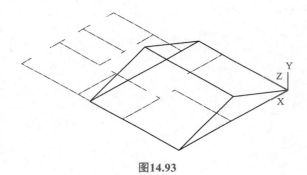

图14.93

将视图切换为西北等轴测，使用"UCS"命令，建立如图14.94所示的坐标系。

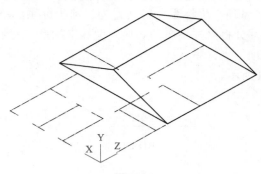

图14.94

使用"多段线"命令（PL）绘制如图14.95所示的等腰三角形（可在西北等轴测视图条件下直接绘制），操作命令如下：

指定起点：（指定坐标系原点为多段线起点）

指定下一个点或[圆弧（A）/半宽（H）/长度（L）/放弃（U）/宽度（W）]：W

指定起点宽度 <0.0000>：0 Enter

指定端点宽度 <0.0000>：0 Enter

指定下一个点或[圆弧（A）/半宽（H）/长度（L）/放弃（U）/宽度（W）]：（单击选择轴线左端点）

指定下一点或[圆弧（A）/闭合（C）/半宽（H）/长度（L）/放弃（U）/宽度（W）]：@-3400,1343.2099 Enter

指定下一点或[圆弧（A）/闭合（C）/半宽（H）/长度（L）/放弃（U）/宽度（W）]：C Enter

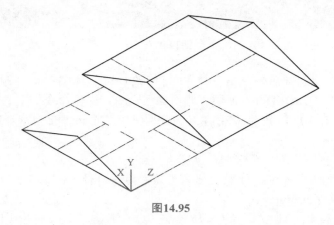

图14.95

使用"拉伸"命令（EXT），将上一步绘制的等腰三角形向Z轴方向拉伸5100，绘制结果如图14.96所示。

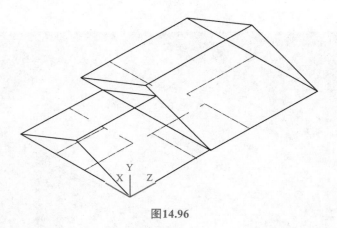

图14.96

关闭"轴线"图层，使用"并集"命令（UNI）将两个三角柱合为一个整体。着色效果如图14.97所示。

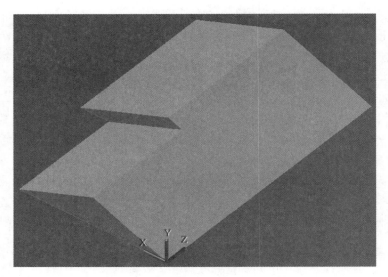

图14.97

保持"着色"状态开启，单击下拉菜单[修改]→[实体编辑]→[倾斜面] 按钮，或者命令行输入"SOLIDEDIT"使用"倾斜面"命令，操作命令如下：

选择面或[放弃（U）/删除（R）]：（按下 Ctrl，单击选择三角形底面，按下 Enter，如图 14.98 所示）

指定基点：（捕捉三角形底边中点为偏转基点）

指定沿倾斜轴的另一个点：（捕捉三角形顶点为倾斜轴另一个点）

指定倾斜角度：50 Enter

[拉伸（E）/移动（M）/旋转（R）/偏移（O）/倾斜（T）/删除（D）/复制（C）/颜色（L）/材质（A）/放弃（U）/退出（X）]<退出>：Enter

输入实体编辑选项[面（F）/边（E）/体（B）/放弃（U）/退出（X）]<退出>：Enter

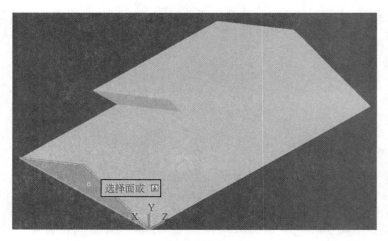

图14.98

绘制结果如图14.99所示。

使用相同的方法使另一面也偏转50°，绘制结果如图14.100所示。

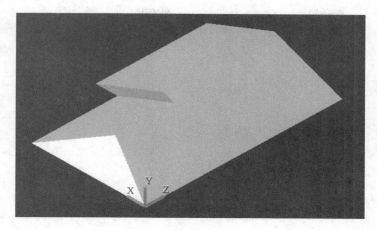

图14.99

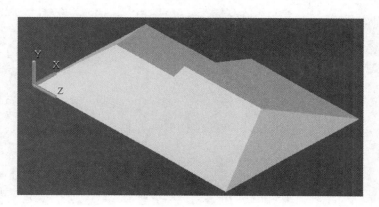

图14.100

单击下拉菜单[修改]→[实体编辑]→[抽壳]█按钮，或在命令行输入"SOLIDEDIT"使用"抽壳"命令，操作命令如下：

选择三维实体：（单击选择整个三角柱体）

删除面或[放弃（U）/添加（A）/全部（ALL）]：（按下 Shift ＋鼠标中键拖动鼠标可自由移动视角，将视角移到柱体底面，单击鼠标删除面，按下 Enter 键，如图14.101所示）

输入抽壳偏移距离：100 Enter

[压印（I）/分割实体（P）/抽壳（S）/清除（L）/检查（C）/放弃（U）/退出（X）]〈退出〉：Enter

输入实体编辑选项[面（F）/边（E）/体（B）/放弃（U）/退出（X）]〈退出〉：Enter

绘制结果如图14.102所示。

通过"特性"功能将屋檐改为其他颜色，使用"移动"命令（M），使屋檐竖直向上移动，移动距离为3100。打开除"轴线""门""窗"和"阳台"外的其他图层，显示结果如图14.103所示。

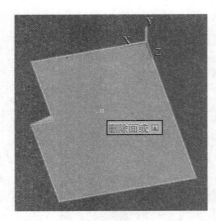

图14.101

图14.102

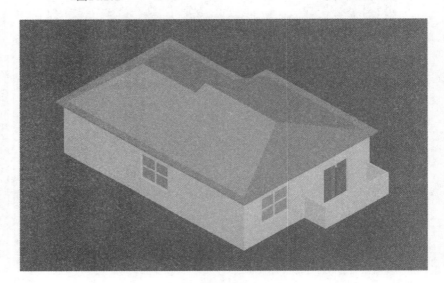

图14.103

14.4　小结与练习

—— 小结 ——

　　本章通过绘制一栋简易居民小屋的三维模型，详细讲述了三维建筑小屋的绘制方法、创作过程和具体的建模技巧。绘制三维建筑模型的关键在于使用"UCS"命令建立合适的坐标系以及各个视图的切换，另外，"多段线"和"标高"命令的组合搭配在绘制墙体上也起到了简化步骤的作用。希望读者可以熟练掌握这些命令。

—— 练习 ——

　　请绘制如图14.104所示的三维建筑，其中图14.105所示的三维建筑的三视图可作为参考，具体尺寸自定。

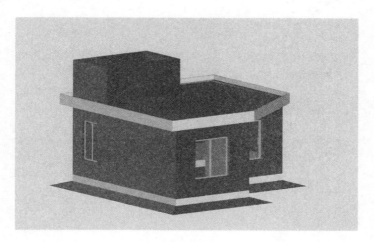

图14.104

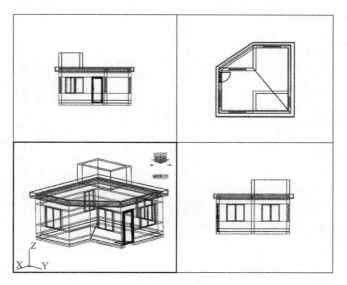

图14.105